国家职业技能鉴定培训教程

数控车工（中级）

主　编　崔兆华

副主编　逯　伟

参　编　武玉山　乔西菊　王　华

蒋自强　刘元聚

机械工业出版社

本书是依据《国家职业标准》中级数控车工的知识要求和技能要求，按照岗位培训需要的原则编写的。本书内容包括：数控车床的基本知识、数控车削加工工艺、FANUC 0i 系统数控车床的编程与操作、SIEMENS802D 系统数控车床的编程与操作、CAXA 数控车 2015 自动编程、数控车床的维护与检修。本书通过大量的实例详细地介绍了数控车削加工工艺、程序编制及具体操作。每章章首有理论知识要求和操作技能要求，章末有考核重点解析及复习思考题，便于企业培训和读者自查自测。

本书既可用作企业培训部门以及各级职业技能鉴定培训机构的考前培训教材，又可作为读者考前复习用书，还可作为职业技术院校、技工学校的专业课教材。

图书在版编目（CIP）数据

数控车工：中级/崔兆华主编．—北京：机械工业出版社，2016.11
国家职业技能鉴定培训教程
ISBN 978-7-111-54598-9

Ⅰ.①数…　Ⅱ.①崔…　Ⅲ.①数控机床－车床－职业技能－鉴定－教材　Ⅳ.①TG519.1

中国版本图书馆 CIP 数据核字（2016）第 195484 号

机械工业出版社（北京市百万庄大街 22 号　邮政编码 100037）
策划编辑：赵磊磊　责任编辑：赵磊磊　张亚捷
责任校对：刘秀芝　封面设计：张　静
责任印制：常天培
北京机工印刷厂印刷（三河市南杨庄国丰装订厂装订）
2016 年 11 月第 1 版第 1 次印刷
169mm×239mm・18.5 印张・408 千字
0 001—3 000 册
标准书号：ISBN 978-7-111-54598-9
定价：39.80 元

凡购本书，如有缺页、倒页、脱页，由本社发行部调换

电话服务	网络服务
服务咨询热线：010-88361066	机 工 官 网：www.cmpbook.com
读者购书热线：010-68326294	机 工 官 博：weibo.com/cmp1952
010-88379203	金 书 网：www.golden-book.com
封面无防伪标均为盗版	教育服务网：www.cmpedu.com

前　言

机械制造业是技术密集型的行业，历来高度重视技术工人的素质。在市场经济条件下，企业要想在激烈的市场竞争中立于不败之地，必须有一支高素质的技术工人队伍，有一批技术过硬、技艺精湛的能工巧匠。为了适应新形势，我们编写了数控车工（中级）一书，以满足广大数控车工学习的需要，帮助他们提高相关理论知识水平和技能操作水平。

本书以职业活动为导向，以职业技能为中心的指导思想，以《国家职业标准》中级数控车工的要求为依据，以“实用、够用”为宗旨，按照岗位培训需要进行编写。本书内容包括：数控车床的基本知识、数控车削加工工艺、FANUC 0i系统数控车床的编程与操作、SIEMENS802D系统数控车床的编程与操作、CAXA数控车2015自动编程、数控车床的维护与检修。本书具有如下特点：

1）在编写原则上，突出以职业能力为核心。本书的编写贯穿“以职业标准为依据，以企业需求为导向，以职业能力为核心”的理念，依据《国家职业标准》，结合企业实际，反映岗位需求，突出新知识、新技术、新工艺、新方法，注重职业能力培养，凡是职业岗位工作中要求掌握的知识和技能，均做详细介绍。

2）在使用功能上，注重服务于培训和鉴定。根据职业发展的实际情况和培训需求，本书力求体现职业培训的规律，反映职业技能鉴定考核的基本要求，满足培训对象参加鉴定考试的需要。

3）在内容安排上，强调提高学习效率。为便于培训及鉴定部门在有限的时间内把最重要的知识和技能传授给培训对象，同时也便于培训对象迅速抓住重点，提高学习效率，本书精心设置了“理论知识要求”“操作技能要求”“考核重点解析”“复习思考题”等栏目，以提示应该达到的目标，需要掌握的重点、难点、鉴定点和有关的扩展知识。

本书由临沂市技师学院崔兆华主编，逯伟任副主编，武玉山、乔西菊、王华、蒋自强、刘元聚参加编写。在本书编写过程中，参考了部分著作，并邀请了部分技术高超、技艺精湛的高技能人才进行示范操作，在此谨向有关作者、参与示范操作的人员表示最诚挚的谢意。

由于编者水平有限，编写时间仓促，书中难免有疏漏和不当之处，敬请广大读者批评指正，在此表示衷心的感谢。

编　者

目录

第一章　数控车床的基本知识

☺**理论知识要求**

1. 掌握数控车床的组成及各部分的作用；
2. 掌握数控车床的工作原理；
3. 了解数控车床的分类及特点；
4. 掌握数控车床的坐标系；
5. 掌握数控编程的概念及步骤；
6. 掌握数控编程代码及程序段格式；
7. 掌握加工程序的组成及结构；
8. 掌握手工编程中的数学处理；
9. 掌握刀具补偿功能的应用。

☺**操作技能要求**

1. 能够识别数控车床各部分的组成及其功能；
2. 能够确定数控车床的坐标系；
3. 能够识读数控加工程序及其代码。

第一节　数控车床概述

数控车床又称 CNC（Computer Numerical Control）车床，即用计算机数字控制的车床，图 1-1 所示为一台常见的数控车床外观图。数控车床是目前国内外使用量最大、覆盖面最广的一种数控机床，它主要用于旋转体工件的加工，一般能自动完成内外圆柱面、内外圆锥面、复杂回转内外曲面、圆柱圆锥螺纹等轮廓的切削加工，并能进行车槽、钻孔、车孔、扩孔、铰孔、攻螺纹等加工。

图 1-1　数控车床外观图

一、数控车床的组成

数控车床一般由输入/输出设备、数控装置（或称 CNC 装置）、伺服系统、驱动装置（或称执行机构）及电气控制装置、辅助装置、机床本体、测量反馈装置等组成。

图 1-2 所示为数控车床的组成框图，其中除机床本体之外的部分统称为计算机数控（CNC）系统。

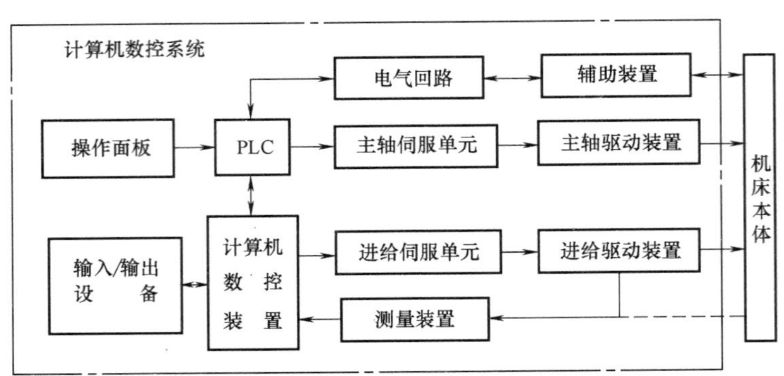

图 1-2 数控车床的组成框图

1. 输入/输出设备

键盘是数控车床的典型输入设备。除此以外，还可以用串行通信的方式输入。数控系统一般配有 CRT 显示器或点阵式液晶显示器，显示信息丰富，有些还能显示图形，操作人员可通过显示器获得必要的信息。

2. 数控装置

数控装置是数控车床的核心，主要包括微处理器 CPU、存储器、局部总线、外围逻辑电路以及与数控系统的其他组成部分联系的各种接口等。数控车床的数控系统完全由软件处理输入信息，可处理逻辑电路难以处理的复杂信息，使数字控制系统的性能大大提高。图 1-3 所示为某数控车床的数控装置。

图 1-3 数控装置

a)　　b)

图 1-4 伺服系统

a）伺服电动机　b）驱动装置

3. 伺服系统

伺服系统由驱动装置和执行部件（如伺服电动机）组成，它是数控系统的执行机构，如图 1-4 所示。伺服系统分为进给伺服系统和主轴伺服系统。伺服系统的作用是把来自 CNC 的指令信号转换为机床移动部件的运动，它相当于手工操作人员的手，使工作台（或溜板）精确定位或按规定的轨迹做严格的相对运动，最后加工出符合图样要求的零件。伺服系统作为数控车床的重要组成部分，其本身的性能直接影响整个数控车床的精度和速度。从某种意义上说，数控机床功能的强弱主要取决于数控装置，而数控机床性能的好坏主要取决于伺服系统。

4. 测量反馈装置

测量反馈装置的作用是通过测量元件将机床移动的实际位置、速度参数检测出来，转换成电信号，并反馈到CNC装置中，使CNC装置能随时判断机床的实际位置、速度是否与指令一致，并发出相应指令，纠正所产生的误差。测量反馈装置安装在数控机床的工作台或丝杠上，相当于普通机床的刻度盘和人的眼睛。

5. 机床本体

机床主体是数控机床的本体，主要包括床身、主轴、进给机构等机械部件，还有冷却、润滑、转位部件，如换刀装置、夹紧装置等辅助装置。

数控机床由于切削用量大、连续加工发热量大等因素对加工精度有一定影响，加工中又是自动控制，不能像普通机床那样由人工进行调整、补偿，所以其设计要求比普通机床更严格，制造要求更精密，采用了许多新结构，以加强刚性、减小热变形、提高加工精度。

二、数控车床的工作原理

数控车床加工零件时，根据零件图样要求及加工工艺，将所用刀具、刀具运动轨迹与速度、主轴转速与旋转方向、冷却等辅助操作以及相互间的先后顺序，以规定的数控代码形式编制成程序，并输入到数控装置中，在数控装置内部的控制软件支持下，经过处理、计算后，向机床伺服系统及辅助装置发出指令，驱动机床各运动部件及辅助装置进行有序的动作与操作，实现刀具与工件的相对运动，加工出所要求的零件，数控车床的基本工作原理如图1-5所示。

三、数控车床的分类

数控车床的类别较多，其分类方法与普通车床的分类方法相似。

1. 按数控车床主轴位置分类

（1）立式数控车床　立式数控车床简称数控立车，如图1-6所示。其主轴垂直于水平面，并有一个直径很大的圆形工作台，供装夹工件用。这类机床主要用于加工径向尺寸大、轴向尺寸相对较小的大型复杂工件。

（2）卧式数控车床　卧式数控车床又分为卧式数控水平导轨车床（图1-1）和卧式数控倾斜导轨车床（图1-7）。倾斜导轨可使数控车床具有更大的刚性，并易于排除切屑。

2. 按刀架数量分类

（1）单刀架数控车床　数控车床一般都配置有各种形式的单刀架，如四刀位卧式回转刀架（图1-8a）或多刀位回转刀架（图1-8b）。

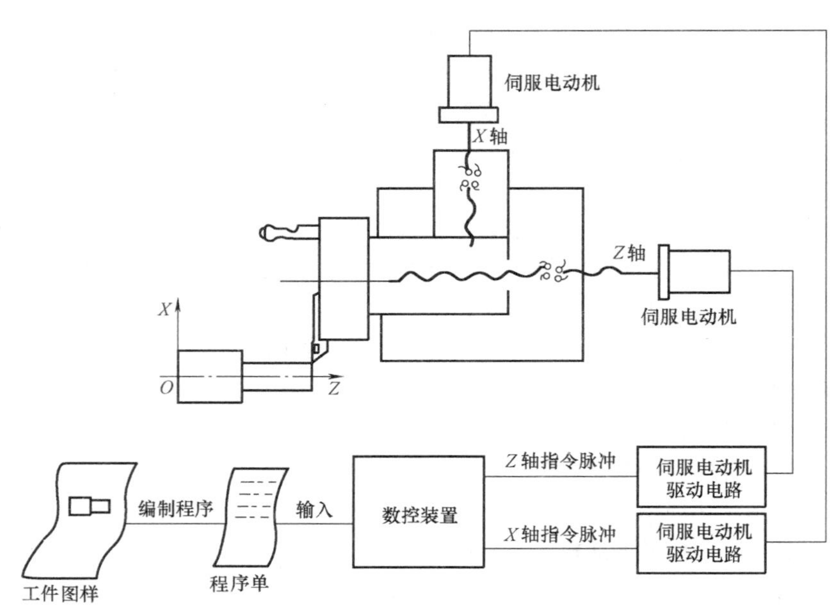

图1-5 数控车床的基本工作原理

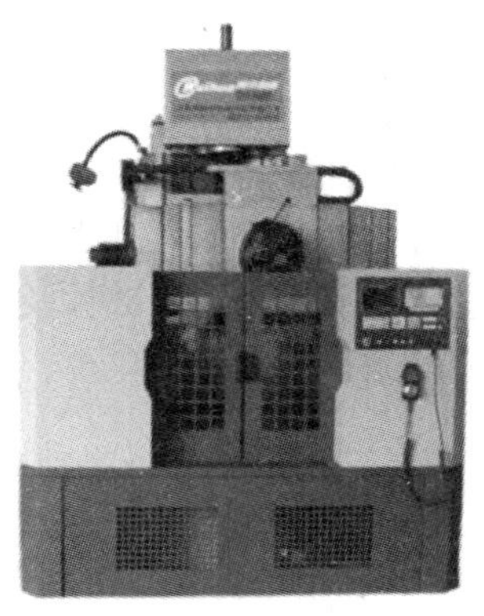

图1-6 立式数控车床

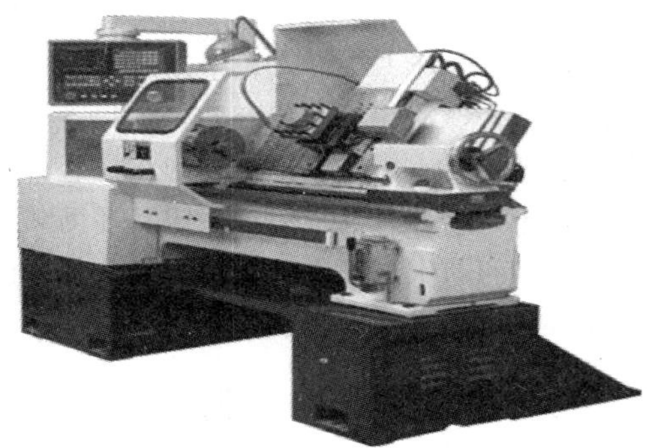

图1-7 卧式数控倾斜导轨车床

a)

b)

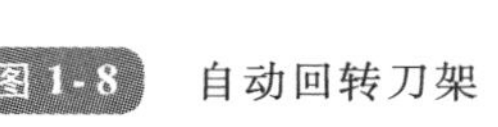

图1-8 自动回转刀架

a）四刀位卧式回转刀架 b）多刀位回转刀架

(2) 双刀架数控车床 这类车床的双刀架平行分布（图 1-9），也可以相互垂直分布。

图 1-9 双刀架数控车床

3. 按控制方式分类

数控车床按照对被控量有无检测装置可分为开环控制数控车床和闭环控制数控车床两种。在闭环系统中，根据检测装置安放的部位又分为全闭环控制数控车床和半闭环控制数控车床两种。

(1) 开环控制数控车床 开环控制系统框图如图 1-10 所示。开环控制系统中没有检测反馈装置。数控装置将工件加工程序处理后，输出数字指令信号给伺服系统，驱动机床运动，但不检测运动的实际位置，即没有位置反馈信号。开环控制的伺服系统主要使用步进电动机，受步进电动机的步距精度和工作频率以及传动机构的传动精度影响，开环系统的速度和精度都较低。但由于开环控制结构简单，调试方便，容易维修，成本较低，仍被广泛应用于经济型数控机床上。

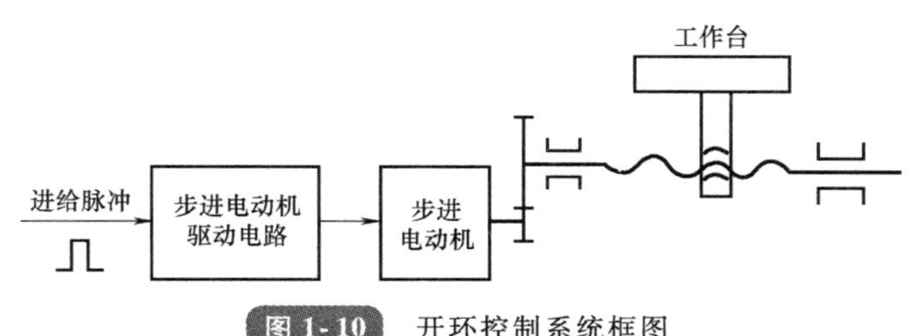

图 1-10 开环控制系统框图

(2) 闭环控制数控车床 图 1-11 所示为闭环控制系统框图，安装在工作台上的检测元件将工作台实际位移量反馈到计算机中，与所要求的位置指令进行比较，用比较的差值进行控制，直到差值消除为止。可见，闭环控制系统可以消除机械传动部件的各种误差和工件加工过程中产生的干扰等影响，从而使加工精度大大提高。

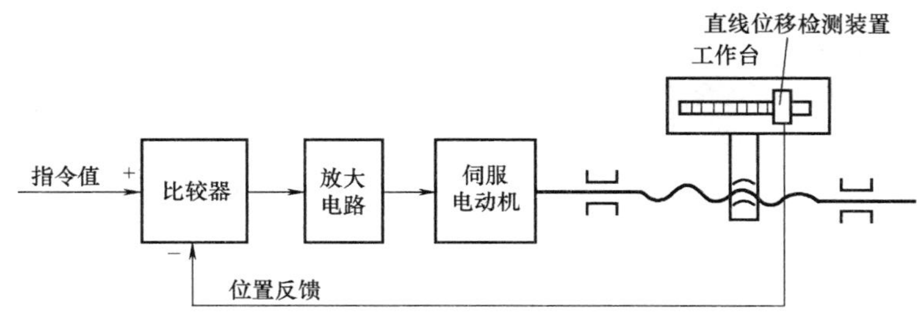

图 1-11 闭环控制系统框图

闭环控制的特点是加工精度高，移动速度快。但这类数控车床采用直流伺服电动机或交流伺服电动机作为驱动元件，电动机的控制电路比较复杂，检测元件价格昂贵，因此调试和维修比较复杂，成本高。

（3）半闭环控制数控车床　半闭环控制系统框图如图1-12所示，它不是直接检测工作台的位移量，而是采用转角位移检测元件，如光电编码器，测出伺服电动机或丝杠的转角，推算出工作台的实际位移量，反馈到计算机中进行位置比较，用比较的差值进行控制。由于反馈环内没有包含工作台，故称半闭环控制。半闭环控制精度较闭环控制差，但稳定性好，成本较低，调试、维修也较容易，兼顾了开环控制和闭环控制两者的特点，因此应用比较普遍。

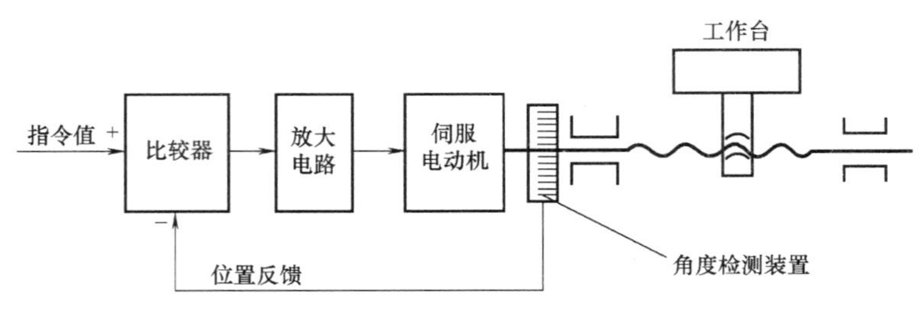

图1-12　半闭环控制系统框图

4. 按数控系统的功能分类

（1）经济型数控车床　如图1-13所示，这类数控车床常常是基于普通车床进行数控改造的产物。一般采用开环或半闭环伺服系统；主轴一般采用变频调速，并安装有主轴脉冲编码器用于车削螺纹。经济型数控车床一般刀架前置（位于操作者一侧）。机床主体结构与普通车床无大的区别，一般结构简单，且功能简化、针对性强、精度适中，主要用于精度要求不高，有一定复杂性的工件。

图1-13　经济型数控车床　　图1-14　全功能型数控车床

（2）全功能型数控车床　如图1-14所示，这类车床的总体结构先进、控制功能齐全、辅助功能完善、加工的自动化程度比经济型数控车床高，稳定性和可靠性也较好，适宜加工精度高、形状复杂、工序多、品种多变的单件或中小批量工件。

（3）车削中心　如图1-15所示，车削中心是以全功能型数控车床为主体，增加动

力刀座（C轴控制）和刀库后，机床除具备一般的车削功能外，还具备在零件的端面和外圆面上进行铣削加工的功能，如图1-16所示。

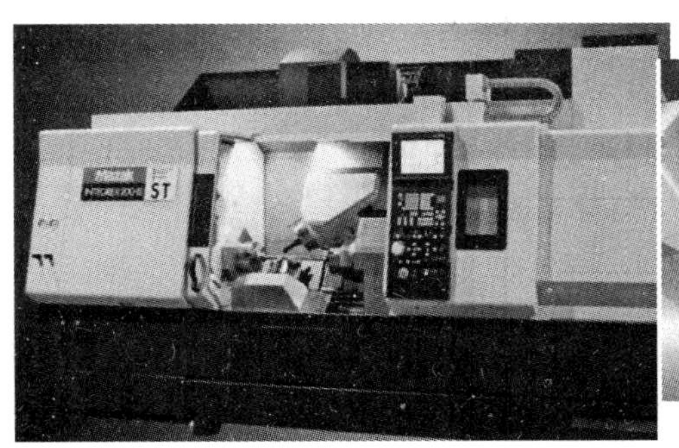

图1-15 车削中心

a)

b)

图1-16 车削中心铣削端面和外圆

a）铣削端面 b）铣削外圆

四、数控车床的特点

数控车床是实现柔性自动化的重要设备，与普通车床相比，数控车床具有如下特点。

1. 适应性强

数控车床在更换产品（生产对象）时，只需要改变数控装置内的加工程序、调整有关的数据就能满足新产品的生产需要，不需改变机械部分和控制部分的硬件。这一特点不仅可以满足当前产品更新、更快的市场竞争需要，而且较好地解决了单件、中小批量和多变产品的加工问题。适应性强是数控车床最突出的优点，也是数控车床得以产生和迅速发展的主要原因。

2. 加工精度高

数控车床本身的精度都比较高，中小型数控车床的定位精度可达0.005mm，重复定位精度可达0.002mm，而且还可利用软件进行精度校正和补偿，因此可以获得比车床本身精度还要高的加工精度和重复定位精度。加上数控车床是按预定程序自动工作的，加工过程不需要人工干预，工件的加工精度全部由机床保证，消除了操作者的人为误差，因此加工出来的工件精度高、尺寸一致性好、质量稳定。

3. 生产率高

数控车床具有良好的结构特性，可进行大切削用量的强力切削，有效节省了基本作业时间，还具有自动变速、自动换刀和其他辅助操作自动化等功能，使辅助作业时间大为缩短，所以一般比普通车床的生产率高。

4. 自动化程度高，劳动强度低

数控车床的工作是按预先编制好的加工程序自动连续完成的，操作者除了输入加工程序或操作键盘、装卸工件、关键工序的中间检测以及观察机床运行之外，不需要进行繁杂的重复性手工操作，劳动强度与紧张程度均可大为减轻，加上数控车床一般都具有较好的安全防护、自动排屑、自动冷却和自动润滑装置，操作者的劳动条件也大为改善。

第二节　数控车床坐标系

为了便于描述数控车床的运动，数控研究人员引入了数学中的坐标系，用机床坐标系来描述机床的运动。为了准确地描述机床的运动，简化程序的编制方法及保证记录数据的互换性，数控车床的坐标和运动方向均已标准化。

一、坐标系确定原则

1. 刀具相对于静止工件而运动的原则

这一原则使编程人员能在不知道是刀具移近工件还是工件移近刀具的情况下，就可根据零件图样，确定零件的加工过程。

2. 标准坐标（机床坐标）**系的规定**

数控车床的动作是由数控装置来控制的，为了确定机床上的成形运动和辅助运动，必须先确定机床上运动的方向和运动的距离，这就需要一个坐标系才能实现，这个坐标系就称为机床坐标系。

标准的机床坐标系是一个右手笛卡儿直角坐标系，如图 1-17 所示，图中规定了 X、Y、Z 三个直角坐标轴的方向。伸出右手的大拇指、食指和中指，并互为90°，大拇指代表 X 坐标轴，食指代表 Y 坐标轴，中指代表 Z 坐标轴。大拇指的指向为 X 坐标轴的正方向，食指的指向为 Y 坐标轴的正方向，中指的指向为 Z 坐标轴的正方向。围绕 X、Y、Z 坐标轴的旋转坐标分别用 A、B、C 表示，根据右手螺旋定则，大拇指的指向为 X、Y、Z 坐标轴中任意轴的正向，则其余四指的旋转方向即为旋转坐标 A、B、C 的正向。

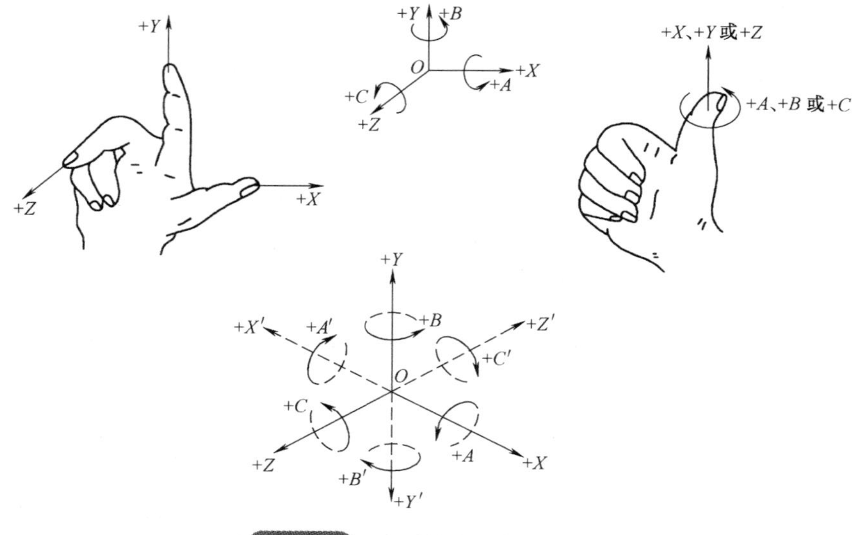

图 1-17　右手笛卡儿直角坐标系

3. 运动方向的规定

对于各坐标轴的运动方向，均将增大刀具与工件距离的方向确定为各坐标轴的正方向。

二、坐标轴的确定

1. Z 坐标轴

Z 坐标轴的运动方向是由传递切削力的主轴所决定的，与主轴轴线平行的标准坐标轴即为 Z 坐标轴，其正方向是增加刀具和工件之间距离的方向，卧式数控车床的坐标系如图 1-18 所示。

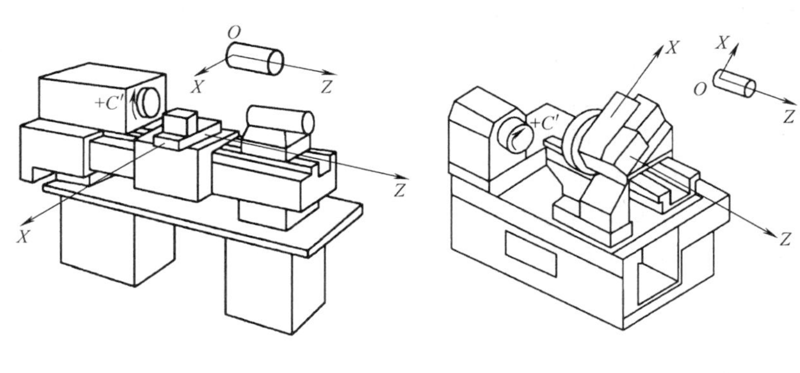

图 1-18　卧式数控车床的坐标系

2. X 坐标轴

X 坐标轴平行于工件装夹面，一般在水平面内，它是刀具或工件定位平面内运动的主要坐标。对于数控车床，X 坐标轴的方向是在工件的径向上，且平行于横滑座。X 坐标轴的正方向是安装在横滑座主要刀架上的刀具离开工件回转中心的方向，如图 1-18 所示。

3. Y 坐标轴

在确定 X 和 Z 坐标轴后，可根据 X 和 Z 坐标轴的正方向，按照右手笛卡儿直角坐标系来确定 Y 坐标轴及其正方向。

三、机床坐标系

机床坐标系是数控车床的基本坐标系，它是以机床原点为坐标原点建立起来的 X、Z 轴直角坐标系，如图 1-19 所示。机床原点是由机床生产厂家决定的，是数控车床上的一个固定点。卧式数控车床的机床原点一般取在主轴前端面与中心线交

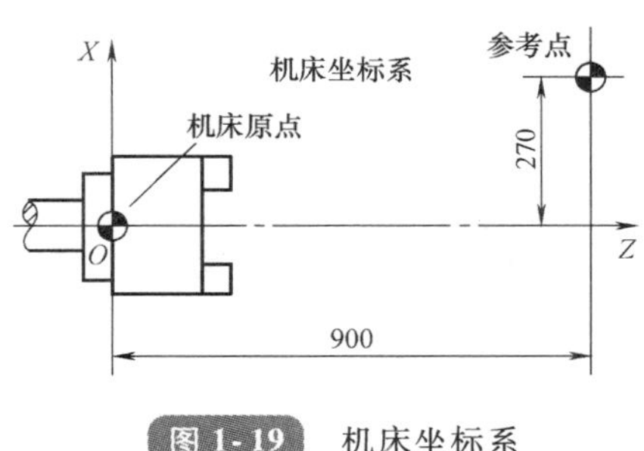

图 1-19　机床坐标系

点处，但这个点不是一个物理点，而是一个定义点，它是通过机床参考点间接确定的。机床参考点是一个物理点，其位置由 X、Z 向的挡块和行程开关确定。对于某台数控车床，机床参考点与机床原点之间有严格的位置关系，机床出厂前已调试准确，确定为某一固定值，这个值就是机床参考点在机床坐标系中的坐标。

在机床每次通电之后，必须进行回机床零点操作（简称回零操作），使刀架运动到机床参考点，其位置由机械挡块确定。这样通过机床回零操作，确定了机床原点，从而准确地建立机床坐标系。

四、工件坐标系

数控车床加工时，工件可以通过卡盘夹持于机床坐标系下的任意位置。这样一来用机床坐标系描述刀具轨迹就显得不大方便。为此，编程人员在编写零件加工程序时通常要选择一个工件坐标系，也称编程坐标系，这样刀具轨迹就变为工件轮廓在工件坐标系下的坐标了。编程人员就不用考虑工件上的各点在机床坐标系下的位置，从而使问题大大简化。

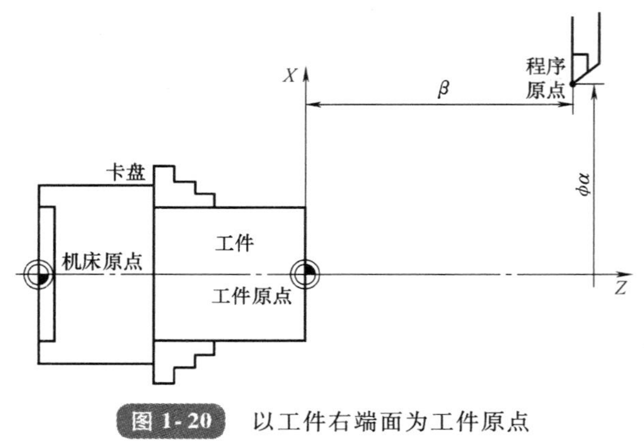

图 1-20　以工件右端面为工件原点

工件坐标系是人为设定的，设定的依据是既要符合尺寸标注的习惯，又要便于坐标计算和编程。一般工件坐标系的原点最好选择在工件的定位基准、尺寸基准或夹具的适当位置上。根据数控车床的特点，工件原点通常设在工件左、右端面的中心或卡盘前端面的中心。图 1-20 所示是以工件右端面为工件原点。

五、刀具相关点

1. 刀位点

刀具在机床上的位置是由“刀位点”的位置来表示的。所谓刀位点，是指刀具的定位基准点。不同的刀具刀位点不同，对于车刀，各类车刀的刀位点如图 1-21 所示。

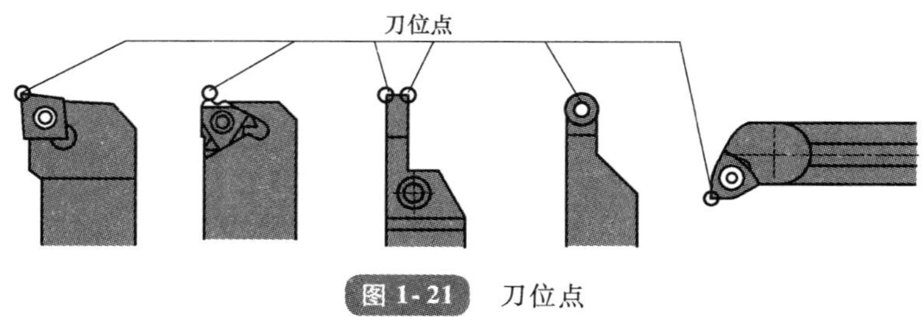

图 1-21　刀位点

2. 对刀点

对刀点是数控加工中刀具相对工件运动的起点，也可以称为程序起点或起刀点。通过对刀点，可以确定机床坐标系和工件坐标系之间的相互位置关系。对刀点可选在工件上，也可选在工件外面（如夹具上或机床上），但必须与工件的定位基准有一定的尺寸关系。图 1-22 所示为某车削零件的对刀点。对刀点选择的原则是：找正容易，编程方便，对刀误差小，加工时检查方便、可靠。

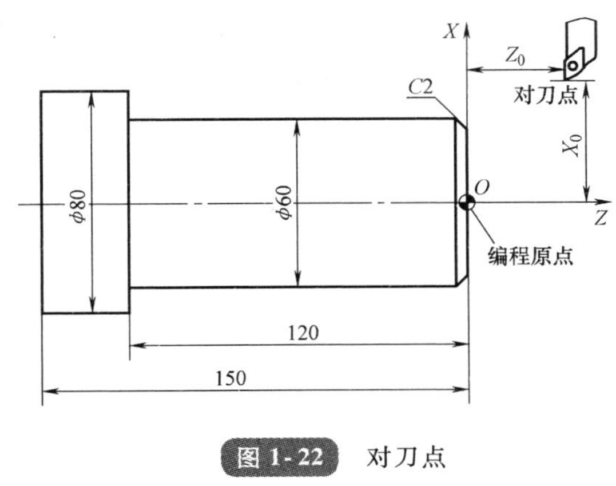

图 1-22　对刀点

3. 换刀点

换刀点是零件程序开始加工或者是加工过程中更换刀具的相关点（图 1-23）。设立换刀点的目的是在更换刀具时让刀具处于一个比较安全的区域，对刀点可在远离工件和尾座处，也可在便于换刀的任何地方，但该点与程序原点之间必须有确定的坐标关系。

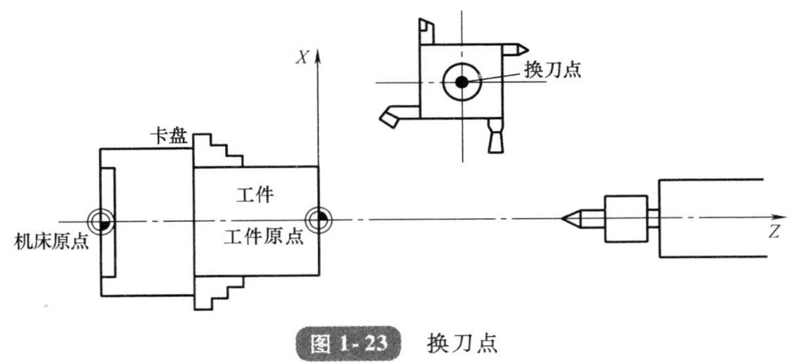

图 1-23　换刀点

第三节　数控车削编程基本知识

一、数控编程概述

1. 数控编程的概念及步骤

数控编程就是把零件的外形尺寸、加工工艺过程、工艺参数、刀具参数等信息，按照 CNC 专用的编程代码编写加工程序的过程。数控编程的主要步骤如图 1-24 所示。

（1）分析零件图样和制订工艺方案　这项工作的内容包括：对零件图样进行分析，明确加工的内容和要求；确定加工方案；选择适合的数控机床；选择或设计刀具和夹具；确定合理的走刀路线及选择合理的切削用量等。这一工作要求编程人员能够对零件图样的技术特性、几何形状、尺寸及工艺要求进行分析，并结合数控机床使用的基础知识，如数控机床的规格、性能、数控系统的功能等，确定加工方法和加工路线。

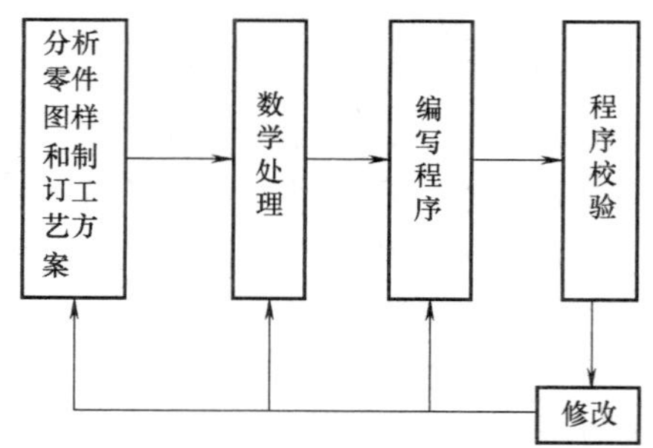

图 1-24　数控编程的主要步骤

（2）数学处理　在确定了工艺方案后，就需要根据零件的几何尺寸、加工路线等，计算刀具中心运动轨迹，以获得刀位数据。数控系统一般均具有直线插补与圆弧插补功能，对于加工由圆弧和直线组成的较简单的平面零件，只需要计算出零件轮廓上相邻几何元素交点或切点的坐标值，得出各几何元素的起点、终点、圆弧的圆心坐标值等，就能满足编程要求。当零件的几何形状与控制系统的插补功能不一致时，就需要进行较复杂的数值计算，一般需要使用计算机辅助计算，否则难以完成。

（3）编写零件加工程序　在完成上述工艺处理及数值计算工作后，即可编写零件加工程序。程序编制人员使用数控系统的程序指令，按照规定的程序格式，逐段编写加工程序。程序编制人员应对数控机床的功能、程序指令及代码十分熟悉，才能编写出正确的加工程序。

（4）程序检验　将编写好的加工程序输入数控系统，就可控制数控机床的加工工作。一般在正式加工之前，要对程序进行检验。通常可采用机床空运转的方式，来检查机床动作和运动轨迹的正确性，以检验程序。在具有图形模拟显示功能的数控机床上，可通过显示走刀轨迹或模拟刀具对工件的切削过程，对程序进行检查。对于形状复杂和要求高的零件，也可采用铝件、塑料或石蜡等易切材料进行试切来检验程序。通过检查试件，不仅可确认程序是否正确，还可知道加工精度是否符合要求。若能采用与被加工零件材料相同的材料进行试切，则更能反映实际加工效果，当发现加工的零件不符合加工技术要求时，可修改程序或采取尺寸补偿等措施。

2. 数控程序编制的方法

数控加工程序的编制方法主要有两种：手工编程和自动编程。

（1）手工编程　手工编程是指编程的各个阶段均由人工完成。手工编程的意义在于加工形状简单的零件（如直线与直线或直线与圆弧组成的轮廓）时，编程快捷、简便，不需要具备特别的条件（如价格较高的自动编程机及相应的硬件和软件等），对机床操作或程序员不受特殊条件的制约，还具有较大的灵活性和编程费用少等优点。手工编程的缺点是耗费时间较长，容易出现错误，无法胜任复杂形状零件的编程。

（2）自动编程　自动编程是利用计算机专用软件来编制数控加工程序的。编程人员只需根据零件图样的要求，使用数控语言，由计算机自动地进行数值计算及后置处理，编写出零件加工程序单。自动编程使得一些计算烦琐、手工编程困难或无法编出的程序能够顺利地完成。

按计算机专用软件的不同，自动编程可分为数控语言自动编程、图形交互自动编程和语音提示自动编程等。目前应用较广泛的是图形交互自动编程。它直接利用 CAD 模块生成几何图形，采用人机交互的实时对话方式，在计算机屏幕上指定被加工部位，输入相应的加工参数，计算机便可自动进行必要的数学处理并编制出数控加工程序，同时在计算机屏幕上动态显示出刀具的加工轨迹。

二、数控加工代码及程序段格式

1. 字符

字符是一个关于信息交换的术语，它的定义是：用来组织、控制或表示数据的各种符号，如字母、数字、标点符号和数学运算符号等。字符是计算机进行存储或传送的信号，也是我们所要研究的加工程序的最小组成单位。常规加工程序用的字符分四类：第一类是字母，它由 26 个大写英文字母组成；第二类是数字和小数点，它由 0 ~ 9 共 10 个阿拉伯数字及一个小数点组成；第三类是符号，由正号（+）和负号（-）组成；第四类是功能字符，它由程序开始（结束）符、程序段结束符、跳过任选程序段符、机床控制暂停符、机床控制恢复符和空格符等组成。

2. 程序字

数控机床加工程序由若干“程序段”组成，每个程序段由按照一定顺序和规定排列的程序字组成。程序字是一套有规定次序的字符，可以作为一个信息单元（即信息处理的单位）存储、传递和操作，如 X1234.56 就是由 8 个字符组成的一个程序字。

3. 地址和地址字

地址又称为地址符，在数控加工程序中，它是指位于程序字头的字符或字符组，用以识别其后的数据；在传递信息时，它表示其出处或目的地。常用的地址有 N、G、X、Z、U、W、I、K、R、F、S、T、M 等字符，每个地址都有它的特定含义，见表 1-1。

表 1-1　常用地址符含义

功能	代码	备　注
程序名	O	程序名
程序段号	N	顺序号
准备功能	G	定义运动方式
坐标地址	X、Y、Z	轴向运动指令
	U、V、W	附加轴运动指令
	A、B、C	旋转坐标轴
	R	圆弧半径
	I、J、K	圆心坐标
进给速度	F	定义进给速度
主轴转速	S	定义主轴转速
刀具功能	T	定义刀具号
辅助功能	M	机床的辅助动作
子程序名	P	子程序名
重复次数	L	子程序的循环次数

（1）程序段号　程序段号也称顺序号字，一般位于程序段开头，可用于检索，便于检查、交流或指定跳转目标等，它由地址符 N 和随后的 1 ~4 位数字组成。它是数控加工程序中用得最多，但又不容易引起人们重视的一种程序字。

使用顺序号字应注意如下问题：数字部分应为正整数，所以最小顺序号是 N1，建议不使用 N0；顺序号字的数字可以不连续使用，也可以不从小到大使用；顺序号字不是程序段中的必用字，对于整个程序，可以每个程序段均有顺序号字，也可以均没有顺序号字，也可以部分程序段设有顺序号字。

（2）准备功能字　准备功能字的地址符是 G，所以又称 G 功能，它是设立机床工作方式或控制系统工作方式的一种命令。所以在程序段中 G 功能字一般位于尺寸字的前面。规定 G 指令由字母 G 及其后面的两位数字组成，从 G00 到 G99 共 100 种代码，见表 1-2。

表 1-2　准备功能 G 代码

代　码	功　能	程序指令类别	功能仅在出现段内有效
G00	点定位	a	
G01	直线插补	a	
G02	顺时针圆弧插补	a	
G03	逆时针圆弧插补	a	
G04	暂停		*
G05	不指定	#	#
G06	抛物线插补	a	
G07	不指定	#	#
G08	自动加速		*
G09	自动减速		*
G10 ~ G16	不指定	#	#
G17	*XY* 面选择	c	
G18	*ZX* 面选择	c	
G19	*YZ* 面选择	c	
G20 ~ G32	不指定	#	#
G33	等螺距螺纹切削	a	
G34	增螺距螺纹切削	a	
G35	减螺距螺纹切削	a	
G36 ~ G39	永不指定	#	#
G40	注销刀具补偿或刀具偏置	d	
G41	刀具左补偿	d	
G42	刀具右补偿	d	
G43	刀具正偏置	#(d)	#
G44	刀具负偏置	#(d)	#
G45	刀具偏置（Ⅰ象限）+/+	#(d)	#
G46	刀具偏置（Ⅳ象限）+/-	#(d)	#
G47	刀具偏置（Ⅲ象限）-/-	#(d)	#
G48	刀具偏置（Ⅱ象限）-/+	#(d)	#
G49	刀具偏置（*Y* 轴正向）0/+	#(d)	#
G50	刀具偏置（*Y* 轴负向）0/-	#(d)	#

（续）

代码	功能	程序指令类别	功能仅在出现段内有效
G51	刀具偏置（X 轴正向）+/0	#(d)	#
G52	刀具偏置（X 轴负向）-/0	#(d)	#
G53	直线偏移注销	f	
G54	沿 X 轴直线偏移	f	
G55	沿 Y 轴直线偏移	f	
G56	沿 Z 轴直线偏移	f	
G57	XY 平面直线偏移	f	
G58	XZ 平面直线偏移	f	
G59	YZ 平面直线偏移	f	
G60	准确定位 1（精）	h	
G61	准确定位 2（中）	h	
G62	快速定位（粗）	h	
G63	攻螺纹方式		*
G64 ~ G67	不指定	#	#
G68	内角刀具偏置	#(d)	#
G69	外角刀具偏置	#(d)	#
G70 ~ G79	不指定	#	#
G80	注销固定循环	e	
G81 ~ G89	固定循环	e	
G90	绝对尺寸	j	
G91	增量尺寸	j	
G92	预置寄存，不运动	j	
G93	时间倒数进给率	k	
G94	每分钟进给	k	
G95	主轴每转进给	k	
G96	主轴恒线速度	i	
G97	主轴每分钟转速，注销 G96	i	
G98 ~ G99	不指定	#	#

注：1. “#” 号表示如选作特殊用途，必须在程序格式解释中说明。

2. 指定功能代码中，程序指令类别标有 a、c、h、e、f、j、k 及 i，为同一类别代码。在程序中，这种代码为模态指令，可以被同类字母指令所代替或注销。

3. 指定了功能的代码，不能用于其他功能。

4. “ * ” 号表示功能仅在所出现的程序段内有用。

5. 永不指定代码，在本标准内，将来也不指定。

G 指令分为模态指令（又称续效代码）和非模态指令（又称非续效代码）两类。表 1-2 中第三列标有字母的行所对应的 G 指令为模态指令，标有相同字母的 G 指令为一组。模态指令在程序中一经使用后就一直有效，直到出现同组中的其他任一 G 指令将其取代后才失效。表中第三列没有字母的行所对应的 G 指令为非模态指令，它只在编有该代码的程序段中有效（如 G04），下一程序段需要时必须重写。

在程序编制时，对所要进行的操作，必须预先了解所使用的数控装置本身所具有的 G 指令。对于同一台数控车床的数控装置来说，它所具有的 G 指令功能只是标准中的一部分，而且各机床由于性能要求不同，也各不一样。

（3）坐标尺寸字　坐标尺寸字（以下简称尺寸字）在程序段中主要用来指令机床的刀具运动到达的坐标位置。尺寸字是由规定的地址符及后续的带正、负号或者带正、负号又有小数点的多位十进制数组成的。地址符用得较多的有三组：第一组是X、Y、Z、U、V、W、P、Q、R，主要是用来指令到达点坐标值或距离；第二组是A、B、C、D、E，主要用来指令到达点角度坐标；第三组是I、J、K，主要用来指令零件圆弧轮廓圆心点的坐标尺寸。

尺寸字可以使用米制，也可以使用寸制，多数系统用准备功能字选择。例如，FANUC系统用G21/G20、美国A—B公司系统用G71/G70切换；也有一些系统用参数设定来选择米制或寸制。尺寸字中数值的具体单位，采用米制时一般用1μm、10μm、1mm；采用寸制时常用0.0001in[⊖]和0.001in。选择何种单位，通常用参数设定。现代数控系统在尺寸字中允许使用小数点编程，有的允许在同一程序中有小数点和无小数点的指令混合使用，给用户带来方便。无小数点的尺寸字指令的坐标长度等于数控机床设定单位与尺寸字中后续数字的乘积。例如，采用米制单位若设定为1μm，我们指令Y向尺寸360mm时，应写成Y360.或Y360000。

（4）进给功能字　进给功能字的地址符为F，所以又称为F功能或F指令，它的功能是指令切削的进给速度。现在CNC机床一般都能使用直接指定方式（也称直接指定法），即可用F后的数字直接指定进给速度，为用户编程带来方便。

FANUC数控系统，进给量单位用G98和G99指定，系统开机默认G99。G98表示进给转速与主轴转速无关的每分钟进给量，单位为mm/min或in/min；G99表示与主轴转速有关的主轴每转进给量，单位为mm/r或in/r。西门子数控系统，进给量单位用G94和G95指定，系统开机默认G95。G94表示进给速度与主轴转速无关的每分钟进给量，单位为mm/min或in/min；G95表示与主轴转速有关的主轴每转进给量，单位为mm/r或in/r。

（5）主轴转速功能字　主轴转速功能字的地址符用S，所以又称为S功能或S指令，它主要用来指定主轴转速或速度，单位为r/min或m/min。中档以上数控车床的主轴驱动已采用主轴伺服控制单元，其主轴转速采用直接指定方式，如S1500表示主轴转速为1500r/min。

对于中档以上的数控机床，还有一种使切削转速保持不变的恒线转速的功能。这意味着在切削过程中，如果切削部位的回转直径不断变化，那么主轴转速也要不断地做相应变化，此时S指令是指定车削加工的线速度。在程序中用G96或G97指令配合S指令来指定主轴转速。G96为恒线速控制指令，如用“G96 S200”表示主轴转速为200m/min，“G97 S200”表示取代G96，即主轴转速不是恒线速度，其为200r/min。

（6）刀具功能字　刀具功能字用地址符T及随后的数字代码表示，所以也称为T功能或T指令，它主要用来指令加工中所用刀具号及自动补偿编组号。其自动补偿内容主要指刀具的刀位偏差或长度补偿及刀尖圆弧半径补偿。

⊖ 1in＝0.0254m。

数控车床T的后续数字可分为1、2、4、6位四种。T后随1位数字的形式用得比较少，在少数车床（如CK0630）的数控系统（如HN－100T）中，因除了刀具的编码（刀号）之外，其他如刀具偏置、刀尖圆弧半径的自动补偿值，都不需要填入加工程序段内。故只需用一位数字表示刀具编码号即可。在经济型数控车床系统中，普遍采用两位数字，一般前位数字表示刀具的编码号，常用0～8共9个数字，其中“0”表示不转刀；后位数字表示刀具补偿的编组号，常用0～8共9个数字，其中“0”表示补偿量为零，即撤销其补偿。T后随4位数字的形式用得比较多，一般前两位数来选择刀具的编码号，后两位为刀具补偿的编组号。T后随6位数字的形式用得比较少，一般前两位数来选择刀具的编码号，中间两位表示刀尖圆弧半径补偿号，后两位为刀具长度补偿的编组号。

（7）辅助功能字　辅助功能字又称M功能或M指令，它用以指令数控机床中辅助装置的开关动作或状态。例如，主轴启、停，切削液通、断，更换刀具等。与G指令一样，M指令由字母M和其后的两位数字组成，从M00～M99共100种，见表1-3。M指令又分为模态指令与非模态指令。

表1-3　辅助功能字M指令

指令	功能开始时间		模态指令	非模态指令	功能
	同时	滞后			
M00	—	*	—	*	程序停止
M01	—	*	—	*	计划停止
M02	—	*	—	*	程序结束
M03	*	—	*	—	主轴顺时针方向运转
M04	*	—	*	—	主轴逆时针方向运转
M05	—	*	*	—	主轴停止
M06	#	#			换刀
M07	*	—	*	—	2号切削液开
M08	*	—	*	—	1号切削液开
M09	—	*	*	—	切削液关
M10	#	#	*	—	夹紧
M11	#	#	*	—	松开
M12	#	#	#	#	不指定
M13	*	—	*	—	主轴顺时针方向运转、切削液开
M14	*	—	*	—	主轴逆时针方向运转、切削液开
M15	*	—	—	*	正运动
M16	*	—	—	*	负运动
M17、M18	#	#	#	#	不指定

（续）

指令	功能开始时间		模态指令	非模态指令	功　能
	同时	滞后			
M19	—	*	*	—	主轴定向停止
M20 ~ M29	#	#	#	#	永不指定
M30	—	*	—	*	纸带结束
M31	#	#	—	*	互锁旁路
M32 ~ M35	#	#	#	#	不指定
M36	*	—	#	—	进给范围 1
M37	*	—	#	—	进给范围 2
M38	*	—	#	—	主轴转速范围 1
M39	*	—	#	—	主轴转速范围 2
M40 ~ M45	#	#	#	#	不指定或齿轮换档
M46 ~ M47	#	#	#	#	不指定
M48	—	*	*	—	注销 M49
M49	*	—	#	—	进给率修正旁路
M50	*	—	#	—	3 号切削液开
M51	*	—	#	—	4 号切削液开
M52 ~ M54	#	#	#	#	不指定
M55	*	—	#	—	刀具直线位移，位置 1
M56	*	—	#	—	刀具直线位移，位置 2
M57 ~ M59	#	#	#	#	不指定
M60	—	*	—	*	更换零件
M61	*	—	*	—	零件直线位移，位置 1
M62	*	—	*	—	零件直线位移，位置 2
M63 ~ M70	#	#	#	#	不指定
M71	*	—	*	—	零件角度位移，位置 1
M72	*	—	—	—	零件角度位移，位置 2
M73 ~ M89	#	#	#	#	不指定
M90 ~ M99	#	#	#	#	永不指定

注：1. “#”号表示若选作特殊用途，必须在程序中注明。
2. “*”号表示对该具体情况起作用。

常用 M 指令的说明见表 1-4。

三、程序段的组成

1. 程序段基本格式

程序段是程序的基本组成部分，每个程序段由若干个数据字构成，而数据字又由表示地址的英文字母、特殊文字和数字构成，如 X30.0、G50 等。

表 1-4 常用 M 指令

M 指令	功能	指令说明
M00	程序暂停	执行 M00 指令,进给停、程序停止。按下控制面板上的循环启动键可取消 M00 状态,使程序继续向下执行
M01	选择停止	功能和 M00 相似。不同的是只有在机床操作面板上的“选择停止”开关处于“ON”状态时此功能才有效。M01 常用于关键尺寸的检验和临时暂停
M02	程序结束	该指令表示加工程序全部结束。它使主轴运动、进给运动、切削液供给等停止,机床复位
M03	主轴正转	该指令使主轴正转。主轴转速由主轴功能字 S 指定,如某程序段:N10 S500 M03,它的意义为指定主轴以 500r/min 的转速正转
M04	主轴反转	该指令使主轴反转,与 M03 相似
M05	主轴停止	在 M03 或 M04 指令作用后,可以用 M05 指令使主轴停止
M06	自动换刀	该指令为自动换刀指令,数控车床用于刀具的自动更换
M08	切削液开	该指令使切削液开启
M09	切削液关	该指令使切削液停止供给
M30	程序结束	程序结束并返回程序的第一条语句,准备下一个零件的加工
M98	子程序调用	该指令用于子程序调用
M99	子程序结束	该指令表示子程序运行结束,返回到主程序

程序段格式是指一个程序段中字、字符、数据的排列、书写方式和顺序。现代数控车床编程使用的程序段格式为地址符程序段格式,其格式如下

N___ G___ X___ Y___ Z___ F___ S___ T___ M___ LF

程序段号	准备功能	尺寸字	进给功能	主轴功能	刀具功能	辅助功能	结束标记

如 N50 G01 X30.0 Z30.0 F100 S800 T0101 M03;

2. 程序段的组成

(1) 程序段号 程序段号由地址符“N”开头,其后为若干位数字。在大部分系统中,程序段号仅作为“跳转”或“程序检索”的目标位置指示。因此,它的大小及次序可以颠倒,也可以省略。程序段在存储器内以输入的先后顺序排列,而程序的执行是严格按信息在存储器内的先后顺序一段一段地执行,也就是说执行的先后次序与程序段号无关。但是,当程序段号省略时,该程序段将不能作为“跳转”或“程序检索”的目标程序段。

程序段号也可以由数控系统自动生成,程序段号的递增量可以通过“机床参数”进行设置,一般可设定增量值为“10”。

(2) 程序段内容 程序段的中间部分是程序段的内容,程序内容应具备六个基本要素,即准备功能字、尺寸功能字、进给功能字、主轴功能字、刀具功能字、辅助功能字等,但并不是所有程序段都必须包含所有功能字,有时一个程序段内可仅包含其中一个或几个功能字也是允许的。

如图 1-25 所示，为了将刀具从 P_1 点移到 P_2 点，必须在程序段中明确以下几点。

1）移动的目标是哪里？

2）沿什么样的轨迹移动？

3）移动速度有多大？

4）刀具的切削速度是多少？

5）选择哪一把刀移动？

6）机床还需要哪些辅助动作？

对于图 1-25 中的直线刀具轨迹，其程序段可写成如下格式：

N10 G01 X100.0 Z60.0 F100 S300 T01 M03;

如果在该程序段前已指定了刀具功能、转速功能、辅助功能，则该程序段可写成：

N10 G01 X100.0 Z60.0 F100;

（3）程序段结束　程序段以结束标记“LF（或 CR）”结束，实际使用时，常用符号“;”或“*”表示“LF（或 CR）”。

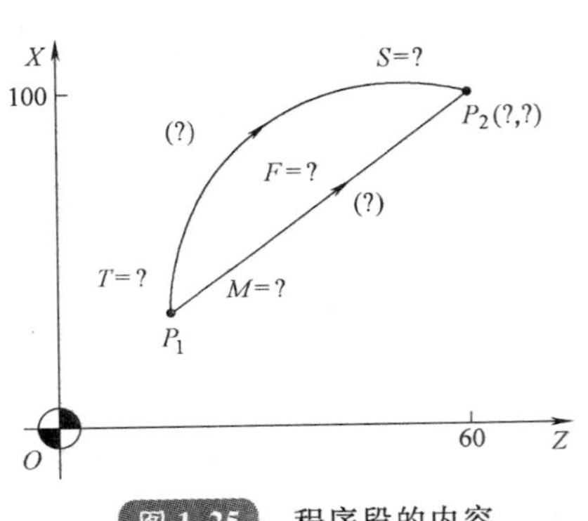

图 1-25　程序段的内容

3. 程序的斜杠跳跃

有时，在程序段的前面有“\”符号，该符号称为斜杠跳跃符号，该程序段称为可跳跃程序段。如下列程序段：

\ N10 G00 X100.0;

这样的程序段，可以由操作者对程序段和执行情况进行控制。当操作机床使系统的“跳过程序段”信号生效时，程序执行时将跳过这些程序段；当“跳过程序段”信号无效时，程序段照常执行，该程序段和不加“\”符号的程序段相同。

4. 程序段注释

为了方便检查、阅读数控程序，在许多数控系统中允许对程序进行注释，注释可以作为对操作者的提示显示在显示器上，但注释对机床动作没有丝毫影响。

程序的注释应放在程序的最后，不允许将注释插在地址和数字之间。FANUC 系统的程序注释用“( )”括起来，SIEMENS 系统的程序注释则跟在“;”之后。本书为了便于读者阅读，一律用“;”表示程序段结束，而用“( )”表示程序注释。

四、加工程序的组成与结构

1. 加工程序的组成

一个完整的数控加工程序由程序号、程序内容和程序结束三部分组成，见表 1-5。

（1）程序号　每一个存储在系统存储器中的程序都需要指定一个程序号以相互区别，这种用于区别零件加工程序的代号称为程序号。因为程序号是加工程序开始部分的识别标记（又称为程序名），所以同一数控系统中的程序号（名）不能重复。

表 1-5 数控加工程序的组成

数控加工程序	注释
O9999;	程序号
N0010 G92 X100. Z50.; N0020 S300 M03; N0030 G00 X40. Z0.; … N0120 M05;	程序内容
N0130 M30;	程序结束

程序号写在程序的最前面，必须单独占一行。

FANUC 系统程序号的书写格式为 O××××，其中 O 为地址符，其后为四位数字，数值从 O0000 到 O9999，在书写时其数字前的零可以省略不写，如 O0020 可写成 O20。

SIEMENS 系统中，程序号由任意字母、数字和下划线组成，一般情况下，程序号的前两位多以英文字母开头，如 AA123、BB456 等。

（2）程序内容　程序内容部分是整个程序的核心部分，是由若干程序段组成的。一个程序段表示零件的一段加工信息，若干个程序段的集合，则完整地描述了一个零件加工的所有信息。

（3）程序结束　结束部分由程序结束指令构成，它必须写在程序的最后。可以作为程序结束标记的 M 指令有 M02 和 M30，它们代表零件加工程序的结束。为了保证最后程序段的正常执行，通常要求 M02/M30 单独占一行。

此外，子程序结束的结束标记因不同的系统而各异，如 FANUC 系统中用 M99 表示子程序结束后返回主程序；而在 SIEMENS 系统中则通常用 M17、M02 或字符“RET”作为子程序的结束标记。

2. 加工程序的结构

数控加工程序的结构形式，随数控系统功能的强弱而略有不同。对功能较强的数控系统，加工程序可分为主程序和子程序，其结构形式见表 1-6。

表 1-6 主程序与子程序的结构形式

主　程　序	子　程　序
O2001;　　主程序名 N10 G92 X100.0 Z50.0; N20 S800 M03 T0101; ... N80 M98 P2002 L2;　　调用子程序 ... N200 M30;　　程序结束	O2002;　　子程序名 N10 G01 U-12. F0.1; N20 G04 X1.0; N30 G01 U12. F0.2; N40 M99;　　程序返回

（1）主程序　主程序即加工程序，它由指定加工顺序、刀具运动轨迹和各种辅助动作的程序段组成，它是加工程序的主体结构。在一般情况下，数控机床是按其主程序

的指令执行加工的。

（2）子程序　在编制加工程序时会遇到一组程序段在一个程序中多次出现或在几个程序中都要用到，那么就可把这一组加工程序段编制成固定程序，并单独予以命名，这组程序段即称为子程序。

使用子程序可以减少不必要的编程重复，从而达到简化编程的目的。子程序可以在存储器方式下调出使用。即主程序可以调用子程序，一个子程序也可以调用下一级子程序。

在主程序中，调用子程序指令是一个程序段，其格式随具体的数控系统而定，FANUC 0i 系统子程序调用格式见表 1-7。

表 1-7　FANUC 0i 系统子程序调用格式

格式		字地址含义	注意事项	举例说明
格式一	M98 P×××× L××××;	1)地址 P 后的四位数字为子程序名 2)地址 L 后的四位数字为重复调用次数,取值范围为 1 ~9999	1)子程序名及调用次数前的 0 可省略 2)子程序调用一次可省略 L 及其后的数字	1)"M98 P200 L3;"表示调用子程序 O200 三次 2)"M98 P200;"表示调用子程序 O200 一次
格式二	M98 P××× ×××××;	地址 P 后的前四位数字为重复调用次数,后四位数字为子程序名	调用次数前的 0 可省略,但子程序名前的 0 不可省略	1)"M98 P30200;"表示调用子程序 O200 三次 2)"M98 P200;"表示调用子程序 O200 一次

第四节　手工编程的数学处理

在手工编程工作中，数学处理不仅占有相当大的比例，有时甚至成为零件加工成败的关键。它不仅要求编程人员具有较扎实的数学基础知识，还要求掌握一定的计算技巧，并具有灵活处理问题的能力，才能准确和快捷地完成计算处理工作。

对图形的数学处理一般包括两个方面：一方面要根据零件图给出的形状、尺寸和公差等，直接通过数学方法（如三角、几何与解析几何法等）计算出编程时所需要的有关各点的坐标值、圆弧插补所需要的圆弧圆心的坐标；另一方面，当按照零件图给出的条件还不能直接计算出编程时所需要的所有坐标值，也不能按零件图给出的条件直接根据工件轮廓几何要素来进行自动编程时，那么就必须根据所采用的具体工艺方法、工艺装备等加工条件，对零件原图形及有关尺寸进行必要的数学处理或改动，才可以进行各点的坐标计算和编程工作。

一、数值换算

1. 标注尺寸换算

在很多情况下，因其图样上的尺寸基准与编程所需要的尺寸基准不一致，故应首先

将图样上的尺寸换算为编程坐标系中的尺寸（即要选择编制加工程序时所使用的编程原点来确定编程坐标系中的尺寸），再进行下一步数学处理工作。

（1）直接换算　直接换算是指直接通过图样上的标注尺寸，即可获得编程尺寸的一种方法。

进行直接换算时，可对图样上给定的基本尺寸或极限尺寸的中值，经过简单的加、减运算后即可完成。

例如，在图 1-26 b 中，除尺寸 42.1mm 外，其余均属于直接按图 1-26a 中标注尺寸经换算后得到的编程尺寸，其中，ϕ59.94mm、ϕ20mm 及 140.08mm 三个尺寸为分别取两极限尺寸平均值后得到的编程尺寸。

在取极限尺寸中值时，如果遇到有第三位小数值（或更多位小数），基准孔按照“四舍五入”的方法处理，基准轴则将第三位进上一位，现介绍如下：

1）当孔尺寸为 $\phi20^{+0.05}_{0}$mm 时，其中值尺寸值取 ϕ20.03mm。

2）当轴尺寸为 $\phi16^{0}_{-0.07}$mm 时，其中值尺寸取 ϕ15.97mm。

3）当孔尺寸为 $\phi16^{+0.07}_{0}$mm 时，其中值尺寸取 ϕ16.04mm。

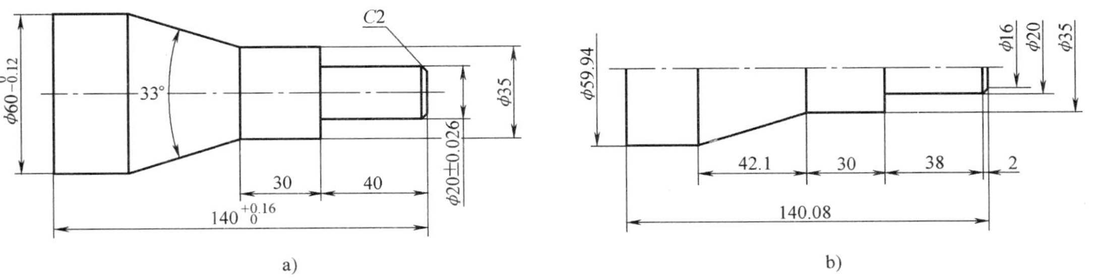

图 1-26　标注尺寸的计算

（2）间接换算　间接换算是指需要通过平面几何、三角函数等计算方法进行必要计算后，才能得到其编程尺寸的一种方法。用间接换算方法所换算出来的尺寸，可以是直接编程时所需的基点坐标尺寸，也可以是为计算某些基点坐标值所需要的中间尺寸。例如，图 1-26b 所示的尺寸 42.1mm 就是属于间接换算后所得到的编程尺寸。

2. 坐标值计算

编制加工程序时，需要进行的坐标值计算工作有：基点的直接计算、节点的拟合计算及刀具中心轨迹的计算等。

二、基点与节点的计算

1. 基点的含义

构成零件轮廓的不同几何素线的交点或切点称为基点，它可以直接作为其运动轨迹的起点或终点。例如图 1-27 中所示的 *A*、*B*、*C*、*D*、*E* 和 *F* 各点都是该零件轮廓上的基点。

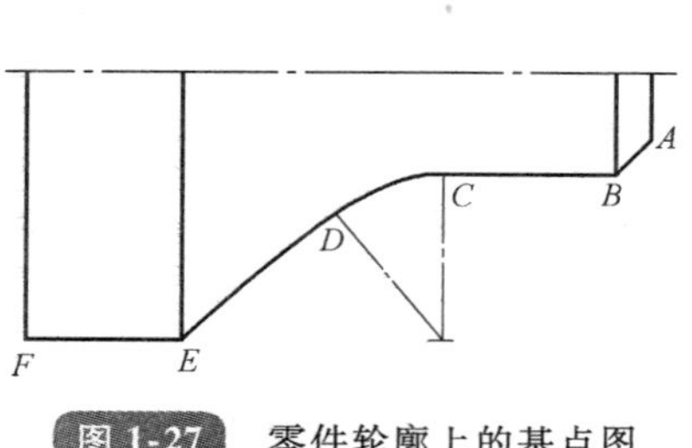

图 1-27 零件轮廓上的基点图

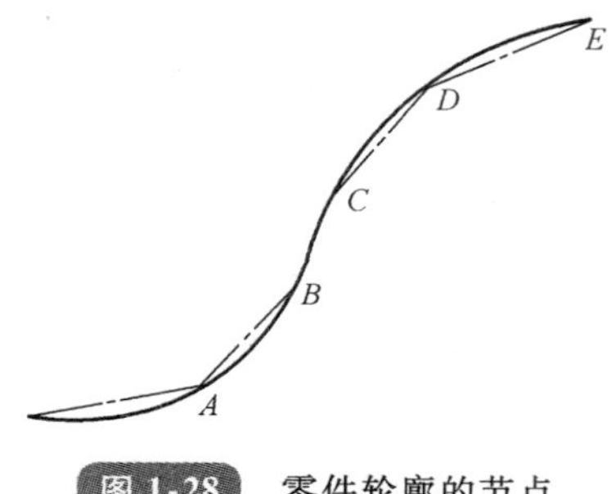

图 1-28 零件轮廓的节点

2. 基点直接计算的内容

根据直接填写加工程序时的要求，基点直接计算的内容主要有：每条运动轨迹（线段）的起点或终点在选定坐标系中的坐标值和圆弧运动轨迹的圆心坐标值。基点直接计算的方法比较简单，一般根据零件图样所给的已知条件人工完成。

3. 节点的拟合计算

（1）节点的含义　当采用不具备非圆曲线插补功能的数控机床加工非圆曲线轮廓的零件时，在加工程序的编制工作中，常常需要用直线或圆弧去近似代替非圆曲线，这称为拟合处理。拟合线段的交点或切点就称为节点。例如在数控机床上加工椭圆、双曲线、抛物线、阿基米德螺旋线或用一系列坐标点表示的列表曲线时，就要用直线或圆弧去逼近被加工曲线。这时，逼近线段与被加工曲线的交点就称为节点。当图 1-28 中的曲线用直线逼近时，其 *A*、*B*、*C*、*D*、*E* 等即为节点。

（2）节点拟合计算的内容　节点拟合计算的难度及工作量都很大，故宜通过计算机完成；必要时，也可由人工计算完成，但对编程者的数学处理能力要求较高。拟合结束后，还必须通过相应的计算，对每条拟合段的拟合误差进行分析。

第五节　刀具补偿功能

刀具补偿功能是用来补偿刀具实际安装位置（或实际刀尖圆弧半径）与理论编程位置（刀尖圆弧半径）之差的一种功能。刀具补偿功能是数控车床的一种主要功能，它分为刀具位置补偿（即刀具偏移补偿）和刀尖圆弧半径补偿两种功能。

一、刀具位置补偿

1. 刀具位置补偿的设定

当采用不同尺寸的刀具加工同一轮廓尺寸的零件，或者同一名义尺寸的刀具因换刀重调、磨损以及切削力使工件、刀具、机床变形引起工件尺寸变化时，为加工出合格的零件必须进行刀具位置补偿。如图 1-29 所示，车床的刀架装有不同尺寸的刀具。设图示刀架的中心位置 *P* 为各刀具的换刀点，并以 1 号刀具的刀尖 *B* 点为所有刀具的编程起点。当 1 号刀具从 *B* 点运动到 *A* 点时其增量值为

$$U_{BA}=x_A-x_1$$
$$W_{BA}=z_A-z_1$$

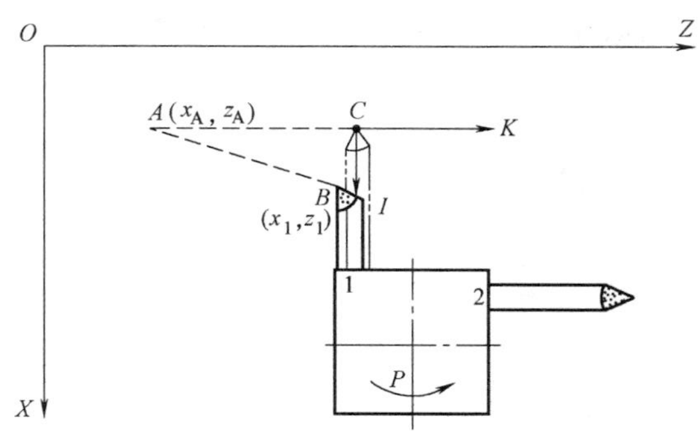

图 1-29　刀具位置补偿示意图

当换 2 号刀具加工时，2 号刀具的刀尖在 C 点位置，要想运用 A、B 两点的坐标值来实现从 C 点到 A 点的运动，就要必须知道 B 点和 C 点的坐标差值，利用这个差值对 B 到 A 的位移量进行修正，就能实现从 C 到 A 的运动。为此，将 B 点（作为基准刀尖位置）对 C 点的位置差值用以 C 为原点的直角坐标 I、K 来表示（图 1-29）。

当从 C 到 A 时

$$U_{CA}=(x_A-x_1)+I_\Delta$$
$$W_{CA}=(z_A-z_1)+K_\Delta$$

I_Δ、K_Δ 分别为 X 轴、Z 轴的刀补量，可由键盘输入数控系统。由上式可知，从 C 到 A 的增量值等于从 B 到 A 的增量值加上刀补值。

当 2 号刀具加工结束时，刀架中心位置必须回到 P 点，也就是 2 号刀的刀尖必须从 A 点回到 C 点，但程序是以回到 B 点来编制，只给出了 A 到 B 的增量，因此，也必须用刀补值来修正

$$U_{AC}=(x_1-x_A)-I_\Delta$$
$$W_{AC}=(z_1-z_A)-K_\Delta$$

从以上分析可以看出，数控系统进行刀具位置补偿，就是用刀补值对刀补建立程序段的增量值进行加修正，对刀补撤销段的增量值进行减修正。

这里的 1 号刀是标准刀，只要在加工前输入与标准刀的差 I_Δ、K_Δ 就可以了。在这种情况下，标准刀磨损后，整个刀库中的刀补都要改变。为此，有的数控系统要求刀具位置补偿的基准点为刀具相关点。因此，每把刀具都要输入 I_Δ、K_Δ，其中 I_Δ、K_Δ 是刀尖相对刀具相关点的位置差，如图 1-30 所示。

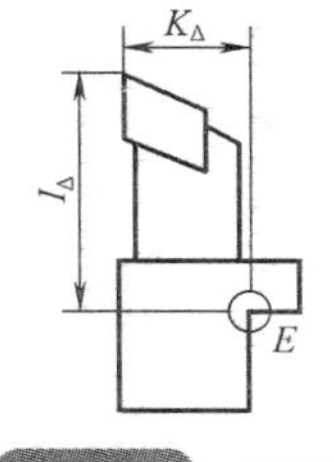

图 1-30　刀具位置补偿

2. 刀具位置补偿代码

（1）代码格式　在字母 T 后用 4 位数来表示 T 功能，前两位数字表示刀架的刀位

号，后两位数字表示刀具的补偿号。

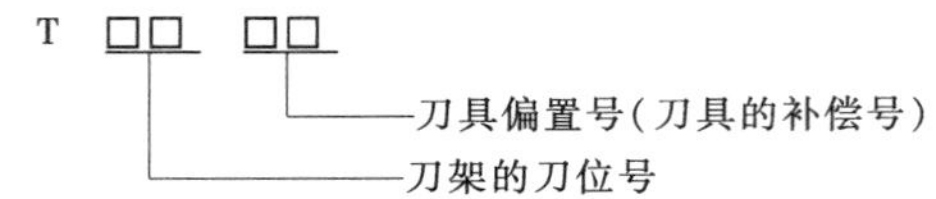

（2）说明

1）加工完成之后要将刀补取消，刀补号00为取消刀具位置补偿。例如，T□□00表示取消□□号刀上的刀具补偿。

2）坐标系变换之后，补偿坐标及补偿值也需改变。

3）用T代码对刀具进行补偿一般是在换刀指令后第一个含有移动指令（G00、G01等）的程序段中进行，而取消刀具的补偿则是在加工完该刀具的工序后，返回换刀点的程序段中执行的。

二、刀尖圆弧半径补偿

数控车削加工是以假想刀尖进行编程的，而切削加工时，由于刀尖圆弧半径的存在，实际切削点与假想刀尖不重合，从而产生加工误差。为满足加工精度要求，又方便编程，需对刀尖圆弧半径进行补偿。

1. 刀尖圆弧半径补偿的目的

数控机床是按照程序指令来控制刀具运动的。众所周知，在编制数控车床加工程序时，都是把车刀的刀尖当成一个点来考虑，即假想刀尖，如图1-31所示的O'点。编程时就以该假想刀尖点O'来编程，数控系统控制O'点的运动轨迹。但实际车刀尤其是精车刀，在其刀尖部分都存在一个刀尖圆弧，这一圆弧一方面可以提高刀尖的强度，另一方面可以改善加工表面的表面粗糙度。由于刀尖圆弧的存在，车削时实际起作用的切削刃是圆弧各切点。而常用的对刀操作是以刀尖圆弧上X、Z方向相应最凸出的点为准的。如图1-31所示，这样在X向、Z向对刀所获得的刀尖位置是一个假想刀尖。按假想刀尖编出的程序在车削外圆、内孔等与Z轴平行的表面时，是没有误差的，即刀尖圆弧的大小并不起作用；但当车右端面、锥面及圆弧时，就会造成过切或少切，引起加工表面形状误差。图1-32所示为未使用刀尖圆弧半径补偿时的误差分析。

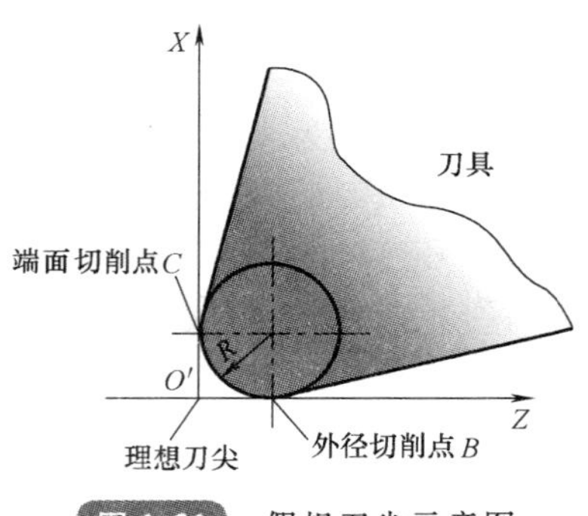

图1-31 假想刀尖示意图

编程时若以刀尖圆弧中心编程，可避免过切和少切的现象，但计算刀位点比较麻烦，并且如果刀尖圆弧半径值发生变化，还需改动程序。

数控系统的刀尖圆弧半径补偿功能正是为解决这个问题所设定的。它允许编程者不必考虑具体刀具的刀尖圆弧半径，而以假想刀尖按工件轮廓编程，在加工时将刀尖圆弧半径值R存入相应的存储单元，系统会自动读入，与工件轮廓偏移一个半径值，生成刀具路径，即将原来控制假想刀尖的运动转换成控制刀尖圆弧中心的运动轨迹，则可以

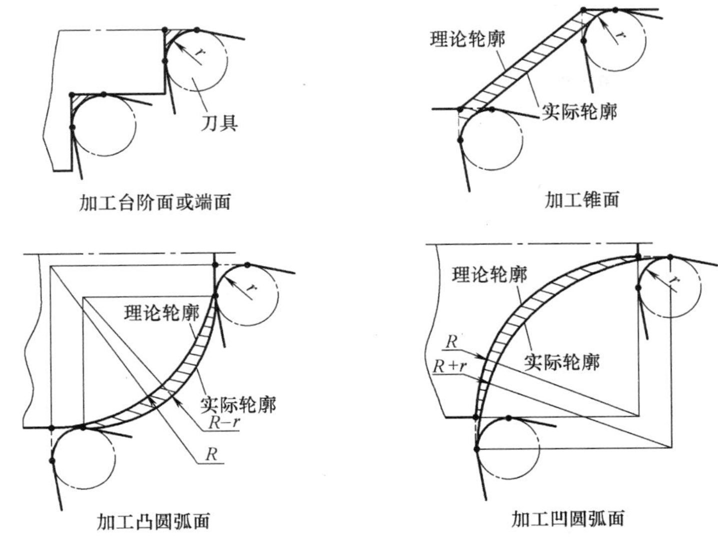

图 1-32　未使用刀尖圆弧半径补偿时的误差分析

加工出相对准确的轮廓。这种偏移称为刀尖圆弧半径补偿。

2. 刀尖圆弧半径补偿指令

现代机床基本都具有刀尖圆弧半径补偿功能，为编程提供了方便。刀尖圆弧半径补偿是通过 G41、G42、G40 代码及 T 代码指定的假想刀尖号加入或取消的。

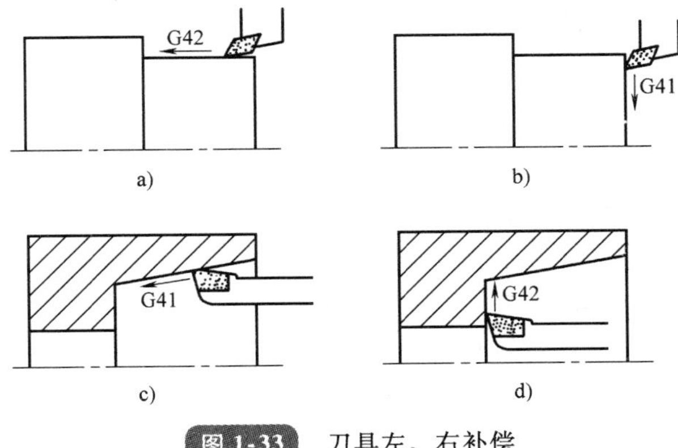

图 1-33　刀具左、右补偿

a)、d) 刀具右补偿　b、c) 刀具左、右认偿

(1) 刀尖圆弧半径左补偿 G41　如图 1-33b、c 所示，顺着刀具运动方向看，刀具在工件的左边，称为刀尖圆弧半径左补偿，用 G41 代码编程。

(2) 刀尖圆弧半径右补偿 G42　如图 1-33a、d 所示，顺着刀具运动方向看，刀具在工件的右边，称为刀尖圆弧半径右补偿，用 G42 代码编程。

(3) 刀尖圆弧半径取消补偿 G40　如需要取消刀具左、右补偿，可编入 G40 代码。这时，车刀轨迹按理论刀尖轨迹运动。

应用刀尖圆弧半径补偿，必须根据刀架位置、刀尖与工件相对位置来确定补偿方向，具体如图 1-33 所示。为快速判断补偿方向，可采用以下简便方法。

从右向左加工，则车外圆表面时，用 G42，镗孔时用 G41；

从左向右加工，则车外圆表面时，用 G41，镗孔时用 G42。

3. 刀尖圆弧半径补偿量的设定

（1）假想刀尖方向　假想刀尖（即刀位点）是刀具上用于作为编程相对基准的参照点，当执行没有刀补的程序时，假想刀尖正好走在编程轨迹上；而有刀补时，假想刀尖将走在偏离于编程轨迹的位置上。实际加工中，假想刀尖与刀尖圆弧中心有不同的位置关系，因此要正确建立假想刀尖的刀尖方向（即对刀点是刀具的哪个位置）。假想刀尖号就是对不同形式刀具的一种编码。从刀尖中心往假想刀尖的方向看，由切削中刀具的方向确定假想刀尖号。如图 1-34 所示，分别用参数 0 ~ 9（T0 ~ T9）表示，共表达了 9 个方向的位置关系。图中说明了刀尖与起刀点的关系，箭头终点是假想刀尖，需特别注意，即使是同一刀尖方向号，在不同坐标系（后刀座坐标系与前刀座坐标系）表示的刀尖方向也是不一样的。T0 与 T9 是刀尖圆弧中心与假想刀尖点重叠时的情况。此时，机床将以刀尖圆弧中心为刀位点进行计算补偿。

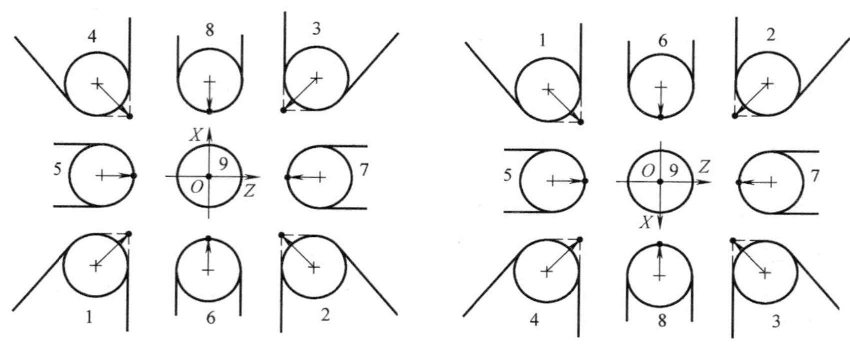

图 1-34　假想刀尖方向

（2）补偿参数的设置　刀尖圆弧半径补偿量可以通过数控系统的刀具补偿设定画面设定。T 指令要与刀尖圆弧半径补偿号相对应，并且要输入假想刀尖号。

4. 刀尖圆弧半径补偿的实现过程

实现刀尖圆弧半径补偿要经过 3 个步骤：刀补建立、刀补执行和刀补撤销（图 1-35）。

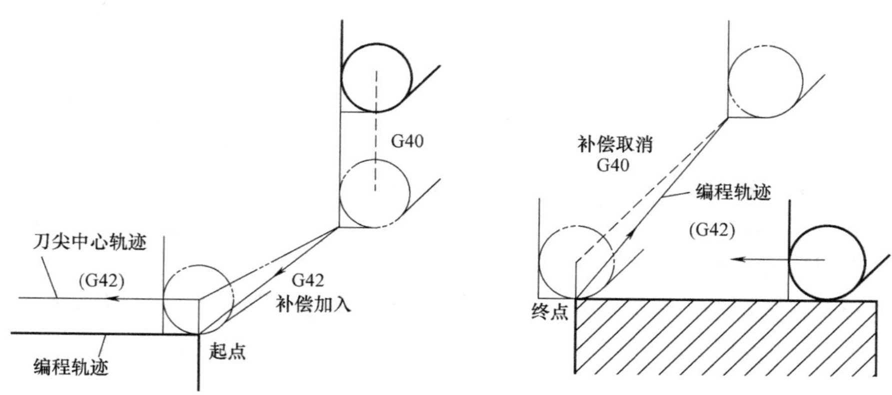

图 1-35　刀补的建立、执行和撤消

（1）刀补建立（也称为起刀）　在偏置取消方式状态下，刀具由起刀点开始接近工件，起刀程序段执行刀尖圆弧半径补偿过渡运动。在起刀段的终点（即下一程序段的起点），刀具中心定位于与下一程序段前进方向垂直的线上，由刀补方向 G41/G42 决定刀尖圆弧中心是往左还是往右偏离编程轨迹一个刀尖圆弧半径值。注意：起刀程序段不能用于零件加工，动作指令只能用 G00 或 G01。

（2）刀补执行　一旦刀补建立则一直维持，直至 G40 指令出现。在刀补进行期间，刀尖圆弧中心轨迹始终偏离编程轨迹一个刀尖圆弧半径的距离。

（3）刀补取消　即刀具撤离工件，使假想刀尖轨迹的终点与编程轨迹的终点重合。与建立刀补一样，刀具中心轨迹也要比编程轨迹伸长或缩短一个刀尖圆弧半径值的距离。它是刀补建立的逆过程。需注意：同起刀程序段一样，该程序段也不能进行零件加工，且此时的移动也只能用 G00 或 G01。

5. 注意事项

使用刀尖圆弧半径补偿指令时应注意下列几点。

1）刀尖圆弧半径补偿只能在 G00 或 G01 的运动中建立或取消。即 G41、G42 和 G40 指令只能和 G00 或 G01 指令一起使用，且当轮廓切削完成后要用 G40 指令取消补偿。另外，刀具建立与取消轨迹的长度距离还必须大于刀尖圆弧半径补偿值，否则，系统会产生刀尖圆弧半径补偿无法建立的情况。

2）工件有锥度或圆弧时，必须在精车锥度或圆弧前一程序段建立刀尖圆弧半径补偿，一般在切入工件时的程序段建立刀尖圆弧半径补偿。

3）当执行 G71 ~ G76 固定循环指令时，在循环过程中，不执行刀尖圆弧半径补偿，暂时取消刀尖圆弧半径补偿，在后面程序段中的 G00、G01、G02、G03 和 G70 指令中，CNC 会将补偿模式自动恢复。

4）建立刀尖圆弧半径补偿后，在 Z 轴的移动量必须大于其刀尖圆弧半径值；在 X 轴的移动量必须大于 2 倍刀尖圆弧半径值，这是因为 X 轴是用直径值表示的。

三、刀具磨损补偿

系统对刀具长度或半径是按计算得到的最终尺寸（总和长度、总和半径）进行补偿的，如图 1-36 所示。这些补偿数据通常是通过对刀测量采集后，准确地储存到刀具数据库中，并且刀具的几何补偿和磨损补偿存放在同一个寄存器的地址号中。然后在数控系统中通过程序中的刀补代码提取并通过移动溜板来实现。而最终尺寸由基本尺寸和磨损尺寸相减而得。因此，当一把刀具用过一段时间有一定的磨损后，实际尺寸发生了变化，此时可以直接修改补偿基本尺寸，也可以加入一个磨损量，使最终补偿量与实际刀具尺寸相一致，从而仍能加工出合格的零件。

在零件试加工等过程中，由于对刀误差的影响，执行一次程序加工结束，不可能一定保证零件符合图样要求，有可能出现超差。如果有超差但尚有余量，则可以进行修正。此时可利用原来的刀具和加工程序的一部分（精加工部分），不需要对程序作任何坐标修改，而只需在刀具磨损补偿中增加一个磨损量后，再补充加工一次，就可将余量

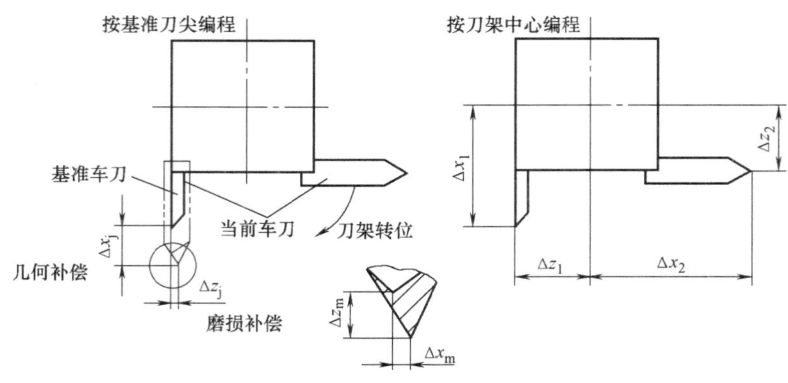

图 1-36　刀具磨损补偿

切去。此时，实际刀具并没有磨损，故此称为虚拟磨损量。

对于刀具的磨损补偿，有的数控机床专门有一个存储器，有的数控机床与刀具的位置补偿合并在一起，用一个存储器。

☆考核重点解析

本章是理论知识考核重点，在考核中约占20%。在数控车工中级理论鉴定试题中常出现的知识点有：数控车床的组成、工作原理、分类及特点，数控车床坐标系，数控编程概念及步骤，数控加工程序及其代码，基点与节点的概念，刀具位置补偿，刀尖圆弧半径补偿等。在学习时，要重点掌握这些知识点。

复习思考题

1. 数控车床有何功用？
2. 数控车床由哪几部分组成？各部分的作用是什么？
3. 简述数控车床的工作原理。
4. 与普通车床相比，数控车床具有哪些特点？
5. 按控制方式可将数控车床分为哪几类？
6. 数控车床坐标系确定的原则有哪些？
7. 如何确定数控车床的坐标轴？
8. 机床坐标系与工件坐标系有何区别？
9. 刀位点、对刀点、换刀点三者有何区别？
10. 什么是数控编程？数控编程的步骤有哪些？
11. 数控编程的方法主要有哪两种？
12. 常用的数控加工程序代码有哪些？
13. 程序段基本格式由哪些功能字组成？各功能字有何作用？

14. 一个完整的加工程序由哪三部分组成？
15. 主程序与子程序有何区别？
16. 什么是基点？什么是节点？
17. 刀尖圆弧半径补偿的目的是什么？
18. 刀尖圆弧半径补偿指令有哪几个？各指令有何作用？
19. 实现刀尖圆弧半径补偿需要哪三个步骤？
20. 使用刀尖圆弧半径补偿指令时应注意哪些问题？

第二章 数控车削加工工艺

☺理论知识要求

1. 了解数控加工流程；
2. 掌握数控加工工艺的主要内容；
3. 掌握加工阶段的划分，明确加工阶段划分的目的；
4. 掌握加工顺序安排的原则；
5. 掌握加工工序划分的方法；
6. 掌握数控加工路线的确定原则及确定方法；
7. 了解数控机床刀具特点，掌握刀具材料的选择；
8. 掌握数控机夹可转位刀具的结构及其选用；
9. 掌握数控车削过程中的切削用量选择；
10. 了解数控机床夹具的基本知识；
11. 了解常用量具的类型及其应用。

☺操作技能要求

1. 能够制订典型零件的数控加工工艺；
2. 能够根据加工材料确定加工刀具及切削用量；
3. 能够正确应用机夹刀具；
4. 能根据工件特点，正确地装夹和校正工件；
5. 能够根据测量内容，正确选用量具进行测量。

第一节 数控加工工艺概述

一、数控加工

1. 数控加工的定义

数控加工是指在数控机床上自动加工零件的一种工艺方法。数控加工的实质是：数控机床按照事先编制好的加工程序并通过数字控制过程，自动地对零件进行加工。

2. 数控加工的内容

数控加工流程图如图 2-1 所示，一般来说主要包括分析图样、工件的定位与装夹、刀具的选择与安装、编制数控加工程序、试切削、试运行并校验数控加工程序、数控加工、工件的验收与质量误差分析等内容。

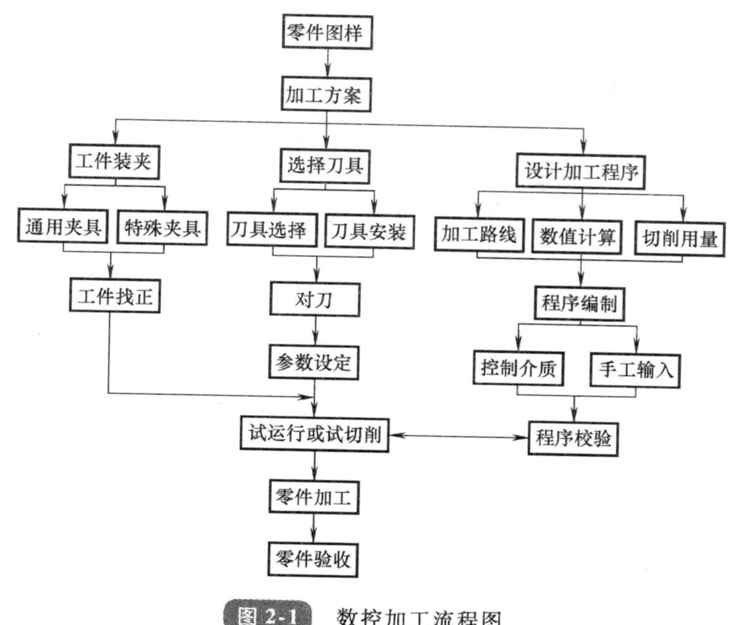

图 2-1　数控加工流程图

二、数控加工工艺的基本特点

工艺规程是工人在加工时的指导性文件。由于普通机床受控于操作工人，因此，在普通机床上用的工艺规程实际上只是一个工艺过程卡，机床的切削用量、进给路线、工序的工步等，往往都由操作工人自行选定。数控加工的程序是数控机床的指令性文件，数控机床受控于程序指令，加工的全过程都是按程序指令自动进行的。因此，数控加工程序与普通机床工艺规程有较大差别，涉及的内容也较广。数控机床加工程序不仅要包括零件的工艺过程，而且还要包括切削用量、进给路线、刀具尺寸及机床的运动过程。因此，要求编程人员对数控机床的性能、特点、运动方式、刀具系统、切削规范及工件的装夹方法都要非常熟悉。工艺方案的好坏不仅会影响机床效率的发挥，而且将直接影响到零件的加工质量。

三、数控加工工艺的主要内容

虽然数控加工工艺内容较多，但有些内容与普通机床加工工艺非常相似。概括起来数控加工工艺主要包括如下内容：

1）选择适合在数控机床上加工的零件，确定工序内容。

2）分析被加工零件的图样，明确加工内容及技术要求。

3）确定零件的加工方案，制订数控加工工艺路线。例如划分工序、安排加工顺序，处理与非数控加工工序的衔接等。

4）加工工序的设计。例如选取零件的定位基准，夹具方案的确定、划分工步、选取刀具、确定切削用量等。

5）数控加工程序的调整。选取对刀点和换刀点，确定刀具补偿，确定加工路线。

6）分配数控加工中的容差。

7）处理数控机床上的部分工艺指令。

第二节　加工顺序的安排与加工路线的确定

一、加工阶段的划分

对重要的零件，为了保证其加工质量和合理使用设备，零件的加工过程可划分为四个阶段，即粗加工阶段、半精加工阶段、精加工阶段和精密加工（包括光整加工）阶段。

1. 加工阶段的性质

（1）粗加工阶段　粗加工的任务是切除毛坯上大部分多余的金属，使毛坯在形状和尺寸上接近零件成品，减小工件的内应力，为精加工做好准备。因此，粗加工的主要目标是提高生产率。

（2）半精加工阶段　半精加工的任务是使主要表面达到一定的精度并留有一定的精加工余量，为主要表面的精加工做好准备，并可完成一些次要表面（如攻螺纹等）的加工。热处理工序一般放在半精加工的前后。

（3）精加工阶段　精加工是从工件上切除较少的余量，所得精度比较高、表面粗糙度值比较小的加工过程。其任务是全面保证工件的尺寸精度和表面粗糙度等加工质量。

（4）精密加工阶段　精密加工主要用于加工精度和表面粗糙度要求很高（IT6 级以上，表面粗糙度值为 $Ra0.4\mu m$ 以下）的零件，其主要目标是进一步提高尺寸精度，减小表面粗糙度，精密加工对位置精度影响不大。

并非所有零件的加工都要经过四个加工阶段。因此，加工阶段的划分不应绝对化，应根据零件的质量要求、结构特点、毛坯情况和生产纲领灵活掌握。

2. 划分加工阶段的目的

（1）保证加工质量　工件在粗加工阶段，切削的余量较多。因此，切削力和夹紧力较大，切削温度也较高，零件的内部应力也将重新分布，从而产生变形。如果不进行加工阶段的划分，将无法避免上述原因产生的误差。

（2）合理使用设备　粗加工可采用功率大、刚性好和精度低的机床加工，车削用量也可取较大值，从而充分发挥了设备的潜力；精加工则切削力较小，对机床破坏小，从而保持了设备的精度。因此，划分加工过程阶段既可提高生产率，又可延长精密设备的使用寿命。

（3）便于及时发现毛坯缺陷　对于毛坯的各种缺陷（如铸件、夹砂和余量不足等），在粗加工后即可发现，便于及时修补或决定报废，避免造成浪费。

（4）便于组织生产　通过划分加工阶段，便于安排一些非切削加工工艺（如热处理工艺、去应力工艺等），从而有效地组织生产。

二、加工顺序的安排

1. 加工顺序安排原则

（1）基准面先行原则　用作精基准的表面应优先加工出来，因为定位基准的表面越精确，装夹误差就越小。

（2）先粗后精原则　各个表面的加工顺序按照粗加工→半精加工→精加工→精密加工的顺序依次进行，逐步提高表面的加工精度和减小表面粗糙度值。

（3）先主后次原则　零件的主要工作表面、装配基面应先加工，从而能及早发现毛坯中主要表面可能出现的缺陷。次要表面可穿插进行，放在主要加工表面加工到一定程度之后，最终在精加工之前进行。

（4）先面后孔原则　对箱体、支架类零件，平面轮廓尺寸较大，一般先加工平面，再加工孔和其他尺寸，这样安排加工顺序，一方面用加工过的平面定位，稳定可靠；另一方面在加工过的平面上加工孔，比较容易，并能提高孔的加工精度，特别是钻孔时，孔的轴线不易偏斜。

2. 工序的划分

（1）工序的定义　工序是工艺过程的基本单元。它是一个（或一组）工人在一个工作地点，对一个（或同时几个）工件连续完成的那一部分加工过程。划分工序的要点是工人、工件及工作地点三不变并连续加工完成。

（2）工序划分原则　工序划分原则主要有两种，即工序集中原则和工序分散原则。在数控车床上加工的零件，一般按工序集中原则划分工序。

（3）工序划分的方法　常用的工序划分方法主要有以下几种。

1）按所用刀具划分。以同一把刀具完成的那一部分工艺过程为一道工序。这种方法适用于工件的待加工表面较多，机床连续工作时间较长，加工程序的编制和检查难度较大等情况。数控机床常用这种方法划分。

2）按安装次数划分。以一次安装完成的那一部分工艺过程为一道工序。这种方法适用于加工内容不多的工件，加工完成后就能达到待检状态。

3）按粗、精加工划分。即粗加工中完成的那部分工艺过程为一道工序，精加工中完成的那一部分工艺过程为另一道工序。这种划分方法适用于加工后变形较大，需粗、精加工分开的零件，如毛坯为铸件、焊接件或锻件。

4）按加工部位划分。即以完成相同型面的那一部分工艺过程为另一道工序，对于加工表面多而复杂的零件，可按其结构特点（如内形、外形、曲面和平面等）划分成多道工序。

（4）数控车削工序划分示例

例1　图2-2a所示工件按所用刀具划分加工工序时，工序一：钻头钻孔，去除加工余量。工序二：外圆车刀粗、精加工外形轮廓。工序三：内孔车刀粗、精车内孔。

例 2　图 2-2b 所示工件按安装次数划分加工工序时，工序一：以外形毛坯定位装夹加工左端轮廓。工序二：以加工好的外圆表面定位加工右端轮廓。

例 3　图 2-2a 所示工件按加工部位划分加工工序时，工序一：工件外轮廓的粗、精加工。工序二：工件内轮廓的粗、精加工。

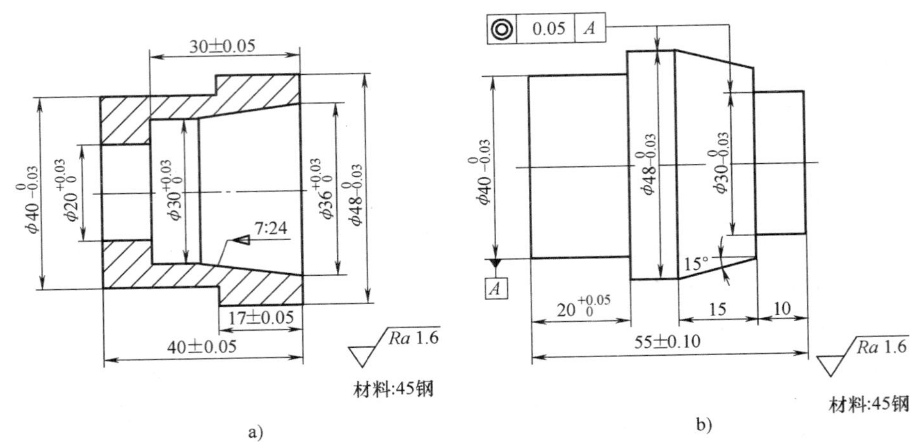

图 2-2　数控车削工序划分示例

a）套类零件　b）轴类零件

3. 工步的划分

工步是指在一次装夹中，加工表面、切削刀具和切削用量都不变的情况下所进行的那部分加工。划分工步的要点是：工件表面、切削刀具和切削用量三不变。同一工步中可能有几次走刀。

通常情况下，可分别按粗、精加工分开、由近及远、先面后孔的加工方法来划分工步。在划分工步时，要根据零件的结构特点、技术要求等情况综合考虑。

三、加工工艺路线的拟订

1. 加工路线的确定原则

在数控加工中，刀具刀位点相对于零件运动的轨迹称为加工路线。加工路线的确定与工件的加工精度和表面粗糙度直接相关，其确定原则如下：

1）加工路线应保证被加工零件的精度和表面粗糙度，且效率较高。

2）使数值计算简便，以减少编程工作量。

3）应使加工路线最短，这样既可减少程序段，又可减少空刀时间。

4）加工路线还应根据工件的加工余量和机床、刀具的刚度等具体情况确定。

2. 数控车床加工路线的确定

（1）圆弧车削加工路线

1）车锥法（图 2-3a）。根据加工余量，采用圆锥分层切削的办法将加工余量去除后，再进行圆弧精加工。采用这种加工路线时，加工效率高，但计算麻烦。

2）移圆法（图 2-3b）。根据加工余量，采用相同的圆弧半径，渐进地向机床的某

一坐标轴方向移动，最终将圆弧加工出来。采用这种加工路线时，编程简便，若处理不当，会导致较多的空行程。

3）车圆法（图2-3c）。在圆心不变的基础上，根据加工余量，采用大小不等的圆弧半径，最终将圆弧加工出来。

4）台阶车削法（图2-3d）。先根据圆弧面加工出多个台阶，再车削圆弧轮廓。这种加工方法在复合固定循环中被广泛使用。

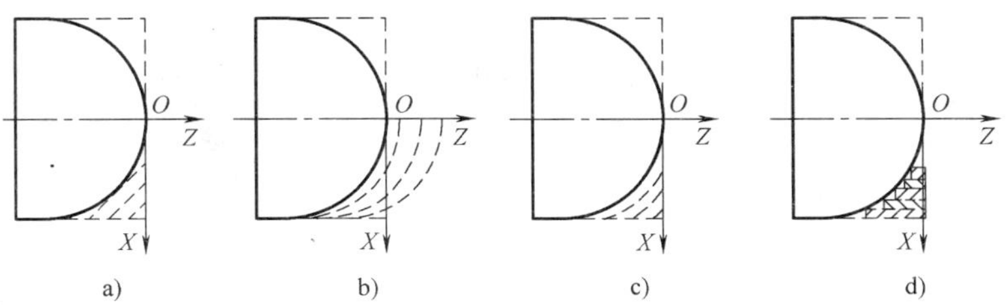

图2-3 圆弧车削方法

a）车锥法 b）移圆法 c）车圆法 d）台阶车削法

（2）圆锥车削加工路线

1）平行车削法（图2-4a）。刀具每次切削的背吃刀量相等，但编程时需计算刀具的起点和终点坐标。采用这种加工路线时，加工效率高，但计算麻烦。

2）终点车削法（图2-4b）。采用这种加工路线时，刀具的终点坐标相同，无需计算终点坐标，计算方便，但每次切削过程中背吃刀量是变化的。

3）台阶车削法（图2-4c）。先根据圆弧面加工出多个台阶，再车削圆弧轮廓。这种加工方法在复合固定循环中被广泛使用。

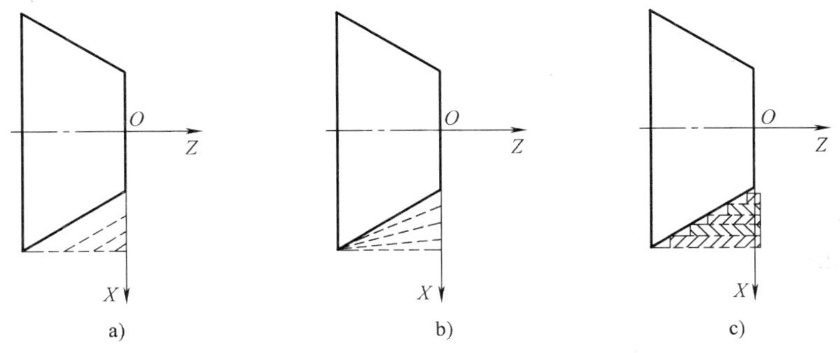

图2-4 圆锥车削方法

a）平行车削法 b）终点车削法 c）台阶车削法

（3）螺纹加工路线的确定

1）螺纹的加工方法。

① 直进法（图2-5a）。螺纹车刀 X 向间歇进给至牙深处。采用此种方法加工梯形螺纹时，螺纹车刀的三面都参加切削，导致加工排屑困难，切削力和切削热增加，刀尖

磨损严重。当进给量过大时，还可能产生“扎刀”和“爆刀”现象。

② 斜进法（图 2-5b）。螺纹车刀沿牙型角方向斜向间歇进给至牙深处。采用此种方法加工梯形螺纹时，螺纹车刀始终只有一个侧刃参加切削，从而使排屑比较顺利，刀尖的受力和受热情况有所改善，在车削中不易引起“扎刀”现象。

③ 交错切削法（图 2-5c）。螺纹车刀沿牙型角方向交错间隙进给至牙深，这种方法与斜进法相同。

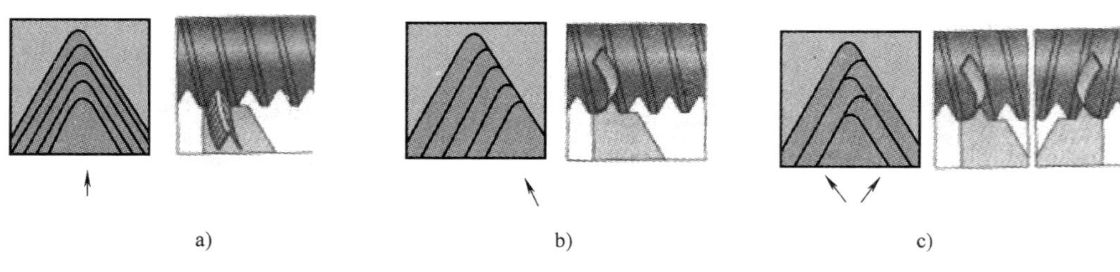

图 2-5 螺纹的几种切削方法

a）直进法 b）斜进法 c）交错切削法

2）螺纹轴向起点和终点尺寸的确定。在数控机床上车螺纹时，沿螺距方向的 Z 向进给应和机床主轴的旋转保持严格的速比关系，但在实际车削螺纹开始时，伺服系统不可避免地有一个加速的过程，结束前也相应有一个减速的过程。在这两段时间内，螺距得不到有效保证。为了避免在进给机构加速或减速过程中切削，故在安排其工艺时要尽可能考虑合理的导入距离 δ_1 和导出距离 δ_2，如图 2-6 所示。

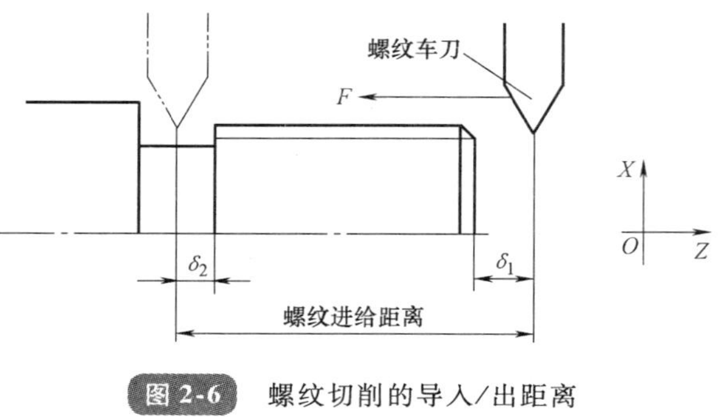

图 2-6 螺纹切削的导入/出距离

δ_1 和 δ_2 的数值与机床拖动系统的动态特性有关，还与螺纹的螺距和螺纹的精度有关。一般 δ_1 取 $2P \sim 3P$，对大螺距和高精度的螺纹则取较大值；δ_2 一般取 $P \sim 2P$。若螺纹退尾处没有退刀槽时，其 $\delta_2 = 0$。这时，该处的收尾形状由数控系统的功能设定或确定。

3）螺纹加工的多刀切削。如果螺纹牙型较深或螺距较大，可分多次进给。每次进给的背吃刀量用实际牙型高度减精加工背吃刀量后所得的差，并按递减规律分配。常用普通螺纹切削时的进给次数与背吃刀量可参考表 2-1 选取。

3. 大余量毛坯切削循环加工路线

在数控车削加工过程中，考虑毛坯的形状、零件的刚性和结构工艺性、刀具形状、生产率和数控系统具有的循环切削功能等因素，大余量毛坯切削循环加工路线主要有“矩形”复合循环进给路线和“仿形车”复合循环进给路线两种形式。

表 2-1　常用普通螺纹切削时的进给次数与背吃刀量

螺距/mm		1.0	1.5	2.0	2.5
总背吃刀量/mm		1.3	1.95	2.6	3.25
每次背吃刀量/mm	1 次	0.8	1.0	1.2	1.3
	2 次	0.4	0.6	0.7	0.9
	3 次	0.1	0.25	0.4	0.5
	4 次		0.1	0.2	0.3
	5 次			0.1	0.15
	6 次				0.1

“矩形”复合循环进给路线如图 2-7 所示，为切除图示双点画线部分的加工余量，粗加工走的是一条类似于矩形的轨迹，粗加工完成后，为避免在工件表面出现台阶形轮廓，还要沿工件轮廓并按编程要求的精加工余量走一条半精加工的轨迹。“矩形”复合循环轨迹加工路线较短，加工效率较高，通常通过数控车系统的轮廓粗车循环指令来实现。

“仿形车”复合循环进给路线如图 2-8 所示，为切除图示双点画线部分的加工余量，粗加工和半精加工走的是一条与工件轮廓相平行的轨迹，虽然加工路线较长，但避免了加工过程中的空行程。这种轨迹主要适用于铸造成形、锻造成形或已粗车成形工件的粗加工和半精加工，通常通过数控车系统的“仿形车”复合循环指令来实现。

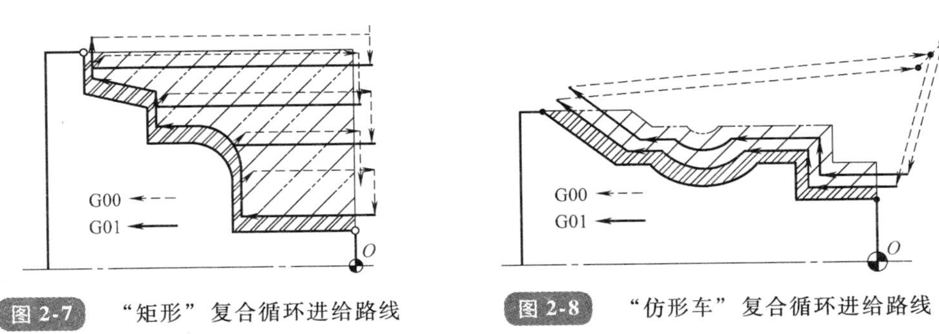

图 2-7　“矩形”复合循环进给路线

图 2-8　“仿形车”复合循环进给路线

第三节　数控加工刀具基础知识

一、数控机床刀具的特点

与普通机床相比，数控刀具具有“三高一专”——高效率、高精度、高可靠性和专用化的特点。具体表现在如下几个方面。

1）刀具切削性能稳定，断屑或卷屑可靠，耐磨性好。

2）尽量采用先进的高效结构，能迅速、精确地调整刀具，能快速自动换刀。

3）刀具的标准化、系列化和通用化结构体系，必须与数控加工的特点和数控机床的发展相适应。数控加工的刀具系统应是一种模块化、层次式可分级更换组合的结构体系。

4）应有完善的刀具组装、预调、编码标识与识别系统。应建立切削数据库。对于刀具及其工具系统的信息，应建立完整的数据库及其管理系统。

5）将刀具的结构信息包括刀具类型、规格，刀片、刀夹、刀杆及刀座的构成，工艺数据等给予详尽、完整的描述，以便合理地使用机床与刀具，获得良好的综合效益。

6）可靠的刀具工作状态监控系统。

二、数控机床刀具材料及其选用

1. 常用数控机床刀具材料

刀具材料是决定刀具切削性能的根本因素，对于加工质量、加工效率、加工成本及刀具寿命都有着重大的影响。当前使用较为广泛的数控刀具材料主要有高速钢、硬质合金、陶瓷、立方氮化硼和金刚石等五类，其性能指标见表2-2，差别很大，每一种类的刀具材料都有其特定的加工范围。

表2-2 各种刀具材料的主要性能指标

刀具材料	主要性能指标					
	硬度		抗弯强度/MPa		耐热性/℃	热导率/[W/(m·K)]
高速钢	62～70HRC	低 ↑ 高	2000～4500	高 ↓ 低	600～700	15.0～30.0
硬质合金	89～93.5HRA		800～2350		800～1100	20.9～87.9
陶瓷	91～95HRA		700～1500		>1200	15.0～38.0
立方氮化硼	4500HV		500～800		1300～1500	130
金刚石	>9000HV		600～1100		700～800	210

2. 高速钢刀具材料及其选用

（1）高速钢　高速钢俗称锋钢或白钢，是一种含有较多的W、Cr、V、Mo等合金元素的高合金工具钢。高速钢在强度、韧性及工艺性等方面有优良的综合性能，而且制造工艺简单，成本低，容易刃磨成锋利的切削刃，锻造、热处理变形小，因此，在复杂刀具（如麻花钻、丝锥、成形刀具、拉刀、齿轮刀具等）制造中仍占有主要地位。高速钢可分为普通高速钢、高性能高速钢和粉末冶金高速钢等类型。

（2）高速钢刀具的选用　高速钢的牌号很多，其加工范围包括有色金属、铸铁、碳素钢和合金钢等。不能用来加工淬硬钢和冷硬铸铁等高硬度材料。

普通高速钢主要以W18Cr4V（T1）和W6Mo5Cr4V2（M2）为代表，主要用于加工普通钢、合金钢和铸件。

高性能高速钢主要包括高碳高速钢、高钒高速钢、钴高速钢和铝高速钢，其性能比普通高速钢提高了许多，可用于切削高强度钢、高温合金、钛合金等难加工材料。但要

注意钴高速钢的韧性较差，不适于断续切削或在工艺系统刚性不足的条件下使用。

3. 硬质合金刀具材料及其选用

（1）硬质合金（Cemented Carbide）　硬质合金是用高硬度、高熔点的金属碳化物（如 WC、TiC、TaC、NbC 等）粉末和金属粘结剂（如 Co、Ni、Mo 等），经过高压成形，并在 1500℃左右的高温下烧结而成的。由于金属碳化物硬度很高，因此其热硬性、耐磨性好，但其抗弯强度低于高速钢，韧性较差。

依据国际标准化组织颁布的硬质合金分类标准 ISO513—1975（E），可将切削用硬质合金按用途分为 P（以蓝色为标志）、M（以黄色为标志）和 K（以红色为标志）三类。而根据其合金元素的含量，常用硬质合金又分成钨钴类、钨钛钴类和钨钛钽（铌）钴类三类。钨钴类（WC-Co）硬质合金，代号为 YG，相当于 ISO 标准的 K 类。这类硬质合金代号后面的数字代表 Co 的质量分数。钨钛钴类（WC-TiC-Co）硬质合金，代号为 YT，相当于 ISO 标准的 P 类。这类硬质合金代号后面的数字代表 TiC 的质量分数。钨钛钽（铌）钴类［WC-TiC-TaC（NbC）-Co］硬质合金，代号为 YW，相当于 ISO 标准的 M 类。

（2）硬质合金刀具的选用　硬质合金刀具具有良好的切削性能。与高速钢刀具相比，硬质合金刀具加工效率很高，使用的主轴转速通常为高速钢刀具的 3 ~ 5 倍。而且刀具寿命可提高几倍到几十倍，被广泛地用来制作可转位刀片。但硬质合金刀具是脆性材料，容易碎裂。使用较低的主轴转速会使硬质合金刀具崩刃甚至损坏。此外，硬质合金刀具价格昂贵，使用时需要特殊的加工环境。

硬质合金刀具的应用范围相当广泛，在数控刀具材料中占主导地位，覆盖大部分常规加工的领域。既可用于加工各种铸铁，又可用于加工各种钢和耐热合金等，而且还用来加工淬硬钢及许多高硬度、难加工材料。在现代的被加工材料中，90% ~95% 的材料可以使用 P 类和 K 类硬质合金加工，其余 5% ~10% 的材料可以使用 M 类和 K 类硬质合金加工。

三、机夹可转位刀具

由于精密、高效、可靠和优质的硬质合金，可转位刀具对提高加工效率和产品质量、降低制造成本显示出越来越大的优越性，因此机夹可转位刀具已成为数控刀具发展的主流。对机夹可转位刀具的运用是数控机床操作人员必须了解的内容之一。

机夹可转位刀具是使用可转位刀片的机夹刀具，由刀片、刀垫、刀体（或刀把）及刀片夹紧机构组成。刀片是含有数个切削刃的多边形，用夹紧元件、刀垫，以机械夹固的方法夹紧在刀体上。当刀片的一个切削刃用钝后，只要把夹紧元件松开，将刀片转一个角度，换另一个新切削刃，并重新夹紧就可以继续使用。

1. 机夹可转位刀具结构

数控车床常用的机夹可转位式车刀结构形式如图 2-9 所示。国际上对可转位刀片和刀杆统一采用 ISO 标准进行编码，我国也制定了与国际标准等效的国家标准，即 GB/T 2076—2007 ~ GB/T 2081—2007，GB/T 5343. 1—2007 和 GB/T 5343. 2—2007 等。

2. 刀片形状

机夹可转位刀片的具体形状也已标准化，且每一种形状均有一个相应的代码表示，图 2-10 列出的是一些常用的可转位刀片形状。

在选择刀片形状时要特别注意，有些刀片，虽然其形状和刀尖角度相等，但由于同时参加切削的切削刃数不同，则其型号也不相同，如图 2-10 所示的 T 型和 V 型刀片。另有一些刀片，虽然刀片形状相似，但其刀尖角度不同，其型号也不相同，如图 2-10 所示的 D 型和 C 型刀片。

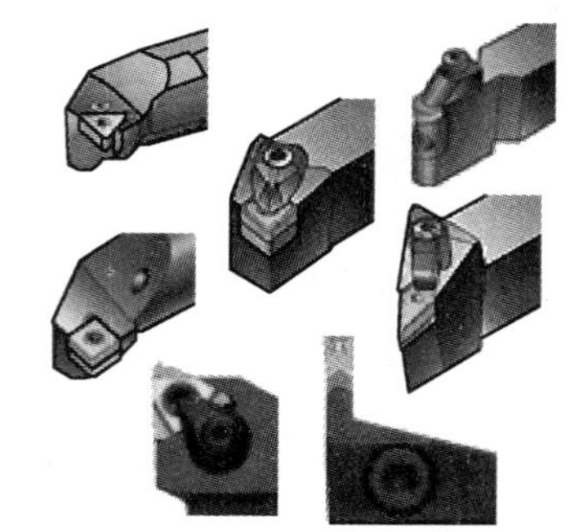

图 2-9　机夹可转位式车刀结构形式

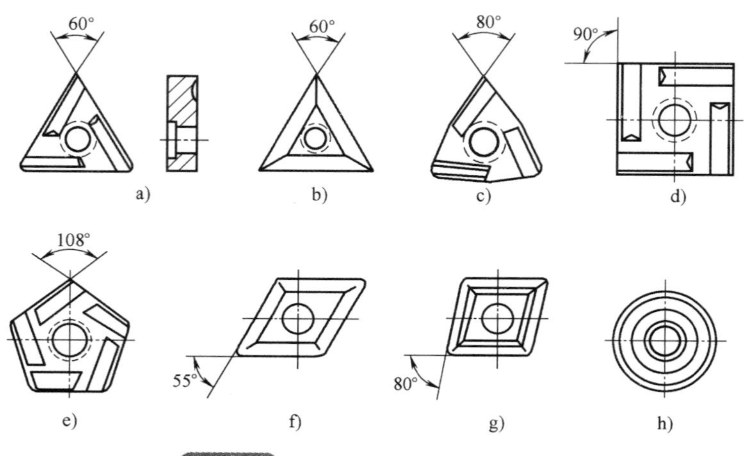

图 2-10　常用机夹可转位刀片形状

a) T 型　b) V 型　c) W 型　d) S 型　e) P 型　f) D 型　g) C 型　h) R 型

3. 机夹可转位刀片的代码

硬质合金可转位刀片的国家标准与 ISO 国际标准相同。共用 10 个号位的内容来表示品种规格、尺寸系列、制造公差及测量方法等主要参数的特征。按照规定，任何一个型号刀片都必须用前七个号位，后三个号位在必要时才使用。其中第 10 号位前要加一短横线“—”与前面号位隔开，第八、九两个号位如只使用其中一位，则写在第八号位上，中间不需要空格。

可转位刀片型号表示方法编制如下。十个号位表示的内容见表 2-3。刀片型号的具体含义请查阅相关数控刀具手册。

C	N	M	G	12	04	04	E	N	—	TF
1	2	3	4	5	6	7	8	9		10

例 4　TBHG120408EL-CF

T 表示三角形刀片；B 表示刀具法向后角为 5°；H 表示刀片厚度公差为

±0.013mm；G 表示圆柱孔夹紧；12 表示切削刃长 12mm；04 表示刀片厚度为 4.76mm；08 表示刀尖圆弧半径为 0.8mm；E 表示刀刃倒圆；L 表示切削方向向左；CF 为制造商代号。

表 2-3　可转位刀片十个号位表示的内容

位号	表示内容	代表符号	备注
1	刀片形状	一个英文字母	具体含义应查有关标准
2	刀片主切削刃法向后角	一个英文字母	
3	刀片尺寸精度	一个英文字母	
4	刀片固定方式及有无断屑槽形	一个英文字母	
5	刀片主切削刃长度	二位数	
6	刀片厚度，主切削刃到刀片定位底面的距离	二位数	
7	刀尖圆弧半径或刀尖转角形状	二位数或一个英文字母	
8	切削刃形状	一个英文字母	
9	刀片切削方向	一个英文字母	
10	制造商选择代号(断屑槽形及槽宽)	英文字母或数字	

4. 机夹可转位刀片的压紧方式

根据加工方法、加工要求和被加工型面的不同，可转位刀片可采用不同的夹紧方式与结构。GB/T 5343.1—2007 规定的刀片与刀杆固定方式如图 2-11 所示，即压板式压紧（图 2-11a）、复合式压紧（图 2-11b）、螺钉式压紧（图 2-11c）和销钉杠杆式压紧（图 2-11d）。

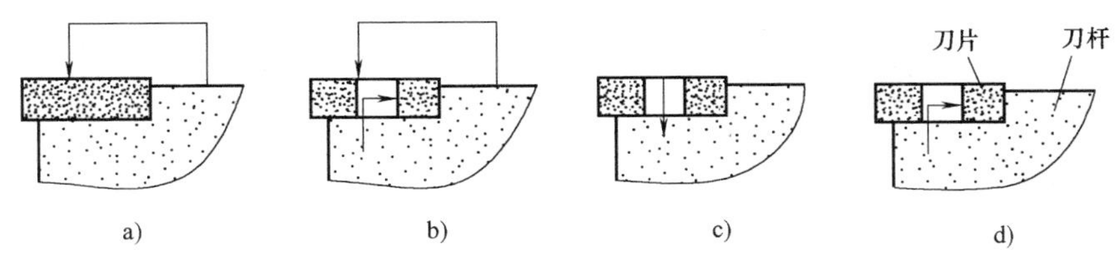

图 2-11　刀片与刀杆的固定方式

a）压板式压紧　b）复合式压紧　c）螺钉式压紧　d）销钉杠杆式压紧

（1）压板式压紧（标准代号 C）　如图 2-12 所示，采用无孔刀片，由压板从刀片上方将其压紧在刀槽内。这种压紧方式结构简单，制造容易。夹紧力与切削力方向一致，夹紧可靠。刀片在刀槽内能两面靠紧，可获得较高的刀尖位置精度，刀片转位和装卸比较方便。但排屑空间窄会阻碍切屑流动，夹固元件易被损伤。且刀头体积大，影响操作。

（2）螺钉式压紧（标准代号 S）　如图 2-13 所示，采用沉孔刀片，用锥形沉头螺钉将刀片压紧。螺钉的轴线与刀片槽底面的法向有一定的倾角，旋紧螺钉时，螺钉头部锥面将刀片压向刀片槽的底面及定位侧面。这种压紧方式结构简单、紧凑，压紧可靠，切屑流动通畅，但刀片转位性能较差。螺钉式压紧适用于车刀、小孔加工刀具、深孔钻、套料钻、铰刀及单、双刃镗刀等。

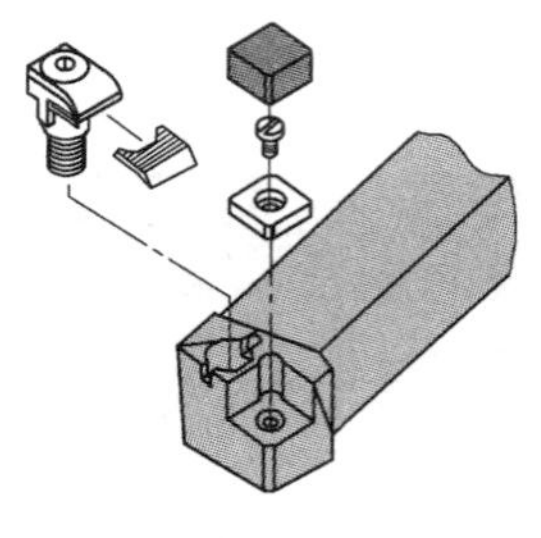

图 2-12 压板式压紧

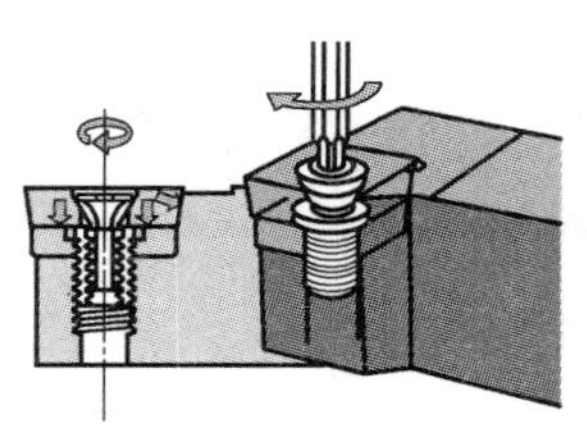

图 2-13 螺钉式压紧

（3）销钉杠杆式压紧（标准代号 P） 如图 2－14 所示，主要有杠杆式压紧（图 2-14a ）和销钉式压紧（图 2-14b）两种形式。杠杆式压紧时，利用压紧螺钉下移时杠杆的受力摆动，将带孔刀片压紧在刀把上，该方式定位精确，受力合理，夹紧稳定、可靠，刀片转位或更换迅速、方便，排屑通畅。但夹固元件多，结构较复杂，制造困难。销钉式压紧多用旋转偏心夹紧，结构简单紧凑、零件少、刀片转位迅速、方便，不阻碍切屑流动。

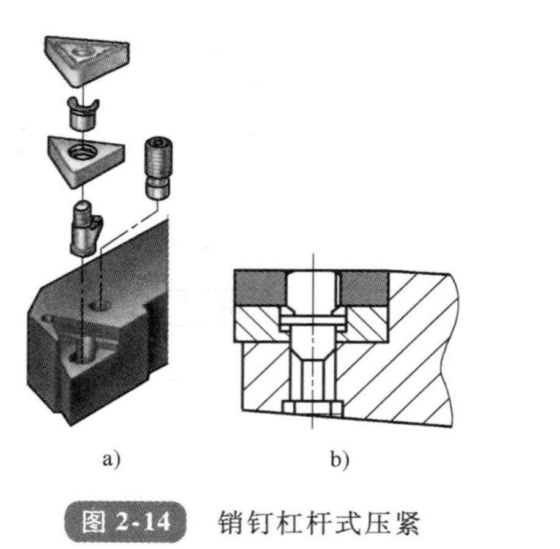

a)　b)

图 2-14 销钉杠杆式压紧

a）杠杆式压紧　b）销钉式压紧

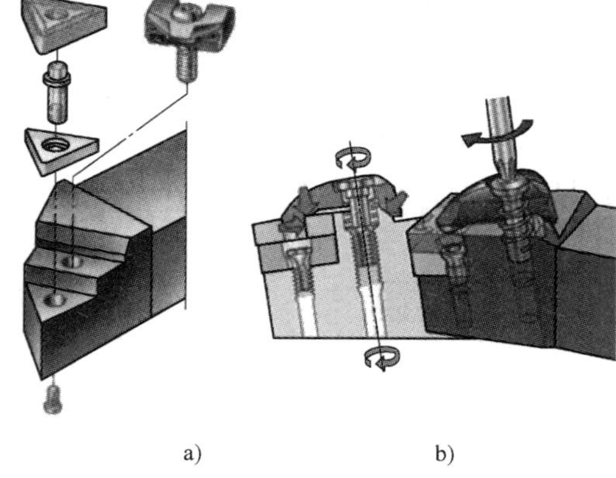

a)　b)

图 2-15 复合式压紧

a）上压式与销钉复合压紧　b）楔形压紧

（4）复合式压紧（标准代号 M） 如图 2-15 所示，主要有上压式与销钉复合压紧（图 2-15a）和楔形压紧（图 2-15b）两种形式。复合式压紧结构比较简单，夹紧力大，夹紧可靠，操作方便，排屑通畅，能承受较大的切削负荷和冲击，适用于重切削。

5. 机夹可转位刀片的选用

（1）刀片外形的选择 刀片外形与加工对象、刀具的主偏角、刀尖角和有效刃数有关。不同的刀片形状有不同的刀尖强度，一般刀尖角越大，刀尖强度越大，加工中引

起的振动也越大。如图 2-16 所示，圆形刀片（R 型）刀尖角最大，35°菱形刀片（V 型）刀尖角最小。在选用时，应根据加工条件恶劣与否，按重、中、轻切削有针对性地选择。在机床刚性、功率允许的情况下，大余量、粗加工应选择刀尖角较大的刀片。反之，机床刚性和功率较小，小余量、精加工应选择刀尖角较小的刀片。

图 2-16　刀尖形状与刀尖强度、切削振动的关系

（2）后角的选择　常用的刀片后角有 N（0°）、C（7°）、P（11°）和 E（20°）等。一般 N 型后角的刀片用于粗加工、半精加工工序，带断屑槽的 N 型刀片也可用于精加工工序，可加工铸铁、硬钢等材料和大尺寸孔。C、P 型后角的刀片用于半精加工、精加工工序，可加工不锈钢材料和一般孔加工。P、E 型刀片可用于加工铝合金。弹性恢复性好的材料可选用较大后角。

（3）断屑槽型的选择　断屑槽的参数直接影响着切屑的卷曲和折断。目前刀片断屑槽形式较多，各种断屑槽的使用情况也不尽相同。各生产厂商表示方法不一样，但思路基本一致，选择时可查阅具体的产品样本。断屑槽型可根据加工类型和加工对象的材料特性来确定。基本槽型按加工类型有精加工、普通加工和粗加工三类，加工材料有铸铁、钢、有色金属和耐热合金等。当断屑槽型和参数确定后，不同进给量的断屑情况如图 2-17 所示。

1—$F=0.05$mm/r
2—$F=0.1$mm/r
3—$F=0.2$mm/r

图 2-17　不同进给量的断屑情况

（4）刀尖圆弧半径的选择　刀尖圆弧半径影响切削效率、被加工表面的表面粗糙度和断屑的可靠性。从刀尖圆弧半径与最大进给量关系来看，最大进给量不应超过刀尖圆弧半径的 80%，否则将恶化切削条件，甚至出现螺纹状表面。从断屑的可靠性出发，通常对小余量、小进给车削加工采用小的刀尖圆弧半径，反之宜采用大的刀尖圆弧半径。粗加工时宜采用大的刀尖圆弧半径，以提高切削刃强度，实现大进给。从被加工表面来看，刀尖圆弧半径应当小于或等于零件凹形轮廓上的最小曲率半径，以免

发生加工干涉。刀尖圆弧半径不宜选择太小，否则既难以制造，还会因其刀头强度弱而损坏。

四、机夹可转位车刀刀把

1. 可转位车刀刀把的标记方法

（1）方形刀把的表示方法　方形刀把主要用于可转位外圆车刀、端面车刀和仿形车刀的刀把，其代码由十位字符串组成，排列如下。

1	2	3	4	5	6	7	8	9	10
压紧方式	刀片形状	头部形状	刀片后角	切削方向	刀把高度	刀把宽度	刀把全长	切削刃长度	其他

第 1 位代码表示刀片的夹紧方式，用一位字母标记。

第 2 位代码表示刀片的形状，用一位字母标记。

第 3 位代码表示车刀头部的形状，用一位字母标记。刀把头部形式按主偏角和直头、侧头分有 15 ~ 18 种。

第 4 位代码表示车刀刀片法后角的大小，用一位字母标记。

第 5 位代码表示车刀的切削方向，用一位字母标记。R 表示切削方向为右，常用于前置式刀架；L 表示切削方向为左，常用于后置式刀架。

第 6 位代码表示车刀的高度，用两位数字（取车刀刀尖高度的数值）表示。如车刀刀尖高度为 25mm，则第 6 位代号为 25。

第 7 位代码表示刀把的宽度，用两位数字（取车刀刀把宽度的数值）表示。如刀把宽度为 20mm，则第 7 位代号为 20。如果宽度数值不足两位数值时，则在该位数值前加“0”。

第 8 位代码表示车刀的长度，用一位字母标记。

第 9 位代码表示车刀切削刃的长度，用两位数字（取刀片切削刃长度或理论长度的整数部分）表示。如切削刃长度为 16.7mm，则第 9 位代号为 16。如果舍去小数部分后只剩一位数字时，则必须在该位数字前加“0”。

第 10 位代码仅用于精密级车刀。精密级车刀尺寸的极限偏差较小，在其第 10 位上加 Q 以示区别。

（2）圆形刀把的标记方法　圆形刀把主要用于镗孔车刀的刀把，其代码由十一位字符串组成，排列如下。其中第 1 位代码表示刀把材质，用一位字母标记；第 2 位代码表示刀把的直径，用两位数字标记；第 10 位代码表示最小加工直径，用两位数字表示。其余参数只是排列位数与方形刀把有所不同，但标注方法与方形刀把完全相同。

1	2	3	4	5	6	7	8	9	10	11
刀把材质	刀把直径	刀把长度	压紧方式	刀片形状	头部形状	刀片后角	切削方向	切削刃长度	最小直径	其他

2. 刀把的选择

选择刀把时，首先要考虑刀把头部形式。国家标准规定了各种形式刀头的代码，可根据实际情况选择。例如有直角台阶的工件可选主偏角≥90°的刀杆，粗车可选主偏角为45°～90°的刀杆，精车可选主偏角为45°～70°的刀杆，仿形车则选主偏角为45°～107.5°的刀杆。工艺系统刚性好时主偏角可选较小值，工艺系统刚性差时主偏角可选较大值。

镗孔刀具的选择，主要的问题是刀把的刚性，要尽可能防止或消除振动。选择时要考虑如下几个要点。

1）尽可能选择大的刀杆直径，接近镗孔直径。

2）尽可能选择短的刀把长度。当刀把长度小于4倍刀杆直径时可采用钢制刀把，加工要求高的孔时最好采用硬质合金刀把；当刀把长度为4～7倍刀杆直径时，小孔用硬质合金刀把，大孔用减振刀杆。当刀把长度为7～10倍刀杆直径时，要采用减振刀把。

3）选择主偏角，大于75°，接近90°。

4）选择无涂层刀片品种（切削刃圆弧小）和小的刀尖圆弧半径（$r_\varepsilon=0.2\text{mm}$）。

5）精加工时采用正切削刃（正前角）刀片和刀具。

6）镗较深的不通孔时，采用压缩空气（气冷）或切削液（排屑和冷却）。

7）选择正确的、快速的镗刀柄夹具。

第四节　数控加工刀具的选用及切削用量的选择

一、数控车床刀具系统及刀具

1. 模块式车削工具系统

图2-18所示为模块式车削工具系统。主柄模块有较多的结构形式，根据刀具安装方向的不同，有轴向模块（如图2-18a所示，用于外轮廓加工）和径向模块（如图2-18b所示，用于内轮廓加工）；根据刀具与主轴的位置不同，有右切模块和左切模块等。

轴向模块含有中间模块，由主柄模块、中间模块和工作模块组成。径向模块不含有中间模块，其目的是适应机床较小的切削区空间、提高工件的刚性。主柄模块通常有切削液通道。

2. 刀具的装夹方法

刀具的装夹方法主要根据车床刀塔形式而定，刀塔形式一般分为直插式刀塔和VDI式刀塔。

直插式刀塔如图2-19所示，它将刀具直接装在刀架上。由于直插式刀塔中间转接件少，因此刀具装夹后刚性很好，但换刀费时。选择刀具时，要依据刀塔插刀槽的宽度确定刀具形式和尺寸。安装镗孔和钻孔刀具时，需转接刀座。刀座由自镗孔制成，不具

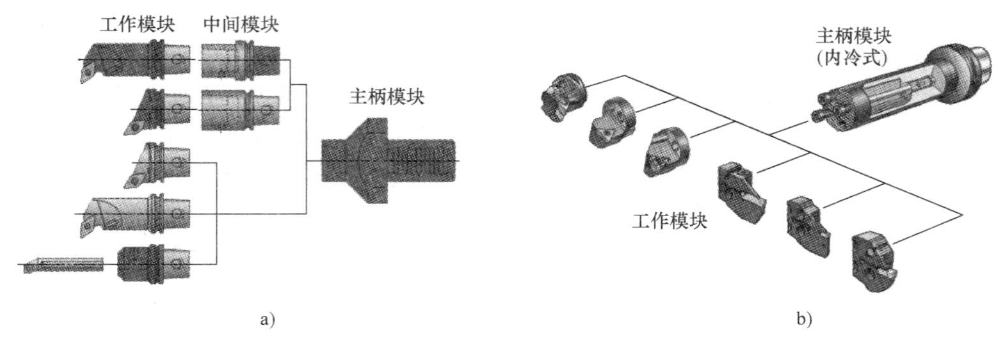

图 2-18　模块式车削工具系统

a）轴向模块（含有中间模块）　b）径向模块（不含中间模块）

有互换性，安装时要注意必须对机床、对刀号配装。镗刀和钻头的尺寸要参考转接刀座的形式和尺寸，必要时可增加过渡套。

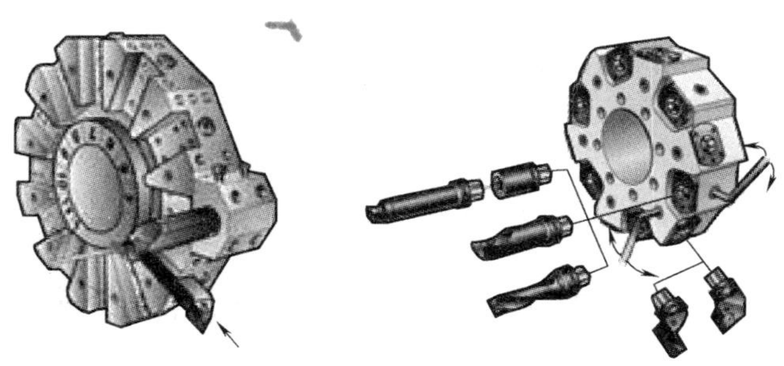

图 2-19　直插式刀塔

VDI 式刀塔如图 2-20 所示，它不能直接装刀，而需采用各种形式的 VDI 转接刀座。由于这些刀座装在刀塔面上，因此悬臂较长，刚性不如直插式刀塔。VDI 式刀塔选择刀座时应注意有左右刀座、正反刀座之分。VDI 式刀座的种类很多，已采用标准化，应用比较灵活、方便，所以刀具也可多样化，适用范围很广，现已大量采用。

图 2-20　VDI 式刀塔

3. 常用数控车削刀具的选择

(1) 刀具类型的选择　数控车床的刀具类型主要根据零件的加工形状进行选择，常用的刀具类型如图 2-21 所示，主要有外轮廓加工刀具、孔加工刀具、槽加工刀具和内外螺纹加工刀具等。对于内外形轮廓的加工刀具，其刀片的形状主要根据轮廓的外形进行选择，以防止加工过程中刀具后刀面对工件的干涉。

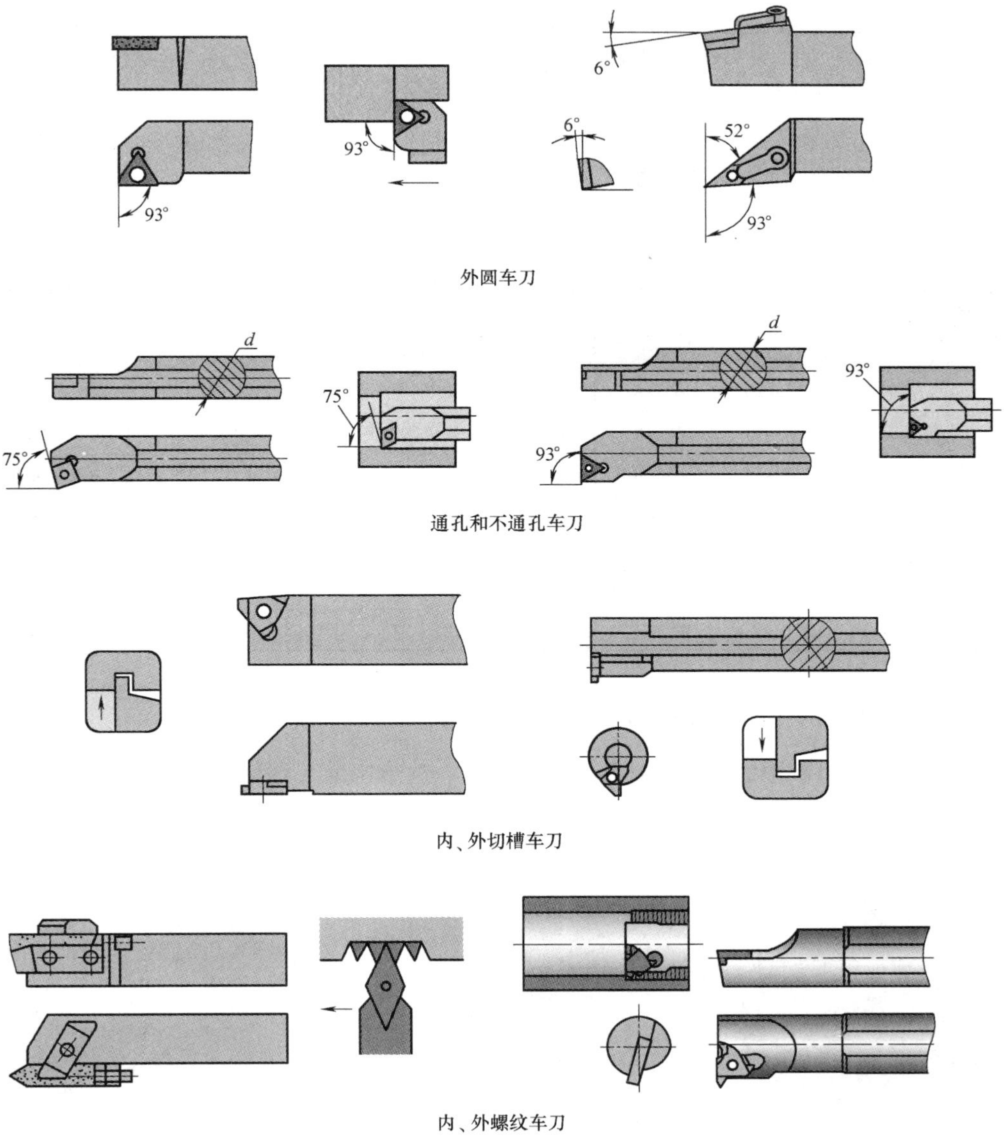

外圆车刀

通孔和不通孔车刀

内、外切槽车刀

内、外螺纹车刀

图 2-21　常用的刀具类型

（2）数控车刀的刀具参数　对于机夹可转位刀具，其刀具参数已设置成标准化参数。选择这些刀具参数时，主要应考虑工件材料、硬度、切削性能、具体轮廓形状和刀具材料等诸多因素。以硬质合金外圆精车刀为例，数控车刀的刀具角度参数如图 2-22 所示，具体角度的定义方法请参阅有关切削手册。硬质合金刀具切削碳素钢时的角度参数参考取值见表 2-4。

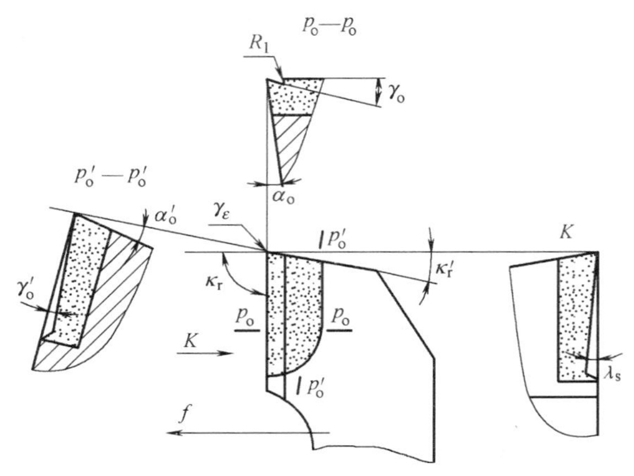

图 2-22　数控车刀的刀具角度参数

表 2-4　硬质合金刀具切削碳素钢时的角度参数参考取值

角度 / 刀具	前角（γ_o）/°	后角（α_o）/°	副后角（α'_o）	主偏角（κ_r）/°	副偏角（κ'_r）	刃倾角（λ_s）/°	刀尖圆弧半径（r_ε）/mm
外圆粗车刀	0°～10°	6°～8°	1°～3°	75°左右	6°～8°	0°～3°	0.5～1
外圆精车刀	15°～30°	6°～8°	1°～3°	90°～93°	2°～6°	3°～8°	0.1～0.3
外切槽刀	15°～20°	6°～8°	1°～3°	90°	1°～1°30′	0°	0.1～0.3
三角形螺纹车刀	0°	4°～6°	2°～3°			0°	0.12P
通孔车刀	15°～20°	8°～10°	磨出双重后角	60°～75°	15°～30°	-6°～-8°	1～2
不通孔车刀	15°～20°	8°～10°	磨出双重后角	90°～93°	6°～8°	0°～2°	0.5～1

二、数控车削过程中的切削用量选择

数控车削过程中的切削用量是指切削速度、进给速度（进给量）和背吃刀量三者的总称，不同车削加工方法的切削用量如图 2-23 所示。

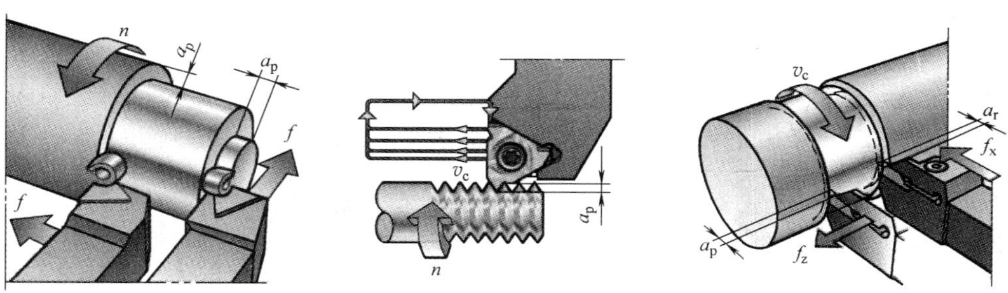

图 2-23　不同车削加工方法的切削用量

切削用量的选择原则：在保证零件加工精度和表面粗造度的情况下，充分发挥刀具

的切削性能，保证合理的刀具寿命，并充分发挥机床的性能，最大限度提高生产率，降低加工成本。另外，在切削用量的选择过程中，应充分考虑切削用量各参数之间的关联性。例如，用同一刀具加工同一零件，当选用较大的背吃刀量时，则应取较小的进给速度；反之，当选用较小的背吃刀量时，则可选取较大的进给速度。

1. 背吃刀量的选择

粗加工时，除留下精加工余量外，一次走刀尽可能切除全部余量。在加工余量过大、工艺系统刚性较低、机床功率不足、刀具强度不够等情况下，可分多次走刀。切削表面有硬皮的铸锻件时，应尽量使 a_p 大于硬皮层的厚度，以保护刀尖。精加工的加工余量一般较小，可一次切除。

在中等功率机床上，粗加工的背吃刀量可达 8 ~ 10mm；半精加工的背吃刀量取 0.5 ~ 5mm；精加工的背吃刀量取 0.2 ~ 1.5mm。

2. 进给速度（进给量）的确定

进给速度是数控机床切削用量中的重要参数，主要根据零件的加工精度和表面粗糙度要求以及刀具、工件的材料性质选取，最大进给速度受机床刚度和进给系统的性能限制。

粗加工时，由于对工件的表面质量没有太高的要求，这时主要根据机床进给机构的强度和刚性、刀杆的强度和刚性、刀具材料、刀杆和工件尺寸及已选定的背吃刀量等因素来选取进给速度。精加工时，则按表面粗糙度要求、刀具及工件材料等因素来选取进给速度。

3. 切削速度的确定

切削速度 v_c 可根据已经选定的背吃刀量、进给量及刀具寿命进行选取。实际加工过程中，也可根据生产实践经验和查表的方法来选取。

粗加工或工件材料的加工性能较差时，宜选用较低的切削速度。精加工或刀具材料、工件材料的切削性能较好时，宜选用较高的切削速度。

切削速度 v_c 确定后，可根据刀具或工件直径（D）按公式 $n=\dfrac{1000v_c}{\pi D}$来确定主轴转速 n（r/min）。

在工厂的实际生产过程中，切削用量一般根据经验并通过查表的方式来进行选取。常用硬质合金或涂层硬质合金刀具切削用量的推荐值见表 2-5。

三、切削液的选择

1. 切削液的作用

切削液的主要作用是冷却和润滑，加入特殊添加剂后，还可以起清洗和防锈作用，以保护机床、刀具、工件等不被周围介质腐蚀。

2. 切削液的种类

（1）水溶液　水溶液的主要成分是水和防腐剂、防霉剂等。为了提高清洗能力，可加入清洗剂。为具有润滑性，还可加入油性添加剂。

表 2-5　硬质合金或涂层硬质合金刀具切削用量的推荐值

刀具材料	工件材料	粗加工			精加工		
		切削速度/(m/min)	进给量/(mm/r)	背吃刀量/mm	切削速度/(m/min)	进给量/(mm/r)	背吃刀量/mm
硬质合金或涂层硬质合金	碳钢	220	0.2	3	260	0.1	0.4
	低合金钢	180	0.2	3	220	0.1	0.4
	高合金钢	120	0.2	3	160	0.1	0.4
	铸铁	80	0.2	3	140	0.1	0.4
	不锈钢	80	0.2	2	120	0.1	0.4
	钛合金	40	0.2	1.5	60	0.1	0.4
	灰铸铁	120	0.3	2	150	0.15	0.5
	球墨铸铁	100	0.3	2	120	0.15	0.5
	铝合金	1600	0.2	1.5	1600	0.1	0.5

注：上表中，当进行切深进给时，进给量取上表相应取值之半。

（2）乳化液　乳化液是水和乳化油经搅拌后形成的乳白色液体。乳化油是一种油膏，由矿物油和表面活性乳化剂（石油磺酸钠、磺化蓖麻油等）配制而成，表面活性乳化剂的分子上带极性一端与水亲合，不带极性一端与油亲合，使水油均匀混合。

（3）合成切削液　合成切削液是国内外推广使用的高性能切削液，由水、各种催渗剂和化学添加剂组成。它具有良好的冷却、润滑、清洗和防锈性能，热稳定性好，使用周期长。

（4）切削油　切削油主要起润滑作用，常用的有 10 号机械油、20 号机械油、轻柴油、煤油、豆油、菜油、蓖麻油等矿物油、植物油。

（5）极压切削液　极压切削液是矿物油中添加氯、硫、磷等极压添加剂配制而成的。它在高温下不破坏润滑膜，具有良好的润滑效果，故被广泛使用。

（6）固体润滑剂　固体润滑剂主要以二硫化钼（MoS_2）为主。二硫化钼形成的润滑膜具有极低的摩擦因数和高的熔点（1185℃）。因此，高温不易改变它的润滑性能，具有很高的抗压性能和牢固的附着能力，还具有较高的化学稳定性和温度稳定性。

3. 切削液的选用

（1）根据加工性质选用　粗加工时，由于加工余量及切削用量均较大，因此，在切削过程中产生大量的切削热，易使刀具迅速磨损，这时应降低切削区域温度，所以应选择以冷却作用为主的乳化液或合成切削液。

精加工时，为了减少切屑、工件与刀具之间的摩擦，保证工件的加工精度和表面质量，应选用润滑性能较好的极压切削油或高浓度极压乳化液。

半封闭加工（如钻孔、铰孔或深孔加工）时，排屑、散热条件均非常差，不仅使刀具磨损严重，容易退火，而且切屑容易拉毛已加工表面。为此，须选用黏度较小的极压切削液或极压切削油，并加大切削液的流量和压力。

（2）根据工件材料选用

1）一般钢件，粗加工时选择乳化液；精加工时选用硫化乳化液。

2）加工铸铁、铸铝等脆性金属，为了避免细小切屑堵塞冷却系统或者黏附在机床上难以清除，一般不用切削液。也可选用7%～10%的乳化液或煤油。

3）加工有色金属或铜合金时，不宜采用含硫的切削液，以免腐蚀工件。

4）加工镁合金时，不用切削液，以免燃烧起火。必要时，可用压缩空气冷却。

5）加工不锈钢、耐热钢等难加工材料时，应选用10%～15%的极压切削油或极压乳化液。

（3）根据刀具材料选用

1）高速钢刀具，粗加工时，选用乳化液；精加工时，选用极压切削油或浓度较高的极压乳化液。

2）硬质合金刀具，为避免刀片因骤冷骤热产生崩刃，一般不用切削液。如使用切削液，须连续充分浇注切削液。

4. 数控机床切削液的使用方法

切削液的使用普遍采用浇注法。对于深孔加工、难加工材料的加工及高速或强力切削加工，应采用高压冷却法。切削时切削液工作压力为1～10MPa，流量为50～150L/min。喷雾冷却法也是一种较好的使用切削液的方法，加工时，切削液被高压并通过喷雾装置雾化，并被高速喷射到切削区。

第五节　装夹与校正

一、数控机床夹具的基本知识

机床夹具是指安装在机床上，用以装夹工件或引导刀具，使工件和刀具具有正确的相互位置关系的装置。

1. 数控机床夹具的组成

数控机床夹具如图2-24所示，按其作用和功能通常可由定位元件、夹紧元件、安装连接元件和夹具体等几个部分组成。

定位元件是夹具的主要定位元件之一，其定位精度将直接影响工件的加工精度。常用的定位元件有V形块、定位销、定位块等。

夹紧元件的作用是保持工件在夹具中的原定位置，使工件不致因加工时受外力而改变原定位置。

安装连接元件用于确定夹具在机床上的位置，从而保证工件与机床之间的正确加工位置。

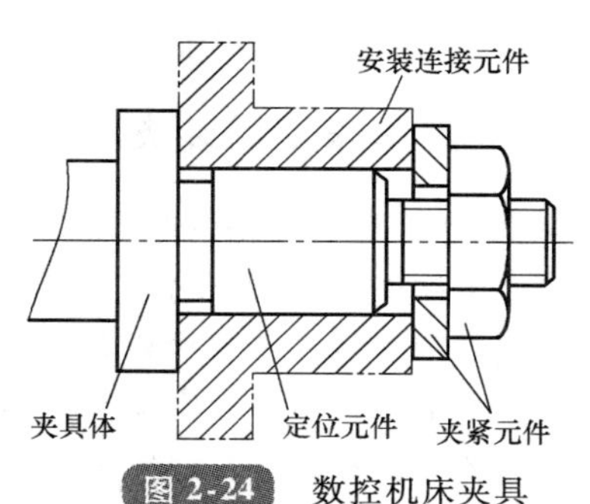

图2-24　数控机床夹具

2. 数控机床夹具的基本要求

（1）精度和刚度要求　数控机床具有多型面、连续加工的特点，所以对数控机床夹具的精度和刚度的要求也同样比一般机床要高，这样可以减少工件在夹具上的定位和夹紧误差以及粗加工的变形误差。

（2）定位要求　工件相对夹具一般应完全定位，且工件的基准相对于机床坐标系原点应具有严格的确定位置，以满足刀具相对于工件正确运动的要求。同时，夹具在机床上也应完全定位，夹具上的每个定位面相对于数控机床的坐标系原点均应有精确的坐标尺寸，以满足数控机床简化定位和安装的要求。

（3）敞开性要求　数控机床加工为刀具自动进给加工。夹具及工件应为刀具的快速移动和换刀等快速动作提供较宽敞的运行空间。尤其对于需多次进出工件的多刀、多工序加工，夹具的结构更应尽量简单、开敞，使刀具容易进入，以防刀具运动中与夹具工件系统相碰撞。此外，夹具的敞开性还体现为排屑通畅、清除切屑方便。

（4）快速装夹要求　为适应高效、自动化加工的需要，夹具结构应适应快速装夹的需要，以尽量减少工件装夹辅助时间，提高机床切削运转利用率。

3. 机床夹具的分类

机床夹具的种类很多，按其通用化程度可分为以下几类。

（1）通用夹具　自定心卡盘、单动卡盘、顶尖等均属于通用夹具，这类夹具已实现了标准化。其特点是通用性强、结构简单，装夹工件时无需调整或稍加调整即可，主要用于单件小批量生产。

（2）专用夹具　专用夹具是专为某个零件的某道工序设计的，其特点是结构紧凑，操作迅速、方便。但这类夹具的设计和制造的工作量大、周期长、投资大，只有在大批量生产中才能充分发挥它的经济效益。专用夹具有结构可调式和结构不可调式两种类型。

（3）成组夹具　成组夹具是随着成组加工技术的发展而产生的，它是根据成组加工工艺，把工件按形状尺寸和工艺的共性分组，针对每组相近工件而专门设计的。其特点是使用对象明确、结构紧凑和调整方便。

（4）组合夹具　组合夹具是由一套预先制造好的标准元件组装而成的专用夹具。它具有专用夹具的优点，用完后可拆卸存放，从而缩短了生产准备周期，减少了加工成本。因此，组合夹具既适用于单件及中、小批量生产，又适用于大批量生产。

二、数控车床常用装夹与校正方法

1. 自定心卡盘及其装夹校正

自定心卡盘如图 2-25 所示，是数控车床最常用的通用夹具。自定心卡盘的三个卡爪在装夹过程中是联动的，所以其具有装夹简单、夹持范围大和自动定心的特点，因此，自定心卡盘主要用于数控车床装夹加工圆柱形轴类零件和套类零件。自定心卡盘的夹紧方式主要有机械螺旋式、气动式或液压式等多种形式。其中气动卡盘和液压卡盘装夹迅速、方便，适合于批量加工。

图 2-25　自定心卡盘

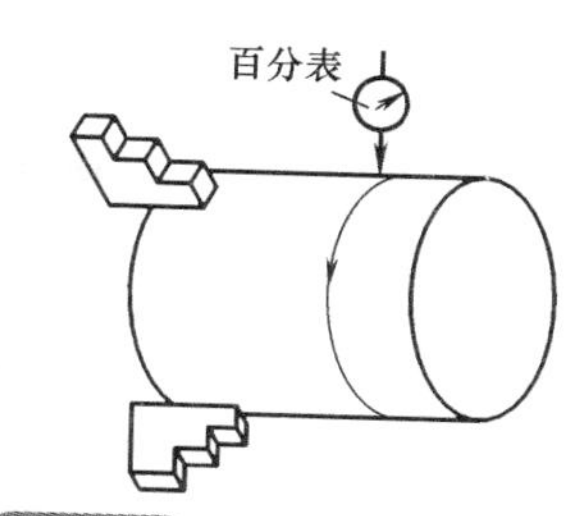

图 2-26　自定心卡盘的校正

在使用自定心卡盘时，要注意自定心卡盘的定心精度不是很高。因此，当需要二次装夹加工同轴度要求较高的工件时，须对装夹好的工件进行同轴度的校正。自定心卡盘的校正如图 2-26 所示，将百分表固定在工作台面上，测头触压在圆柱侧素线的上方，然后轻轻手动转动卡盘，根据百分表的读数用铜棒轻敲工件进行调整，当主轴再次旋转的过程中百分表读数不变时，表示工件装夹表面的轴线与主轴轴线同轴。

2. 单动卡盘及其装夹校正

单动卡盘如图 2-27 所示，在装夹工件过程中每一个卡爪可以单独进行装夹，因此，单动卡盘不仅适用于圆柱形轮廓的轴、套类零件的加工，还适用于偏心轴、套类零件和长度较短的方形表面的加工。在数控车床上使用单动卡盘进行工件的装夹时，必须进行工件的找正，以保证所加工表面的轴线与主轴的轴线重合。

图 2-27　单动卡盘

单动卡盘装夹圆柱工件的找正方法和自定心卡盘的找正方法相同。方形工件的装夹与校正以图 2-28a 所示加工正中心孔为例，校正时，将百分表固定在数控车床拖板上，测头接触侧平面（图 2-28b），前后移动百分表，调节工件保证百分表读数一致，将工件转动 90°，再次前后移动百分表，从而校正侧平面与主轴轴线垂直。工件中心（即所要加工孔的中心）的找正方法如图 2-28c 所示，测头接触外圆上侧素线，轻微转动主轴，找正外圆的上侧素线，读出此时的百分表读数，将卡盘转动 180°，仍然用百分表找正外圆的上侧素线，读出相应的百分表读数，根据两次百分表的读数差值调节上下两个卡爪。左右两卡爪的找正方法相同。

3. 软爪与弹簧夹套

（1）软爪　软爪从外形来看和自定心卡盘的卡爪无大的区别，不同之处在于其卡

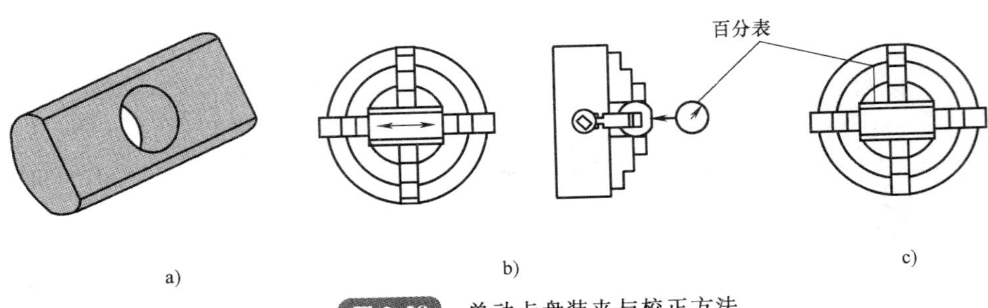

图 2-28 单动卡盘装夹与校正方法

爪硬度不同。普通的自定心卡盘的卡爪为了保证刚度要求和耐磨性要求，通常要经过淬火等热处理，硬度较高，很难用常用刀具材料切削加工。而软爪的卡爪通常在夹持部位焊有铜等软材料，是一种可以切削的卡爪，它是为了配合被加工工件而特别制造的。

软爪主要用于同轴度要求高且需要二次装夹的工件的加工，它可以在使用前进行自镗加工（图 2-29），从而保证卡爪中心与主轴中心同轴，因此，工件的装夹表面也应是精加工表面。

（2）弹簧夹套　弹簧夹套的定心精度高，装夹工件快速、方便，常用于精加工的外圆表面定位。在实际生产中，如没有弹簧夹套，可根据工件夹持的表面直径自制薄壁套（图 2-30）来代替弹簧夹套，自制薄壁套内孔直径与工件夹持表面直径相等，侧面锯出一条锯缝，并用自定心卡盘夹持薄壁套外壁。

图 2-29 软爪的自镗加工

图 2-30 自制薄壁套

4. 两顶尖拨盘和拨动顶尖

（1）两顶尖拨盘　两顶尖拨盘包括前、后顶尖和对分夹头或鸡心卡头拨杆三部分。两顶尖定位的优点是定心正确、可靠，安装方便。顶尖的作用是定心、承受工件重量和切削力。

前顶尖（图 2-31a）与主轴的装夹方式有两种，一种是插入主轴锥孔内，另一种是夹在卡盘上。前顶尖与主轴一起旋转，与主轴中心孔不产生摩擦。

后顶尖（图 2-31b）插入尾座套筒。后顶尖一种是固定的，另一种是回转的，其中回转顶尖使用较为广泛。

两顶尖只对工件有定心和支承作用，工件的转动必须通过对分夹头或鸡心卡头的拨

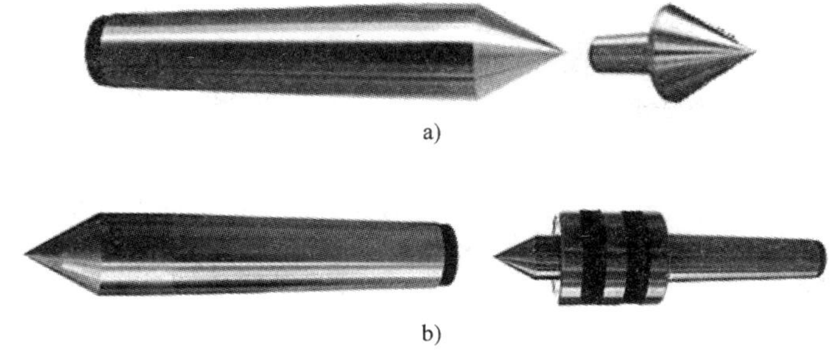

图 2-31　前、后顶尖

a）前顶尖　b）后顶尖

杆（图 2-32）带动工件旋转。对分夹头或鸡心卡头夹紧工件一端。

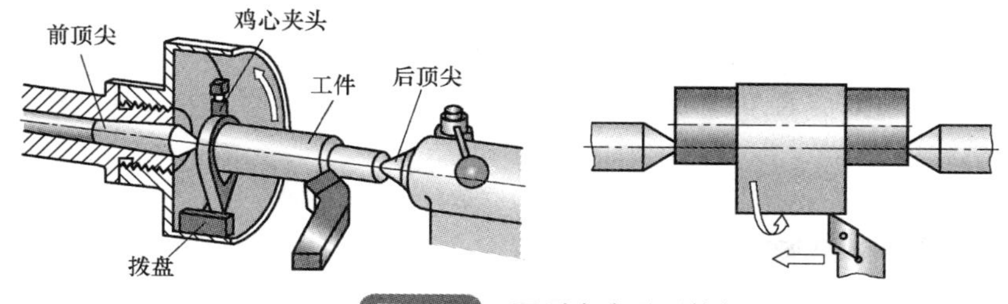

图 2-32　两顶尖支承用拨杆

（2）拨动顶尖　拨动顶尖常用的有内、外拨动顶尖和端面拨动顶尖，与两顶尖拨盘相比，不使用拨杆而直接由拨动顶尖带动工件旋转。端面拨动顶尖如图 2-33 所示，利用端面拨爪带动工件旋转，适合装夹工件的直径在 ϕ50mm ~ ϕ150mm 之间。

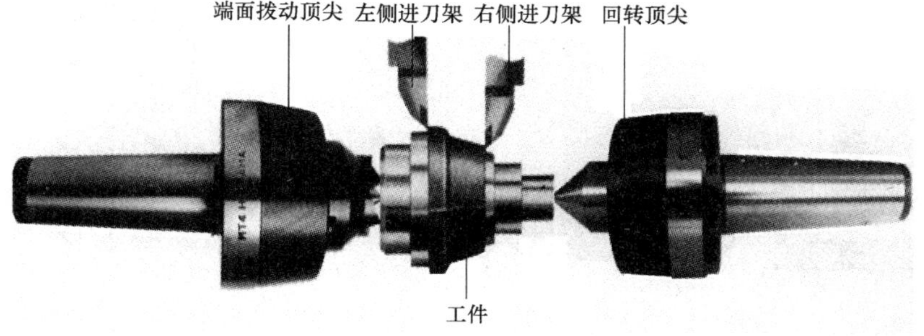

图 2-33　端面拨动顶尖

第六节　数控加工常用量具

一、量具的类型

根据量具的种类和特点，量具可分为如下三种类型。

1. 万能量具

这类量具一般都有刻度，在测量范围内可以测量零件的形状和尺寸的具体数值，如游标卡尺、千分尺、百分表和万能量角器等。

2. 专用量具

这类量具不能测出实际尺寸，只能测定零件形状和尺寸是否合格，如卡规、塞规、塞尺等。

3. 标准量具

这类量具只能制成某一固定尺寸，通常用来校对和调整其他量具，也可作为标准与被测零件进行比较，如量块。

二、常用量具

1. 外形轮廓测量用量具

外形轮廓类零件常用的测量量具主要有游标卡尺（图 2-34a）、千分尺（图 2-34b）、游标万能角度尺（图 2-34c）、直角尺（图 2-34d）、R 规（图 2-34e）、百分表（图 2-34f）等。

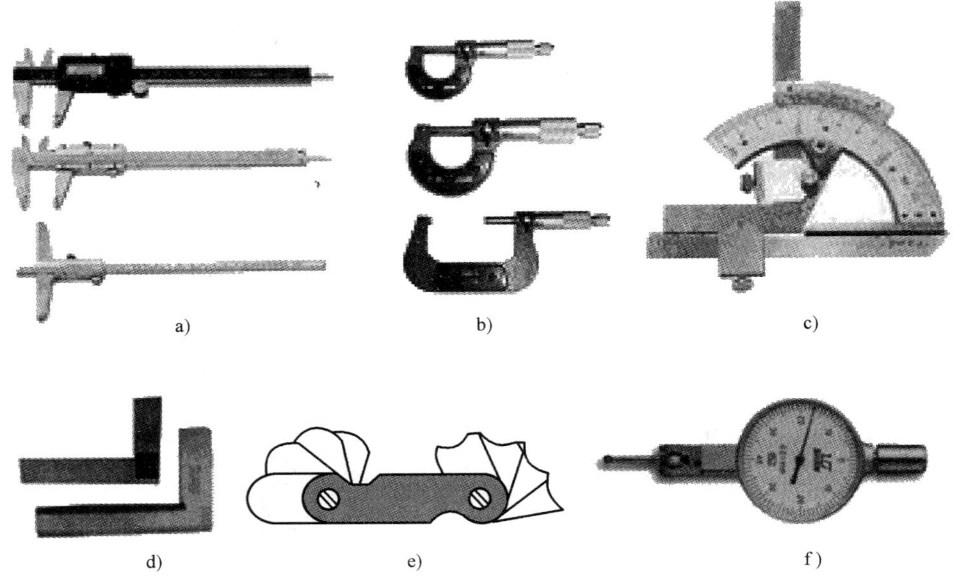

图 2-34　外形轮廓测量常用量具

a）游标卡尺　b）千分尺　c）游标万能角度尺

d）直角尺　e）R 规　f）百分表

游标卡尺测量工件时，对工人的手感要求较高，测量时游标卡尺夹持工件的松紧程度对测量结果影响较大。因此，其实际测量时的测量精度不是很高。游标卡尺的测量范围有 0 ~ 125mm、0 ~ 150mm、0 ~ 200mm、0 ~ 300mm 等多种形式。

千分尺的分度值通常为0.01mm，测量灵敏度要比游标卡尺高，而且测量时也易控制其夹持工件的松紧程度。因此，千分尺主要用于较高精度轮廓尺寸的测量。千分尺在500mm范围内每25mm为一档，如0～25mm、25～50mm等。

游标万能角度尺和直角尺主要用于各种角度和垂直度的测量，通常采用透光检查法进行测量。游标万能角度尺的测量范围是0～320°。

直角尺主要用于平面度和垂直度的测量，采用透光检查法进行测量。

R规主要用于各种圆弧的测量，采用透光检查法进行测量。常用的规格有*R*7～*R*14.5、*R*15～*R*25等，每隔0.5mm为一档。

百分表则借助于磁性表座进行同轴度、跳动度、平行度等几何公差的测量。

2. 内孔测量用量具

孔径尺寸精度要求较低时，可采用直尺、内卡钳或游标卡尺进行测量。当孔的精度要求较高时，可以用以下几种量具进行测量。

（1）塞规　塞规如图2-35a所示，是一种专用量具，一端为通端，另一端为止端。使用塞规检测孔径时，当通端能进入孔内，而止端不能进入孔内，说明孔径合格，否则为不合格孔径。与此相类似，轴类零件也可采用环规（图2-35b）测量。

a)　b)

图2-35　塞规和环规

a）塞规　b）环规

（2）内径百分表测量　内径百分表如图2-36所示，测量内孔时，图中左端测头在

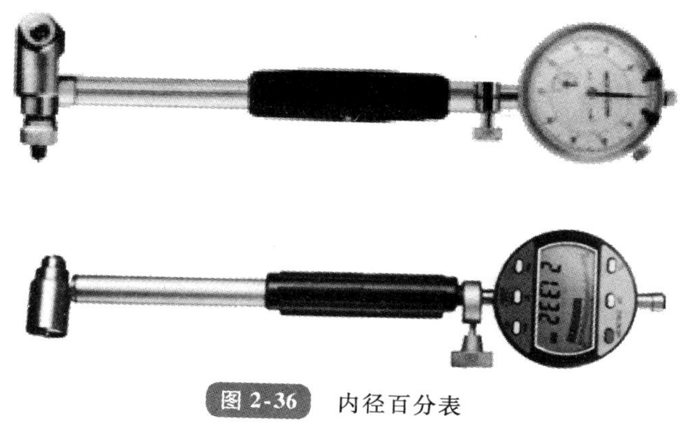

图2-36　内径百分表

孔内摆动，读出直径方向的最大尺寸即为内孔尺寸。内径百分表适用于深度较大内孔的测量。

（3）内径千分尺测量　内径千分尺如图 2-37 所示，其测量方法和外径千分尺的测量方法相同，但其刻线方向和外径千分尺相反，相应其测量时的旋转方向也相反。

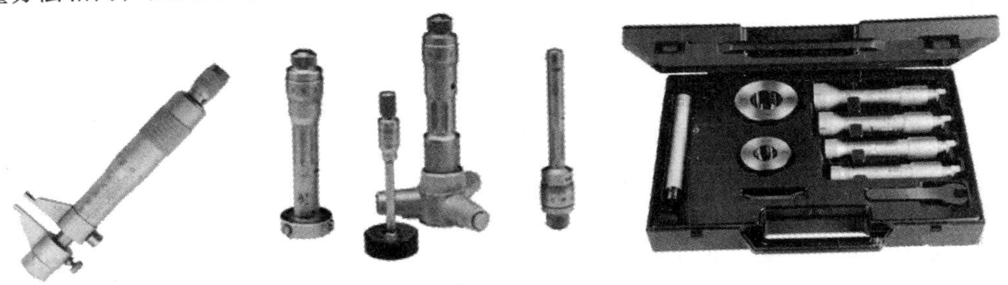

图 2-37　内径千分尺

3. 螺纹测量用量具

螺纹的主要测量参数有螺距、大径、小径和中径尺寸。

外螺纹大径和内螺纹小径的公差一般较大，可用游标卡尺或千分尺测量。螺距一般可用钢直尺或螺距规测量。由于普通螺纹的螺距一般较小，所以采用钢直尺测量时，最好测量 10 个螺距的长度，然后除以 10，就得出一个较正确的螺距尺寸。

对精度较高的普通螺纹中径，可用螺纹千分尺（图 2-38）直接测量，所测得的读数就是该螺纹中径的实际尺寸；也可用“三针测量法”进行间接测量（“三针测量法”仅适用于外螺纹的测量），但需通过计算后才能得到其中径尺寸。

此外，还可采用综合测量法检查内、外普通螺纹是否合格。综合测量使用的量具是图 2-39 所示的螺纹塞规（图 2-39a）或螺纹环规（图 2-39b）。螺纹塞规或螺纹环规的测量方法类似于光塞规和光环规，使用螺纹塞规检测内螺纹时，当通端能旋入而止端不能旋入时，说明内螺纹合格，否则为不合格。

4. 间隙测量及量块比较测量

（1）间隙测量　在配合类零件的加工过程中，经常要进行配合间隙测量，由于间隙较小，无法采用游标卡尺或千分尺进行测量，只能采用图 2-40 所示的塞尺进行测量。

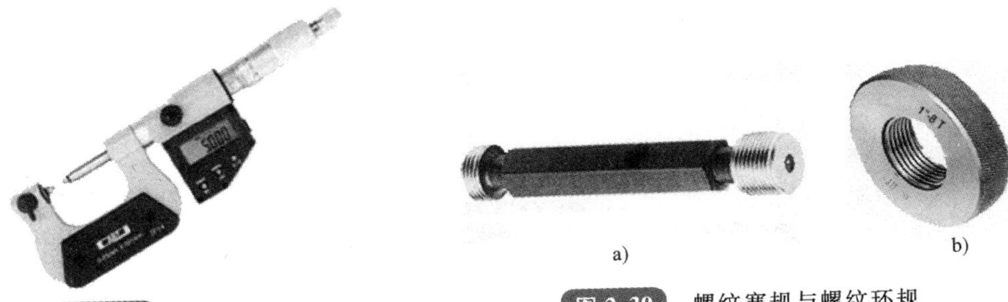

图 2-38　螺纹千分尺

图 2-39　螺纹塞规与螺纹环规

a）螺纹塞规　b）螺纹环规

塞尺由多种厚度不同的片状体叠合而成，每个片状体的厚度规定：在 0.02 ~ 0.1mm 范围内，每片厚度相隔为 0.01mm；在 0.1 ~ 1mm 范围内，每片厚度相隔为 0.05mm。

使用塞尺时，根据间隙的大小，可用一片或数片叠在一起插入间隙内。例如用 0.52mm 的塞尺可以插入，而 0.58mm 的塞尺不能插入时，表示其间隙在 0.52 ~ 0.58mm 之间。

（2）量块比较测量　量块是由不易变形的耐磨材料（如铬锰钢）制成的长方形六面体，它有两个工作表面和四个非工作表面。

如图 2-41 所示，量块有 42 块一套、87 块一套等几种。采用量块测量工件尺寸时，首先选用不同的量块叠合在一起组成所需测量的尺寸，再与所测量的尺寸进行比较，两者之间的差值即为所测尺寸的误差。

选用量块组合尺寸时，为了减少积累误差，应尽量采用最少的块数。87 块一套的量块，一般不要超过 4 块；42 块一套的量块，一般不超过 5 块。

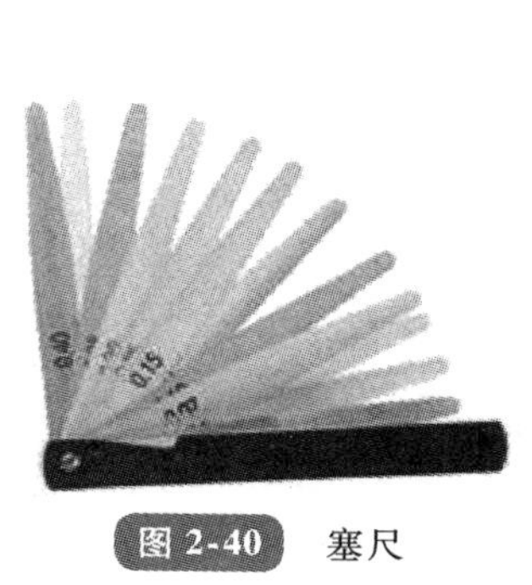

图 2-40　塞尺

图 2-41　成套量块

第七节　数控加工工艺文件

一、数控加工工艺文件的概念

将工艺规程的内容填入一定格式的卡片中，用于生产准备、工艺管理和指导工人操作等各种技术文件称为工艺文件。它是编制生产计划、调整劳动组织、安排物质供应、指导工人加工操作及技术检验等的重要依据。编写数控加工技术文件是数控加工工艺设计的内容之一。这些文件既是数控加工和产品验收的依据，也是需要操作者遵守和执行的规程。有的则是加工程序的具体说明或附加说明，其目的是让操作者更加明确程序的内容、安装与定位方式、各加工部位所选用的刀具及其他需要说明的事项，以保证程序的正确运行。

二、数控加工工艺文件种类

数控加工工艺文件的种类和形式多种多样，主要包括：数控加工工序卡、数控加工进给路线图、数控刀具调整单、零件加工程序单、加工程序说明卡等。然而目前，这些文件尚无统一的国家标准，但在各企业或行业内部已有一定的规范可循。这里仅选几例，供自行设计时参考。

1. 数控加工工序卡

数控加工工序卡与普通加工工序卡有许多相似之处，但不同的是该卡中应反映使用的辅具、刀具切削参数、切削液等，它是操作人员配合数控程序进行数控加工的主要指导性工艺资料，主要包括：工步顺序、工步内容、各工步所用刀具及切削用量等。工序卡应按已确定的工步顺序填写。若在数控机床上只加工零件的一个工步时，也可不填写工序卡。在工序加工内容不十分复杂时，可把零件草图反映在工序卡上。

图 2-42 所示为轴承套零件，该零件表面由内外圆柱面、内圆锥面、顺圆弧、逆圆弧及外螺纹等表面组成，其中多个直径尺寸与轴向尺寸有较高的尺寸精度和表面质量要求。零件图尺寸标注完整，符合数控加工尺寸标注要求，轮廓描述清楚、完整，零件材料为 45 钢，可加工性较好，无热处理和硬度要求。表 2-6 为轴承套数控加工工序卡。

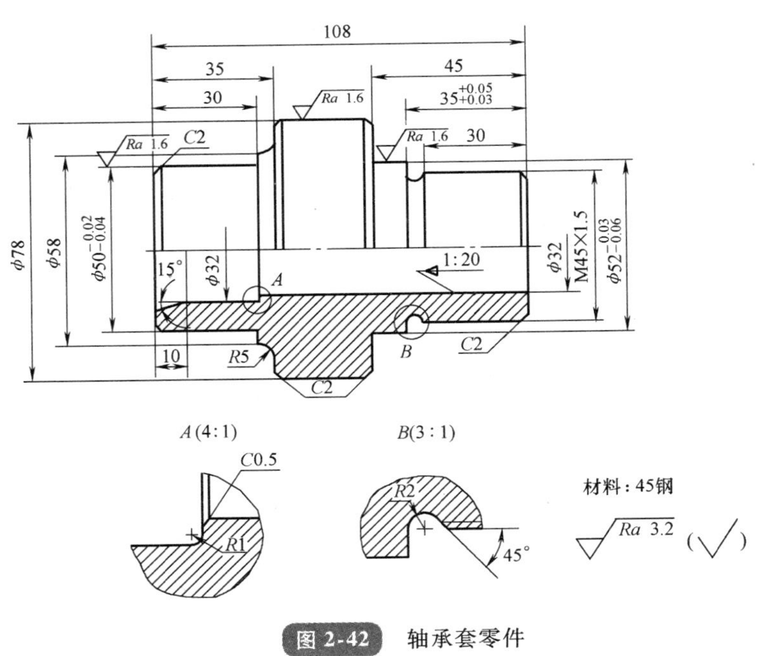

图 2-42　轴承套零件

2. 数控加工进给路线图

在数控加工中，特别要防止刀具在运动中与夹具、工件等发生意外碰撞，为此必须设法告诉操作者关于程序中的刀具路线图，如从哪里进刀、退刀或斜进刀等，使操作者在加工前就了解并计划好夹紧位置及控制夹紧元件的尺寸，以避免发生事故。

根据图 2-42 所示轴承套零件的结构特征，可先加工内孔各表面，然后加工外轮廓表面。由于该零件为小批量生产，进给路线设计不必考虑最短进给路线或最短空行程路线，外轮廓表面车削进给路线可沿零件轮廓顺序进行（图 2-43）。

表 2-6 轴承套数控加工工序卡

单位名称		产品名称或代号		零件名称		零件图号	
				轴承套			
工序号	程序编号	夹具名称		使用设备		车间	
001		自定心卡盘和自制心轴		CJK6240		数控中心	
工步号	工步内容	刀具号	刀具规格/mm	主轴转速/(r/min)	进给速度/(mm/min)	背吃刀量/mm	备注
1	平端面	T01	25×25	320		1	手动
2	钻 ϕ5mm 中心孔	T02	ϕ5	950		2.5	手动
3	钻底孔	T03	ϕ26	200		13	手动
4	粗镗 ϕ32mm 内孔、15°斜面及 C0.5 倒角	T04	20×20	320	40	0.8	自动
5	精镗 ϕ32mm 内孔、15°斜面及 C0.5 倒角	T04	20×20	400	25	0.2	自动
6	调头装夹粗镗 1:20 锥孔	T04	20×20	320	40	0.8	自动
7	精镗 1:20 锥孔	T04	20×20	400	20	0.2	自动
8	心轴装夹从右至左粗车外轮廓	T05	25×25	320	40	1	自动
9	从左至右粗车外轮廓	T06	25×25	320	40	1	自动
10	从右至左精车外轮廓	T05	25×25	400	20	0.1	自动
11	从左至右精车外轮廓	T06	25×25	400	20	0.1	自动
12	卸心轴，改为自定心卡盘装夹，粗车 M45 螺纹	T07	25×25	320	480	0.4	自动
13	精车 M45 螺纹	T07	25×25	320	480	0.1	自动
编制		审核		批准	年 月 日	共 页	第 页

3. 数控刀具调整卡

数控刀具调整卡主要包括数控刀具卡片（简称刀具卡）和数控刀具明细表（简称刀具表）两部分。

数控加工时，对刀具的要求十分严格，一般要在机外对刀仪上事先调整好刀具直径和长度。刀具卡主要反映刀具编号、刀具结构、加工部位、刀片型号和材料等，它是组装刀具和调整刀具的依据。数控刀具明细表是调刀人员调整刀具输入的主要依据。轴承套数控加工刀具明细表见表 2-7。

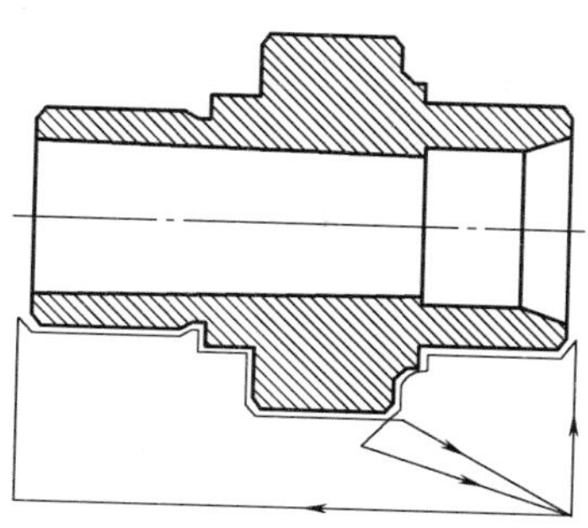

图 2-43 外轮廓加工进给路线图

4. 数控加工程序单

数控加工程序单是编程员根据工艺分析情况，经过数值计算，按照机床特点的指令代码编制的。它是记录数控加工工艺过程、工艺参数、位移数据的清单，以及手动数据输入（MDI）和制备控制介质、实现数控加工的主要依据。数控加工程序单则是数控加工程序的具体体现，通常应做出硬拷贝或软拷贝保存，以便于检查、交流或者下次加工时调用。

表 2-7 轴承套数控加工刀具明细表

产品名称或代号				零件名称	轴承套	零件图号	
序号	刀具号	刀具规格名称	数量	加工表面		刀尖圆弧半径/mm	备注
1	T01	45°硬质合金端面车刀	1	车端面		0.5	25mm×25mm
2	T02	ϕ5mm 中心钻	1	钻 ϕ5mm 中心孔			
3	T03	ϕ26mm 钻头	1	钻底孔			
4	T04	镗刀	1	镗内孔各表面		0.4	20mm×20mm
5	T05	93°右手偏刀	1	从右至左车外表面		0.3	25mm×25mm
6	T06	93°左手偏刀	1	从左至右车外表面		0.2	25mm×25mm
7	T07	60°外螺纹车刀	1	车 M45 螺纹		0.1	25mm×25mm
编制		审核		批准		年 月 日	共 页 第 页

5. 数控加工程序说明卡

实践证明，仅用数控加工程序单和工艺规程来进行指导实际数控加工会有许多问题。由于操作者对程序的内容不够清楚，对编程人员的意图理解不够，经常需要编程人员在现场说明和指导。因此，对加工程序进行详细说明是必要的，特别是对那些需要长时间保存和使用的程序尤其重要。

根据实践，一般应做说明的主要内容如下。

1）所用数控设备型号及控制器型号。

2）对刀点与编程原点的关系以及允许的对刀误差。

3）加工原点的位置及坐标方向。

4）所用刀具的规格、型号及其在程序中所对应的刀具号，必须按刀具尺寸加大或缩小补偿值的特殊要求（如用同一个程序，同一把刀具，用改变刀尖圆弧半径补偿值的方法进行粗精加工），更换刀具的程序段序号等。

5）整个程序加工内容的顺序安排（相当于工步内容说明与工步顺序）。

6）子程序的说明。对程序中编入的子程序应说明其内容。

7）其他需要特殊说明的问题。例如需要在加工中调整夹紧点的计划停机程序段号，中间测量用的计划停机程序段号，允许的最大刀尖圆弧半径和位置补偿值，切削液的使用与开关。

☆考核重点解析

本章是理论知识考核重点，在考核中约占20%。在数控车工中级理论鉴定试题中常出现的知识点有：数控加工流程，数控加工工艺的主要内容，加工阶段的划分，加工顺序的安排，加工路线的拟订，数控刀具材料及其选用，机夹可转位刀具，数控加工刀具的选用及切削用量的确定，切削液的选用，工件的装夹与找正，量具的应用，数控加工工艺文件等。

复习思考题

1. 数控加工的实质是什么？
2. 简述数控加工的流程。
3. 数控加工的主要内容有哪些？
4. 零件的加工过程可划分为哪四个阶段？划分加工阶段的目的是什么？
5. 加工顺序安排的原则有哪些？
6. 工序划分的方法主要有哪几种？
7. 什么是加工路线？确定加工路线的原则有哪些？
8. 常用圆弧车削加工路线有哪几种？各有何优缺点？
9. 常用圆锥车削加工路线有哪几种？各有何优缺点？
10. 螺纹加工方法主要有哪几种？
11. 常用的刀具材料有哪几种？
12. 如何选用硬质合金刀具？
13. 机夹可转位刀片用哪十个号位来表示其主要参数特征？
14. 机夹可转位刀片的压紧方式有哪几种？各有何特点？
15. 如何选用机夹可转位刀片？
16. 如何确定数控车削过程中的切削用量？
17. 常见的切削液有哪些？
18. 数控车床常用夹具有哪些？
19. 数控加工中常用的量具有哪些？各种量具如何应用？
20. 数控加工工艺文件有哪些？

第三章　FANUC 0i 系统数控车床的编程与操作

☺理论知识要求

1. 掌握 FANUC 0i 数控系统常用的 G 功能指令；
2. 掌握 FANUC 0i 数控系统常用的 M 功能指令；
3. 了解数控车床编程规则；
4. 掌握 G00、G01、G90、G94、G71、G72、G73、G70 等指令编程格式及其应用；
5. 掌握 G02、G03 编程格式，能正确判断圆弧的顺逆，能确定圆心坐标；
6. 掌握内孔加工方法，了解内孔车刀的种类；
7. 掌握车孔的关键技术；
8. 了解内孔车刀安装注意事项；
9. 掌握 G74 指令编程格式及其应用；
10. 掌握 G75 指令编程格式及其应用；
11. 掌握普通螺纹尺寸计算；
12. 掌握 G32、G92、G76 编程格式及其应用。

☺操作技能要求

1. 能够编写外圆、端面、锥体、圆弧等外轮廓加工程序；
2. 能够编写内孔、内锥面、内圆弧面等内轮廓加工程序；
3. 能够编写切槽与切断的加工程序；
4. 能够编写内、外螺纹加工程序；
5. 能够分析典型零件加工工艺，并能对典型零件的加工程序进行编程；
6. 熟练掌握 FANUC 0i 系统数控车床操作，并能完成典型零件的加工。

对于数控车床来说，采用不同的数控系统，其编程与操作方法也有所不同。本章以 FANUC 0i 数控系统为例，介绍数控车床编程与操作的相关问题。

第一节　概　　述

一、准备功能

FANUC 0i 数控系统常用的准备功能见表 3-1。

表 3-1　FANUC 0i 数控系统常用的准备功能

G 指令	组别	功能	程序格式及说明	备注
▲G00	01	快速点定位	G00 X(U)__Z(W)__;	模态
G01		直线插补	G01 X(U)__Z(W)__F__;	模态
G02		顺时针圆弧插补	G02 X(U)__Z(W)__R__F__;或 G02 X(U)__Z(W)__I__K__F__;	模态
G03		逆时针圆弧插补	G03 X(U)__Z(W)__R__F__;或 G03 X(U)__Z(W)__I__K__F__;	模态
G04	00	暂停	G04 X__; 或 G04 U__;或 G04 P__;	非模态
G20	06	英制输入	G20;	模态
▲G21		公制输入	G21;	模态
G27	00	返回参考点检查	G27 X__Z__;	非模态
G28		返回参考点	G28 X__Z__;	非模态
G30		返回第 2、3、4 参考点	G30 P3 X__Z__;或 G30 P4 X__Z__;	非模态
G32	01	螺纹插补	G32 X__Z__F__;(F 为导程)	模态
G34		变螺距螺纹插补	G34 X__Z__F__K__;	模态
▲G40	07	刀尖圆弧半径补偿取消	G40 G00 X(U)__Z(W)__;	模态
G41		刀尖圆弧半径左补偿	G41 G01 X(U)__Z(W)__F__;	模态
G42		刀尖圆弧半径右补偿	G42 G01 X(U)__Z(W)__F__;	模态
G50	00	坐标系设定	G50 X__Z__;	非模态
		主轴最大速度设定	G50 S__;	
G52		局部坐标系设定	G52 X__Z__;	非模态
G53		选择机床坐标系	G53 X__Z__;	非模态
▲G54	14	选择工件坐标系 1	G54;	模态
G55		选择工件坐标系 2	G55;	模态
G56		选择工件坐标系 3	G56;	模态
G57		选择工件坐标系 4	G57;	模态
G58		选择工件坐标系 5	G58;	模态
G59		选择工件坐标系 6	G59;	模态
G65	00	宏程序调用	G65 P__L__<自变量指定>;	非模态
G66	12	宏程序模态调用	G66 P__L__<自变量指定>;	模态
▲G67		宏程序模态调用取消	G67;	模态
G70	00	精加工循环	G70 P__Q__;	非模态
G71		内、外圆粗车循环	G71 U__R__; G71 P__Q__U__W__F__;	非模态

（续）

G 指令	组别	功能	程序格式及说明	备注
G72	00	端面粗车循环	G72 W __ R __; G72 P __ Q __ U __ W __ F __;	非模态
G73		固定形状粗车循环	G73 U __ W __ R __; G73 P __ Q __ U __ W __ F __;	非模态
G74		镗孔复合循环与深孔钻削循环	G74 R __; G74 X(U)__ Z(W)__ P __ Q __ R __ F __;	非模态
G75		内/外圆切槽复合循环	G75 R __; G75 X(U)__ Z(W)__ P __ Q __ R __ F __;	非模态
G76		螺纹切削复合循环	G76 P __ Q __ R __; G76 X(U)__ Z(W)__ R __ P __ Q __ F __;	非模态
G90	01	内/外圆切削循环	G90 X(U)__ Z(W)__ F __;或 G90 X(U)__ Z(W)__ R __ F __;	模态
G92		螺纹车削循环	G92 X(U)__ Z(W)__ F __;或 G92 X(U)__ Z(W)__ R __ F __;	模态
G94		端面切削循环	G94 X(U)__ Z(W)__ F __;或 G94 X(U)__ Z(W)__ R __ F __;	模态
G96	02	恒线速度控制	G96 S __;	模态
▲G97		取消恒线速度控制	G97 S __;	模态
G98	05	每分钟进给	G98 F __;	模态
▲G99		每转进给	G99 F __;	模态

注：1. 打▲的为开机默认指令。
2. 00 组 G 代码都是非模态指令。
3. 不同组的 G 代码能够在同一程序段中指定。如果同一程序段中指定同组 G 代码，则最后指定的 G 代码有效。
4. G 代码按组号显示，对于表中没有列出的功能指令，请参阅有关厂家的编程说明书。

二、辅助功能

FANUC 0i 数控系统常用的辅助功能见表 3-2。

表 3-2 FANUC 0i 数控系统常用的辅助功能

序号	代码	功能	序号	代码	功能
1	M00	程序暂停	7	M08	切削液开启
2	M01	选择性停止	8	M09	切削液关闭
3	M02	结束程序运行	9	M30	结束程序运行且返回程序开头
4	M03	主轴正转			
5	M04	主轴反转	10	M98	子程序调用
6	M05	主轴停止	11	M99	子程序结束

三、F、S 功能

1. F 功能

F 功能表示进给速度，它是用地址 F 与其后面的若干位数字来表示的。

（1）每分钟进给 G98　数控系统在执行了 G98 指令后，遇到 F 指令时，便认为 F 所指定的进给速度单位为 mm/min，如 F200，表示进给速度是 200mm/min。

G98 被执行一次后，数控系统就保持 G98 状态，直至数控系统执行了含有 G99 的程序段，G98 才被取消，而 G99 将发生作用。

（2）每转进给 G99　数控系统在执行了 G99 指令后，遇到 F 指令时，便认为 F 所指定的进给速度单位为 mm/r，如 F0.2，表示进给速度是 0.2mm/r。

要取消 G99 状态，须重新指定 G98，G98 与 G99 相互取代。要注意的是 FANUC 数控系统通电后一般默认为 G99 状态。

2. S 功能

S 功能指定主轴转速或速度。

（1）恒线速度控制 G96　G96 是恒线速切削控制有效指令。系统执行 G96 指令后，S 后面的数值表示切削速度，如 G96 S100，表示切削速度是 100m/min。

（2）主轴转速控制 G97　G97 是恒线速切削控制取消指令。系统执行 G97 后，S 后面的数值表示主轴每分钟的转数，如 G97 S800，表示主轴转速为 800r/min。系统开机状态为 G97 状态。

（3）主轴最高速度限定 G50　G50 除了具有坐标系设定功能外，还有主轴最高转速设定功能，即用 S 指定的数值设定主轴的最高转速，如 G50 S2000，表示主轴最高转速为 2000r/min。

用恒线速度控制加工端面、锥面和圆弧时，由于 *X* 坐标值不断变化，当刀具逐渐接近工件的旋转中心时，主轴转速会越来越高，工件有从卡盘飞出的危险，所以为防止事故的发生，有时必须限定主轴的最高转速。

四、数控车床编程规则

1. 直径编程和半径编程

因为车削零件的横截面一般都为圆形，所以尺寸有直径指定和半径指定两种方法。当用直径指定时称为直径编程，当用半径指定时称为半径编程。具体是用直径指定还是半径指定，可以用参数设置。当 *X* 轴用直径指定时，应注意表 3-3 中所列的注意事项。

表 3-3　直径指定时的注意事项

项　目	注意事项
Z 轴指令	与直径指定还是半径指定无关
X 轴指令	用直径指定
用地址 U 的增量值指令	用直径指定

（续）

项　目	注意事项
坐标系设定（G50）	用直径指定 *X* 轴坐标值
刀具位置补偿量 *X* 值	用参数设定直径值还是半径值
用 G90～G94 的 *X* 轴切深（R）	用半径指定
圆弧插补的半径指定（R，I，K）	用半径指定
X 轴方向进给速度	用半径指定
X 轴位置显示	用直径值显示

1）在后面的说明中，凡是没有特别指出是直径指定还是半径指定，均为直径指定。

2）刀具位置偏置值，当切削外径时，用直径指定，位置偏置值的变化量与零件外径的直径变化量相同。例如，当直径指定时，刀具补偿量变化 10mm，则零件外径的直径也变化 10mm。

3）当刀具位置偏置值用半径指定时，刀具位置补偿量是指刀具的长度。

若有数台机床时，直径编程还是半径编程要设置成一致，都为直径编程时，程序可以通用。

2. 小数点编程

数字单位以公制为例分为两种：一种是以 mm 为单位，另一种是以脉冲当量（即机床的最小输入单位）为单位。现在大多数数控机床常用的脉冲当量为 0.001mm。

对于数字的输入，有些系统可省略小数点，有些系统则可通过系统参数来设定是否可以省略小数点，而大部分系统小数点不可省略。对于不可省略小数点编程的系统，当使用小数点进行编程时，数字以 mm 为输入单位，而当不用小数点编程时，则以机床的最小设定单位作为输入单位。

在应用小数点编程时，数字后面可以写“.0”，如 X50.0，也可以直接写“.”，如 X50.。若忽略了小数点，则指令值将变为原来的 1/1000，此时若加工，则必出事故。此外，脉冲当量为 0.001mm 的系统采用小数点编程，其小数点后的位数超过四位时，数控系统按四舍五入处理。例如，当输入 X50.4567 时，经系统处理后的数值为 X50.457。

3. 绝对值编程、增量值编程和混合值编程

数控车床编程时，可以采用绝对值编程、增量（也称相对）值编程和混合值编程。绝对值编程是根据已设定的工件坐标系计算出工件轮廓上各点的绝对坐标值进行编程的方法，程序中常用 X、Z 表示。增量值编程是用相对前一个位置的坐标增量来表示坐标值的编程方法，FANUC 系统用 U、W 表示，其正负由行程方向确定，当行程方向与工件坐标轴方向一致时为正，反之为负。混合值编程是将绝对值编程和增量值编程混合起来进行编程的方法。图 3-1 所示为绝对值/增量值/混合值编程示例，具体如下。

1）绝对值编程。X70.0 Z40.0；

2）增量值编程。U40.0 W－60.0；

3）混合值编程。X70.0 W－60.0；或 U40.0 Z40.0；

当 X 和 U 或 Z 和 W 在一个程序段中同时指令时，后面的指令有效。

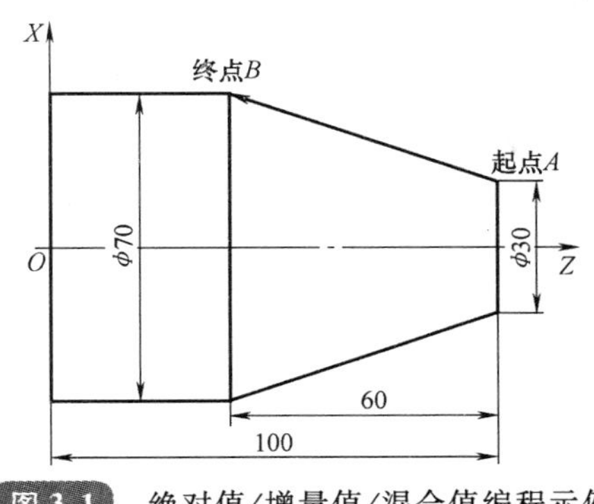

图 3-1　绝对值/增量值/混合值编程示例

第二节　外轮廓加工

一、外圆与端面加工

1. 常用外圆与端面加工指令

（1）快速点定位 G00 指令　G00 指令使刀具以点定位控制方式从刀具所在点快速运动到下一个目标位置。它一般用于加工前的快速定位或加工后的快速退刀。

1）指令格式。

G00 __ X（U）__ Z（W）__；

式中　X、Z——刀具目标点的绝对坐标值；

U、W——刀具目标点相对于起始点的增量坐标值。

2）指令说明。

① G00 为模态指令，可由 01 组中代码（如 G01、G02、G03、G32 等）注销。

② 移动速度不能用程序指令设定，而是由厂家通过机床参数预先设置的，它可由面板上的进给修调旋钮修正。

③ 执行 G00 时，*X*、*Z* 两轴同时以各轴的快进速度从当前点开始向目标点移动，一般各轴不能同时到达终点，其行走路线可能为折线，如图 3-2 所示。使用时应注意刀具是否和工件干涉。

3）示例。如图 3-2 所示，要求刀具快速从 *A* 点移动到 *B* 点，编程格式如下。

① 绝对值编程。G00 X50.0 Z80.0；

② 增量值编程。G00 U－40.0 W－40.0；

（2）直线插补 G01 指令　G01 指令是直线插补指令，规定刀具在两坐标间以插补联动方式按指定的进给速度做任意斜率的直线运动。

1）指令格式。

G01__ X(U)__ Z(W)__ F __;

式中　X、Z——刀具目标点的绝对坐标值；

U、W——刀具目标点相对于起始点的增量坐标值；

F——刀具进给速度，单位可以是 mm/min 或 mm/r。

2）指令说明。

① G01 程序中的进给速度由 F 指令决定，且 F 指令是模态指令。如果在 G01 之前的程序段没有 F 指令，且现在的 G01 程序段中也没有 F 指令，则机床不运动。

② G01 为模态指令，可由 01 组中代码（如 G01、G02、G03、G32 等）注销。

3）示例。用 G01 编写图 3-3 所示 $A \to B \to C$ 的刀具轨迹。

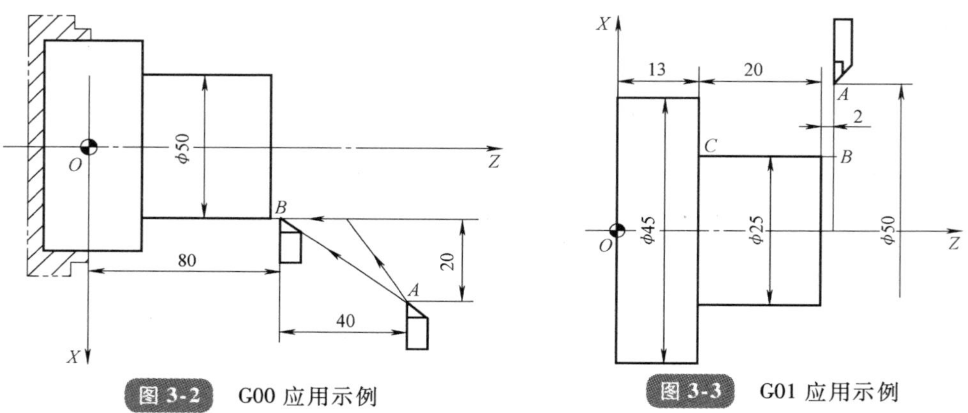

图 3-2　G00 应用示例

图 3-3　G01 应用示例

绝对值编程如下。

G01 X25.0 Z35.0 F0.1;　　　$A \to B$

Z13.0;　　　$B \to C$

增量值编程如下。

G01 U－25.0 W0 F0.1;　　　$A \to B$

W－20;　　　$B \to C$

（3）内/外圆切削循环 G90 指令　当零件的直径落差比较大，加工余量大时，需要多次重复同一路径循环加工，才能去除全部余量。这样造成程序内存较大。为了简化编程，数控系统提供了不同形式的固定循环功能，以缩短程序的长度，减少程序所占内存。

1）指令格式。

G90 X(U)__ Z(W)__ F __;

式中　X、Z——绝对值编程时，切削终点坐标值；

U、W——增量值编程时，切削终点相对循环起点的增量坐标值；

F——刀具进给速度。

2）指令说明。

① 图 3-4 所示为 G90 指令的运动轨迹，刀具从循环起点出发，第 1 段沿 *X* 轴负方向快速进刀，到达切削始点，第 2 段以 F 指令的进给速度切削到达切削终点，第 3 段沿 *X* 轴正方向切削退刀，第 4 段快速退回到循环起点，完成一个切削循环。

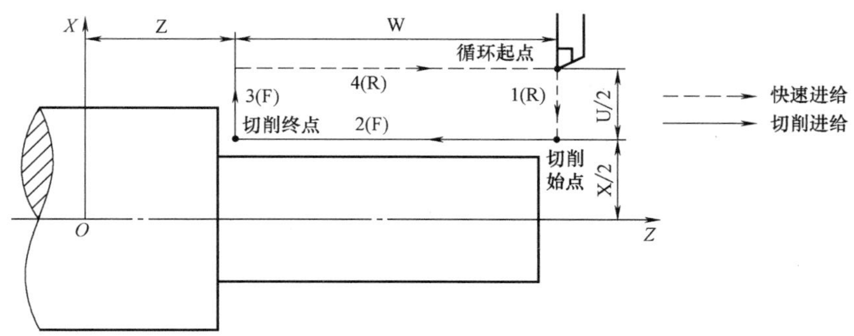

图 3-4 G90 指令的运动轨迹

② G90 循环每一次切削加工结束后刀具均返回循环起点。

3）示例。如图 3-5 所示，其加工程序如下。

```
…
N50 G90 X40.0 Z20.0 F0.1;     A→B→C→D→A
N60 X30.0;                    A→E→F→D→A
N70 X20.0;                    A→G→H→D→A
…
```

（4）端面切削循环 G94 指令　这里的端面是指与 *X* 坐标轴平行的端面。G94 与 G90 指令的使用方法类似，它主要用于大小径之差较大而轴向台阶长度较短的盘类工件的端面切削。

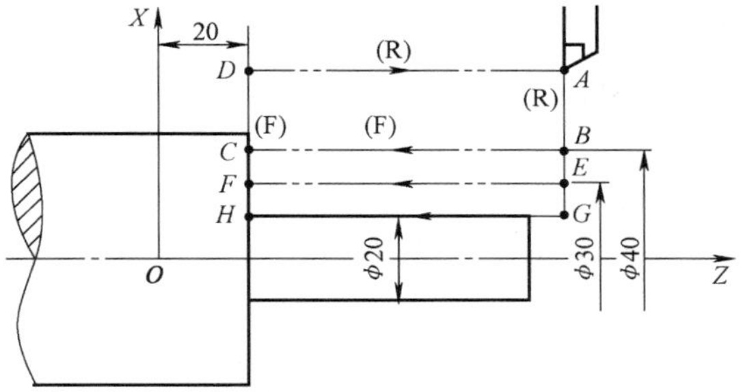

图 3-5 G90 切削循环示例

1）指令格式。

G94 X(U)__ Z(W)__ F__;

式中　X（U）、Z（W）、F 的含义与 G90 格式中各参数含义相同。

2）指令说明。

① 图 3-6 所示为刀具的运动轨迹，刀具从循环起点出发，第 1 段沿 *Z* 轴负方向快速进刀，到达切削始点，第 2 段以 F 指令的进给速度切削到达切削终点，第 3 段沿 *Z* 轴正方向切削退刀，第 4 段快速退回到循环起点，完成一个切削循环。

② G94 的特点是选用刀具的端面切削刃作为主切削刃，以车端面的方式进行循环加工。G90 与 G94 的区别在于 G90 在工件径向做分层粗加工，而 G94 在工件轴向做分层粗加工。G90 第一步先沿 *X* 轴进给，而 G94 第一步先沿 *Z* 轴进给。

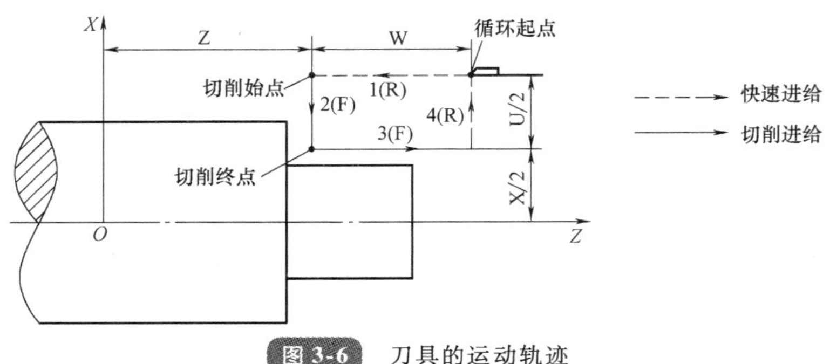

图 3-6 刀具的运动轨迹

2. 外圆加工

（1）G01 车削外圆　如图 3-7 所示，用 G01 车削 ϕ45mm 外圆，工件毛坯直径为 ϕ50mm，外圆有 5mm 的余量。工件右端面中心为编程原点，选用 90°车刀，刀具初始点在换刀点（*X*100，*Z*100）处。

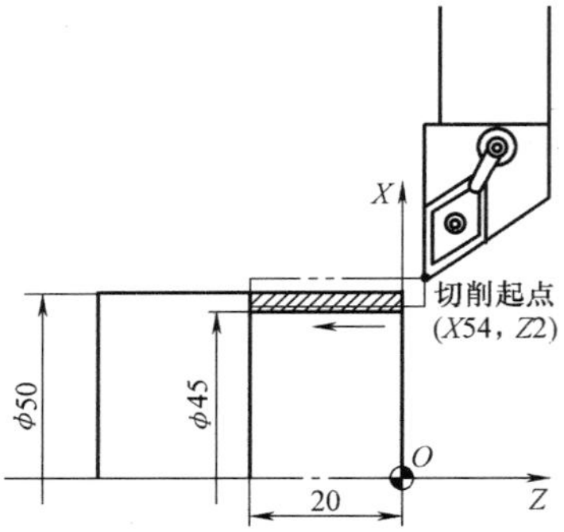

1）刀具切削起点。编程时，对刀具快速接近工件加工部位的点应精心设计，保证刀具在该点与工件的轮廓有足够的安全间隙。如图 3-7 所示，可设计刀具切削起点为（*X*54，*Z*2）。

图 3-7 G01 车削外圆

2）刀具靠近工件。首先将刀具以 G00 的方式运动到点（*X*54，*Z*2），然后 G00 移动 *X* 轴到切深，准备粗加工。

N10 T0101;　　　　　　（选 1 号刀具，执行 1 号刀补）

N20 M03 S700;　　　　　（主轴正转，主轴转速为 700r/min）

N30 G00 X54.0 Z2.0 M08;　（快速靠近工件）

N40 X46.0;　　　　　　　（*X* 向进刀）

3）粗车。

N50 G01 Z－20.0 F0.2;　　（粗车）

刀具以 0.2mm/r 进给速度切削到指定的长度位置。

4）刀具的返回。刀具返回时，先沿＋*X* 向退到工件之外，再沿＋*Z* 向以 G00 方式回到起点。

N60 G01 X54.0;　　　　　（沿 *X* 轴正向返回）

N70 G00 Z2.0;　　　　　　（沿 *Z* 轴正向返回）

程序段 N50 为实际切削运动，切削完成后执行程序段 N60，刀具将快速脱离工件。

5）精车。

N80 X45.0;　　　　　　　（沿 *X* 轴负向进刀）

N90 G01 Z－20.0 S900 F0.1；　（精车，主轴转速为900r/min，进给速度为0.1mm/r）

N100 X54.0；　（沿 *X* 轴正向退刀）

6）返回换刀点。

N110 G00 X100.0 Z100.0；　（刀具返回到初始点）

7）程序结束。

N120 M30；　（程序结束）

（2）G90 车削外圆。如图 3-8 所示，用 G90 车削 ϕ30mm 外圆，工件毛坯为 ϕ50mm×40mm，ϕ30mm 外圆有 20mm 的余量。设工件右端面中心为编程原点，选用 90°车刀，刀具起始点设在换刀点（*X*100，*Z*100）处，刀具切削起点设在与工件具有安全间隙的（*X*55，*Z*2）点。

其加工参考程序见表 3-4。

表 3-4　G90 车台阶轴参考程序

参考程序	注　释
O3001；	程序名
N10 T0101；	换 1 号刀具，执行 1 号刀补
N20 S800 M03；	主轴正转，主轴转速为 800r/min
N30 G00 X55.0 Z2.0；	快速运动至循环起点
N40 G90 X46.0 Z－19.8 F0.2；	*X* 向单边切深量 2mm，端面留余量 0.2mm
N50 X42.0；	G90 模态有效，*X* 向切深至 42mm
N60 X38.0；	G90 模态有效，*X* 向切深至 38mm
N70 X34.0；	G90 模态有效，*X* 向切深至 34mm
N80 X31.0；	*X* 向留单边余量 0.5mm，用于精加工
N90 G00 M03 S1200；	提高主轴转速
N90 G90 X30.0 Z－20.0 F0.1；	精车
N100 G00 X100.0 Z100.0；	快速退至换刀点
N110 M30；	程序结束

3. 端面加工

（1）G01 单次车削端面　如图 3-9 所示，工件毛坯直径为 ϕ50mm，工件右端面为 *Z*0，右端面有 0.5mm 的余量，工件右端面中心为编程原点，选用 90°偏刀，刀具初始点在换刀点（*X*100，*Z*100）处。

1）刀具切削起点。编程时，对刀具快速接近工件加工部位的点应精心设计，应保证刀具在该点与工件的轮廓有足够的安全间隙。如图 3-9 所示，可设计刀具切削起点为（*X*55，*Z*0）。

2）刀具靠近工件。首先 *Z* 向移动到起点，然后 *X* 向移动到起点。这样可减小刀具趋近工件时发生碰撞的可能性。

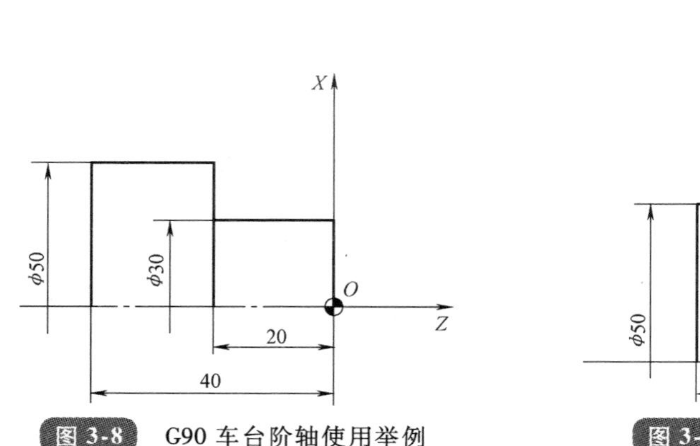

图 3-8　G90 车台阶轴使用举例

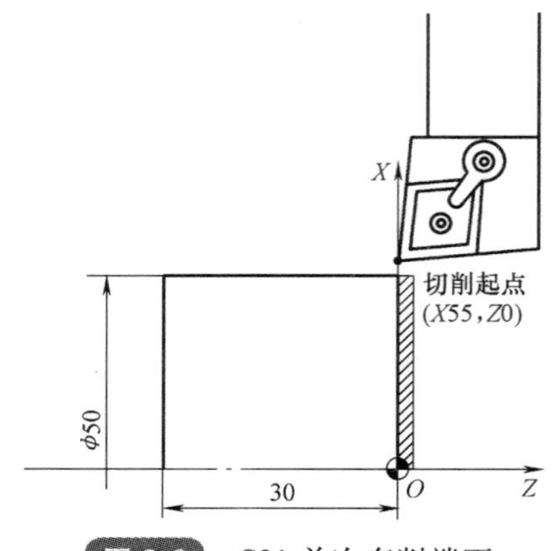

图 3-9　G01 单次车削端面

N10 T0101;　　　　　　（选 01 号刀具，执行 01 号刀偏）

N20 S700 M03;　　　　　（主轴正转，主轴转速为 700r/min）

N30 G00 Z0 M08;　　　　（*Z* 向到达切削起点）

N40 X55.0;　　　　　　（*X* 向到达切削起点）

若把 N30、N40 合写成 G00 X55.0 Z0 可简便一些，但必须保证定位路线上没有障碍物。

3）刀具切削程序段。

N50 G01 X0 F0.1;　　　　（车端面）

4）刀具的返回运动。刀具返回时，宜首先 *Z* 向退出。

N60 G00 Z2.0;　　　　　（*Z* 向退出）

N70 X100.0 Z100.0;　　　（返回至参考点）

5）程序结束。

N80 M30;　　　　　　　（程序结束）

（2）G94 单一循环切削端面　用 G94 单一循环编写图 3-10 所示工件的端面切削程序。设刀具的起点为与工件具有安全间隙的 *S* 点（*X*55，*Z*1）。G94 车端面参考程序见表 3-5。

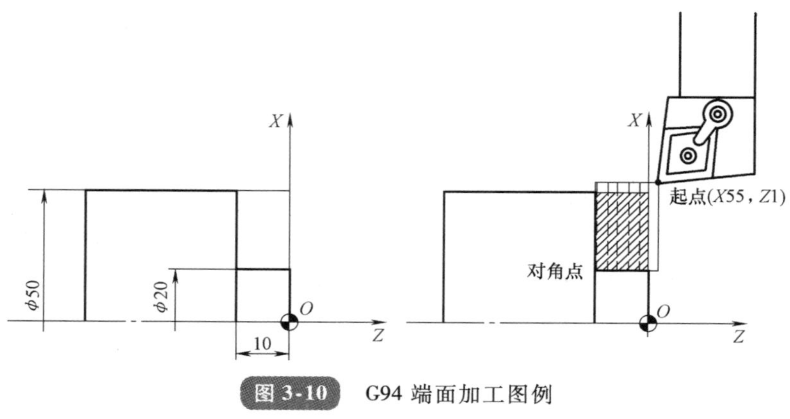

图 3-10　G94 端面加工图例

表 3-5 G94 车端面参考程序

参考程序	注释
O3002;	程序名
N10 G99 T0101;	换01号刀具,执行01号刀偏
N20 G0 X50.0 Z1.0 S500 M03;	快速靠近工件
N30 G94 X20.2 Z-2.0 F0.1;	粗车第一刀,Z向切深2mm,X向留0.2mm的余量
N40 Z-4.0;	粗车第二刀
N50 Z-6.0;	粗车第三刀
N60 Z-8.0;	粗车第四刀
N70 Z-9.8;	粗车第五刀
N80 X20.0 Z-10.0 F0.08 S900 ;	精加工
N90 G00 X100.0 Z100.0 M05;	返回换刀点,主轴停
N100 M30;	程序结束

二、外圆锥面加工

1. 常用锥面加工指令

圆锥加工中，当切削余量不大时，可以直接使用 G01 指令进行编程加工；当切削余量较大时，一般采用圆锥面切削循环指令 G90、G94。G01 指令格式在前面已讲述，在此不多赘述。

（1）圆锥面切削循环 G90 指令

1）指令格式。

G90__ X(U)__ Z(W)__ R __ F __;

式中 X、Z——圆锥面切削终点绝对坐标值，即图 3-11 所示 *C* 点在工件坐标系中的坐标值；

U、W——圆锥面切削终点相对循环起点的增量值，即图 3-11 所示 *C* 点相对于 *A* 点的增量坐标值；

R——车削圆锥面时起点半径与终点半径的差值。

2）指令说明。图 3-11 所示为圆锥面切削循环 G90 示例，刀具 *A*→*B* 为快速进给，因此在编程时，*A* 点在轴向和径向上要离开工件一段距离，以保证快速进刀时的安全；刀具 *B*→*C* 为切削进给，按照指令中的 *F* 值进给；刀具 *C*→*D* 时也为切削进给，为了提高生产率，*D* 点在径向上不要离工件太远；刀具从 *D* 快速返回起点 *A*，循环结束。

（2）圆锥端面切削循环 G94 指令

1）指令格式。

G94 X(U)__ Z(W)__ R __ F __;

式中 X、Z——圆锥面切削终点绝对坐标值，即图 3-12 所示 *C* 点在工件坐标系中的坐标值；

U、W——圆锥面切削终点相对循环起点的增量值，即图 3-12 所示 *C* 点相对于 *A* 点的增量坐标值；

R——切削起点与切削终点 *Z* 轴绝对坐标的差值，当 R 与 U 的符号不同时，要求｜R｜≤｜W｜。

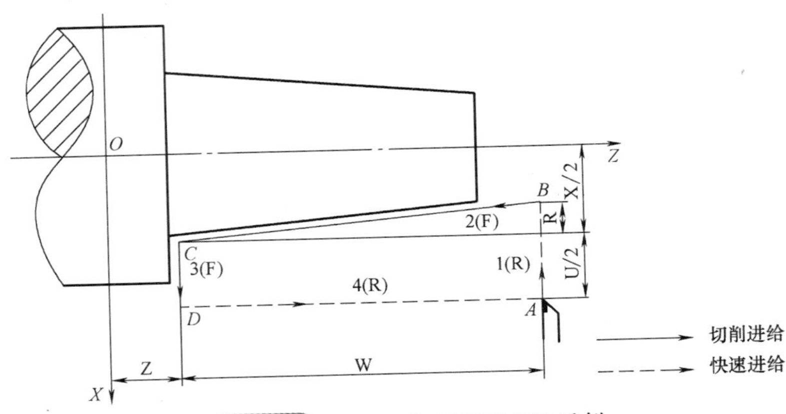

图 3-11　圆锥面切削循环 G90 示例

2）指令说明。

① 图 3-12 所示为圆锥端面切削循环 G94 示例，刀具 *A*→*B* 为快速进给，因此在编程时，*A* 点在轴向和径向上要离开工件一段距离，以保证快速进刀时的安全；刀具 *B*→*C* 为切削进给，按照指令中的 *F* 值进给；刀具 *C*→*D* 时也为切削进给，为了提高生产率，*D* 点在轴向上不要离工件太远；刀具从 *D* 快速返回起点 *A*，循环结束。

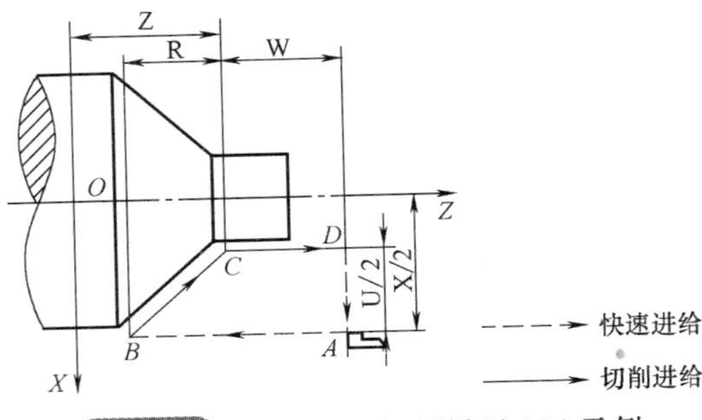

图 3-12　圆锥端面切削循环 G94 示例

② 进行编辑时，应注意 R 的符号，确定的方法：锥面起点坐标大于终点坐标时为正，反之为负。

2. 外圆锥面加工程序

（1）G01 加工锥体　可以应用直线插补 G01 指令加工圆锥工件，但在加工中一定要注意刀尖圆弧半径补偿，否则加工的锥体将会有加工误差。图 3-13 所示的工件，应用 G01 来完成锥面的加工。

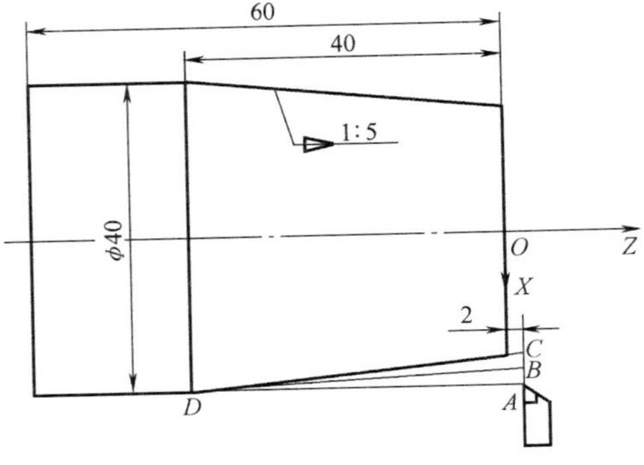

图 3-13　圆锥面车削加工路线

由图可知，*C* 点 *X* = *d* = *D* − *CL* =

$40\text{mm}-\frac{1}{5}\times 42\text{mm}=31.6\text{mm}$。

由此，可以确定粗车第一刀起点坐标为（*X*35.0，*Z*2.0），粗车第二刀起点坐标为（*X*32.6，*Z*2.0），精车起点坐标为（*X*31.6，*Z*2.0）。G01 加工锥体参考程序见表 3-6。

表 3-6 G01 加工锥体参考程序

参考程序	注释
O3003；	程序名
N5 T0101；	调用 01 号刀具，执行 01 号刀补
N10 S500 M03；	主轴正转，主轴转速为 500r/min
N20 G00 X41.0 Z2.0；	快速进刀至起刀点
N30 X35.0；	进刀至切入点
N40 G01 X40.0 Z－40.0 F0.2；	第一层粗车，进给量为 0.2mm/r
N50 G00 Z2.0；	*Z* 向退刀
N60 X32.6；	*X* 向进刀至切入点
N70 G01 X40.0 Z－40.0 F0.2；	第二层粗车
N80 G00 Z2.0；	*Z* 向退刀
N90 M03 S1000；	主轴变速，主轴转速为 1000r/min
N100 G42 X31.6；	进刀至精加工切入点，并建立刀尖圆弧半径右补偿
N110 G01 X40.0 Z－40.0 F0.1；	精车锥体
N120 X45.0；	*X* 向退刀
N130 G40 G00 X100.0 Z100.0；	取消刀尖圆弧半径补偿，刀具退至换刀点
N140 M30；	程序结束

（2）G90 加工锥面　如图 3-14 所示，用圆锥面切削循环方式编制一个粗车圆锥面的加工程序，其参考程序见表 3-7。

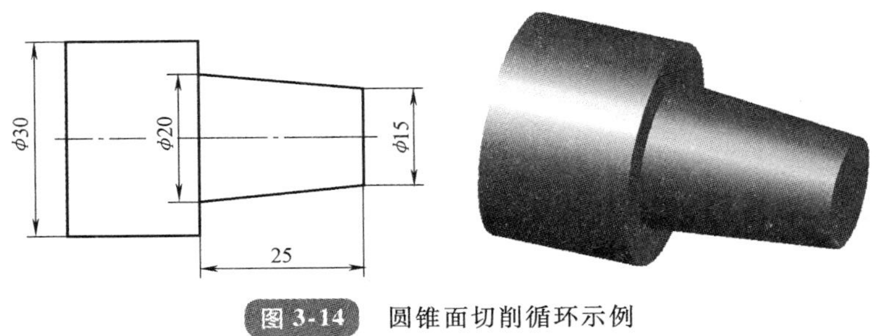

图 3-14 圆锥面切削循环示例

表 3-7　圆锥面切削循环（G90）示例参考程序

参考程序	注　释
O3004;	程序名
N10 T0101;	选 1 号刀,执行 1 号刀补
N20 M03 S800;	主轴正转,主轴转速为 800r/min
N30 G00 X35.0 Z2.0;	快速靠近工件
N40 G90 X26.0 Z－25.0 R－2.7 F0.2;	第一次循环加工
N50 X22.0;	第二次循环加工
N60 X20.0;	第三次循环加工
N70 G00 X100.0 Z50.0;	快速回安全点
N80 M30;	程序结束

（3）G94 加工锥面　如图 3-15 所示，用圆锥端面切削循环方式编制一个图示零件的加工程序（毛坯直径 ϕ50mm），其参考程序见表 3-8。

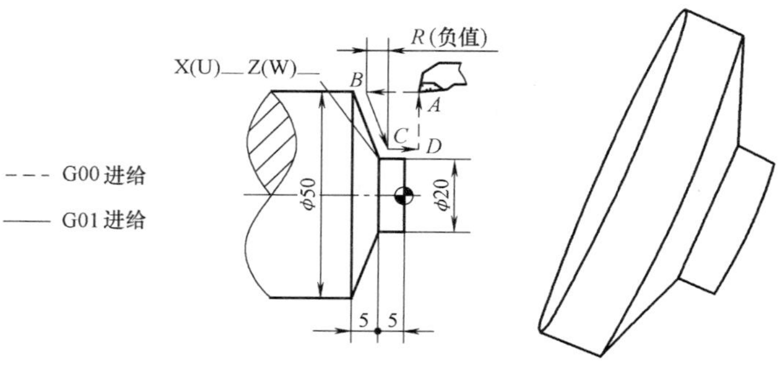

图 3-15　圆锥端面切削循环示例

表 3-8　圆锥端面切削循环（G94）示例参考程序

参考程序	注　释
O3005;	程序名
N10 M03 S600;	主轴正转，主轴转速为 600r/min
N20 T0101;	调用 01 号刀,执行 01 号刀补
N30 G00 X52.0 Z7.0;	快速到达循环起点
N40 G94 X20.0 Z5.0 R－5.5 F0.2;	圆锥面循环第一次
N50 Z3.0;	圆锥面循环第二次
N60 Z1.0;	圆锥面循环第三次
N70 Z－1.0;	圆锥面循环第四次
N80 Z－3.0;	圆锥面循环第五次
N90 Z－4.5;	圆锥面循环第六次,留 0.5mm 精车余量

（续）

参考程序	注　释
N100 Z－5.0 S1200 F0.1；	精车
N110 G40 G00 X100.0 Z100.0；	快速返回起刀点
N120 M05；	主轴停
N130 M30；	程序结束

三、圆弧面加工

1. 圆弧插补指令

圆弧插补指令使刀具相对工件以指定的速度从当前点（始点）向终点进行圆弧插补。G02 为顺时针圆弧插补，G03 为逆时针圆弧插补，如图 3-16 所示。

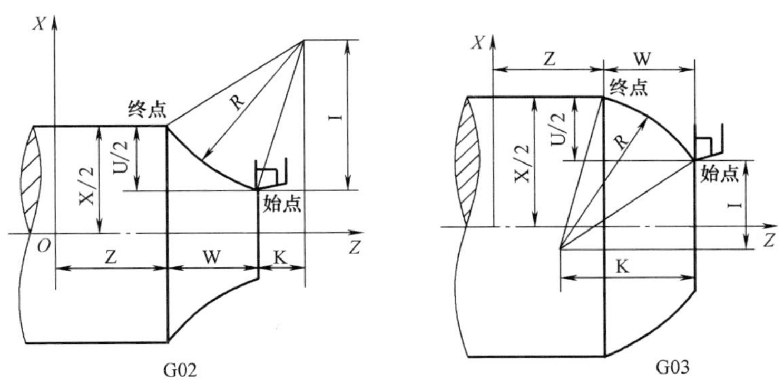

图 3-16　圆弧插补指令

（1）指令格式

$$\left.\begin{matrix}G02\\G03\end{matrix}\right\}X\ (U)\ \_\_\ Z\ (W)\ \_\_\left\{\begin{matrix}I\_\_\quad K\_\_\\R\_\_\end{matrix}\right\}F\_\_;$$

圆弧插补指令各程序字的含义见表 3-9。

表 3-9　圆弧插补指令各程序字的含义

程序字	指定内容	含　义
X __ Z __	终点位置	圆弧终点的绝对坐标值
U __ W __		圆弧终点相对于圆弧起点的增量坐标值
I __ K __	圆心坐标	圆心在 X、Z 轴方向上相对于圆弧起点的增量坐标值
R __	圆弧半径	圆弧半径

（2）顺时针圆弧与逆时针圆弧的判别　在使用圆弧插补指令时，需要判断刀具是沿顺时针还是逆时针方向加工零件。判别方法：处在圆弧所在平面（数控车床为 *XZ* 平面）的另一个轴（数控车床为 *Y* 轴）的正方向看该圆弧，顺时针方向为 G02，逆时针方向为

G03。在判别圆弧的顺逆方向时，一定要注意刀架的位置及 Y 轴的方向，如图 3-17 所示。

（3）圆心坐标的确定　圆心坐标 I、K 值为圆弧起点到圆弧圆心的矢量在 X、Z 轴上的投影，如图 3-18 所示。I、K 为增量值，带有正负号，且 I 值为半径值。I、K 的正负取决于该矢量方向与坐标轴方向的异同，相同者为正，相反者为负。若已知圆心坐标和圆弧起点坐标，则 $I = X_{圆心} - X_{起点}$（半径差）；$K = Z_{圆心} - Z_{起点}$。图 3-18 中 I 值为 -20，K 值为 -20。

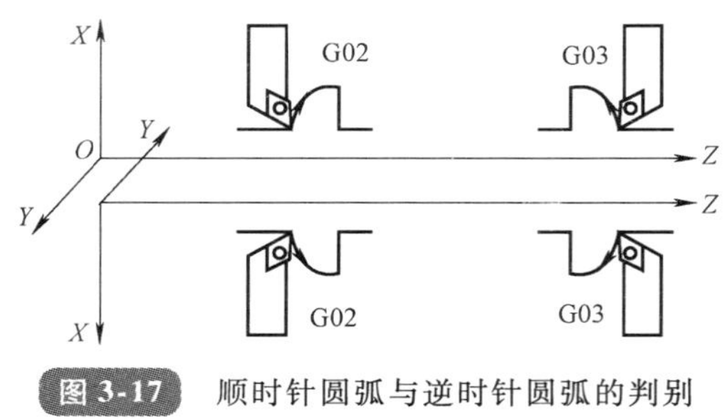

图 3-17　顺时针圆弧与逆时针圆弧的判别

（4）圆弧半径的确定　圆弧半径 R 有正值与负值之分。当圆弧所对的圆心角小于或等于 180°时，R 取正值；当圆弧所对的圆心角大于 180°并小于 360°时，R 取负值，如图 3-19 所示。通常情况下，在数控车床上所加工圆弧的圆心角小于 180°。

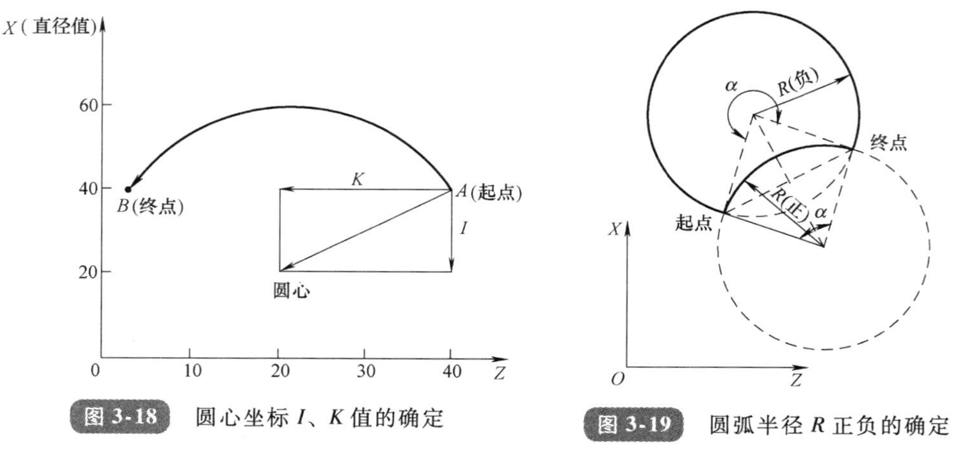

图 3-18　圆心坐标 I、K 值的确定

图 3-19　圆弧半径 R 正负的确定

（5）编程实例　编制图 3-20 所示圆弧精加工程序。$P_1 \to P_2$ 圆弧加工程序见表 3-10。

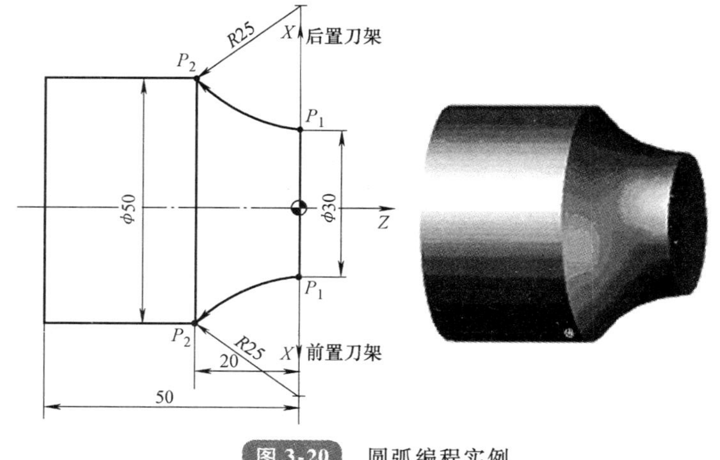

图 3-20　圆弧编程实例

表 3-10　$P_1 \rightarrow P_2$ 圆弧加工程序

编程方式	指定圆心 I、K	指定半径 R
绝对值编程	G02 X50.0 Z-20.0 I25.0 K0 F0.3;	G02 X50.0 Z-20.0 R25.0 F0.3;
增量值编程	G02 U20.0 W-20.0 I25.0 K0 F0.3;	G02 U20.0 W-20.0 R25.0 F0.3;

2. 圆弧面的车削示例

（1）车锥法加工圆弧　如图 3-21 所示，先用车锥法粗车掉以 *AB* 为母线的圆锥面外的余量，再用圆弧插补粗车右半球。

1）相关计算。确定 *A*、*B* 两点坐标，经平面几何的推算，得出一简单公式

$$CA = CB = \frac{SR}{2}，即\ CA = CB = \frac{22\text{mm}}{2} = 11\text{mm}$$

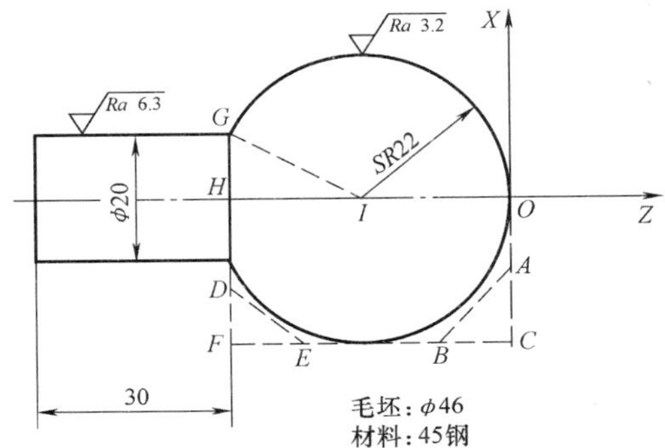

图 3-21　车锥法加工圆弧示例

所以 *A* 点坐标为（22，0），*B* 点坐标为（44，-11）。

2）参考程序。用车锥法切除以 *AB* 为母线的圆锥面外的余量，其参考程序见表 3-11。

表 3-11　车锥法加工圆弧参考程序

参考程序	注　释
O3006;	程序名
…	
N50 G42 G01 X46.0 Z0.0 F0.2;	车刀右补偿
N60 U-4.0;	进刀，准备车第一刀
N70 X44.0 Z-1.0;	车第一刀锥面
N80 G00 Z0.0;	退刀
N90 G01 U-8.0 F0.2;	进刀，准备车第二刀
N100 X44.0 Z-3.0;	车第二刀锥面
N110 G00 Z0.0;	退刀
N120 G01 U-12.0 F0.2;	进刀，准备车第三刀
N130 X44.0 Z-5.0;	车第三刀锥面
N140 G00 Z0.0;	退刀
N150 G01 U-16.0 F0.2;	进刀，准备车第四刀
N160 X44.0 Z-7.0;	车第四刀锥面

（续）

参考程序	注　释
N170 G00 Z0.0;	退刀
N180 G01 U-20.0 F0.2;	进刀,准备车第五刀
N190 X44.0 Z-9.0;	车第五刀锥面
N200 G00 Z0.0;	退刀
N210 G01 U-24.0 F0.2;	进刀,准备车第六刀
N220 X44.0 Z-11.0;	车第六刀锥面
N230 G00 Z0.0;	退刀
N240 G01 X0.0 F100;	退刀
N250 G03 X44.0 Z-22.0 R22.0 F0.1;	圆弧插补右半球
N260 G00 X100.0 ;	*X* 向退刀
N270 G40 G00 Z50.0;	*Z* 向退刀,并取消刀尖圆弧半径补偿
…	

同样的方法切除以 *DE* 为母线的圆锥面外的余量，再用圆弧插补车削左半球，留给读者自己做练习，要注意使用车刀的角度。

（2）车圆法加工圆弧　圆心不变，圆弧插补半径依次减小（或者增大，即车凹形圆弧）一个背吃刀量，直至尺寸符合要求，如图 3-22 所示。

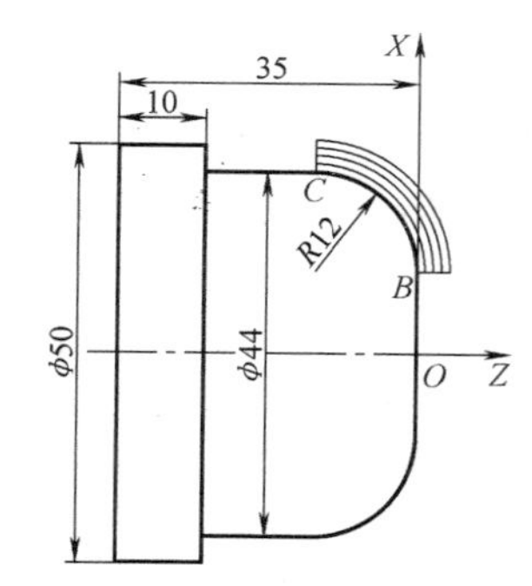

图 3-22　车圆法加工圆弧示例

1）相关计算。*BC* 圆弧的起点坐标为（*X*20.0，*Z*0），终点坐标为（*X*44.0，*Z*-12.0），半径为 *R*12；依此类推，可知同心圆的起点、终点及半径如下。

①（*X*20.0，*Z*2），（*X*48.0，*Z*-12.0），*R*14。

②（*X*20.0，*Z*4），（*X*52.0，*Z*-12.0），*R*16。

③（*X*20.0，*Z*6），（*X*56.0，*Z*-12.0），*R*18。

④（*X*20.0，*Z*8），（*X*60.0，*Z*-12.0），*R*20。

2）车圆法加工圆弧参考程序见表 3-12。

表 3-12　车圆法加工圆弧参考程序

参考程序	注　释
O3007;	程序名
…	
N130 G42 G01 X20.0 Z8.0 F0.2;	快速到达圆弧加工起点
N140 G03 X60.0 Z-12.0 R20.0;	圆弧插补第一刀
N150 G00 Z6.0;	*Z* 向退刀

（续）

参考程序	注　释
N160 X20.0;	X 向进刀，准备车第二刀
N170 G03 X56.0 Z-12.0 R18.0 F0.2;	圆弧插补第二刀
N180 G00 Z4.0;	Z 向退刀
N190 X20.0;	X 向进刀，准备车第三刀
N200 G03 X52.0 Z-12.0 R16.0 F0.2;	圆弧插补第三刀
N210 G00 Z2.0;	Z 向退刀
N220 X20.0;	X 向进刀，准备车第四刀
N230 G03 X48.0 Z-12.0 R14.0 F0.2;	圆弧插补第四刀
N240 G00 Z0.0;	Z 向退刀
N250 X20.0;	X 向进刀，准备车第五刀
N260 G03 X44.0 Z-12.0 R12.0 F0.2;	圆弧插补至尺寸要求
N270 G01 Z-25.0;	
…	

这种插补方法适用于起、终点正好为四分之一圆弧或半圆弧，每车一刀，X、Z 方向分别改变一个背吃刀量。

（3）移圆法（圆心偏移）加工圆弧面　圆心依次偏移一个背吃刀量，直至尺寸符合要求，如图 3-23 所示。

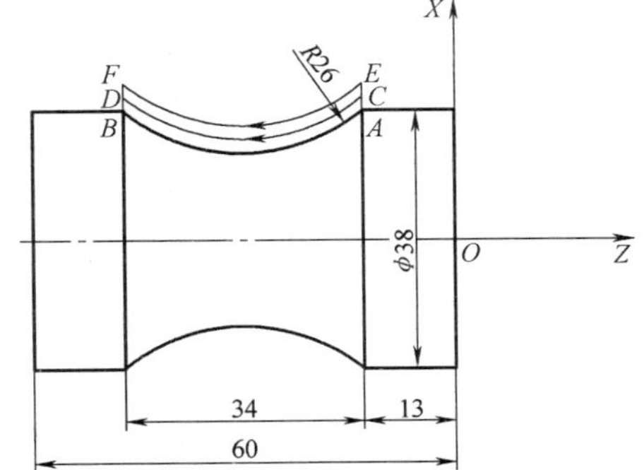

图 3-23　移圆法加工圆弧示例

1）相关计算。由图 3-23 可知，A 点 ~ F 点坐标如下。

① A 点坐标为（X38.0，Z-13.0），B 点坐标为（X38.0，Z-47.0）。

② C 点坐标为（X42.0，Z-13.0），D 点坐标为（X42.0，Z-47.0）。

③ E 点坐标为（X46.0，Z-13.0），F 点坐标为（X46.0，Z-47.0）。

2）移圆法加工圆弧参考程序见表 3-13。

表 3-13　移圆法加工圆弧参考程序

参考程序	注　释
O3008;	程序名
…	
N90 G00 Z-13.0;	Z 向进刀

（续）

参考程序	注 释
N100 G01 X46.0 F0.2;	X 向进刀
N110 G02 X46.0 Z－47.0 R26.0 F0.1;	圆弧插补第一刀
N120 G00 Z－13.0;	Z 向退刀
N130 G01 X42.0 F0.2;	X 向进一个背吃刀量
N140 G02 X42.0 Z－47.0 R26.0 F0.1;	圆弧插补第二刀
N150 G00 Z－13.0;	Z 向退刀
N150 G01 G42 X38.0 F0.2;	X 向进一个背吃刀量
N160 G02 X38.0 Z－47.0 R26.0 F0.1;	圆弧插补第三刀，至尺寸要求
…	

这种圆弧插补方法，*Z* 向坐标、圆弧半径 *R* 不需改变，每车一刀，*X* 向改变一个背吃刀量即可。

四、复合固定循环加工

对于铸、锻毛坯的粗车或者用棒料直接车削过渡尺寸较大的台阶轴，需要多次重复进行车削，使用 G90 或 G94 指令编程仍然比较麻烦，而用 G71、G72、G73、G70 等复合固定循环指令，只要编写出精加工进给路线，给出每次切除余量或循环次数和精加工余量，数控系统即可自动计算出粗加工时的刀具路径，完成重复切削，直至加工完毕。

1. 精加工循环 G70

采用复合固定循环 G71、G72、G73 指令进行粗车后，用 G70 指令可进行精车循环车削。

（1）指令格式

G70 P(ns) Q(nf);

式中 ns——精加工程序的第一个程序段的段号；

nf——精加工程序的最后一个程序段的段号。

（2）指令说明 在精加工循环 G70 状态下，ns ~ nf 程序中指定的 F、S、T 有效；如果 ns ~ nf 程序中不指定 F、S、T 时，粗车循环中指定的 F、S、T 有效。在使用精加工循环 G70 时，要特别注意快速退刀路线，防止刀具与工件发生干涉。

2. 内、外圆粗车循环 G71

G71 指令适用于毛坯余量较大的外径和内径粗车，在 G71 指令后描述零件的精加工轮廓，数控系统根据精加工程序所描述的轮廓形状和 G71 指令内的各个参数自动生成加工路径，将粗加工待切除余料一次性切削完成。

（1）指令格式

G71 U(Δd) R(e);

G71 P(ns) Q(nf) U(Δu) W(Δw) F__ S__ T__;

式中　Δd——X 向背吃刀量，半径量，不带正负号；

e——粗加工每次车削循环的 X 向退刀量，无符号；

ns——精加工程序的第一个程序段的段号；

nf——精加工程序的最后一个程序段的段号；

Δu——X 向精加工余量（直径量）；

Δw——Z 向精加工余量；

F、S、T——粗加工循环中的进给速度、主轴转速与刀具功能。

（2）指令说明

1）图 3-24 所示为 G71 指令刀具循环路径，图中 A 点为粗加工循环起点，B 点为精加工路线的第一点，D 点为精加工路线的最后一点。在循环开始时，刀具首先由 A 点退到 C 点，移动 $\Delta u/2$ 和 Δw 的距离。刀具从 C 点平行于 AB 移动 Δd，开始第一刀的切削循环。第一步的移动由顺序号 ns 的程序段中 G00 或 G01 指定；第二步切削运动用 G01 指令，当到达本段终点时，以与 Z 轴夹角 45°的方向退出；第三步以离开切削表面 e 的距离快速返回到 Z 轴的出发点。再以背吃刀量为 Δd 进行第二刀切削，当达到精车余量时，沿精加工余量轮廓 EF 加工一刀，使精车余量均匀。最后从 F 点快速返回到 A 点，完成一个粗车循环。

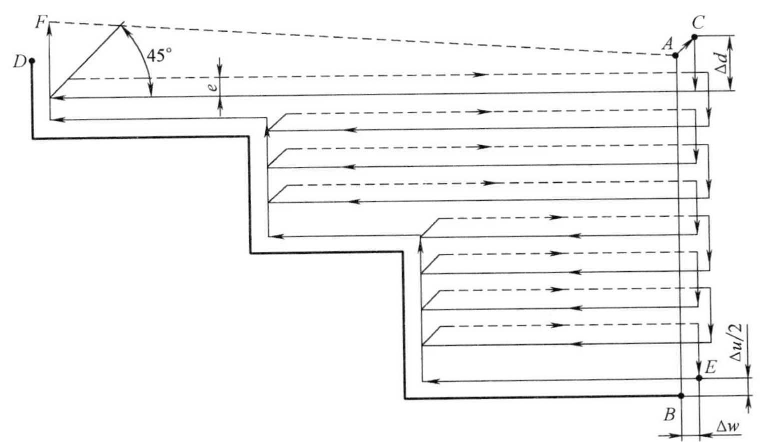

图 3-24　G71 指令刀具循环路径

只要在程序中给出 $A \to B \to D$ 之间的精加工形状及 X 向精车余量 Δu、Z 向精车余量 Δw 和每次背吃刀量 Δd 即可完成 $ABDA$ 区域的粗车工序。

2）在 $B \to D$ 之间的移动指令中，指令 F、S、T 功能仅在精车中有效。粗车循环使用 G71 程序段或者以前指令的 F、S、T 功能。当有恒线速控制功能时，在 $B \to D$ 之间移动指令中指定的 G96 或 G97 也无效，粗车循环使用 G71 程序段或者以前指令的 G96 或 G97 功能。

3）$A \to B$ 之间的刀具轨迹由顺序号 ns 的程序段中指定。可以用 G00 或 G01 指令，不能指定 Z 轴的运动。在程序段 ns ~ nf 中，不能调用子程序。当顺序号 ns 的程序段用

G00 移动，在指令 A 点时，必须保证刀具在 Z 轴方向上位于零件之外。顺序号 ns 的程序，不仅用于粗车，还要用于精车时的进刀，一定要保证进刀的安全。

4）B→D 之间的零件形状，X 轴和 Z 轴都必须是单调增大或减小的图形。

5）在编程时，A 点在 G71 程序段之前指令。

（3）示例　图 3-25 所示为 G71 应用示例。粗加工背吃刀量为 2mm，进给量为 0.3mm/r，主轴转速为 500 r/min；精加工余量 X 向为 1mm（直径值），Z 向为 0.5mm，进给量为 0.15mm/r，主轴转速为 800 r/min；程序起点如图 3-25 所示。试编写加工程序。

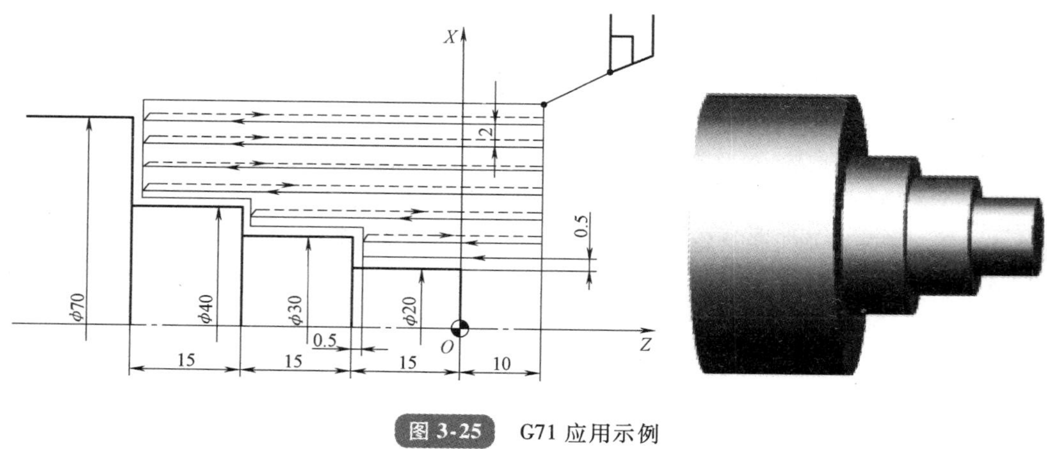

图 3-25　G71 应用示例

G71 应用示例参考程序见表 3-14。

表 3-14　**G71 应用示例参考程序**

参考程序	注　释
O3009;	程序名
N10 G99 M03 S500;	主轴正转，主轴转速为 500r/min
N20 T0101;	选 1 号刀，执行 1 号刀补
N30 G00 X72.0 Z10.0;	快速移到循环起刀点
N40 G71 U2.0 R1.0;	背吃刀量为 2mm，退刀量为 1mm
N50 G71 P60 Q120 U1.0 W0.5 F0.3;	精车余量 X1mm、Z0.5mm
N60 G00 X20.0 S800;	精加工轮廓起点，主轴转速为 800r/min
N70 G01 Z－15.0 F0.15;	精加工 φ20mm 外圆
N80 X30.0;	精加工端面
N90 Z－30.0;	精加工 φ30mm 外圆
N100 X40.0;	精加工端面
N110 Z－45.0;	精加工 φ40mm 外圆

（续）

参考程序	注 释
N120 X72.0；	精加工端面
N130 M00；	程序暂停，便于测量尺寸
N140 G70 P60 Q120；	精加工指令
N150 G00 X100.0 Z100.0；	退刀
N160 M05；	主轴停
N170 M30；	程序结束并复位

3. 端面粗车循环 G72

端面粗车循环适用于 Z 向余量小、X 向余量大的棒料粗加工。

（1）指令格式

$$G72\ W(\Delta d)R(e);$$

$$G72\ P(ns)Q(nf)U(\Delta u)W(\Delta w)F\_\_S\_\_T\_\_;$$

式中 Δd——Z 向背吃刀量，不带符号，且为模态值；

其余同 G71 指令中的参数。

（2）指令说明　端面粗车循环指令的含义与 G71 类似，不同之处是刀具平行于 X 轴方向切削，它是从外径方向往轴心方向切削端面的粗车循环，如图 3-26 所示。

（3）示例　图 3-26 所示为 G72 应用示例。粗加工背吃刀量为 4mm，进给量为 0.3mm/r，主轴转速为 500r/min；精加工余量 X 向为 1mm（直径值），Z 向为 0.5mm，进给量为 0.15mm/r，主轴转速为 800r/min；程序起点如图 3-26 所示。用端面粗车循环 G72 指令编写加工程序。

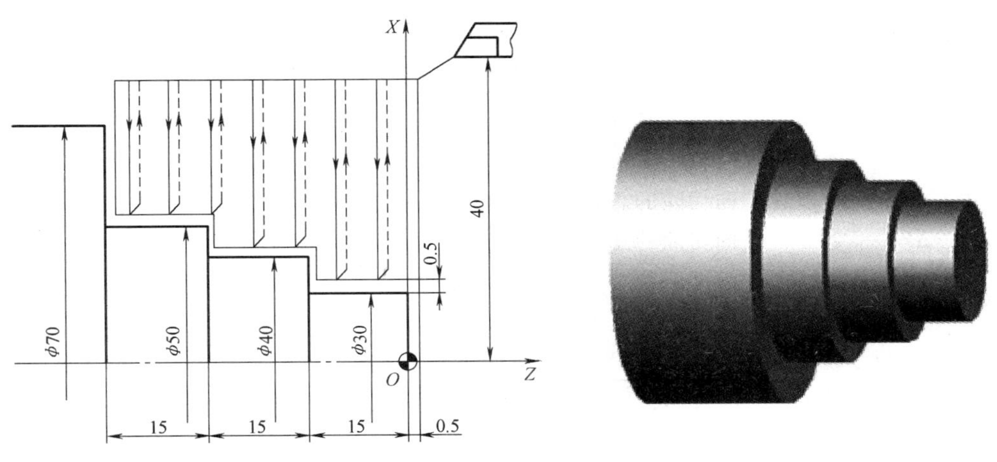

图 3-26　G72 应用示例

G72 应用示例参考程序见表 3-15。

表 3-15 G72 应用示例参考程序

参考程序	注释
O3010;	程序名
N10 G99 M03 S500;	主轴正转，主轴转速为 500r/min
N20 T0101;	选 1 号刀，执行 1 号刀补
N30 G00 X72.0 Z2.0;	快速移到循环起刀点
N40 G72 W4.0 R1.0;	粗加工背吃刀量为 4mm，退刀量为 1mm
N50 G72 P60 Q120 U1.0 W0.5 F0.3;	精车余量 X1mm、Z0.5mm
N60 G00 Z-45.0 S800;	精加工轮廓起点，主轴转速为 800r/min
N70 G01 X50.0 F0.15;	精加工 ϕ70mm 端面
N80 Z-30.0;	精加工 ϕ50mm 外圆
N90 X40.0;	精加工 ϕ50mm 端面
N100 Z-15.0;	精加工 ϕ40mm 外圆
N110 X30.0;	精加工 ϕ40mm 端面
N120 Z2.0;	精加工 ϕ30mm 外圆
N130 G70 P60 Q120;	精加工循环指令
N140 G00 X100.0 Z100.0;	退至安全点
N150 M05;	主轴停
N160 M30;	主程序结束并复位

4. 固定形状粗车循环 G73

G73 指令适用于毛坯轮廓形状与零件轮廓形状基本接近的毛坯件的粗车，如一些锻件、铸件的粗车。

（1）指令格式

$$\text{G73 U}(\Delta i)\text{W}(\Delta k)\text{R}(\Delta d);$$

$$\text{G73 P(ns)Q(nf)U}(\Delta u)\text{W}(\Delta w)\text{F}\_\_\ \text{S}\_\_\ \text{T}\_\_;$$

式中 Δi——粗车时 X 向切除的总余量（半径值）；

Δk——粗车时 Z 向切除的总余量；

Δd——循环次数；

其他参数含义同 G71 指令。

（2）指令说明　图 3-27 所示为 G73 应用示例。执行 G73 功能时，每一刀的切削路线的轨迹形状是相同的，只是位置不同。每走完一刀，就把切削轨迹向工件移动一个位置，因此对于经锻造、铸造等粗加工已初步成形的毛坯，可用 G73 循环进行高效加工。

（3）实例　如图 3-27 所示，粗加工背吃刀量为 9mm，进给量为 0.3mm/r，主轴转速为 500r/min；精加工余量 X 向为 1mm（直径值），Z 向为 0；进给量为 0.15mm/r，主轴转速为 800r/min。试用 G73 指令编写加工程序。

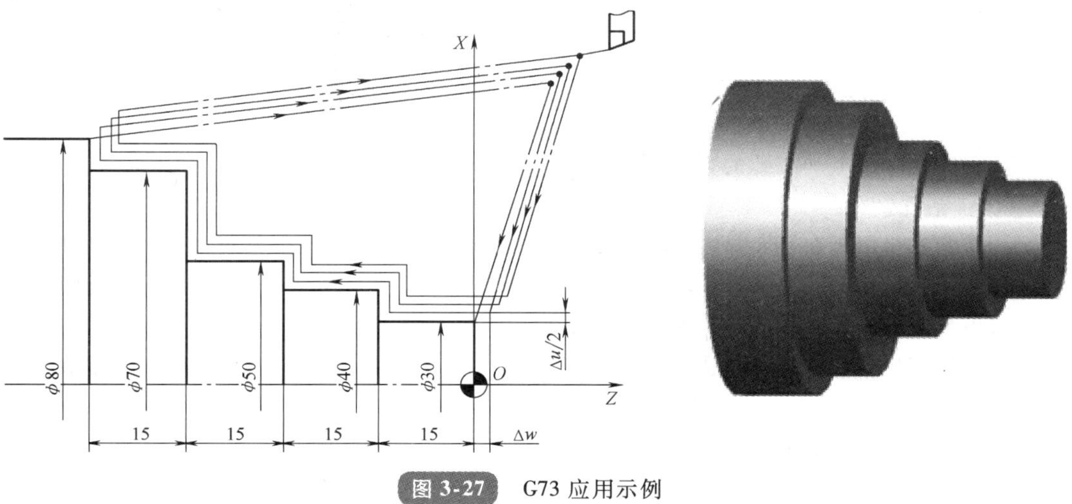

图 3-27 G73 应用示例

G73 应用示例参考程序见表 3-16。

表 3-16 G73 应用示例参考程序

参考程序	注释
O3011;	程序名
N10 G99 M03 S500;	主轴正转,主轴转速为 500r/min
N20 T0101;	选 1 号刀,执行 1 号刀补
N30 G00 X100.0 Z20.0;	快速移到循环起刀点
N40 G73 U9.0 W1.0 R3;	设置 *X* 向、*Z* 向总余量及循环次数
N50 G73 P60 Q140 U1.0 W0.5 F0.3;	精车余量 *X* 向为 1mm,*Z* 向为 0.5mm
N60 G00 X30.0 Z5.0 S800;	精加工轮廓起点,主轴转速为 800r/min
N70 G01 Z-15.0 F0.15;	精加工 φ30mm 外圆
N80 X40.0;	精加工端面
N90 Z-30.0;	精加工 φ40mm 外圆
N100 X50.0;	精加工端面
N110 Z-45.0;	精加工 φ50mm 外圆
N120 X70.0;	精加工端面
N130 Z-60.0;	精加工 φ70mm 外圆
N140 X82.0;	精加工端面
N150 G70 P60 Q140;	精加工循环指令
N160 G00 X100.0 Z100.0;	退至安全点
N170 M05;	主轴停
N180 M30;	程序结束

第三节　内轮廓加工

一、孔加工工艺

在数控车床上加工孔的方法有很多种，但最常用的主要有钻孔、车孔等。

1. 钻孔

钻孔主要用于在实心材料上加工孔，有时也用于扩孔。钻孔刀具较多，有普通麻花钻、可转位浅孔钻及扁钻等。应根据工件材料、加工尺寸及加工质量要求等合理选用。在数控车床上钻孔，大多是采用普通麻花钻，如图 3-28 所示。

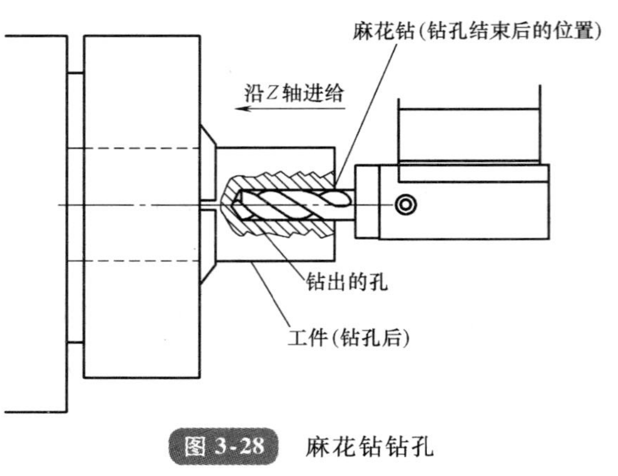

图 3-28　麻花钻钻孔

在数控机床上钻孔时，因无夹具钻模导向，受两切削刃上切削力不对称的影响，容易引起钻孔偏斜，故要求钻头的两切削刃必须有较高的刃磨精度（两刃长度一致，顶角 2ϕ 对称于钻头中心线或者先用中心钻定中心，再用钻头钻孔）。

麻花钻头钻孔时切下的切屑体积大，钻孔时排屑困难，产生的切削热大而冷却效果差，使得切削刃容易磨损。因而限制了钻孔的进给量和切削速度，降低了钻孔的生产率。可见，钻孔加工精度低（IT12 ~ IT13）、表面粗糙度值大（Ra12.5μm），一般只能做粗加工。钻孔后，可以通过扩孔、铰孔或镗孔等方法来提高孔的加工精度和减小表面粗糙度值。

2. 车孔

对于铸造孔、锻造孔或用钻头钻出的孔，为达到所要求的尺寸精度、位置精度和表面粗糙度，可采用车孔的方法进行半精加工和精加工。车孔后的精度一般可达 IT7 ~ IT8，表面粗糙度值 Ra 可达 1.6 ~ 3.2μm，精车表面粗糙度值 Ra 可达 0.8μm。

（1）内孔车刀种类　根据不同的加工情况，内孔车刀可分为通孔车刀和不通孔车刀两种（图 3-29）。

1）通孔车刀。切削部分的几何形状基本上与外圆车刀相似（图 3-29a）。为了减小径向切削抗力，防止车孔时振动，主偏角 κ_r 应取得大些，一般在 60° ~ 75°之间，副偏角 κ_r' 一般为 15° ~ 30°。为了防止内孔车刀后刀面和孔壁摩擦，又不使后角磨得太大，一般磨成两个后角，如图 3-29c 所示，其中 α_{o1} 取 6° ~ 12°，α_{o2} 取 30°左右。

2）不通孔车刀。不通孔车刀用来车削不通孔或台阶孔，切削部分的几何形状基本上与偏刀相似，它的主偏角 κ_r 大于 90°，一般为 92° ~ 95°（图 3-29b），后角的要求和

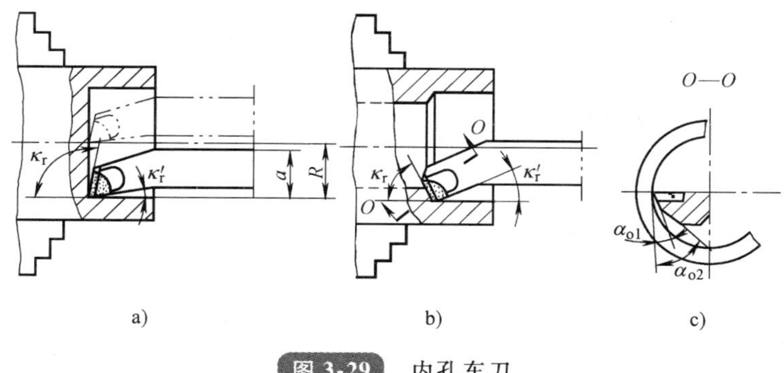

图 3-29 内孔车刀

a）通孔车刀 b）不通孔车刀 c）两个后角

通孔车刀一样。不同之处是不通孔车刀夹在刀杆的最前端，刀尖到刀杆外端的距离 a 小于孔半径 R，否则无法车平孔的底面。

内孔车刀可制作成整体式（图 3-30a）。为节省刀具材料和增加刀柄强度，也可把高速钢或硬质合金制作成较小的刀头，安装在碳钢或合金钢制成的刀柄前端的方孔中，并在顶端或上面用螺钉固定（图 3-30b、c）。

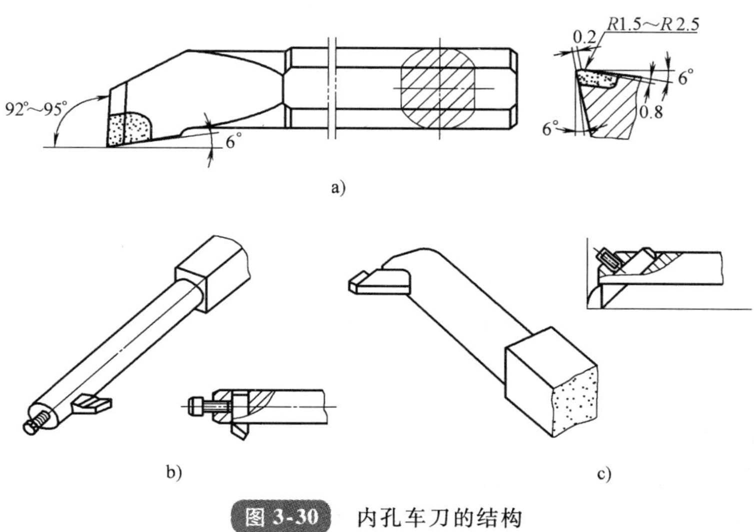

图 3-30 内孔车刀的结构

a）整体式 b）通孔车刀 c）不通孔车刀

（2）车孔的关键技术 车内孔是最常见的车工技能，它与车削外圆相比，无论加工还是测量都困难得多，特别是加工内孔的刀具，刀杆的粗细受到孔径和孔深的限制，因而刚性、强度较弱，且在车削过程中空间狭窄，排屑和散热条件较差，对刀具寿命和工件的加工质量都十分不利，所以必须注意解决上述问题。

1）增加内孔车刀的刚性。

① 尽量增大刀柄的横截面积。通常内孔车刀的刀尖位于刀柄的上面，这样刀柄的横截面积较小，还不到孔横截面积的 1/4（图 3-31b）。若使内孔车刀的刀尖位于刀柄的

中心线上，那么刀柄在孔中的横截面积可大大地增加（图 3-31a）。

② 尽可能缩短刀柄的伸出长度，以增加车刀刀柄刚性，减小切削过程中的振动，如图 3-31c 所示。此外还可将刀柄上下两个平面制作成互相平行，这样就能很方便地根据孔深调节刀柄伸出的长度。

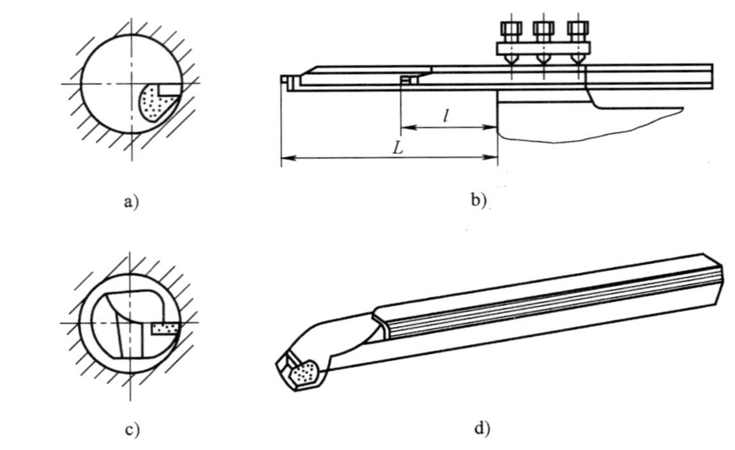

图 3-31 可调节刀柄长度的内孔车刀

a）刀尖位于刀柄中心 b）刀尖位于刀柄上面 c）刀柄伸出长度 d）外形图

2）控制切屑流向。加工通孔时要求切屑流向待加工表面（前排屑），为此，应采用正的刃倾角的内孔车刀（图 3-32a）；加工不通孔时，应采用负的刃倾角，使切屑从孔口排出（图 3-32b）。

（3）内孔车刀的安装　内孔车刀安装得正确与否，直接影响到车削情况及孔的精度，所以在安装时一定要注意如下几点。

1）刀尖应与工件中心等高或稍高。如果装得低于中心，由于切削抗力的作用，容易将刀柄压低而产生扎刀现象，并造成孔径扩大。刀柄伸出刀架不宜过长，一般比被加工孔长 5 ~ 6mm。

2）刀柄基本平行于工件轴线，否则在车削到一定深度时刀柄后半部容易碰到工件孔口。

3）不通孔车刀装夹时，内偏刀的主切削刃应与孔底平面成 3° ~ 5°角，并且在车平面时要求横向有足够的退刀余地。

（4）工件的安装　车孔时，工件一般采用自定心卡盘安装；对于较大和较重的工件可采用单动卡盘安装。加工直径较大、长度较短的工件（如盘类工件等），必须找正外圆和端面。一般情况下先找正端面再找正外圆，如此反复几次，直至达到要求为止。

二、数控车床上孔加工编程

1. 中心线上钻孔加工编程

车床上钻孔时，刀具在车床主轴中心线上加工，即 X 值为 0。

（1）主运动模式　CNC 车床上所有中心线上孔加工的主轴转速都以 G97 模式，即

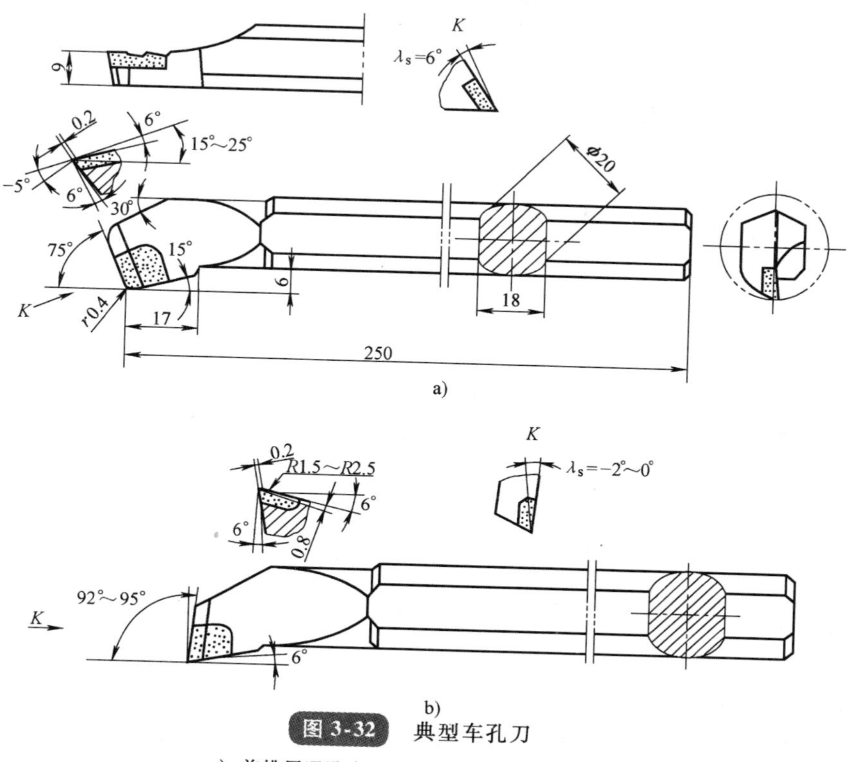

图 3-32 典型车孔刀

a）前排屑通孔车刀 b）后排屑不通孔车刀

每分钟的实际转数（r/min）来编写，而不使用恒线速度模式。

（2）刀具趋近运动工件的程序段 首先将 *Z* 轴移动到安全位置，然后移动 *X* 轴到主轴中心线，最后将 *Z* 轴移动到钻孔的起始位置。这种方式可以减小钻头趋近工件时发生碰撞的可能性。

```
N10 T0200;
N20 G97 S300 M03;
N30 G00 Z5.0 M08;
N40 X0;
…
```

（3）刀具切削和返回运动

```
N50 G01 Z-30.0 F0.02;
N60 G00 Z2.0;
```

程序段 N50 为钻头的实际切削运动，切削完成后执行程序段 N60，钻头将 *Z* 向退出工件。

（4）啄式钻孔循环 G74（深孔钻削循环）

1）啄式钻孔循环指令格式。

G74 R(*e*);

G74 Z(*w*)__ Q(Δ*k*) F__;

式中　e——每次轴向（Z 轴）进刀后的轴向退刀量；

Z（w）——Z 向终点坐标值（孔深）；

Δk——Z 向每次的切入量，无正负符号，单位为 0.001mm。

2）G74 加工路线（图 3-33）。

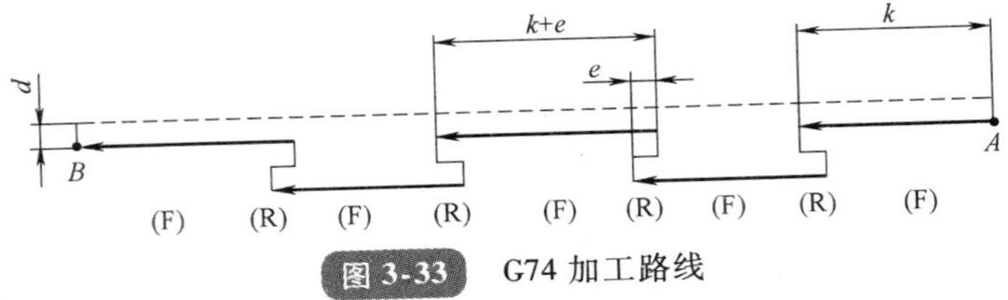

图 3-33　G74 加工路线

3）示例。加工图 3-34 所示直径为 5mm、长为 50mm 的深孔，试用 G74 指令编制加工程序。

G74 加工示例参考程序见表 3-17。

表 3-17　G74 加工示例参考程序

参考程序	注　释
O3012；	程序名
N10 M03 S100 T0202；	主轴正转，选 2 号刀及 2 号刀补
N20 G00 X100.0 Z50.0 M08；	快速对刀
N30 G00 X0.0 Z2.0；	快速移到循环起刀点
N40 G74 R1.0；	轴向退刀量为 1mm
N50 G74 Z－50.0 Q10000 F0.02；	孔深 50mm，每次钻 10mm，进给速度为 10mm/min
N60 G00 X200.0 Z100.0 M09；	快速退刀
N70 M30；	程序结束并返回程序开始

2. 数控车削内孔的编程

数控车削内孔的指令与外圆车削指令基本相同，但也有区别，编程时应注意。

（1）G01 加工内孔　在数控机床上加工孔，无论采用钻孔还是车孔，都可以采用 G01 指令来直接实现。如图 3-35 所示的台阶孔，试用 G01 指令编制孔精加工程序。

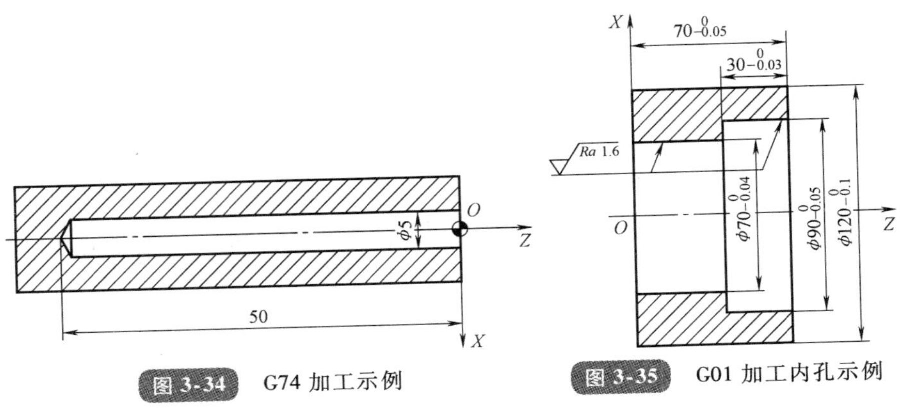

图 3-34　G74 加工示例

图 3-35　G01 加工内孔示例

G01 加工内孔参考程序见表 3-18。

表 3-18 G01 加工内孔参考程序

参考程序	注释
O3013；	程序名
N10 M03 T0101 S500；	主轴以 500r/min 正转，选择 1 号刀及 1 号刀补
N20 G00 X60.0 Z80.0；	快速对刀，*Z* 轴距离为 10mm
N30 X90.0 Z72.0；	精车起点
N40 G01 Z40.0 F0.05；	加工 φ90mm 内孔
N50 X70.0；	加工 30mm 长度
N60 Z－2.0；	加工 φ70mm 内孔
N70 X68.0 ；	*X* 向退刀
N80 Z80.0；	*Z* 向退刀
N90 G00 X150.0 Z100.0；	快速退刀
N100 M30；	程序结束

（2） G90 加工内孔

1） G90 加工内孔动作。执行 G90 指令加工内孔由四个动作完成，如图 3-36 所示。

① *A*→*B* 快速进刀。

② *B*→*C* 刀具以指令中指定的 *F* 值切削进给。

③ *C*→*D* 刀具以指令中指定的 *F* 值退刀。

④ *D*→*A* 快速返回循环起点。

循环起点 *A* 在轴向上要离开工件一段距离（1～2mm），以保证快速进刀时的安全。

2）示例。加工图 3-37 所示工件的台阶孔，已钻出 φ18mm 的通孔，试用 G90 指令编写加工程序。

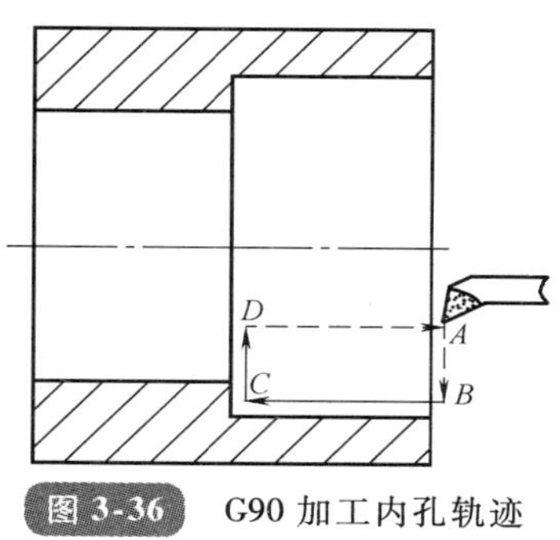

图 3-36 G90 加工内孔轨迹

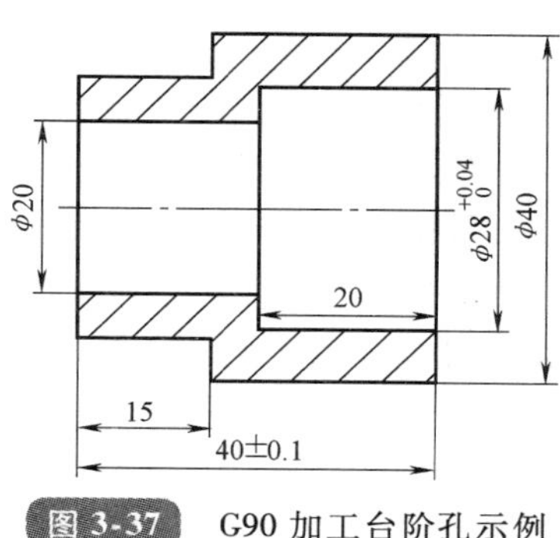

图 3-37 G90 加工台阶孔示例

G90 加工台阶孔参考程序见表 3-19。

表 3-19　G90 加工台阶孔参考程序

参考程序	注　释
O3014;	程序名
N10 G97 M03 S600;	主轴正转，主轴转速为 600r/min
N20 T0101;	调用 01 号刀具，执行 01 号刀补
N30 G00 X18.0 Z2.0 M08;	刀具快速定位，打开切削液
N40 G90 X19.0 Z-41.0 F0.15;	粗车 ϕ20mm 内孔面，留精加工余量 1mm
N50 X21.0 Z-20.0;	粗车 ϕ28mm 内孔面第一刀
N60 X23.0;	粗车 ϕ28mm 内孔面第二刀
N70 X25.0;	粗车 ϕ28mm 内孔面第三刀
N80 X27.0;	粗车 ϕ28mm 内孔面第四刀，留精加工余量 1mm
N90 S800;	主轴转速调为 800r/min
N100 G00 X28.02;	刀具 X 向快速定位，准备精车内孔
N110 G01 Z-20.0 F0.05;	精车 ϕ28mm 内孔面
N120 X20.0;	精车端面
N130 Z-41.0;	精车 ϕ20mm 内孔面
N140 X18.0 M09;	X 向退刀，关闭切削液
N150 G00 Z2.0;	Z 向快速退刀
N160 G00 X100.0 Z100.0;	刀具快速退至安全点
N170 M30;	程序结束

（3）G71、G73 加工内孔　应用 G71、G73 加工内孔，其指令格式与外圆基本相同，但也有区别，编程时应注意以下方面。

1）粗车循环指令 G71、G73，在加工外轮廓时精车余量 U 为正值，但在加工内轮廓时精车余量 U 应为负值。

2）加工内孔轮廓时，切削循环的起点、切出点的位置选择要慎重，要保证刀具在狭小的内结构中移动而不干涉工件。起点、切出点的 X 值一般取比预加工孔直径稍小一点的值。

3）加工内孔时，若有锥体和圆弧，精加工需要对刀尖圆弧半径进行补偿，补偿指令与外圆加工有区别。以刀具从右向左进给为例，在加工外径时，刀尖圆弧半径补偿指令用 G42，刀具方位编号是“3”；在加工内轮廓时，刀尖圆弧半径补偿指令用 G41，刀具方位编号是“2”。

4）示例。加工图 3-38 所示工件的台阶孔，已钻出 ϕ20mm 的通孔，编写加工程序。

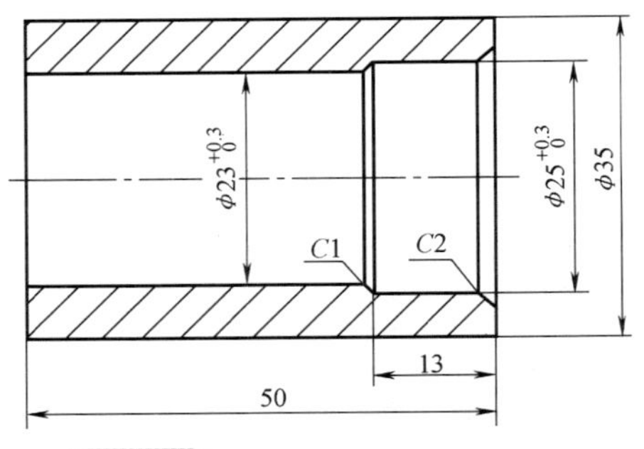

图 3-38　G71 加工台阶孔示例图

G71 加工台阶孔参考程序见表 3-20。

表 3-20 G71 加工台阶孔参考程序

参考程序	注释
O3015；	程序名
N10 G97 G99 M03 S500；	主轴正转，主轴转速为 500r/min
N20 T0101；	调用 01 号刀具，执行 01 号刀补
N30 G00 X20.0 Z2.0 M08；	快速进刀至车削循环起点，打开切削液
N40 G71 U1.5 R0.5；	设置 G71 循环参数，注意：U 为 -0.4mm
N50 G71 P60 Q120 U-0.4 W0.1 F0.2；	
N60 G41 G01 X29.15 S800 F0.1；	建立刀尖圆弧半径左补偿，精车第一刀
N70 Z0.0；	*Z* 向至切削起点
N80 X25.15 Z-2.0；	*C*2 倒角
N90 Z-13.0；	精车 ϕ25mm 内孔面
N100 X23.15 Z-14.0；	*C*1 倒角
N110 Z-51.0；	精车 ϕ23mm 内孔面
N120 X20.0；	*X* 方向退刀
N130 G70 P60 Q120；	精车循环，精加工内孔
N140 G40 G00 Z2.0；	*Z* 方向退出工件，取消刀尖圆弧半径补偿
N150 G00 X50.0 Z100.0 M09；	刀具快速退至安全点，关闭切削液
N160 M30；	程序结束

三、内圆锥的加工

1. 加工内圆锥注意事项

在数控车床上加工内圆锥应注意以下问题。

1）为了便于观察与测量，装夹工件时应尽量使锥孔大端直径位置在外端。

2）为保证锥度的尺寸精度，加工需要进行刀尖圆弧半径补偿。

3）内圆锥加工中一定要注意刀尖的位置方向。

4）多数内圆锥的尺寸需要进行计算，掌握良好的计算方法，可以提高工艺制订效率。

5）车内圆锥时的切削用量选用应比车削外圆锥小 10%～30%。

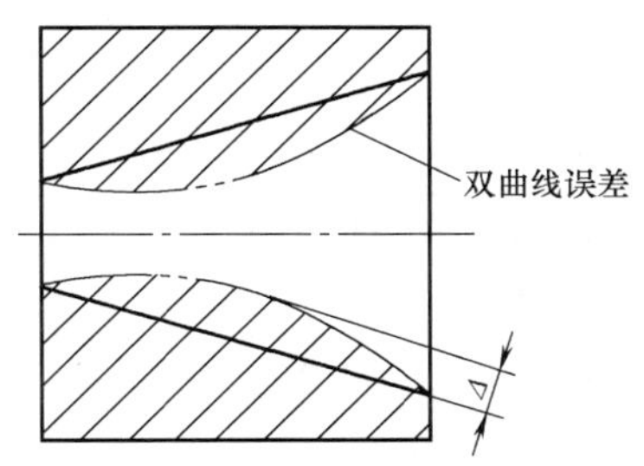

图 3-39 内圆锥车削的双曲线误差

6）车削内圆锥时装刀必须保证刀尖严格对准工件旋转中心，否则会产生双曲线误差，如图 3-39 所示；选用的精车刀具必须有足够的耐磨性；刀柄伸出的长度应尽可能短，一般比所需行程长 3mm，并且根据内孔尺寸尽可能选用大的刀柄尺寸，保证刀具刚度。

7）车削内圆锥时必须保证有充足的切削液进行冷却，以保证内孔的表面粗糙度与刀具寿命。

8）加工高精度的内圆锥时，最好在精车前增加一道检测工步。

9）内圆锥精加工时需要考虑切屑划伤内孔表面，此时对切削用量的选择需综合考虑，一般可以考虑减小背吃刀量与进给速度。

2. 示例

加工图 3-40 所示零件，已钻出 ϕ18mm 通孔，试编写加工内轮廓程序。

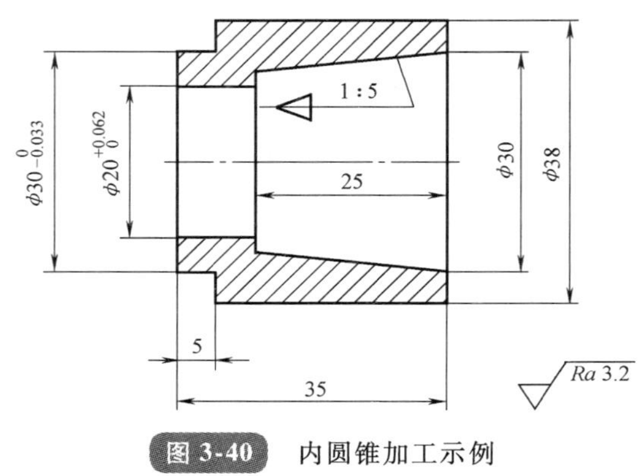

图 3-40 内圆锥加工示例

内圆锥小端直径的计算，即

$$D_2 = D_1 - CL = 30\text{mm} - \frac{1}{5} \times 25\text{mm} = 25\text{mm}$$

内圆锥加工参考程序见表 3-21。

表 3-21 内圆锥加工参考程序

参考程序	注释
O3016;	程序名
N10 G97 G99 M03 S500;	主轴正转,主轴转速为 500r/min
N20 T0101;	调用 01 号刀具,执行 01 号刀补
N30 G00 X18.0 Z2.0 M08;	刀具快速定位,打开切削液
N40 G71 U1.0 R0.5 ;	设置 G71 循环参数
N50 G71 P60 Q120 U-0.5 W0.1 F0.2;	
N60 G41 G01 X30.0 S800 F0.1;	N60 ~ N110 指定精车路线
N70 Z0.0;	Z 向到达切削起点
N80 X25.0 Z-25.0;	精车内锥面
N90 X20.031;	精车端面
N100 Z-36.0;	精车 ϕ20mm 内圆面

（续）

参考程序	注　释
N110 X18.0；	X 方向退刀
N120 G70 P60 Q120；	定义 G70 精车循环
N130 G40 G00 X50.0 Z100.0；	刀具快速退刀，取消刀尖圆弧半径补偿
N140 M09；	关闭切削液
N150 M30；	程序结束

四、内圆弧的加工

1. 加工内圆弧注意事项

内圆弧的加工与外圆弧的加工基本相同，但要注意以下几点。

1）根据走刀方向，正确判断圆弧的顺逆，确定是应用 G02 还是 G03 编程，若判断错误，将导致圆弧凸凹相反。

2）加工内圆弧时，为保证圆弧的尺寸精度，加工需要进行刀尖圆弧半径补偿。应用时，要根据走刀方向，正确判断是采用左补偿 G41 还是右补偿 G42，若判断错误，将导致圆弧半径增大或减小。

3）应用刀尖圆弧半径补偿时，要正确设置刀尖圆弧半径和刀尖的位置方向。

2. 示例

加工图 3-41 所示零件，试编制其内孔轮廓加工程序。

内圆弧加工参考程序见表 3-22。

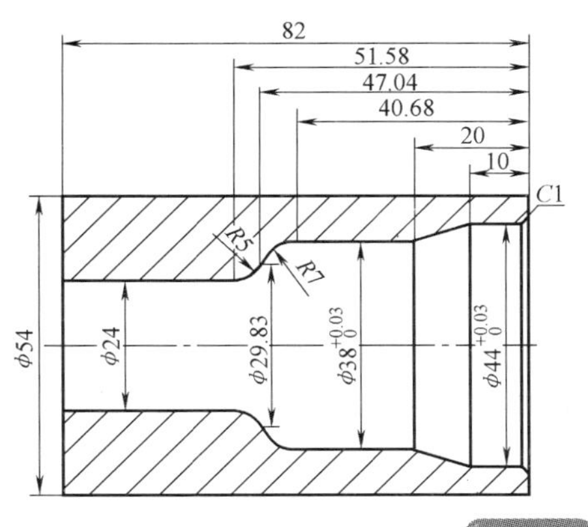

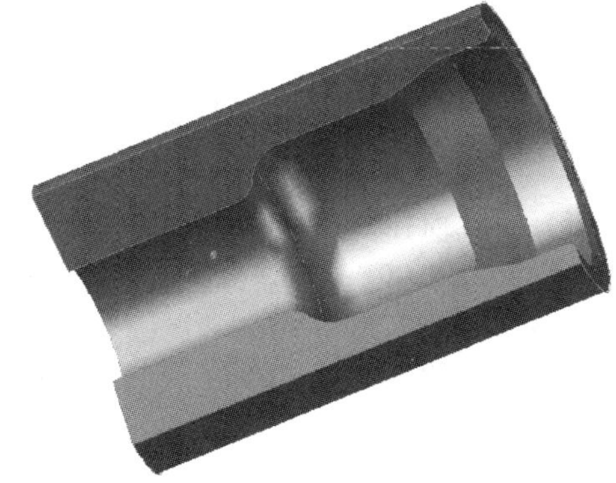

图 3-41　内圆弧加工

表 3-22　内圆弧加工参考程序

参考程序	注　释
O3017；	程序名
N10 M03 T0101 S600；	主轴正转，调用 01 号刀，执行 01 号刀补

（续）

参考程序	注　释
N20 G00 X100.0 Z50.0；	快速对刀
N30 X18.0 Z1.0；	快速移到循环起刀点
N40 G71 U1.0 R0.5；	设置粗车复合循环参数
N50 G71 P60 Q140 U－0.5 W0 F0.2；	
N60 G00 G41 X48.0 S100；	*X* 向进刀至倒角起点（*X*48.0，*Z*1.0）
N70 G01 X44.0 Z－1.0 F0.1；	*C*1 倒角
N80 Z－10.0；	精加工 ϕ44mm 内孔
N90 X38.0 Z－20.0；	精加工锥面
N100 Z－40.68；	精加工 ϕ38mm 内孔
N110 G03 X29.83 Z－47.04 R7.0；	精加工 *R*7mm 圆弧
N120 G02 X24.0 Z－51.58 R5.0；	精加工 *R*5mm 内孔
N130 G01 Z－83.0；	精加工 ϕ24mm 内孔
N140 X18.0；	*X* 向退刀
N150 G70 P60 Q140；	精加工循环指令
N160 G40 G00 X100.0 Z50.0 ；	快速退刀至安全点
N170 M30；	程序结束并返回程序开始处

第四节　切槽与切断

一、窄槽加工

1. 槽加工基本指令

（1）直线插补指令（G01）　在数控车床上加工槽，无论外沟槽、内沟槽还是端面槽，都可以采用 G01 指令来直接实现。G01 指令格式在前面章节中已讲述，在此不再赘述。

（2）进给暂停指令（G04）　该指令使各轴运动停止，但不改变当前的 G 代码模态和保持的数据、状态，延时给定的时间后，再执行下一个程序段。

1）指令格式。

G04 P_；或 G04 X_；或 G04 U_；

2）指令说明。

① G04 为非模态 G 代码。

② G04 延时时间由代码字 P、X 或 U 指定，P 值单位为 ms，X、U 单位为 s。

2. 简单凹槽的加工

简单凹槽的特点是槽宽较窄、槽深较浅、形状简单、尺寸精度要求不高，如图3-42

所示。加工该类槽，一般选用切削刃宽度等于槽宽的切槽刀，一次加工完成。

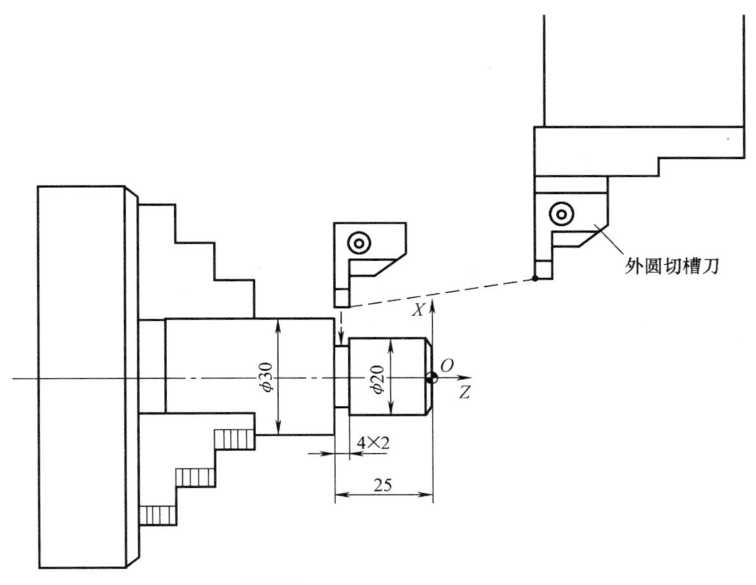

图 3-42 简单凹槽加工示意图

该类槽的编程很简单：快速移动刀具至切槽位置，切削进给至槽底，刀具在凹槽底部做短暂的停留，然后快速退刀至起始位置，这样就完成了凹槽的加工。简单凹槽的加工参考程序见表 3-23，切槽刀选用与凹槽宽度相等的标准 4mm 方形凹槽加工刀具。

表 3-23 简单凹槽的加工参考程序

参考程序	注释
O3018;	程序名
N10 T0101;	调用 01 号切槽刀，执行 01 号刀补
N20 G99 S300 M03;	主轴正转，主轴转速为 300r/min
N30 G00 X36.0 Z-25.0 M08;	快速到达切削起点，开切削液
N40 G01 X16.0 F0.05;	切槽
N50 G04 X1.0;	刀具暂停 1s
N60 G01 X36.0 F0.5;	*X* 向退刀
N70 G00 X100.0 Z50.0;	快速退至换刀点
N80 M05;	主轴停
N90 M30;	程序结束

上述实例虽然简单，但是它包含凹槽加工工艺、编程方法的几个重要原则，具体如下。

1）注意凹槽切削前起点与工件间的安全间隙，本例刀具位于工件直径上方 3mm 处。

2）凹槽加工的进给率通常较低。

3）简单凹槽加工的实质是成形加工，刀片的形状和宽度就是凹槽的形状和宽度，这也意味着使用不同尺寸的刀片就会得到不同的凹槽宽度。

3. 精密凹槽的加工

（1）精密凹槽加工基本方法　简单进退刀加工出来的凹槽的侧面比较粗糙、外部倒角非常尖锐，且宽度取决于刀具的宽度和磨损情况。要得到高质量的凹槽，需要进行粗、精加工。用比槽宽小的刀具进行粗加工，切除大部分余量，在槽侧及槽底留出精加工余量，然后对槽侧及槽底进行精加工。

图3-43所示为精密凹槽加工示例，槽的位置由尺寸（25 ± 0.02）mm定位，槽宽4mm，槽底直径为 ϕ24mm，槽口两侧有 $C1$ 的倒角。

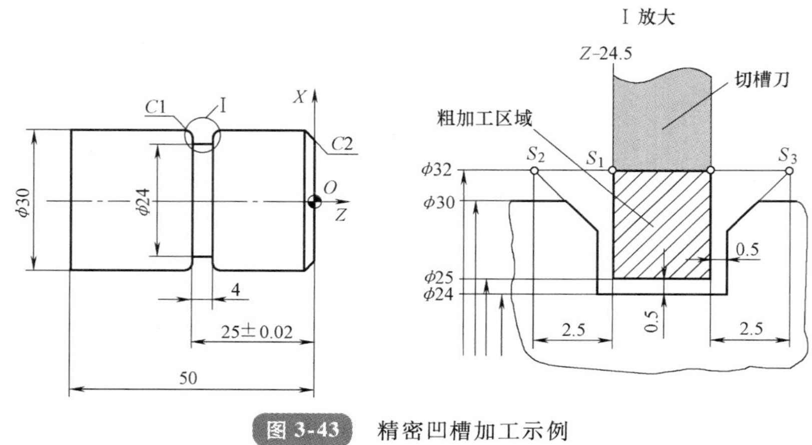

图3-43　精密凹槽加工示例

拟用刃宽为3mm的刀具进行粗加工，刀具起点设计在 S_1 点（$X32$，$Z-24.5$）。向下切除图3-43所示的粗加工区域，同时在槽侧及槽底留出0.5mm的精加工余量。然后，用切槽刀对槽的左右两侧分别进行精加工，并加工出 $C1$ 的倒角。槽左侧及倒角精加工起点设在倒角轮廓延长线的 S_2 点（左刀尖到达 S_2），刀具沿倒角和侧面轮廓切削到槽底，抬刀至 ϕ32mm。槽右侧及倒角精加工起点设在倒角轮廓延长线的 S_3 点（右刀尖到达 S_3），刀具沿倒角和侧面轮廓切削到槽底，抬刀至 ϕ32mm。

（2）凹槽公差控制　若凹槽有严格的公差要求，精加工时可通过调整切槽刀 X 向和 Z 向偏置补偿值的方法，得到较高要求的槽深和槽宽尺寸。

加工中经常遇到并对凹槽宽度影响最大的问题是刀具磨损。随着刀片的不断使用，它的切削刃也不断磨损并且实际宽度变窄。其切削能力没有削弱，但是加工出的槽宽可能不在公差范围内。消除尺寸落在公差带之外的方法：在精加工操作时调整刀具偏置值。

假定在程序中，以左刀尖为刀位点，使用同一个偏移量对槽的左右两侧分别进行精加工。如果加工中由于刀具磨损而使槽宽变窄，在不换刀的情况下，正向或负向调整 Z 轴偏置，将改变凹槽相对于程序原点位置，但是不能改变槽宽。

若要不仅能改变凹槽位置，又能改变槽宽，则需要控制凹槽宽度的第二个偏置。设计左侧倒角和左侧面使用一个偏置（03）进行精加工，右侧倒角和右侧面则使用另一个偏置，为了便于记忆，将第二个偏置的编号定为13。这样通过调整两个刀具偏置，就能保证加工凹槽的宽度不受刀具磨损的影响。

（3）精密凹槽加工参考程序 见表3-24。

表3-24 精密凹槽加工参考程序

参考程序	注释
O3019；	程序名
N10 T0303；	调用03号刀具，执行03号刀具偏置
N20 G96 S40 M03；	采用恒线速切削，线速度为40m/min
N30 G50 S2000；	限制主轴最高转速为2000r/min
N40 G00 X32.0 Z－24.5 M08；	刀具左刀尖快速到达 S_1 点，切削液开
N50 G01 X25.0 F0.05；	粗加工槽，直径方向留1mm精车余量
N60 X32.0 F0.2；	刀具左刀尖回到 S_1 点
N70 W－2.5；	刀具左刀尖到达 S_2 点
N80 U－4.0 W2.0 F0.05；	倒左侧 $C1$ 角
N90 X24.0；	车削至槽底
N100 Z－24.5；	精车槽底
N110 X32.0 F0.2；	刀具左刀尖回到 S_1 点
N120 W2.5 T0313；	刀具右刀尖到达 S_3 点（执行13号刀具偏置）
N130 G01 U－4.0 W－2.0 F0.05；	倒右侧 $C1$ 角
N140 X24.0；	精加工至槽底
N150 Z－24.5；	精加工槽底
N160 X32.0 Z－24.5 F0.1 T0303；	刀具偏置重新为03号
N170 G00 X100.0 Z50.0 M09；	快速退至换刀点，关切削液
N180 M30；	程序结束

在上述加工程序中，一把刀具使用了两个偏置，其目的是控制凹槽宽度而不是它的直径。基于程序实例O3019，应注意以下几点。

1）开始加工时两个偏置的初始值应相等（偏置03和13有相同的 X、Z 值）。

2）偏置03和13中的 X 偏置总是相同的，调整两个 X 偏置可以控制凹槽的深度公差。

3）要调整凹槽左侧面位置，则改变偏置03的 Z 值。

4）要调整凹槽右侧面位置，则改变偏置13的 Z 值。

二、宽槽加工

1. 应用G94加工宽槽

在使用G94指令时，如果设定Z值不移动或设定W值为零时，就可用来进行切槽加工。如图 3-44 所示，毛坯为 ϕ30mm 的棒料，采用 G94 编写加工程序，G94 加工宽槽参考程序见表 3-25。

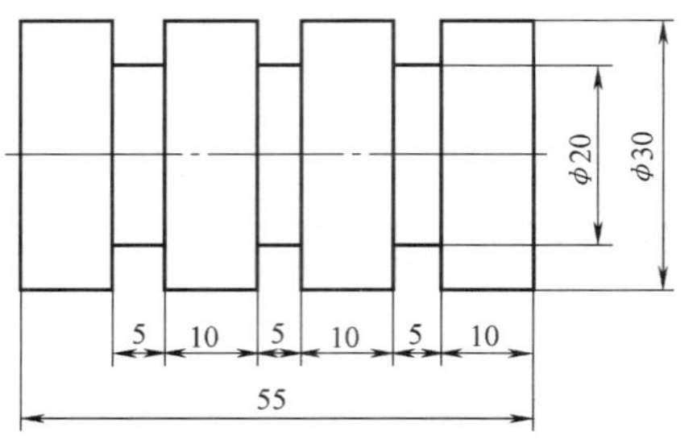

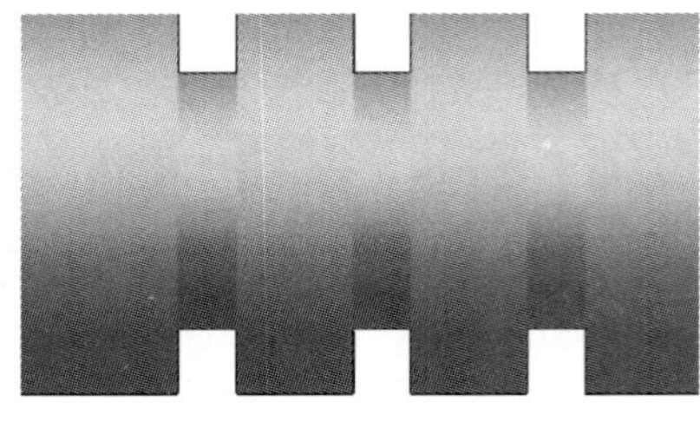

图 3-44　等距槽

表 3-25　G94 加工宽槽参考程序

参考程序	注　释
O3020;	程序名
N10 M03 S300 T0303 ;	主轴正转,换 4mm 宽切槽刀
N20 G00 X32.0 Z2.0 ;	移动刀具快速靠近工件
N30 G00 Z－14.0 ;	Z 向进刀至右边第一个槽处
N40 G94 X20.0 W0.0 F0.1;	应用 G94 加工槽
N50 W－1.0 ;	扩槽
N60 G00 Z－24.0 ;	移动刀具至第二个槽处
N70 G94 X20.0 W0.0 F0.1 ;	应用 G94 加工槽
N80 W－1.0 ;	扩槽
N90 G00 Z－34.0 ;	移动刀具至第三个槽处
N100 G94 X20.0 W0.1 F0.1;	加工槽
N110 W－1.0 ;	扩槽
N120 G00 Z100.0 ;	快速退刀
N130 M30 ;	程序结束

2. 应用 G75 指令加工宽槽

（1）指令格式

G75　R(e)；

G75　X(U)____　Z（W）____　P（Δi）　Q（Δk）　R（Δd）　F_；

式中　e——退刀量，其值为模态值；

X（U）____ Z（W）____——切槽终点处坐标；

Δi——X 方向的每次切深量，用不带符号的半径量表示；

Δk——刀具完成一次径向切削后，在 Z 方向的偏移量，用不带符号的值表示；

Δd——刀具在切削底部的 Z 向退刀量，无要求时可省略；

F——径向切削时的进给速度。

（2）循环轨迹及说明　G75 循环轨迹如图 3-45 所示。

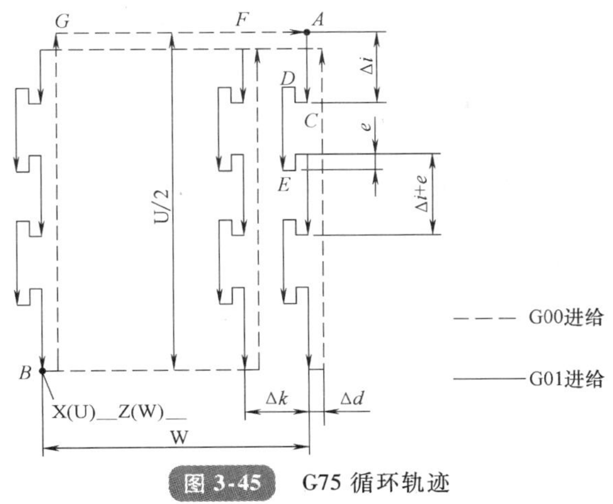

图 3-45　G75 循环轨迹

1）刀具从循环起点（A 点）开始，沿径向进刀 Δi 并到达 C 点。

2）退刀 e（断屑）并到达 D 点。

3）按该循环递进切削至径向终点 X 的坐标处。

4）退到径向起刀点，完成一次切削循环。

5）沿轴向偏移 Δk 至 F 点，进行第二层切削循环。

6）依次循环，直至刀具切削至程序终点坐标处（B 点），径向退刀至起刀点（G 点），再轴向退刀至起刀点（A 点），完成整个切槽循环动作。

G75 程序段中的 Z（W）值可省略或设定值为 0，当 Z（W）值设为 0 时，循环执行时刀具仅做 X 向进给而不做 Z 向偏移。

对于程序段中的 Δi、Δk 值，在 FANUC 系统中，不能输入小数点，而直接输入最小编程单位，如 P1 500 表示径向每次切深量为 1.5mm。

车一般外沟槽时，因切槽刀外圆切入，其几何形状与切断刀基本相同，车刀两侧副后角相等，车刀左右对称。

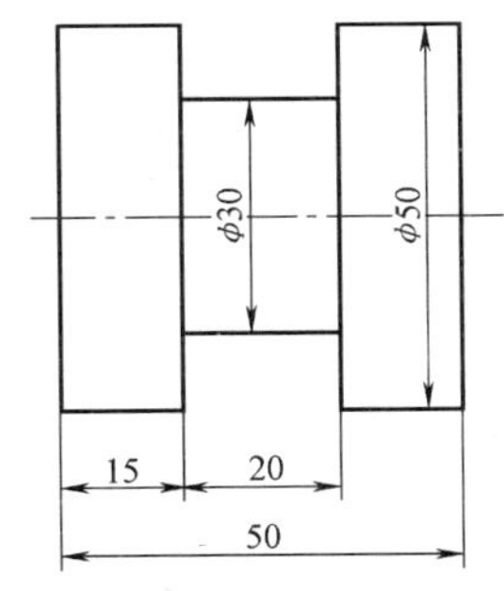

图 3-46　G75 加工宽槽示例

（3）编程示例　如图 3-46 所示，使用 G75 指令进行切槽加工。G75 加工宽槽参考程序见表 3-26。

表 3-26　G75 加工宽槽参考程序

参考程序	注释
O3021；	程序名
N10 T0202 S400 M03 ；	T0202 为 4mm 的切断刀，主轴正转

（续）

参考程序	注　释
N20 G00 X52.0 Z-19.0；	快速接近工件
N30 G75 R0.5；	回退量0.5mm
N40 G75 X30.0 Z-35.0 P5000 Q3600 F0.05；	循环切槽
N50 G00 X100.0 Z100.0；	快速退至换刀点
N60 M05；	主轴停
N70 M30；	主程序结束并复位

三、切断

1. 切断工艺

（1）切断刀及选用　切断刀的设计与切槽刀相似，但它们之间有一个主要区别，即切断刀的伸出长度比切槽刀要长得多，这也使得它可以适用于深槽加工。切断刀切削刃宽度及刀头长度不可任意确定。

切断刀主切削刃太宽，会造成切削力过大而引起振动，同时也会浪费工件材料；主切削刃太窄，又会削弱刀头强度，容易使刀头折断。通常，切断钢件或铸铁材料时，可用下面公式计算

$$a=(0.5\sim0.6)\sqrt{D}$$

式中　a——主切削刃宽度（mm）；

　　D——工件待加工表面直径（mm）。

切断刀太短，不能安全到达主轴旋转中心；过长则没有足够的刚度，且在切断过程中会产生振动甚至折断。刀头长度 L 可用下列公式计算

$$L=H+(2\sim3)\text{mm}$$

式中　L——刀头长度（mm）；

　　H——切入深度（mm）。

（2）切断刀安装　切断刀安装时，切断刀的中心线必须与工件轴线垂直，以保证两副偏角对称。切断刀主切削刃不能高于或低于工件中心，否则会使工件中心形成凸台，并损坏刀头。

（3）切断工艺要点

1）如同切槽一样，切削液需要应用在切削刃上，使用的切削液应具有切削和润滑的作用，一定要保证切削液的压力足够大，尤其是加工大直径棒料时，压力可以使切削液到达切削刃并冲走堆积的切屑。

2）当切断毛坯或不规则表面的工件时，切断前先用外圆车刀把工件车圆，或者开始切断毛坯部分时，尽量减小进给量，以免发生“啃刀”。

3）工件应装夹牢固，切断位置应尽可能靠近卡盘。当切断用一夹一顶装夹工件时，工件不应完全切断，而应在工件中心留一细杆，卸下工件后再用锤子敲断，否则，切断时会造成事故并折断切断刀。

4）切断刀排屑不畅时，会使切屑堵塞在槽内，造成刀头负荷增大而折断，故切断时应注意及时排屑，防止堵塞。

2. 切断示例

以图 3-47 所示工件的切断为例，当工件其他结构加工完毕后，选用刃宽为 4mm 的切断刀，选择（X54.0，$Z-89.0$）为切断起点。刀具切断时可用 G01 方式直接切断工件，如果切深大还可用 G75 啄式切削方式。切断时切削速度通常为外圆切削速度的 60%～70%，进给量一般选择 0.05～0.3mm/r。

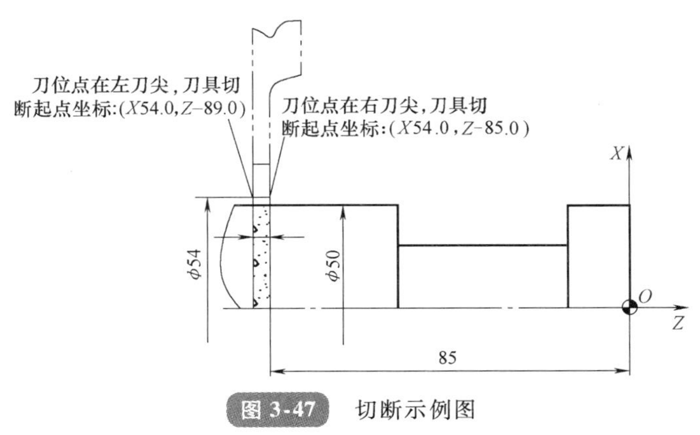

图 3-47 切断示例图

切断点 X 向应与工件外圆有足够的安全间隙。Z 向坐标与工件长度有关，又与刀位点选择在左刀尖或是右刀尖有关。如图 3-47 所示，设刃宽为 4mm 切断刀的刀位点为左刀尖时，切断起点的位置坐标为（X54.0，$Z-89.0$）；刀位点为右刀尖时，切断起点的位置坐标为（X54.0，$Z-85.0$）。

（1）G01 方式切断参考程度　见表 3-27。

表 3-27　G01 方式切断参考程序

参考程序	注　释
O3022；	程序名
N10 T0404；	调用 04 号切断刀，执行 04 号刀补
N20 G96 M03 S40；	恒线速切削，线速度为 40m/min
N30 G50 S1500；	限制主轴最高转速
N40 G00 X54.0 Z-89.0 M08；	快速到达切断起点（左刀尖对刀），开切削液
N50 G01 X0.0 F0.05；	切断
N60 G00 X54.0；	快速退至起刀点
N70 G00 X100.0 Z100.0；	快速退至换刀点
N80 M05；	主轴停
N90 M30；	程序结束

（2）G75 方式切断参考程序　见表 3-28。

表 3-28　**G75 方式切断参考程序**

参考程序	注　　释
O3023；	程序名
N10 T0404；	调用 04 号切断刀，执行 04 号刀补
N20 G96 M03 S40；	恒线速切削，线速度为 40m/min
N30 G50 S1500；	限制主轴最高转速
N40 G00 X54.0 Z－89.0 M08；	快速到达切断起点（左刀尖对刀），开切削液
N50 G75 R1.0；	设置 G75 加工参数
N60 G75 X0.0 P3000 F0.05；	
N70 G00 X100.0 Z100.0 M09 ；	快速退至换刀点，关切削液
N80 M05；	主轴停
N90 M30；	程序结束

3. 用切断刀先切倒角，再切断示例

如图 3-48 所示，当工件的左端面上有倒角要求时，一般加工方法是先切断，然后调头装夹车端面，保证 *Z* 向尺寸，再车倒角。

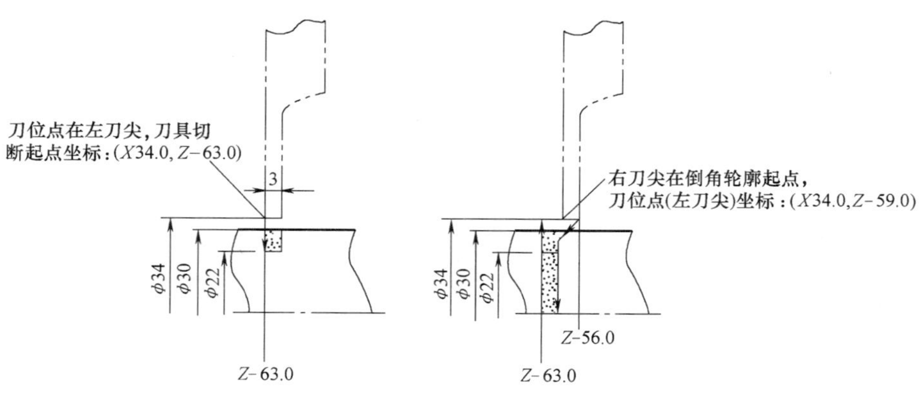

图 3-48　切断刀先切倒角，再切断

在工件 *Z* 向尺寸要求不是很高的情况下，切断刀切断工件前，可用切断刀先切倒角，然后切断工件，这样的好处是免除调头装夹车端面、倒角的麻烦。

如图 3-48 所示，选用刃宽为 3mm 的切断刀，选择（*X*34.0，*Z*－63.0）为切断起点，刀具先切削 4mm 深度的槽，然后刀具 *X* 向退到起点，调整刀具右刀尖到倒角轮廓的延长线上的一点，用右刀尖沿倒角轮廓切削，最后切断。先切倒角，再切断参考程序见表 3-29。

表 3-29 先切倒角、再切断参考程序

参考程序	注 释
O3024;	程序名
N10 T0404;	调用 04 号切断刀,执行 04 号刀补
N20 G96 M03 S40;	恒线速切削,线速度为 40m/min
N30 G50 S1500;	限制主轴最高转速
N40 G00 X34.0 Z-63.0 M08;	快速到达切断起点(左刀尖对刀),开切削液
N50 G01 X22.0 F0.05;	向下切深至 ϕ22mm
N60 X34.0;	X 向退刀至起刀点
N70 Z-59.0;	左刀尖至 Z-59.0,右刀尖至 Z-56.0
N80 X26.0 Z-63.0;	倒 $C2$ 角
N90 X0;	切断
N100 G00 X34.0;	X 向退出工件
N110 X100.0 Z100.0 M09;	快速退至换刀点,关切削液
N120 M05;	主轴停
N130 M30;	程序结束

第五节 普通螺纹加工

一、普通螺纹加工概述

数控车床加工最多的是普通螺纹，螺纹牙型为三角形，牙型角为 60°。普通螺纹分粗牙普通螺纹和细牙普通螺纹。粗牙普通螺纹的螺距是标准螺距，其代号用字母“M”及公称直径表示，如 M16、M12 等。细牙普通螺纹代号用字母“M”及公称直径×螺距表示，如 M24×1.5、M27×2 等。左旋螺纹在代号末尾加注“LH”，如 M6LH、M16×1.5LH 等，未注明的为右旋螺纹。

1. 普通螺纹的尺寸计算

普通螺纹的牙型如图 3-49 所示，普通螺纹基本要素的尺寸计算公式见表 3-30。

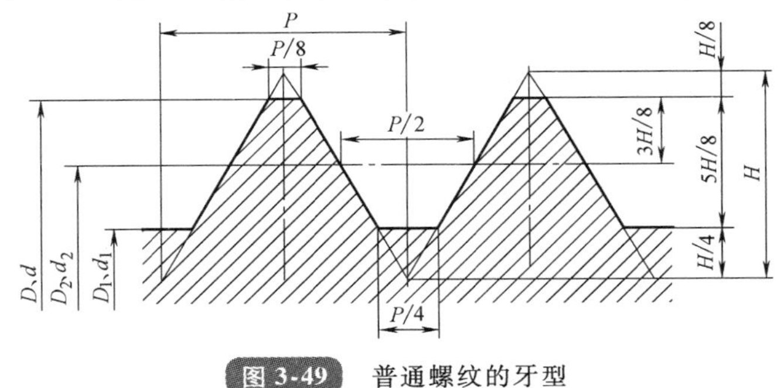

图 3-49 普通螺纹的牙型

表 3-30 普通螺纹基本要素的尺寸计算公式

基本参数	外螺纹	内螺纹	计算公式
牙型角	α		$\alpha = 60°$
螺纹大径(公称直径)/mm	d	D	$d = D$
螺纹中径/mm	d_2	D_2	$d_2 = D_2 = d - 0.6495P$
牙型高度/mm	h_1		$h_1 = 0.5413P$
螺纹小径/mm	d_1	D_1	$D_1 = d_1 = d - 1.0825P$

注：螺纹牙型理论高度 $H = 0.866P$，当外螺纹牙底在 $H/4$ 处削平时，牙型高度 $h_1 = 0.5413P$；当外螺纹牙底在 $H/8$ 处削平时，牙型高度 $h_1 = 0.6495P$。

2. 车内螺纹孔前孔径的确定

车三角形内螺纹时，因车刀切削时的挤压作用，内孔直径（螺纹小径）会缩小，在车削塑性金属时尤为明显，所以车削内螺纹前的孔径 $D_{孔}$ 应比内螺纹小径 D_1 的公称尺寸略大些。车削普通内螺纹前的孔径可用下列近似公式计算。

车削塑性金属的内螺纹时

$$D_{孔} \approx D - P$$

车削脆性金属的内螺纹时

$$D_{孔} \approx D - 1.05P$$

式中 $D_{孔}$——车内螺纹前的孔径（mm）；

D——内螺纹的大径（mm）；

P——螺距（mm）。

3. 普通螺纹刀的选择

普通螺纹加工刀具刀尖角通常为60°，螺纹车刀片的形状跟螺纹牙型一样，螺纹刀不仅用于切削，而且使螺纹成形。要保证螺纹牙型的精度，必须正确刃磨和安装车刀。

一般情况下，螺纹车刀切削部分的材料有高速钢和硬质合金两种。低速车削螺纹时，一般选用高速钢车刀；高速车削螺纹时，一般选用硬质合金车刀。如果工件材料是有色金属、铸钢或橡胶，可选用高速钢或 K 类硬质合金（如 K30）；若工件材料是钢料，则选用 P 类（如 P10）或 M 类硬质合金（M10 类）。

数控车床上车削普通三角螺纹一般选用精密级机夹可转位不重磨螺纹车刀，这种螺纹刀具的使用要根据螺纹的螺距选择刀片的型号，每种规格的刀片只能加工一个固定的螺距。图 3-50 所示为机夹螺纹车刀。

4. 普通螺纹加工进刀方式

在数控车床上加工螺纹的进刀方式有直进式和斜进式，直进式车螺纹容易保证牙型的正确性，但车削时，车刀刀尖和两侧切削刃同时进行切削，切削力较大，容易产生扎刀现象，因此只适用于车削较小螺距的螺纹。用斜进法车削螺纹，刀具是单侧刃加工，排屑顺利，不易扎刀。当螺距 $P < 3$mm 时，一般采用直进法；螺距 $P \geqslant 3$mm 时，一般采用斜进法。

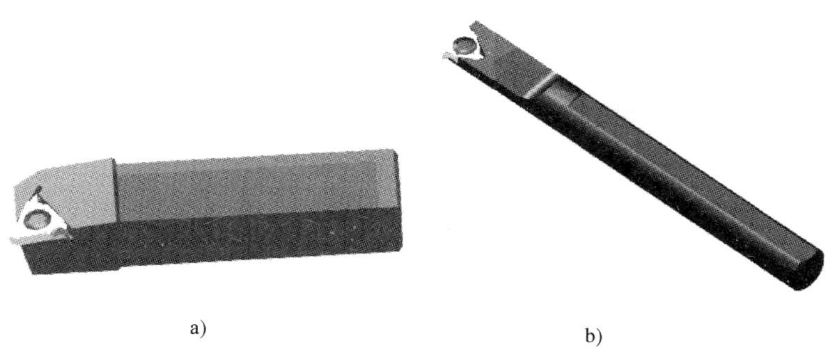

图 3-50　机夹螺纹车刀

a）外螺纹刀　b）内螺纹刀

5. 螺纹零件的装夹

螺纹切削过程中，无论采用何种进刀方式，螺纹切削刀具经常有两个或两个以上的切削刃同时参与切削，与槽加工相似，同样会产生较大的径向切削力，容易使工件产生松动现象。

因此，在螺纹类零件的装夹方式上，还是建议采用软卡爪且增大夹持面或一顶一夹的装夹方式。以保证在螺纹切削过程中不会出现工件松动、螺纹乱牙、工件报废的现象。

6. 螺纹加工过程

一个螺纹的车削需要多次切削加工而成，每次切削逐渐增加螺纹深度，否则，刀具寿命也比预期短得多。为实现多次切削的目的，机床主轴必须恒定转速旋转，且必须与进给运动保持同步，保证每次刀具切削开始位置相同，保证每次背吃刀量都在螺纹圆柱的同一位置上，最后一次走刀加工出适当的螺纹尺寸、形状、表面质量和公差，并得到合格的螺纹。

如图 3-51 所示，每次螺纹加工走刀至少有 4 次基本运动（直螺纹）。

运动 1：将刀具从起始位置沿径向（*X* 轴）快速移动至螺纹计划背吃刀量处。

运动 2：沿轴向加工螺纹，进给速度由螺距和主轴转速确定。

运动 3：刀具沿径向（*X* 向）快速退刀至螺纹加工区域外的位置。

运动 4：快速返回至螺纹切削起始位置。

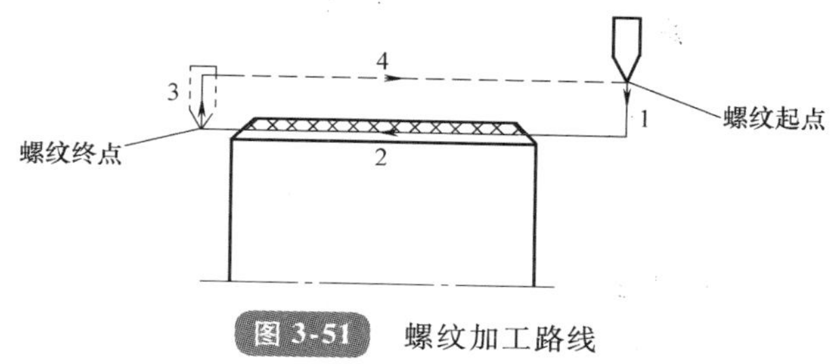

图 3-51　螺纹加工路线

二、螺纹切削指令（G32）

1. 等螺距直螺纹

（1）指令格式

G32 X(U))__ Z(W)__　F__　Q__;

式中　X(U)__　Z(W)__——直线螺纹的终点坐标；

F——直线螺纹的导程。如果是单线螺纹，则为直线螺纹的螺距；

Q——螺纹起始角。该值为不带小数点的非模态值，其单位为0.001°。如果是单线螺纹，则该值不用指定，这时该值为0。

在该指令格式中，当只有 *Z* 向坐标数据字 Z(W)__时，指令加工等螺距圆柱螺纹；当只有 *X* 向坐标数据字 *X*(U)__时，指令加工等螺距端面螺纹。

例 1　G32 W－30.0 F4.0;

（2）运动轨迹及说明　执行 G32 圆柱螺纹时的运动轨迹如图 3-52 所示。G32 指令近似于 G01 指令，刀具从 *B* 点以每转进给一个导程/螺距的速度切削至 *C* 点。其切削前的进刀和切削后的退刀都要通过其他的程序段来实现，如图中的 *AB*、*CD*、*DA* 运动轨迹。

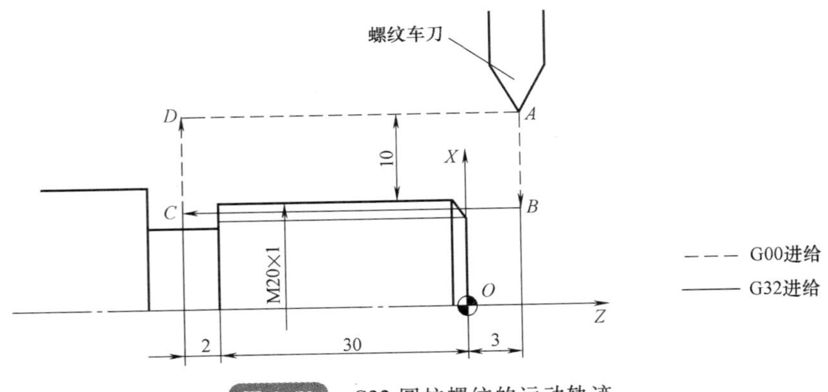

图 3-52　G32 圆柱螺纹的运动轨迹

在加工等螺距圆柱螺纹以及除端面螺纹之外的其他各种螺纹时，均需特别注意其螺纹车刀的安装方法（正、反向）以及主轴的旋转方向应与车床刀架的配置方式（前、后置）相适应。例如采用图 3-52 所示后置刀架车削其右旋螺纹时，不仅螺纹车刀必须反向（即前刀面向下）安装，车床主轴也必须用 M04 指令其旋向。否则，车出的不是右旋螺纹，而是左旋螺纹。如果螺纹车刀正向安装，主轴用 M03 指令，则起刀点也应改为图 3-52 中 *D* 点。

（3）编程实例　试用 G32 指令编写图 3-52 所示工件的螺纹加工程序。

分析：因该螺纹为普通连接螺纹，没有规定其公差要求，可参照螺纹公差的国家标准，对其大径（车螺纹前的外圆直径）尺寸，可靠近最低配合要求的公差带，如 8e 并取其中值确定，或者按经验取为 19.8mm，以避免合格螺纹的牙顶出现过尖的疵病。

螺纹切削导入距离 δ_1 取 3mm，导出距离 δ_2 取 2mm。螺纹的总切深量预定为

1.3mm，分三次切削，背吃刀量依次为0.8mm、0.4mm和0.1mm。

程序如下。

```
O3025;
…
G00 X40.0 Z3.0;            (δ1 = 3mm)
U-20.8;
G32 W-35.0 F1.0;           (螺纹第一刀切削,背吃刀量为0.8mm)
G00 U20.8;
    W35.0;
    U-21.2;
G32 W-35.0 F1.0;           (背吃刀量为0.3mm)
G00 U21.2;
    W35.0;
    U-21.3;
G32 W-35.0 F1.0;           (背吃刀量为0.1mm)
G00 U21.3;
    W35.0;
G00 X100.0 Z100.0;
M30;
```

2. 等螺距圆锥螺纹

（1）指令格式

G32 X(U)__ Z(W)__ F__;

例2 G32 U3.0 W-30.0 F4.0;

（2）运动轨迹及说明 执行G32圆锥螺纹时的运动轨迹（图3-53）与G32圆柱螺纹轨迹相似。

加工圆锥螺纹时，要特别注意受δ_1、δ_2影响后的螺纹切削起点与终点坐标，以保

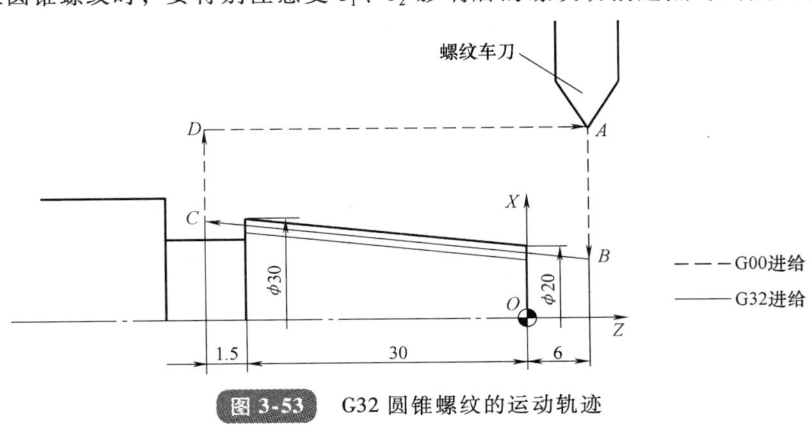

图3-53 G32圆锥螺纹的运动轨迹

证螺纹锥度的正确性。

圆锥螺纹在 X 或 Z 方向各有不同的导程，程序中导程 F 的取值以两者较大值为准。

（3）编程实例

例 3 试用 G32 指令编写图 3-53 所示工件的螺纹（$F=2.5$mm）加工程序。

分析：经计算，圆锥螺纹的牙顶在 B 点处的坐标为（18.0，6.0），在 C 点处的坐标为（30.5，-31.5）。程序如下。

```
O3026;
…
G00 X16.7 Z6.0;               (δ1 =6mm)
G32 X29.2 Z-31.5 F2.5;        (螺纹第 1 刀切削,背吃刀量为 1.3mm)
G00 U20.0;
    W37.5;
G00 X16.0 Z6.0;
G32 X28.5 Z-31.5 F2.5;        (螺纹第 2 刀切削,背吃刀量为 0.7mm)
…
```

（4）G32 指令的其他用途　G32 指令除了可以加工以上螺纹外，还可以加工以下几种螺纹。

1）多线螺纹。编制加工多线螺纹的程序时，只要用地址 Q 指定主轴一转信号与螺纹切削起点的偏移角度即可。

2）端面螺纹。执行端面螺纹的程序段时，刀具在指定螺纹切削距离内以每转 F 的速度沿 X 向进给，而 Z 向不做运动。

三、螺纹切削单一固定循环（G92）

1. 圆柱螺纹切削循环

（1）指令格式

G92 X(U)__ Z(W)__ F __;

式中　X(U)__ Z(W)__——螺纹切削终点处的坐标，U 和 W 后面数值的符号取决于轨迹 AB（图 3-54）和 BC 的方向；

F——螺纹导程的大小，如果是单线螺纹，则为螺距的大小。

例 4　G92 X30.0 Z-30.0 F2.0;

（2）运动轨迹及说明　G92 圆柱螺纹切削轨迹如图 3-54 所示，与 G90 循环相似，运动轨迹也是一个矩形轨迹。刀具从循环起点 A 沿 X 向快速移动至 B 点，然后以导程/转的进给速度沿 Z 向切削进给至 C 点，再从 X 向快速退刀至 D 点，最后返回循环起点 A 点，准备下一次循环。

在 G92 循环编程中，仍应注意循环起点的正确选择。通常情况下，X 向循环起点取在离外圆表面 1～2mm（直径量）的地方，Z 向的循环起点根据导入值的大小进行选取。

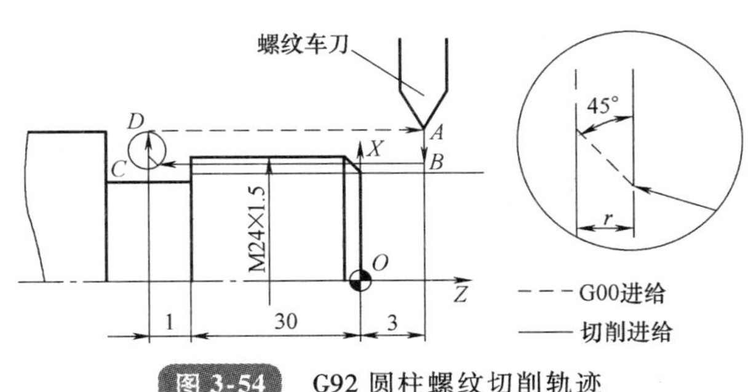

图 3-54　G92 圆柱螺纹切削轨迹

(3) 编程实例　在后置刀架式数控车床上，试用 G92 指令编写图 3-54 所示工件的螺纹加工程序。在螺纹加工前，其外圆已加工好，直径为 ϕ23.75mm。螺纹加工程序如下。

```
O3027;
G99 G40 G21;
…
T0202;                      (螺纹车刀的前刀面向下)
M04 S600;
G00 X25.0 Z3.0;             (螺纹切削循环起点)
G92 X22.9 Z-31.0 F1.5;      (多刀切削螺纹,背吃刀量分别为 1.1mm、0.5mm、
                             0.1mm 和 0.1mm)
    X22.4;                  (模态指令,只需指令 X,其余值不变)
    X22.3;
    X22.2;
G00 X150.0;                 (有顶尖时的退刀,应要先退 X,再退 Z)
    Z20.0;
    M30;
```

2. 圆锥螺纹切削循环

(1) 指令格式　　G92 X(U)__ Z(W)__ F __ R __;

R 的大小为圆锥螺纹切削起点（图 3-55 中 *B* 点）处的 *X* 坐标减其终点（编程终点）处的 *X* 坐标之值的二分之一；*R* 的方向规定为，当切削起点处的半径小于终点处的半径（即顺圆锥外表面）时，*R* 取负值。

其余参数参照圆柱螺纹的 G92 规定。

例 5　G92 X30.0 Z-30.0 F2.0 R-5.0;

(2) 运动轨迹及说明　G92 圆锥螺纹切削循环轨迹与 G92 直螺纹切削循环轨迹相似（即原 *BC* 水平直线改为倾斜直线）。

对于圆锥螺纹编程中的 *R* 值，在编程时除要注意有正、负值之分外，还要根据不

同长度来确定 R 值的大小，图 3-55 中，R 值的大小应按 $30+\delta_1+\delta_2$ 计算，以保证螺纹锥度的正确性。

圆锥螺纹的牙型角为 55°，其余尺寸参数（如牙型高度、大径、中径、小径等）通过查表确定。

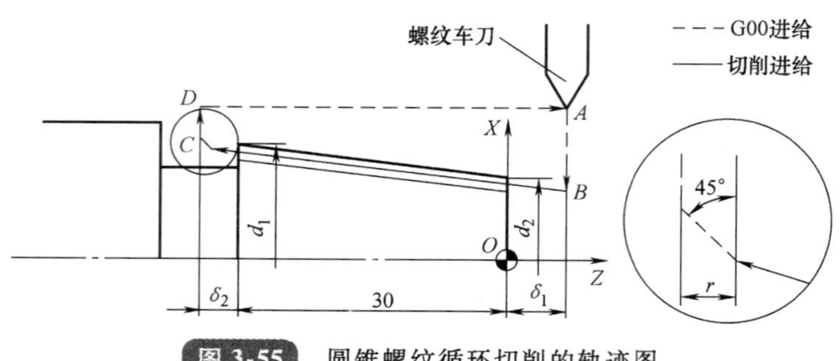

图 3-55 圆锥螺纹循环切削的轨迹图

（3）编程实例　请参照 G92 圆柱螺纹编程。

3. 使用螺纹切削单一固定循环（G92）时的注意事项

1）在螺纹切削过程中，按下循环暂停键时，刀具立即按斜线回退，然后先回到 X 轴的起点，再回到 Z 轴的起点。在回退期间，不能进行另外的暂停。

2）如果在单段方式下执行 G92 循环，则每执行一次循环必须按 4 次循环启动按钮。

3）G92 指令是模态指令，当 Z 轴移动量没有变化时，只需对 X 轴指定其移动指令即可重复执行固定循环动作。

4）执行 G92 循环时，在螺纹切削的退尾处，刀具沿接近 45°的方向斜向退刀，Z 向退刀距离 $r=(0.1\sim12.7)S$（导程），如图 3-55 所示，该值由系统参数设定。

5）在 G92 指令执行过程中，进给速度倍率和主轴速度倍率均无效。

四、螺纹切削复合固定循环（G76）

（1）指令格式

$$G76\ P(m)(r)(a)\ Q(\Delta d_{min})\ R(d);$$

$$G76\ X(U)\_\_\ Z(W)\_\_\ R(i)\ P(k)\ Q(\Delta d)\ F\_\_;$$

式中　m——精加工重复次数 01～99；

r——倒角量，即螺纹切削退尾处（45°）的 Z 向退刀距离。当导程（螺距）由 S 表示时，可以从 $0.1S\sim9.9S$ 设定，单位为 $0.1S$（两位数：从 00～99）；

a——刀尖角度（螺纹牙型角）；可以选择 80°，60°，55°，30°，29°和 0°共 6 种中的任意一种；该值由 2 位数规定；

Δd_{min}——最小切深，该值用不带小数点的半径量表示；

d——精加工余量，该值用带小数点的半径量表示；

X(U)__ Z(W)__——螺纹切削终点处的坐标；

i——螺纹半径差，如果 $i=0$，则进行圆柱螺纹切削；

k——牙型编程高度，该值用不带小数点的半径量表示；

Δd——第一刀背吃刀量，该值用不带小数点的半径量表示；

F——导程，如果是单线螺纹，则该值为螺距。

例 6 G76 P011030 Q50 R0.05；

G76 X27.6 Z-30.0 R0 P1 200 Q400 F2.0；

（2）运动轨迹及说明 G76 螺纹切削复合循环的运动轨迹如图 3-56a 所示。以圆柱外螺纹（i 值为零）为例，刀具从循环起点 A 处，以 G00 方式沿 X 向进给至螺纹牙顶 X 坐标处（B 点，该点的 X 坐标值 = 小径 $+2k$），然后沿基本牙型一侧平行的方向进给（图 3-56b），X 向切深为 Δd，再以螺纹切削方式切削至离 Z 向终点距离为 r 处，倒角退刀至 D 点，再 X 向退刀至 E 点，最后返回 A 点，准备第二刀切削循环。如分多刀切削循环，直至循环结束。

第一刀切削循环时，背吃刀量为 Δd（图 3-56b），第二刀的背吃刀量为 $(\sqrt{2}-1)\Delta d$，第 n 刀的背吃刀量为 $(\sqrt{n}-\sqrt{n-1})\Delta d$。因此，执行 G76 循环的背吃刀量是逐步递减的。

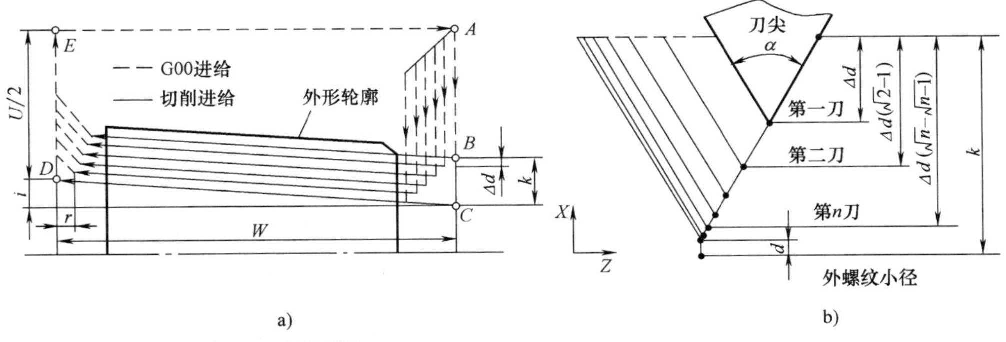

图 3-56 G76 循环的运动轨迹及进刀轨迹

如图 3-56b 所示，螺纹车刀向背吃刀量方向并沿基本牙型一侧的平行方向进刀，从而保证了螺纹粗车过程中始终用一个刀刃进行切削，减小了切削阻力，提高了刀具寿命，为螺纹的精车质量提供了保证。

在 G76 循环指令中，m、r、a 用地址符 P 及后面各两位数字指定，每个两位数中的前置 0 不能省略。这些数字的具体含义及指定方法如下。

例 7 P001560

该例的具体含义：精加工次数“00”即 $m=0$；倒角量“15”即 $r=15\times0.1S=1.5S$（S 是导程）；螺纹牙型角“60”即 $\alpha=60°$。

（3）编程示例

例 8 在前置刀架式数控车床上，试用 G76 指令编写图 3-57 所示外螺纹的加工程序（未考虑各直径的尺寸公差）。

```
O3028;
G99 G40 G21;
…
T0202;
M03 S600;
G00 X32.0 Z6.0;
G76 P021060 Q50 R0.1;
G76 X27.6 Z-30.0 P1 300 Q500 F2;
…
```

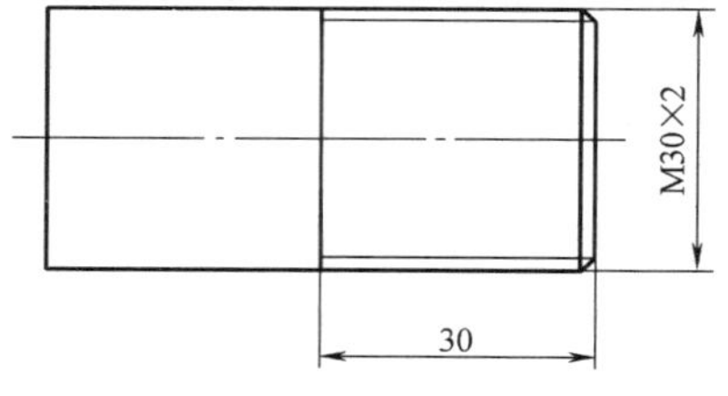

图 3-57 外螺纹加工的示例件

例 9 在前置刀架式数控车床上，试用 G76 指令编写图 3-58 所示内螺纹的加工程序（未考虑各直径的尺寸公差）。

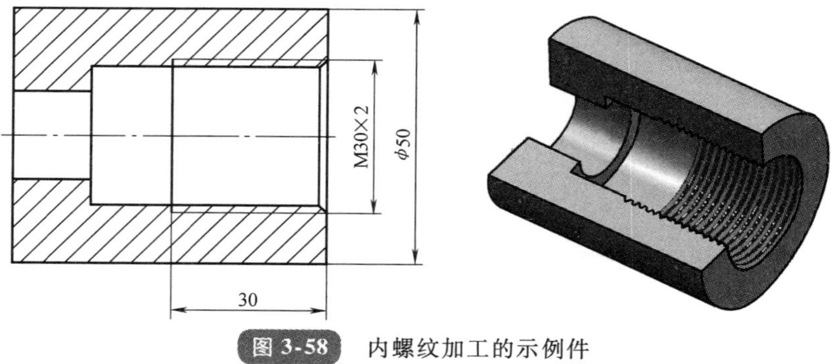

图 3-58 内螺纹加工的示例件

```
O3029;
G99 G40 G21;
…
T0404;
M03 S400;
G00 X26.0 Z6.0;                （螺纹切削循环起点）
G76 P021060 Q50 R-0.08;        （设定精加工两次，精加工余量为0.08mm，倒角量等于螺距S，牙型角为60°，最小切深为0.05mm）
```

```
G76 X30.0 Z-30.0 P1200 Q300 F2.0;   （设定牙型高为 1.2mm，第一刀切深为 0.5mm）
G00 X100.0 Z100.0;
M30;
```

第六节　典型零件的编程

一、综合实例一

加工图 3-59 所示零件，毛坯尺寸为 ϕ40mm × 150mm，材料为 45 钢。

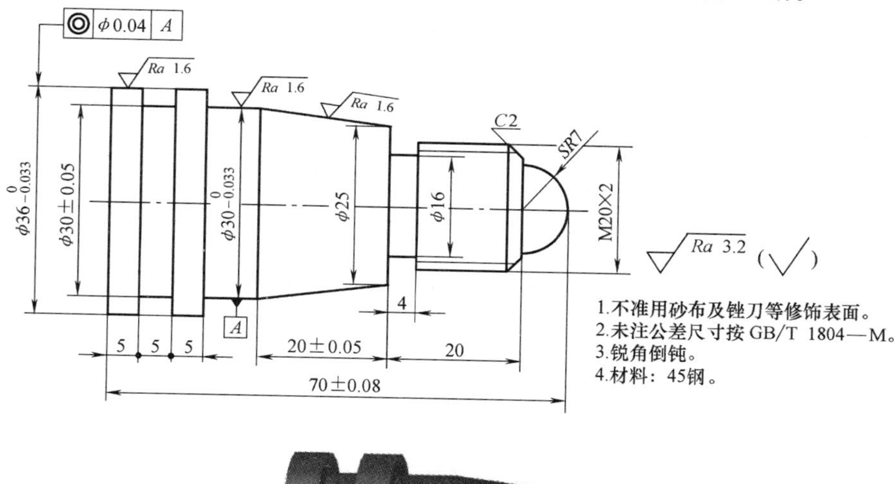

图 3-59　综合实例一

1. 确定加工工艺

（1）工艺分析　根据零件图样，可制订如下加工步骤。

1）夹住毛坯外圆，伸出长度大于 75mm，粗、精加工零件轮廓。

2）用切槽刀加工螺纹退刀槽和宽为 5mm 的槽。

3）加工 M20 × 2 螺纹。

4）切断，保证总长。

（2）相关工艺卡片的填写

1）球头螺纹轴数控加工刀具卡见表 3-31。

表 3-31　球头螺纹轴数控加工刀具卡

产品名称或代号		×××	零件名称	球头螺纹轴	零件图号	××
序号	刀具号	刀具规格名称	数量	加工表面	刀尖圆弧半径/mm	刀具规格/mm
1	T01	93°粗车刀	1	工件外轮廓粗车	0.4	20×20
2	T02	93°精车刀	1	工件外轮廓精车	0.2	20×20
3	T03	4mm 宽切槽刀	1	槽与切断	—	20×20
4	T04	60°外螺纹刀	1	螺纹	—	20×20
编制		审核		批准		年　月　日	共　页	第　页

2）球头螺纹轴数控加工工艺卡见表 3-32。

表 3-32　球头螺纹轴数控加工工艺卡

单位名称		×××		产品名称或代号		零件名称		零件图号
				×××		球头螺纹轴		××
工序号		程序编号		夹具名称		使用设备		车间
001		×××		自定心卡盘		CK6140		数控
工步号	工步内容		刀具号	刀具规格/mm	主轴转速/(r/min)	进给速度/(mm/min)	背吃刀量/mm	备注
1	粗车外轮廓		T01	20×20	600	150	1.5	自动
2	精车外轮廓		T02	20×20	G96 S200	100	0.5	自动
3	切槽		T03	20×20	300	60	4	自动
4	粗、精车螺纹		T04	20×20	800	—	—	自动
5	切断		T03	20×20	300	60	4	自动
编制		审核		批准		年　月　日	共　页	第　页

2. 程序编制

（1）建立工件坐标系　加工零件时，夹住毛坯外圆，工件坐标系设在工件右端面轴线上，如图 3-60 所示。

（2）基点的坐标值（表 3-33）

表 3-33　基点的坐标值

基点	坐标值(X,Z)	基点	坐标值(X,Z)
O	(0,0)	6	(30.0, -47.0)
1	(14.0, -7.0)	7	(30.0, -55.0)
2	(16.0, -7.0)	8	(38.0, -55.0)
3	(19.74, -9.0)	9	(30.0, -65.0)
4	(16.0, -27.0)	10	(38.0, -65.0)
5	(25.0, -27.0)	11	(38.0, -75.0)

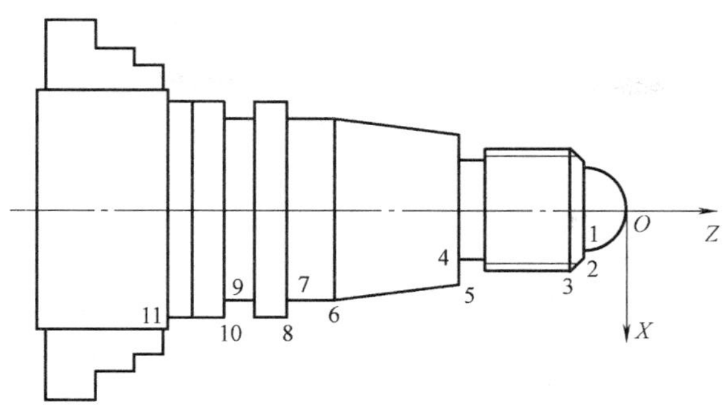

图 3-60 工件坐标系及基点

（3）轮廓加工参考程序（表 3-34） 螺纹牙深

$$H = 0.6495P = 0.6495 \times 2\text{mm} = 1.299\text{mm}$$

表 3-34 轮廓加工参考程序

参考程序	注释
O3030;	程序名
N10 T0101 S600 M03;	设置刀具、主轴转速
N20 G00 X42.0 Z2.0;	快速到达循环起点
N30 G71 U1.5 R0.5;	调用毛坯外圆循环，设置加工参数
N40 G71 P50 Q160 U1.0 W0 F0.3;	
N50 G00 X0.0;	轮廓精加工程序
N60 G01 Z0 F0.1;	
N70 G03 X14.0 Z-7.0 R7.0;	
N80 G01 X15.74;	
N90 X19.74 Z-9.0;	
N100 Z-27.0;	
N110 X25.0;	
N120 X30.0 Z-47.0;	
N130 Z-55.0	
N140 X36.0	
N150 Z-75.0	
N160 X42.0	
N170 G00 X100.0 Z50.0;	刀具快速退至换刀点
N180 T0202 S1000 M03;	调用精车刀，恒线速切削
N190 G00 G42 X42.0 Z2.0;	刀具快速靠近工件
N200 G70 P50 Q160;	采用 G70 进行精加工

（续）

参考程序	注　　释
N210 G00 G40 X100.0 Z50.0;	刀具退至换刀点,取消刀尖圆弧半径补偿
N220 T0303 S300 M03;	换切槽刀
N230 G00 X30.0 Z－27.0;	快速靠近工件
N240 G01 X16.0 F0.05;	车4mm宽槽
N250 X30.0;	X向退刀
N260 G00 X38.0 Z－64.0;	快速到达5mm槽处
N270 G01 X30.0 F0.05;	车槽
N280 X38.0;	X向退刀
N290 Z－65.0;	Z向进刀
N300 X30.0;	车槽
N310 X38.0;	X向退刀
N320 G00 X100.0 Z50.0;	快速退至换刀点
N330 T0404 S600 M03;	换4号刀,设置主轴转速
N340 G00 X22.0 Z－3.0;	快速移至循环起点
N350 G92 X19.0 Z－24.0 F2.0;	螺纹加工第一刀
N360 X18.5;	螺纹加工第二刀
N370 X18.0;	螺纹加工第三刀
N380 X17.84;	螺纹加工第四刀
N390 G00 X100.0 Z50.0;	刀具退回换刀点
N400 M30;	程序结束

（4）切断参考程序（表3-35）

表3-35　切断参考程序

参考程序	注　　释
O3031;	程序名
N10 T0303 G96 S60 M03;	换切槽刀
N20 G50 S800;	限制主轴最高转速
N30 G00 X42.0 Z2.0;	快速靠近工件
N40 Z－74.0;	快速到达切断点
N50 G01 X0 F0.05;	切断
N60 G00 X100.0;	X向退刀
N70 Z50.0;	Z向退刀
N80 M05;	主轴停
N90 M30;	程序结束

二、综合实例二

加工图3-61所示套类零件，毛坯尺寸为ϕ50mm×60mm，材料为45钢。

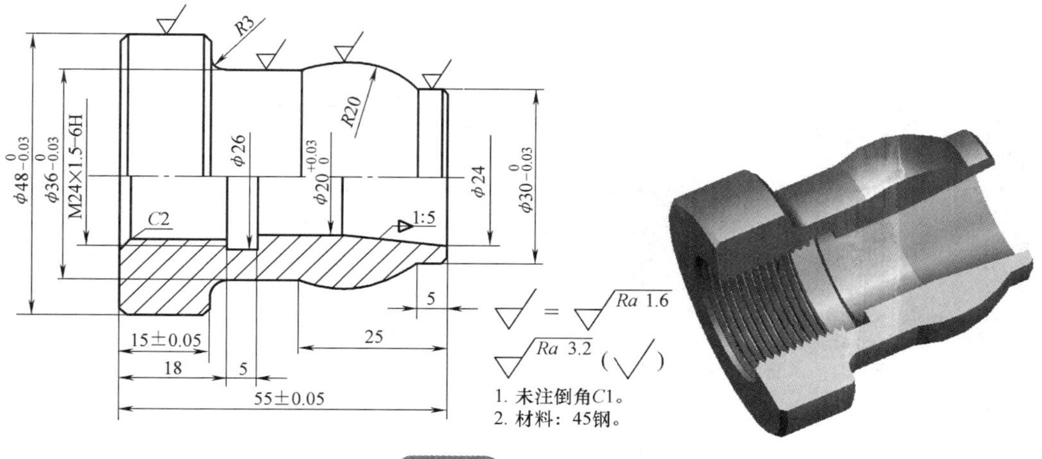

图 3-61　综合实例二

1. 确定加工工艺

（1）工艺分析　该套类零件结构比较复杂，内外尺寸精度、表面加工质量要求比较高。为保证零件的尺寸精度和表面加工质量，编制工艺时，应按粗精分开原则进行编制。精加工时，零件的内外圆表面及端面应尽量在一次装夹中加工出来。由此，可制订如下加工步骤。

1）夹住毛坯 ϕ50mm 外圆，伸出长度大于 40mm，车右端面，粗加工右端外圆至 ϕ42mm×40mm。

2）调头装夹 ϕ42mm 外圆，粗、精车左端面，保证总长 56mm，粗、精车外圆至尺寸。手动钻中心孔进行引钻，用 ϕ18mm 麻花钻钻孔，粗、精镗内孔至尺寸。车内沟槽及 M24×1.5-6H 螺纹。

3）调头装夹 ϕ48mm 外圆（包铜皮），并用百分表找正，精车右端面及外圆。粗、精镗内锥孔和 $\phi20_{0}^{+0.03}$mm 内孔。

（2）相关工艺卡片的填写

1）套类零件数控加工刀具卡见表 3-36。

表 3-36　套类零件数控加工刀具卡

产品名称或代号		×××		零件名称	套类零件	零件图号	××
序号	刀具号	刀具规格名称		数量	加工表面	刀尖圆弧半径/mm	备注
1	T1	中心钻		1	钻中心孔	—	B2.5
2	T2	ϕ18mm 麻花钻		1	钻孔	—	
3	T01	90°粗车刀		1	工件外轮廓粗车	0.4	20mm×20mm
4	T02	93°精车刀		1	工件外轮廓精车	0.2	20mm×20mm
5	T03	内孔镗刀		1	粗、精车内孔	0.2	20mm×20mm
6	T04	内沟槽刀		1	加工内沟槽	—	20mm×20mm
7	T05	60°内螺纹刀		1	加工内螺纹	—	20mm×20mm
编制		审核		批准	年　月　日	共　页	第　页

2）套类零件数控加工工艺卡见表 3-37。

表 3-37　套类零件数控加工工艺卡

单位名称	×××		产品名称或代号		零件名称		零件图号
			×××		套类零件		××
工序号	程序编号		夹具名称		使用设备		车间
001	×××		自定心卡盘		CK6140		数控
工步号	工步内容	刀具号	刀具规格/mm	主轴转速/(r/min)	进给速度/(mm/min)	背吃刀量/mm	备注
1	粗车右端面及轮廓	T01	20×20	600	150	2.0	自动
2	粗车左端面及轮廓	T01	20×20	600	150	1.5	自动
3	精车左端面及轮廓	T02	20×20	800	100	0.5	自动
4	手动钻 ϕ18mm 通孔	T1、T2		200			手动
5	粗、精镗内孔	T03	20×20	600	60	0.5	自动
6	车内沟槽	T04	20×20	300	50	3	自动
7	车内螺纹	T05	20×20	600	900	—	自动
8	精车右端面及轮廓	T02	20×20	800	100	0.5	自动
9	粗、精镗内锥孔及内孔	T03	20×20	600	60	0.5	自动
编制		审核		批准	年　月　日	共　页	第　页

2. 程序编制

（1）粗加工右端面及轮廓

1）建立工件坐标系。夹住毛坯外圆，加工右端面及轮廓，工件伸出长度大于 40mm。工件坐标系设在工件右端面轴线上，如图 3-62 所示。

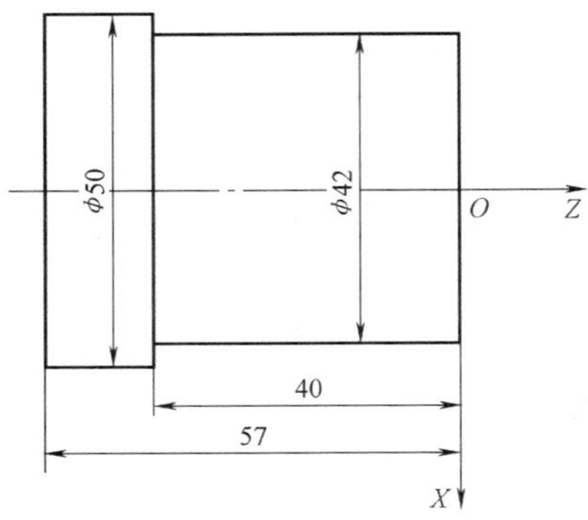

图 3-62　粗加工右端工件坐标系

2）粗加工右轮廓参考程序见表 3-38。

表 3-38 粗加工右轮廓参考程序

参考程序	注释
O3032;	程序名
N10 G40 G98 G97 G21;	设置初始化
N20 T0101 S600 M03;	设置刀具、主轴转速
N30 G00 X52.0 Z0.0;	快速到达循环起点
N40 G01 X0 F60;	车端面
N50 G00 X46.0 Z2.0;	退刀
N60 G01 Z-40.0 F150;	粗车外圆至 ϕ46mm
N70 X52.0;	X 向退刀
N80 G00 Z2.0;	Z 向退刀
N90 G01 X42.0 F150;	X 向进刀
N100 Z-40.0;	粗车外圆至 ϕ42mm
N110 X52.0;	X 向退刀
N120 G00 X100.0 Z100.0;	快速退至换刀点
N130 M30;	程序结束

（2）粗、精加工左轮廓及内孔

1）建立工件坐标系。夹住 ϕ42mm 外圆，加工左端面及轮廓，粗、精加工内孔，车内沟槽及内螺纹，工件坐标系如图 3-63 所示。

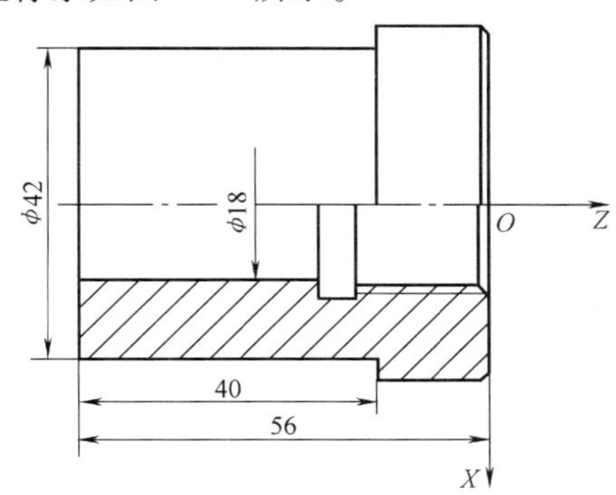

图 3-63 粗、精加工左端及内孔工件坐标系

2）粗、精加工左轮廓及内孔参考程序见表 3-39。M24 内螺纹的牙深

$$H = 0.6495 \times 1.5\text{mm} = 0.974\text{mm}$$

表 3-39 粗、精加工左轮廓及内孔参考程序

参考程序	注释
O3033;	程序名
N10 G40 G98 G97 G21;	设置初始化

（续）

参考程序	注释
N20 T0101 S600 M03;	设置刀具、主轴转速
N30 G00 X52.0 Z0.5;	快速到达循环起点
N40 G01 X0 F60;	齐端面
N50 G00 X48.5 Z2.0;	退刀
N60 G01 Z－17.0 F150;	粗车 ϕ48mm 外圆
N70 G00 X150.0;	*X* 向退刀
N80 Z100.0;	*Z* 向退刀
N90 T0202 S800 M03;	换 T02 刀具、主轴转速
N100 G00 X52.0 Z0.0;	快速靠近工件
N110 G01 X0 F60;	精车端面
N120 G00 X46.0 Z2.0;	退刀
N130 G01 Z0 F100;	靠近端面
N140 X48.0 Z－1.0;	倒 *C*1 角
N150 Z－17.0;	精车 ϕ48mm 外圆
N160 G00 X150.0 Z100.0;	快速退至换刀点
N170 T0303 S600 M03;	换内孔刀，设置主轴转速
N180 G00 X16.0;	*X* 向靠近工件
N190 Z2.0;	*Z* 向靠近工件
N200 G71 U0.5 R0.5 ;	调用 G71 循环，设置加工参数
N210 G71 P220 Q260 U－0.2 W0 F60;	
N220 G01 X26.38;	轮廓精加工程序段
N230 Z0.0;	
N240 X22.38 Z－2.0;	
N250 Z－23.0;	
N260 X16.0;	
N270 G70 P220 Q260;	
N280 G00 X150.0 Z100.0;	退至换刀点
N290 T0404 S300 M03;	换内沟槽刀
N300 G00 X16.0 Z5.0;	快速靠近工件
N310 Z－23.0;	*Z* 向进刀
N320 X26.0 F60;	切槽
N330 X16.0;	*X* 向退刀
N340 Z－21.0;	*Z* 向移动
N350 X26.0;	切槽

（续）

参考程序	注　释
N360 X16.0;	X 向退刀
N370 G00 Z5.0;	Z 向退刀
N380 X100.0 Z50.0;	退至换刀点
N390 T0505 S600 M03;	换内螺纹刀
N400 G00 X18.0 Z3.0;	快速靠近工件
N410 G92 X22.8 Z-20.0 F1.5;	采用 G92 指令加工内螺纹
N420 X23.3;	
N430 X23.6;	
N440 X23.9;	
N450 X24.0;	
N460 X24.0;	
N470 G00 X100.0 Z100.0;	刀具快速退至换刀点
N480 M05;	主轴停
N490 M30;	程序结束

（3）精加工右端轮廓

1）建立工件坐标系。夹住 ϕ48mm 外圆（用铜皮包住），用百分表找正，精加工右端面及轮廓。工件坐标系设在工件右端面轴线上，如图 3-64 所示。

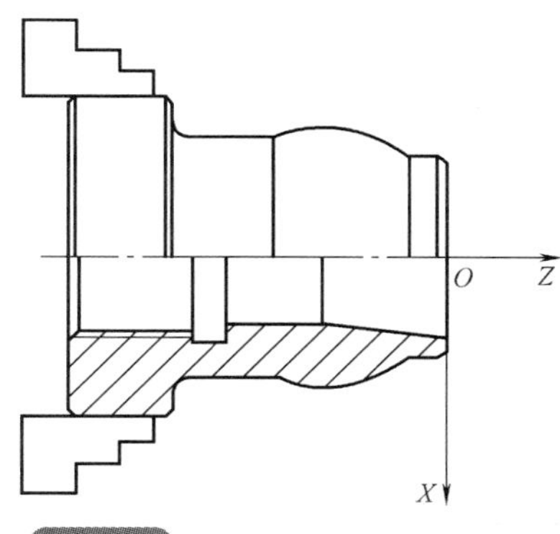

图 3-64　精加工右端工件坐标系

2）精加工右轮廓参考程序见表 3-40。

表 3-40　精加工右轮廓参考程序

参考程序	注　释
O3034;	程序名
N10 G40 G98 G97 G21;	设置初始化

（续）

参考程序	注释
N20 T0202 S800 M03;	设置刀具、主轴转速
N30 G00 X44.0 Z0.0;	快速到达循环起点
N40 G01 X16.0 F60;	精车端面
N50 G00 X50.0 Z2.0;	退刀
N60 G73 U7.0 W2.0 R5.0 F100;	调用循环，设置加工参数
N70 G73 P80 Q160 U0.5 W0;	
N80 G01 G42 X28.0 Z0.0 F100;	轮廓精加工程序段
N90 X30.0 Z-1.0;	
N100 Z-5.0;	
N110 G03 X36.0 Z-25.0 R20.0;	
N120 G01 Z-37.0;	
N130 G02 X42.0 Z-40.0 R3.0;	
N140 G01 X46.0;	
N150 X48.0 Z-41.0;	
N160 X50.0;	
N170 G70 P80 Q160;	
N180 G00 G40 X100.0 Z100.0;	快速退至换刀点，取消刀尖圆弧半径补偿
N190 T0303 S600 M03;	换03号刀具，执行03号刀补
N200 G00 X16.0 Z2.0;	快速靠近工件
N210 G71 U0.5 R0.5 F60;	调用循环，设置加工参数
N220 G71 P230 Q270 U-0.2 W0;	
N230 G00 G42 X24.0;	内孔精加工程序段
N240 G01 Z0;	
N250 X20.0 Z-20.0;	
N260 Z-33.0;	
N270 X16.0;	
N280 G70 P230 Q270;	
N290 G00 G40 X100.0 Z100.0;	快速退至换刀点
N300 M30;	程序结束

第七节　FANUC 0i 系统数控车床基本操作

一、系统控制面板

FANUC 0i 系统数控车床的控制面板主要由 CRT 显示器、MDI 键盘和功能软键组成，如图 3-65 所示。MDI 键盘上各键的名称和作用见表 3-41。

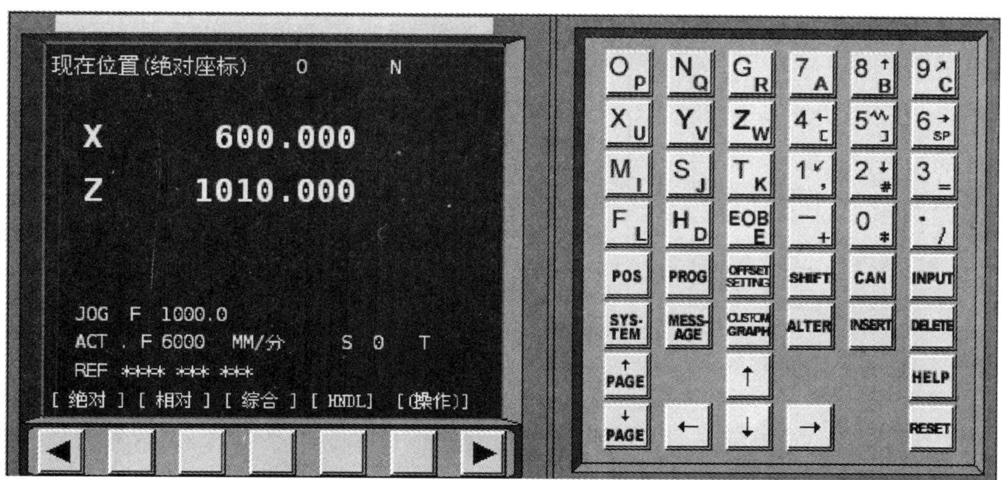

图 3-65 FANUC 0i 系统数控车床的控制面板

表 3-41 MDI 键盘上各键的名称和作用

名称	按键	作用
复位键	RESET	按 RESET 键可使 CNC 复位，用以清除报警等
帮助键	HELP	按 HELP 键用来显示如何操作机床，如 MDI 键的操作，可在 CNC 发生报警时提供报警的详细信息（帮助功能）
功能键	POS PROG OFFSET SETING SYS-TEM MESS-AGE CUSROM GRAM	PROG：数控程序显示与编辑页面键。在编辑方式下，用于编辑、显示存储器内的程序；在手动数据输入方式下，用于输入和显示数据；在自动方式下，用于显示程序指令 POS：坐标位置显示页面键。位置显示有绝对、相对和综合三种方式，用 PAGE 键选择 OFFSET SETING：参数输入页面键。按第一次进入坐标系设置页面，按第二次进入刀具补偿参数页面。进入不同的页面以后，用 PAGE 键切换 CUSTOM GRAPH：图形参数设置页面键。用来显示图形画面 MESS-AGE：信息页面键。用来显示提示信息 SYS-TEM：系统参数页面键。用来显示系统参数

（续）

名称	按键	作用
地址/数字键	O P N Q G R X U Y V Z W M I S J T K F L H D EOB E 7 A 8 B 9 C 4 [5 6 SP 1 , 2 # 3 = - + 0 * . /	按这些键可输入字母、数字及其他字符
换档键	SHIFT	在有些键的顶部有两个字符，按 SHIFT 键来选择字符。当一个特殊字符 $\hat{E}$ 在屏幕上显示，表示键面右下角的字符可以输入
输入键	INPUT	当按地址键或数字键后，数据被输入到缓冲器，并在 CRT 显示器上显示出来。为了把键入到输入缓冲器中的数据拷回寄存器，按 INPUT 键。这个键与[INPUT]软键作用相同
取消键	CAN	按 CAN 键可删除已输入到缓冲器里的最后一个字符或符号
编辑键	ALTER INSERT DELETE	ALTER：字符替换键 INSERT：字符插入键 DELETE：字符删除键
光标移动键	↑ ← ↓ →	→：按该键光标向右或前进方向移动 ←：按该键光标向左或倒退方向移动 ↓：按该键光标向下或前进方向移动 ↑：按该键光标向上或倒退方向移动
翻页键	↑ PAGE ↓ PAGE	↑ PAGE：该键用于在屏幕上朝前翻一页 ↓ PAGE：该键用于在屏幕上朝后翻一页
换行键	EOB E	结束一行程序的输入并且换行

二、机床操作面板

图 3-66 所示为配备 FANUC 0i 系统数控车床的机床操作面板，机床操作面板上各按钮的名称和作用见表 3-42。

图 3-66　机床操作面板

表 3-42　机床操作面板上各按钮的名称和作用

名　称	按　键	作　用
主轴减速按钮		控制主轴减速
主轴加速按钮		控制主轴加速
主轴手动允许按钮		在手动/手轮模式下，按下该按钮可实现手动控制主轴
主轴停止按钮		在手动/手轮模式下，按下该按钮主轴停转
主轴正转按钮		在手动/手轮模式下，按下该按钮主轴正转
主轴反转按钮		在手动/手轮模式下，按下该按钮主轴反转
超程解除按钮		系统超程解除

（续）

名　称	按　键	作　用
手动换刀按钮		在手动/手轮模式下，按下该按钮将手动换刀
回参考点 X 按钮	X	在回参考点模式下，按下该按钮 X 轴将回零
回参考点 Z 按钮	Z	在回参考点模式下，按下该按钮 Z 轴将回零
X 轴负方向移动按钮		按下该按钮将使刀架向 X 轴负方向移动
X 轴正方向移动按钮		按下该按钮将使刀架向 X 轴正方向移动
Z 轴负方向移动按钮		按下该按钮将使刀架向 Z 轴负方向移动
Z 轴正方向移动按钮		按下该按钮将使刀架向 Z 轴正方向移动
回参考点模式按钮		按下该按钮将使系统进入回参考点模式
手轮 X 轴选择按钮	X	在手轮模式下选择 X 轴
手轮 Z 轴选择按钮	Z	在手轮模式下选择 Z 轴
快速按钮		在手动连续情况下使刀架移动处于快速方式下
自动模式按钮		按下该按钮使系统处于自动运行模式
JOG 模式按钮		按下该按钮使系统处于手动模式，可手动连续移动机床
编辑模式按钮		按下该按钮使系统处于编辑模式，用于直接通过操作面板输入数控程序和编辑程序
MDI 模式按钮		按下该按钮使系统处于 MDI 模式，手动输入并执行指令

（续）

名 称	按 键	作 用
手轮模式按钮		按下该按钮使刀架处于手轮控制状态
循环保持按钮		在自动模式下，按下该按钮使系统进入保持（暂停）状态
循环启动按钮		在自动模式下，按下该按钮使系统进入循环启动状态
机床锁定按钮		在手动模式下，按下该按钮将锁定机床
空运行按钮		在自动模式下，按下该按钮将使机床处于空运行状态
跳段按钮		在自动模式下，按下该按钮后，数控程序中的注释符号“/”有效
单段按钮		在自动模式下，按下该按钮后，运行程序时每次执行一条数控指令
进给选择旋钮		此旋钮用来调节进给倍率
手动/手轮进给倍率按钮	0.001 1% 0.01 25% 0.1 50% 1 100%	在手动模式下，调整快速进给倍率；在手轮模式下，调整手轮操作时的进给速度倍率
急停按钮		按下急停按钮，机床会立即停止移动，并且所有的输出（如主轴的转动等）都会关闭。该按钮按下后会被锁住，可以通过旋转而解锁
手轮		在手轮模式下，旋转手轮，刀架沿指定的坐标轴移动，移动距离大小与手轮进给倍率有关
电源开		系统电源开启按钮
电源关		系统电源关闭按钮

三、数控车床的手动操作

1. 开、关机操作

（1）机床启动　打开机床总电源开关→按下控制面板上的电源开启按钮→开启急停按钮（顺时针旋转急停按钮即可开启）。

（2）机床的关停　按下急停按钮→按下控制面板上的电源关闭按钮→关掉机床电源总开关。

2. 回参考点操作

回参考点操作流程如图 3-67 所示。操作步骤如下。

1）按下回参考点模式按钮，若指示灯亮，则系统进入回参考点模式。

2）为了减小速度，选择小的快速移动倍率。

3）按住 X 轴回参考点按钮，直至刀具回到参考点。刀具以快速移动速度移动到减速点，然后按参数中设定的进给速度（FL）移动到参考点，如图 3-68 所示。当刀具返回到参考点后，返回参考点完成灯（LED）点亮。

4）对 Z 轴也执行同样的操作。

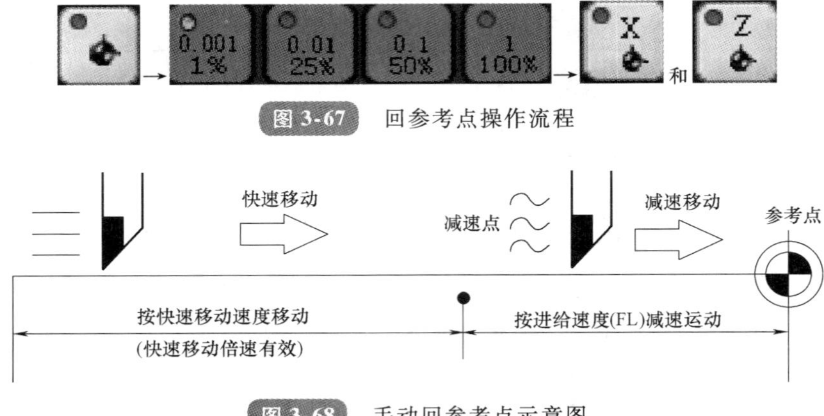

图 3-67　回参考点操作流程

图 3-68　手动回参考点示意图

> 提示：
>
> 1）当滑板上的挡块距离参考点开关不足 30mm 时，首先要用“JOG”按钮使滑板向参考点的负方向移动，直至距离大于 30mm 停止点动，然后再回机床参考点。
>
> 2）返回参考点时，为了保证数控车床及刀具的安全，一般要先回 X 轴再回 Z 轴。

3. 手动进给（JOG 进给）操作

手动进给操作流程如图 3-69a 所示。手动快速进给操作流程如图 3-69b 所示

操作步骤如下。

a)

b)

图 3-69 手动进给/手动快速进给操作流程

a）手动进给操作流程 b）手动快速进给操作流程

1）按下手动模式按钮，若指示灯亮，系统进入手动进给模式。

2）按住选定进给轴移动按钮，刀具沿选定坐标轴及选定方向移动，刀具按参数设定的进给速度移动，按钮一释放机床就停止。

3）手动进给速度可由进给速度倍率旋钮调整。

4）若在按下进给轴和方向选择开关期间，按下快速移动按钮，刀具将按快速移动速度运动。在快速移动期间，快速移动倍率按钮有效。

4. 手轮进给操作

手轮进给操作流程如图 3-70 所示。

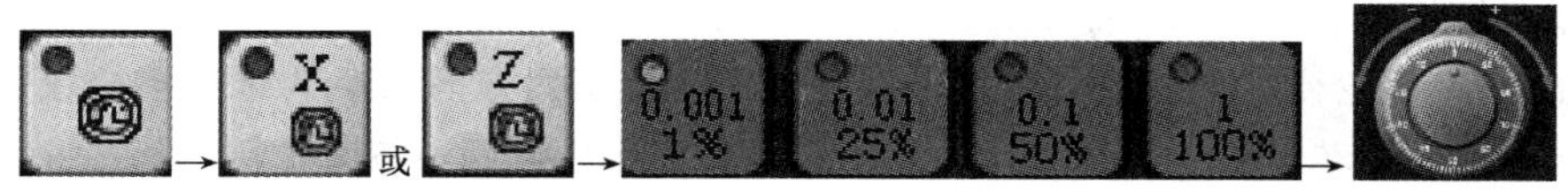

图 3-70 手轮进给操作流程

其操作步骤如下。

1）按下手轮模式按钮，若指示灯亮，系统进入手轮进给操作模式。

2）选择一个机床要移动的轴。

3）选择合适的手轮进给倍率。

4）旋转手轮，机床沿选择轴移动。旋转手轮 360°，机床移动相当于 100 个刻度的距离。

> 提示：
>
> 1）手轮旋转速度不应大于 5r/s。如果手轮旋转速度大于 5r/s，当手轮不转之后，机床不能立即停止，即机床移动距离可能与手轮的刻度不相符。
>
> 2）选择倍率 1（100%）时，快速旋转手轮，机床移动太快，进给速度被限制在快速移动速度，使用时一定要小心操作，避免撞刀事故的发生。

5. 刀架的转位操作

装卸刀具、测量切削刀具的位置以及对工件进行试切削时，都要靠手动操作实现刀架的转位。在 JOG 或手轮模式下，单击刀具选择按钮，则回转刀架上的刀台逆时针转动一个刀位。

6. 主轴手动操作

在 JOG 或手轮模式下，可手动控制主轴的正转、反转和停止。手动操作时要使主轴启动，必须用 MDI 方式设定主轴转速。按手动操作按钮 CW、 CCW、 STOP 控制主轴正转、反转、停止。调节主轴转速修调开关或，对主轴转速进行倍率修调。

7. 数控车床的安全功能操作

（1）急停按钮操作

1）机床在遇到紧急情况时，应立即按下急停按钮，主轴和进给运动全部停止。

2）急停按钮按下后，机床被锁住，电动机电源被切断。

3）当清除故障因素后，可旋转急停按钮进行解锁，机床恢复正常操作。

提示：

1）按下急停按钮时，会产生自锁，但通常旋转急停按钮即可释放。

2）当机床故障排除，急停按钮旋转复位后，一定要进行回参考点操作，然后再进行其他操作。

（2）超程释放操作　当机床移动到工作区间极限时会压住限位开关，数控系统会产生超程报警，此时机床不能工作。解除过程如下。

在手动/手轮模式下→按住超程解除按钮以及与超程方向相反的进给轴按钮或者用手轮向相反方向转动，使机床脱离极限位置而回到工作区间→按复位键。

四、手动数据输入（MDI）操作

手动数据输入方式用于在系统操作面板上输入一段程序，然后按下循环启动键来执行该段程序。其操作步骤如下。

1）按下 MDI 模式按钮，若指示灯亮，系统进入手动数据输入模式。

2）按下系统功能键 PROG，液晶屏幕左下角显示“MDI”字样，如图 3-71 所示。

3）输入要运行的程序段。

4）按下循环启动键，数控车床自动运行该程序段。

五、对刀操作

1. T 指令对刀

用 T 指令对刀，采用的是绝对刀偏法对刀，实质就是当某一把刀的刀位点与工件原点重合时，找出刀架的转塔中心在机床坐标系中的坐标，并把它存储到刀补寄存器中。

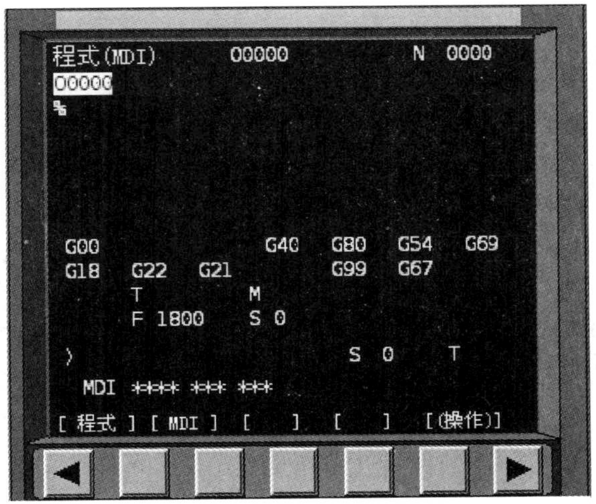

图 3-71 MDI 操作界面

采用 T 指令对刀前，应注意回一次机床参考点（零点）。对刀步骤如下。

1）在手动方式中，沿 *X* 轴负方向试车端面，如图 3-72a 所示；试车平整后，沿 *X* 轴正方向退刀（禁止移动 *Z* 轴），停止主轴，如图 3-72b 所示。

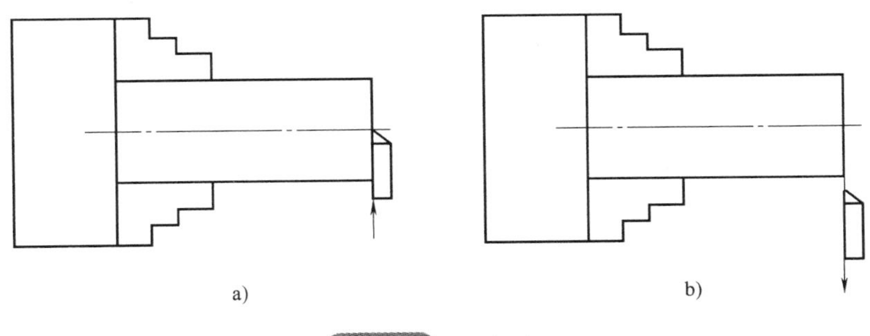

图 3-72 *Z* 向对刀

a）沿 *X* 轴负方向试车端面 b）沿 *X* 轴正方向退刀

2）测量工件长度，计算工件坐标系的零点与试切端面的距离 β（$L_{测}-L$）。

3）按 MDI 键盘中的 OFFSET/SETTING 键，按［补正］和［形状］软键，进入图 3-73a 所示的刀具偏置参数窗口。

4）移动光标键，选择与刀具号对应的刀补参数，输入 Zβ。按［测量］软键，系统自动计算 *Z* 向刀具偏置值存入，如图 3-73b 所示。

5）沿 *Z* 轴负方向试车工件外圆，试切长度不宜过长，如图 3-74a 所示；试车完成后，沿 *Z* 轴正方向退刀（禁止移动 *X* 轴），如图 3-74b 所示。停止主轴，测量被车削部分的直径 *D*，输入 XD。按［测量］软键，系统自动计算 *X* 向刀具偏置值存入，结果如图 3-74b 所示。

6）其他刀具按照相同的设定即可。

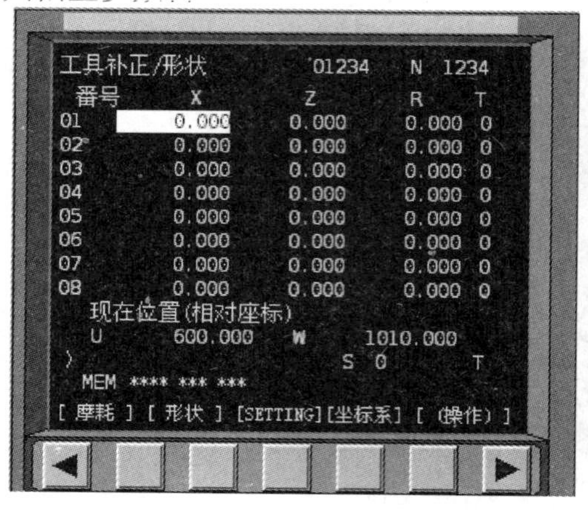

a)

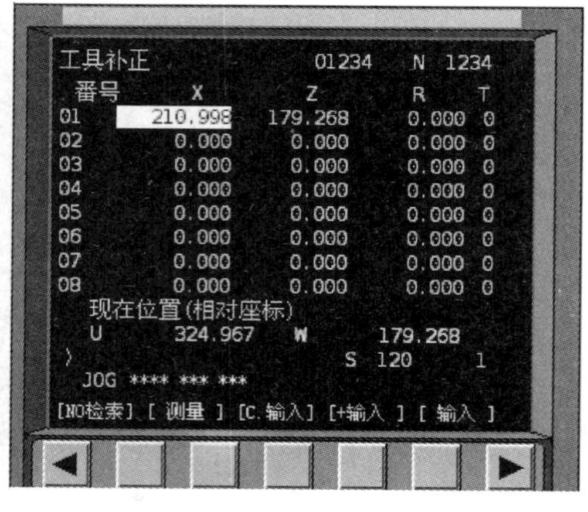

b)

图 3-73 刀具偏置参数窗口

a)

b)

图 3-74 *X* 向对刀

a）沿 *Z* 轴负方向试车削外圆 b）沿 *Z* 轴正方向退刀

2. 输入车床刀具补偿参数

车床刀具补偿参数包括刀具的摩耗量补偿参数和形状补偿参数。

（1）输入摩耗量补偿参数　刀具使用一段时间后磨损，会使产品尺寸产生误差，因此需要对刀具设定磨损量补偿。步骤如下。

1）在 MDI 键盘上单击 OFFSET SETTING 键，进入摩耗量补偿参数设定界面，如图 3-75 所示。

2）用光标键 ↑ ↓ 选择所需的番号，并用 ← → 确定所需补偿参数的位置。单击数字键，输入补偿值到输入域。按软键“输入”或按 INPUT，参数输入到指定区域。按 CAN 键可逐字删除输入域中的字符。

（2）输入形状补偿参数　按图 3-75 中的［形状］软键，系统进入形状补偿参数设定界面。用光标键 ↑ ↓ 选择所需的番号，并用 ← → 确定所需补偿参数的位置。单击数字键，输入补偿值到输入域。按软键“输入”或按 INPUT，参数输入到指定区域。按 CAN 键可逐字删除输入域中的字符。

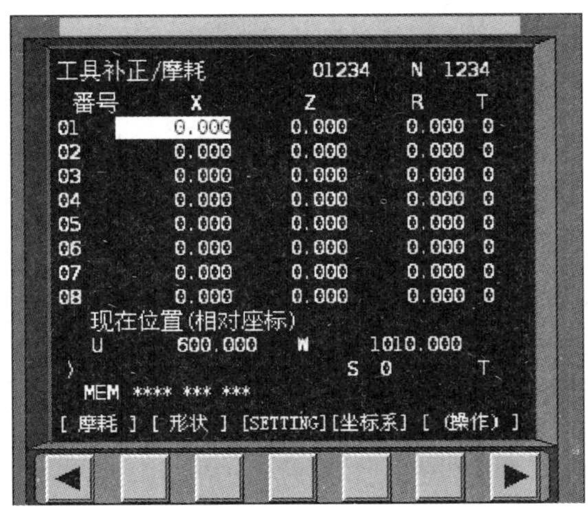

图 3-75 摩耗量补偿参数设定界面

（3）输入刀尖圆弧半径和方位号　分别把光标移到 R 或 T，按数字键输入半径值或刀尖方位号，按“输入”键输入，如图 3-76 所示。

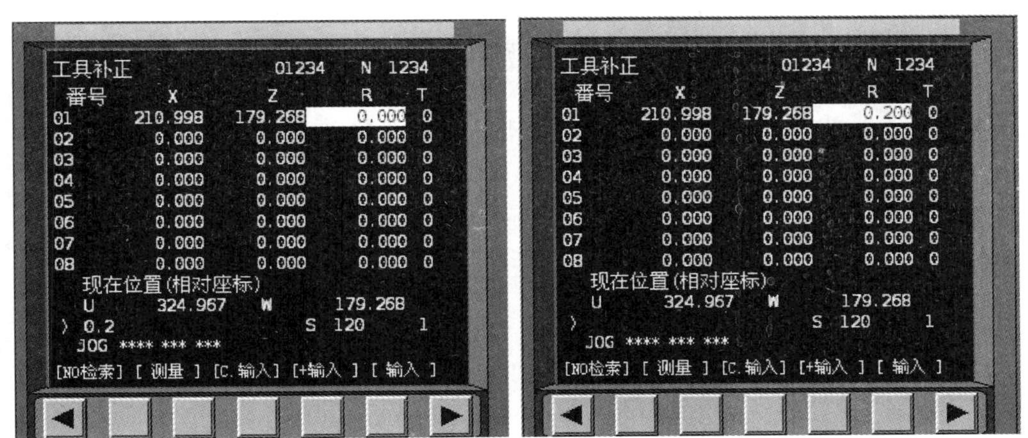

图 3-76 输入刀尖圆弧半径

六、数控程序处理

1. 编辑程序

数控程序可以直接用 FANUC 0i 系统的 MDI 键盘输入。

按下编辑模式按钮，编辑状态指示灯变亮，系统进入编辑模式。按下 MDI 键盘上的PROG键，CRT 界面转入编辑页面。选定了一个数控程序后，此程序显示在 CRT 界面上，可对该程序进行编辑操作。

（1）移动光标　按PAGE↑和PAGE↓用于翻页，按光标键↑ ↓ ← →可移动光标。

（2）插入字符　先将光标移到所需位置，按下MDI键盘上的数字/字母键，将字符输入到输入域中，按INSERT键，把输入域的内容插入到光标所在字符后面。

（3）删除输入域中的数据　按CAN键用于删除输入域中的数据。

（4）删除字符　先将光标移到所需删除字符的位置，按DELETE键，删除光标所在的字符。

（5）查找　输入需要搜索的字母或代码，按光标键↓，系统开始在当前数控程序中光标所在位置向后搜索（代码可以是一个字母或一个完整的代码，如“N0010”“M”等）。如果此数控程序中有所搜索的代码，则光标停留在找到的字母或代码处；如果此数控程序中光标所在位置后没有所搜索的字母或代码，则光标停留在原处。

（6）替换　先将光标移到所需替换字符的位置，将替换成的字符通过MDI键盘输入到输入域中，按ALTER键，用输入域的内容替代光标所在的字符。

2. 数控程序管理

（1）选择一个数控程序　数控系统进入程序编辑模式，利用MDI键盘输入“Ox”（x为数控程序目录中显示的程序名），按光标键↓键，系统开始搜索，搜索到后，程序名“Ox”显示在屏幕首行位置，NC程序显示在屏幕上。

（2）删除一个数控程序　数控系统进入程序编辑模式，利用MDI键盘输入“Ox”（x为要删除的数控程序在目录中显示的程序名），按删除DELETE键，程序即被删除。

（3）新建一个数控程序　数控系统进入程序编辑模式，利用MDI键盘输入“Ox”（x为程序名，但不可以与已有的程序名重复），按INSERT键则程序名被输入，按下EOB E键，再按下INSERT键，则程序结束符“;”被输入，CRT界面上显示一个空程序，可以通过MDI键盘开始程序输入。输入一段代码后，按下EOB E键→按下INSERT键，输入域中的内容显示在CRT界面上，光标移到下一行，然后可以进行其他程序段的输入，直到全部程序输入完为止。

（4）删除全部数控程序　数控系统进入程序编辑模式，利用MDI键盘输入“0～9999”，按下DELETE键，全部数控程序即被删除。

七、自动加工操作训练

1. 自动/连续方式

（1）自动加工　检查机床是否回零，若未回零，先将机床回零。导入数控程序或自行编写一段程序。按下自动模式按钮，若指示灯变亮，系统进入自动加工模式。按下操作面板上的循环启动按钮，程序开始自动运行。

（2）中断运行　数控程序在运行过程中可根据需要暂停、停止、急停和重新运行。

数控程序在运行时，按下循环保持按钮，程序停止执行，再按下循环启动按钮，程序从暂停位置开始执行。

2. 自动/单段方式

检查机床是否回零，若未回零，先将机床回零。导入数控程序或自行编写一段程序。按下自动模式按钮，使其指示灯变亮，系统进入自动模式。按下单节段按钮。按下循环启动按钮，程序开始执行光标所在行的指令。

> 提示：
>
> 1）自动/单段方式执行每一行程序均需按下一次循环启动按钮。
>
> 2）可以通过主轴倍率旋钮和进给倍率旋钮来调节主轴旋转的速度和移动的速度。
>
> 3）按RESET键可将程序复位。

3. 检查运行轨迹

执行自动加工前，可通过系统图形显示功能，检查程序加工轨迹，验证程序的对错。

按下自动模式按钮，使其指示灯变亮，系统转入自动加工模式，按下 MDI 键盘上的PROG按钮，单击数字/字母键，输入“Ox”（x 为所需要检查运行轨迹的数控程序名），按↓开始搜索，找到后，程序显示在 CRT 界面上。按下CUSTOM GRAPH按钮，进入检查运行轨迹模式，按下操作面板上的循环启动按钮，即可观察数控程序的运行轨迹。

☆考核重点解析

本章是理论与技能考核重点，在理论考核中约占30%，甚至更多。在数控车工中级理论鉴定试题中常出现的知识点有：FANUC 0i 数控系统常用的 G、M、F、S、T 等功能指令，数控车床编程规则，G00、G01、G02、G03、G04、G90、G92、G94、G70、G71、G72、G73、G74、G75、G76 等指令格式及其应用，外圆、端面、锥体、圆弧、内孔、槽、螺纹等轮廓的加工方法，普通螺纹尺寸计算等。

数控车工中级技能主要考核由外圆、端面、锥体、圆弧、内孔、槽、螺纹等轮廓组成的典型零件的编程与加工。

复习思考题

1. G98、G99 指令有何功能？两者有何区别？
2. G96、G97 指令有何功能？两者有何区别？
3. G50 指令有何功能？
4. G00 与 G01 指令有何不同？

5. G02 与 G03 指令有何不同？如何判断圆弧的顺逆？
6. G90 与 G94 指令有何不同？
7. G71 与 G72 指令有何不同？
8. 默写 G73、G74、G75、G76 指令编程格式，并解释格式中各参数的含义。
9. 根据不同的加工情况，内孔车刀可分为哪两种？
10. 车孔的关键技术有哪些？
11. 内孔车刀安装注意事项有哪些？
12. 常用螺纹加工指令有哪些？
13. 加工图 3-77 所示零件，其材料为 45 钢，毛坯尺寸为 ϕ50mm×100mm。

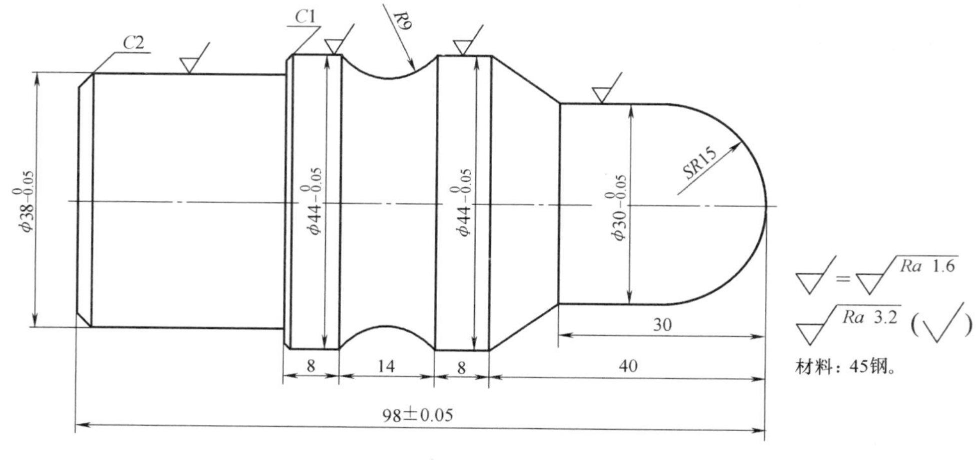

图 3-77

14. 加工图 3-78 所示零件，其材料为 45 钢，毛坯尺寸为 ϕ50mm×100mm。

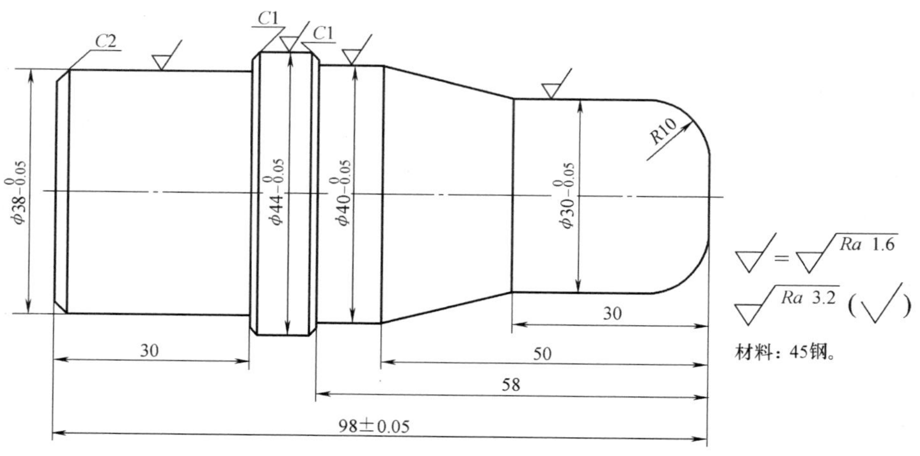

图 3-78

15. 加工图 3-79 所示零件，其材料为 45 钢，毛坯尺寸为 $\phi50\text{mm}\times100\text{mm}$。

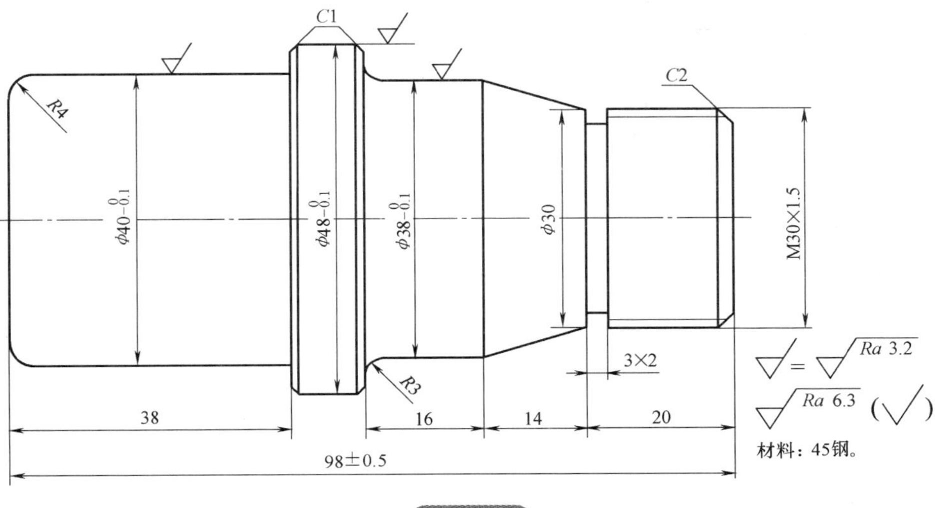

图 3-79

第四章　SIEMENS802D 系统数控车床的编程与操作

☺**理论知识要求**

1. 掌握 SIEMENS802D 系统中的 T、S 功能；
2. 掌握 SIEMENS802D 系统常用 G 功能指令；
3. 掌握 G0、G1、G2、G3、CIP、CT、G4 等指令格式及其应用；
4. 掌握固定循环 CYCLE93、CYCLE95 指令格式及其应用；
5. 掌握螺纹加工指令 G33、螺纹加工循环指令 CYCLE97 的编程格式及其应用。

☺**操作技能要求**

1. 能应用 SIEMENS802D 常用指令编写外圆、端面、锥体、圆弧、内孔、槽、螺纹等轮廓的加工程序；
2. 能应用 SIEMENS802D 常用指令编写典型零件的加工程序；
3. 熟练掌握 SIEMENS802D 系统数控车床的操作，并能完成典型零件的加工。

目前 SIEMENS 车床数控系统主要有 SIEMENS802D、SIEMENS810D、SIEMENS840D 和 SIEMENS802S/C 等，其中 SIEMENS802D 系统是我国较为流行的一种。

第一节　一般工件的编程

一、SIEMENS802D 系统中的 T、S 功能

1. T 功能

T 功能表示换刀功能。

格式：T× ×D× ×

格式说明：T 后面的两位数字表示刀具编号，T 后若为 00 则表示不换刀；D 后面的两位数字表示刀具补偿值编号，D 后若为 00 则表示取消刀补。

举例：T01D01 表示更换 1 号刀具并采用 1 号刀具补偿值。

2. S 功能

S 功能表示主轴的转速功能。

(1) 恒转速功能

格式：S× × × ×

格式说明：S 后面的数字表示主轴将以该指定的转速旋转。

举例：M3　S600 表示主轴将以 600r/min 的速度正转。

(2) 恒线速控制指令 G96 和取消恒线速功能指令 G97

格式：G96　S××××LIMS××××F××

　　　G97

格式说明如下：

1) G96 指令后面的 S 所表示的是刀具沿工件表面的线切削速度，其单位为 m/min。该速度是一恒定值，因此主轴转速将会随工件直径的变化而变化。

2) LIMS 后面的数值为主轴的最大限制转速。在 G96 方式下，当工件的直径趋于零时，主轴转速将会无限制地增大，这将会使加工过程很危险。LIMS 的功能就是使主轴转速不能无限制地增大，而只能限定在其所规定的范围内。

3) F 为刀具进给速度，其单位为 mm/r。

举例：N10　G96　S90　LIMS1500　F0.2

　　　⋮

　　　N100　G97

执行 N10 程序段时，机床主轴按照 90m/min 恒线速进行旋转，并且主轴转速被限定在 1500r/min 以内。执行 N100 程序段时，恒线速功能被取消。

二、SIEMENS802D 系统常用 G 功能指令

SIEMENS802D 系统常用 G 功能指令见表 4-1。

表 4-1　SIEMENS802D 系统常用 G 功能指令

分类	分组	代码	意义	格　式	参数意义
插补	1	G0	快速插补	G0 X __ Z __	
		G1	直线插补	G1 X __ Z __ F __	
		G2/G3	顺(逆)时针圆弧插补	G2/G3 X __ Z __ I __ K __ F	圆心和终点
				G2/G3 X __ Z __ CR = __ F	半径和终点
				G2/G3 AR = __ I __ K __ F	张角和圆心
				G2/G3 AR = __ X __ Z __ F	张角和终点
		CIP	中间点圆弧插补	CIP X __ Z __ I1 = __ K1 = __ F	I1,K1 是中间点
		CT	带切线过渡的圆弧插补	CT Z __ X __ F	圆弧，与前一段轮廓为切线过渡
		G33	恒螺距的螺纹切削	G33 Z __ K __ SF =	圆柱螺纹
				G33 X __ I __ SF =	端面螺纹
				G33 Z __ X __ K __ SF =	锥螺纹，Z 方向位移大于 X 方向位移
				G33 Z __ X __ I __ SF =	锥螺纹，X 方向位移大于 Z 方向位移

（续）

分类	分组	代码	意义	格　　式	参数意义
增量/绝对值	14	G90	绝对尺寸	G90	
		G91	增量尺寸	G91	
单位	13	G70	寸制尺寸	G70	
		G71	米制尺寸	G71	
选择工作面	6	G17	工作面 *XY*	G17	
		G18	工作面 *ZX*	G18	
工件坐标	3	G53	按程序段方式，取消可设定零点设置	G53	
	8	G500	取消可设定零点设置	G500	
		G54	第一可设定零点偏值	G54	
		G55	第二可设定零点偏值	G55	
		G56	第三可设定零点偏值	G56	
		G57	第四可设定零点偏值	G57	
		G58	第五可设定零点偏值	G58	
		G59	第六可设定零点偏值	G59	
返回	2	G74	回参考点（原点）	G74 X __ Z __	
		G75	回固定点	G75 X __ Z __	
刀具补偿	7	G40	刀尖圆弧半径补偿方式取消	G40	在指令 G40，G41 和 G42 的一行中必须同时有 G0 或 G1 指令（直线），且要指定一个当前平面内的一个轴。例如在 *XY* 平面下，N20 G1 G41 Y50
		G41	调用刀尖圆弧半径补偿，刀具在轮廓左侧移动	G41	
		G42	调用刀尖圆弧半径补偿，刀具在轮廓右侧移动	G42	
进给	15	G94	进给速度 F，单位 mm/min	G94	
		G95	主轴进给速度 F，单位 mm/r	G95	

（续）

分类	分组	代码	意义	格　　式	参数意义
拐角特性	18	G450	圆弧过渡，即刀补时拐角走圆角	G450	
		G451	等距线的交点，刀具在工件转角处切削	G451	
暂停	2	G4	暂停时间	G4 F __或 G4 S __	
切削循环		CYCLE93	切槽（凹槽循环）	CYCLE93 (SPD, DPL, WIDG, DIAG, STA1, ANG1, ANG2, RCO1, RCO2, RCI1, RCI2, FAL1, FAL2, IDEP, DTB, VARI)	
		CYCLE95	毛坯切削循环	CYCLE95 (NPP, MID, FALZ, FALX, FAL, FF1, FF2, FF3, VARI, DT, DAM, __ VRT)	
		CYCLE97	螺纹切削循环	CYCLE95 (NPP, MID, FALZ, FALX, FAL, FF1, FF2, FF3, VARI, DT, DAM, __ VRT)	

1. G0 指令

快速点定位，将刀具快速地定位到某一个指定的点，用于切削开始时的快速进刀或者切削结束时的快速退刀。

（1）指令格式

G0　X __ Z __;

式中　X、Z——刀具快速定位的终点坐标。

（2）示例　如图 4-1 所示，在开始加工时首先要将刀具由换刀点（*X*100，*Z*100）快速定位到 *A* 点，试写出刀具快速定位的程序段。

分析：将编程原点设在工件右端面上，如图 4-1 中 *O* 点，*A* 点的坐标为（*X*56，*Z*4），则将刀具快速定位到 A 点的程序段可以写成如下。

N20G0　X56　Z4

接上例，假设刀具的起点在（*X*100，*Z*4）上，则快速点定位的程序段可以写成如下。

N20　G0　X56

即 Z4 可以省去不写。

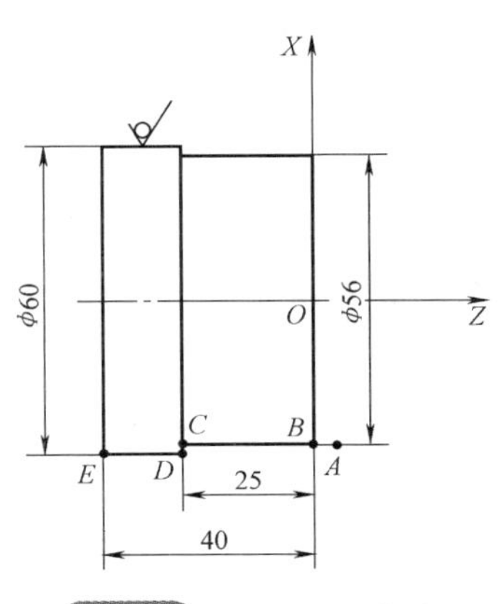

图 4-1　G0/G1 指令编程

（3）注意事项

1）刀具在运动过程中，若未沿某个坐标轴运动，则该坐标值可以省去不写。

2）G0 指令后面不填写 F 进给功能字。

2. G1 指令

G1 为直线插补指令，刀具所走的路线为一条直线，用于加工外圆、内孔、锥面等。

（1）指令格式

G1　X __ Z __ F __;

式中　X、Z——被插补直线终点的坐标；

F——进给功能字，指定刀具的进给速度。

（2）示例　如图 4-1 所示，假设刀具已快速定位到 A 点，要求编写从 A 点到 D 点的直线插补程序。

分析：刀具从 A 点进给到 D 点可以分为两段，一是从 A 点到 C 点，二是从 C 点到 D 点，均为直线插补程序，程序如下。

N30　G1　Z-25　F0.1　　（A→C　进给速度采用每转进给量）

N40　X60　　（C→D）

（3）注意事项

1）没有相对运动的坐标轴可以省略不写。

2）G1、F 均为模态代码，一旦指定，一直有效，除非被同组代码取代。所以 N40 段中省略了 G1 指令和 F 进给功能字。

3. G2/G3 指令

G2 为顺时针圆弧插补指令，G3 为逆时针圆弧插补指令。圆弧的顺、逆应沿着插补平面的垂直轴反方向进行观察、判断，如图 4-2 所示。

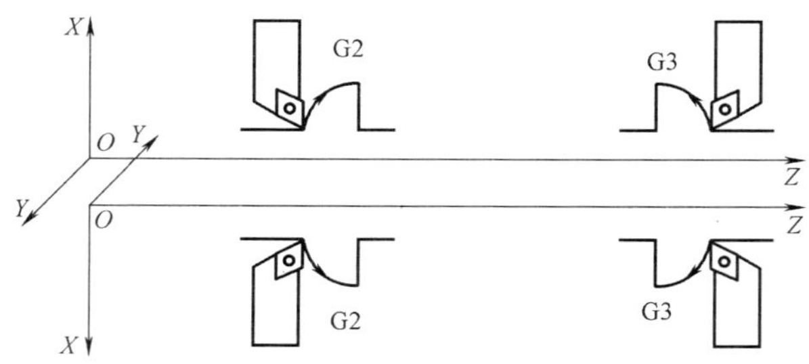

图 4-2　圆弧插补 G2/G3 方向的规定

（1）指令格式　圆弧可按图 4-3 所示四种不同的方式编程。

1）终点和圆心式（图 4-3a）。G2/G3　X __ Z __ I __ K __ F __

2）终点和半径式（图 4-3b）。G2/G3　X __ Z __ CR = __ F __

3）张角和圆心式（图 4-3c）。G2/G3　AR = __ I __ K __ F __

4）张角和终点式（图 4-3d）。G2/G3　AR = __ X __ Z __ F __

（2）说明

1）*X*、*Z* 是圆弧终点的坐标。

2）I、K 不管是在绝对值编程方式下还是在增量编程方式下，永远是圆心相对于圆弧起点的坐标。

3）CR 是圆弧的半径，AR 是圆弧对应的圆心角。

4）X、I 都采用直径来编程。

5）G2/G3 指令都是模态指令。

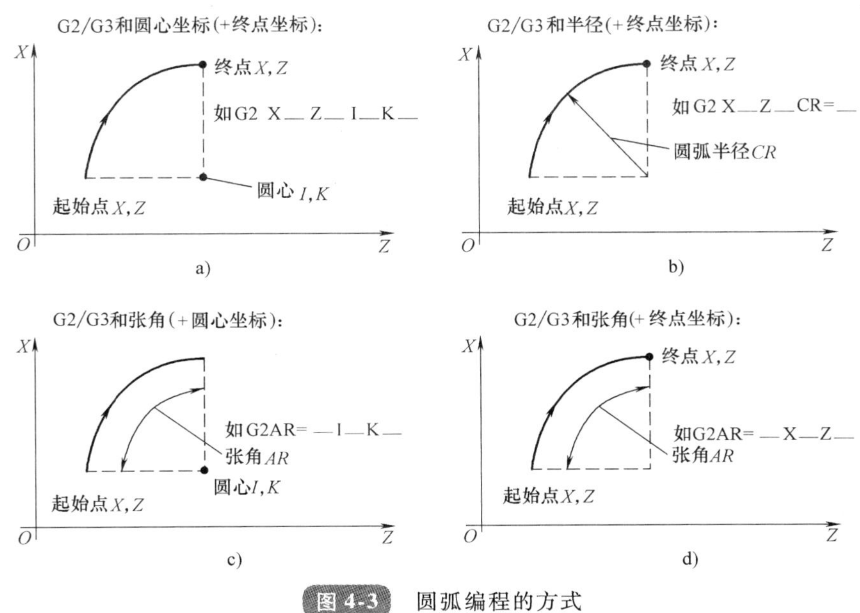

图 4-3 圆弧编程的方式

（3）示例

例 1 如图 4-4 所示，BC 为一段 1/4 的顺圆圆弧，其加工程序见表 4-2。

表 4-2 ***BC* 段顺圆加工程序**

终点和圆心式	G2 X50 Z-25 I20 K0
终点和半径式	G2 X50 Z-25 CR=10
张角和圆心式	G2 AR=90 I20 K0
张角和终点式	G2 AR=90 X50 Z-25

例 2 如图 4-5 所示，AB 为一段 1/4 的逆圆圆弧，其加工程序见表 4-3。

表 4-3 ***AB* 段逆圆加工程序**

终点和圆心式	G3 X40 Z-10 I0 K-10
终点和半径式	G3 X40 Z-10 CR=10
张角和圆心式	G3 AR=90 I0 K-10
张角和终点式	G3 AR=90 X40 Z-10

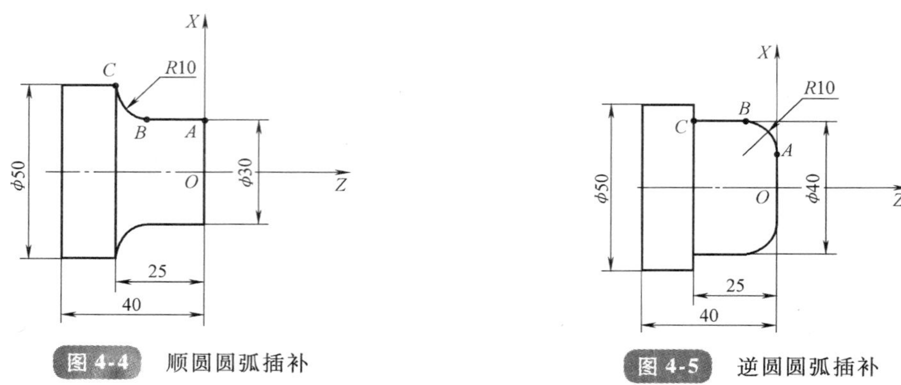

图 4-4　顺圆圆弧插补　　　　图 4-5　逆圆圆弧插补

例 3　如图 4-6 所示，该零件是同时包含顺圆弧和逆圆弧的综合实例，试写出从 *A* 点到 *D* 点的精加工程序。

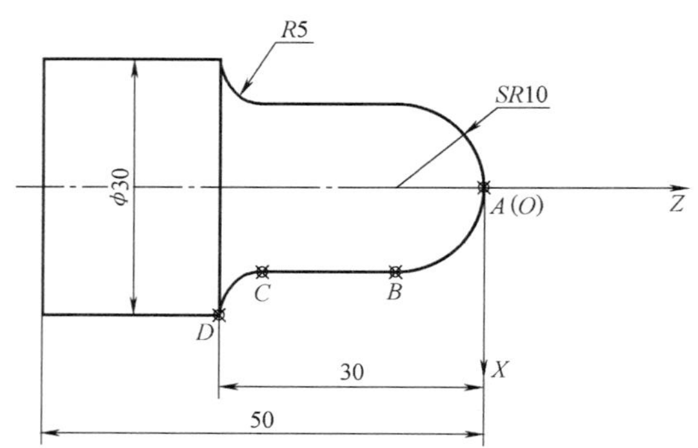

图 4-6　顺逆圆弧综合示例

编程原点设在工件的右端面与中心线的交点处，其参考程序见表 4-4。

表 4-4　**顺逆圆弧综合示例参考程序**

参考程序	注　释
AA123. MPF	程序名
N10　M3　S600　T01D01	主轴正转，选 01 号刀，执行 01 组刀补
N20　G0　X0　Z4	快速定位
N30　G1　Z0　F0. 5	将刀具靠到圆弧起点上
N40　G3　X20　Z－10　I0　K－10　F0. 2	*A*→*B* 逆圆圆弧插补
N50　G1　Z－25	*B*→*C* 直线插补
N60　G2　X30　Z－30　I10　K0	*C*→*D* 顺圆圆弧插补
N70　G28　X40　Z0　T01D00	回参考点，并取消刀补
N80　M2	程序结束

4. 通过中间点进行圆弧插补 CIP 指令

在编制圆弧程序时，如果不知道圆弧的圆心、半径或张角，但已知圆弧轮廓上三个点的坐标，如图 4-7 所示，则可以使用 CIP 功能。通过起始点和终点之间的中间点位置确定圆弧的方向。CIP 一直有效，直到被 G 功能中的其他 G 功能指令（G0、G1、G2、G3 等）取代为止。说明：可设定的位置数据输入 G90 或 G91 指令对终点和中间点有效。

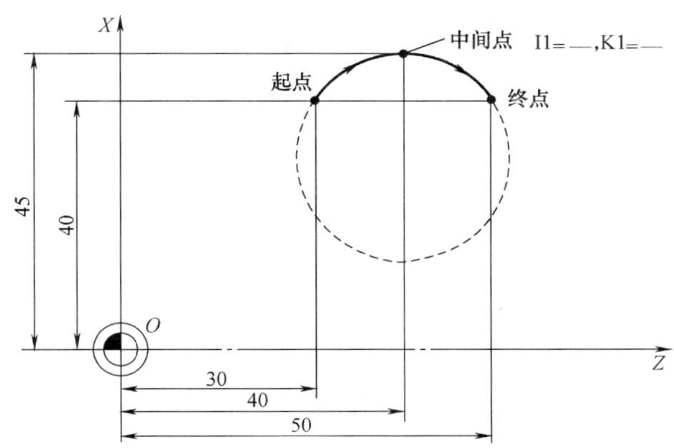

图 4-7 已知终点和中间点的圆弧插补（用 G90）

（1）指令格式

CIP X __ Z __ IX = __ KZ = __

式中 *X*、*Z*——圆弧终点坐标；

I*X*、K*Z*——圆弧中间点坐标。

（2）示例 如图 4-7 所示，圆弧起点坐标为（*X*40，*Z*30），圆弧终点坐标为（*X*40，*Z*50），经过的中间点坐标为（*X*45，*Z*40），应用中间点进行圆弧插补，其程序如下。

```
N5 G90 X40 Z30                    （用于 N10 的圆弧起始点）
N10 CIP X40 Z50 I1 =45 K1 =40     （终点和中间点）
```

5. 切线过渡圆弧 CT 指令

用 CT 和编程的终点可以在当前平面（G17 ~ G19）中生成一段圆弧，并使其与前一段轮廓（圆弧或直线）切线连接。圆弧半径和圆心坐标由前一段轮廓与编程圆弧终点的几何关系决定，如图 4-8 所示。

N10 G1 X __ Z __ （直线插补，*X*、*Z* 为直线的终点坐标）

N20 CT X __ Z __ （与直线相切的圆弧，*X*、*Z* 为圆弧的终点坐标）

6. G4 指令

暂停功能，程序暂时停止运行，刀架停止进给，但主轴继续旋转。

（1）指令格式

G4 F __ 或 G4 S __

式中　G4——非模态指令，只在本段有效；

F——暂停其后给定的时间；

S——暂停主轴转过其后指定的转数所耗费的时间。

（2）示例　如图 4-9 所示，切 $\phi(20 \pm 0.1)$mm 的槽，由于槽的精度要求较高，可以采取让刀具在槽底停留片刻的方法，以获得较高的精度，其参考程序见表 4-5。

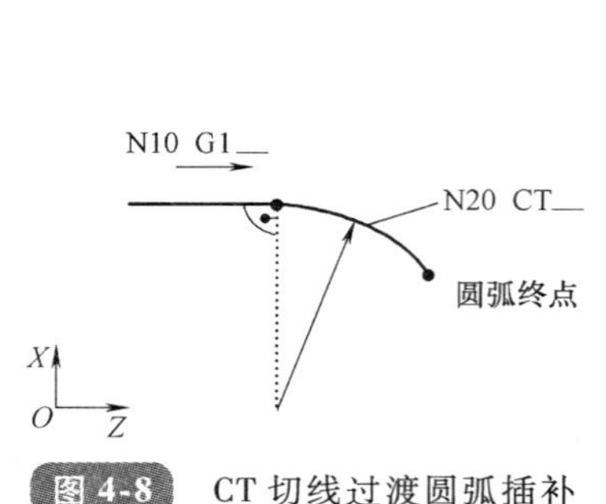

图 4-8　CT 切线过渡圆弧插补

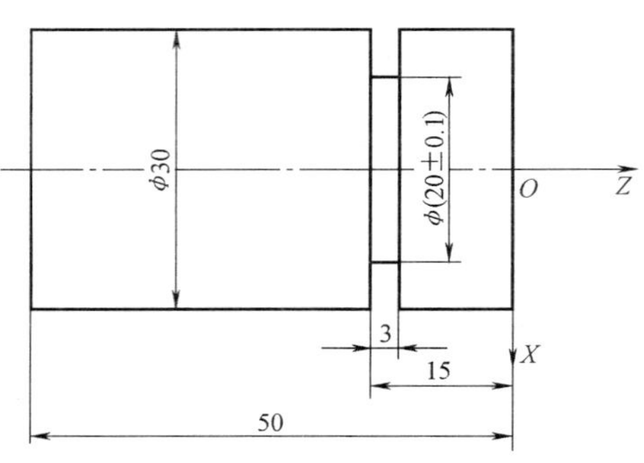

图 4-9　G4 指令编程示例

表 4-5　**G4 指令编程示例参考程序**

参考程序	注　　释
AA124. MPF	程序名
N10　M03　S600　T01D01	主轴正转,选 01 号刀,执行 01 组刀补
N20　G0　X32　Z－15	刀具快速靠近车削位置,左刀尖对刀
N30　G1　X20　F0. 1	切槽
N40　G4　F0. 5	程序暂停 0. 5s
N50　G0　X32	刀具快速退出工件
N60　X100　Z50	快速退至安全点
N70　M2	程序结束

7. G70/G71 指令

G70 指令为寸制尺寸输入方式，所输入的尺寸以 in（英寸）[⊖] 为单位；G71 为米制尺寸输入方式，所输入的尺寸以 mm 为单位。其指令格式如下

G70 或 G71

G70/G71 后面不需要跟参数，可单独使用，其中 G71 为默认状态。

8. G17/G18 指令

G17 选择 *XY* 坐标平面，用于加工中心上；G18 选择 *XZ* 平面，车床上的默认状态为选择 *XZ* 平面。其指令格式如下

G17 或 G18

⊖ 1in＝0. 0254m。

G17/G18 指令后面不需跟参数，可单独使用。

9. G53、G54 ~ G59 指令

G53 为取消零点偏置功能；G54 ~ G59 分别为设置第一零点偏置 ~ 设置第六零点偏置；在机床操作时，要通过控制面板，将零偏数值输入到相应的参数表中；在编写程序时，要在程序相应的位置上加入 G54 ~ G59 指令以激活参数表中相应的参数。其指令格式如下

G54/G55/G56/G57/G58/G59/G53

G53、G54 ~ G59 指令不需要跟参数，在使用时，可与其他不同组的语句写在同一程序段内。

10. G74/G75 指令

G75 指令是指回机床中某个固定点的指令，该固定点是临时设定的，如换刀点等；G74 指令是指刀架回机床参考点的指令。其指令格式如下

G75 X0　Z0 或 G74 X0　Z0

G75/G74 中的 *X*、*Z* 坐标后面的数字没有实际意义；该两指令都是非模态量指令。

三、子程序

1. 子程序的结构

子程序的结构与主程序没有什么区别，子程序名的前两个字符也必须为字母，结束语句除了可以用 M2 外，还可以用 M17 和 RET 等指令。

2. 子程序的调用

在一个程序中可以通过用子程序名直接调用子程序，也可以通过参数传递调用子程序，在子程序调用结束后，会返回到主程序中继续往下运行。一个子程序可以被多次调用，在子程序中还可以调用其他的子程序。

四、固定循环指令

1. 切槽循环 CYCLE93

切槽循环可以用于纵向和表面加工时对任何垂直轮廓单元进行对称和不对称的切槽；可以进行外部和内部切槽。

（1）编程格式

CYCLE93（SPD，SPL，WIDG，DIAG，STA1，ANG1，ANG2，RCO1，RCO2，RCI1，RCI2，FAL1，FAL2，IDEP，DTB，VARI）

（2）参数说明　切槽循环 CYCLE93 参数含义见表 4-6，图 4-10 所示为切槽循环 CYCLE93 参数示意图。

（3）使用说明

1）槽的加工类型由参数 VARI 的范围值定义，如图 4-11 所示。其中，VARI1 ~ 8：倒角被考虑成 CHF。VARI11 ~ 18：倒角被考虑成 CHR。

表 4-6　切槽循环 CYCLE93 参数含义

参　数	含　义
SPD	横向坐标轴起始点
SPL	纵向坐标轴起始点
WIDG	切槽宽度（无符号输入）
DIAG	切槽深度（无符号输入）
STA1	轮廓和纵向轴之间的角度，范围值：0≤STA1≤180°
ANG1	侧面角 1：在切槽一边，由起始点决定（无符号输入）。范围值：0≤ANG1 < 89.999°
ANG2	侧面角 2：在另一边（无符号输入）。范围值：0≤ANG2 < 89.999°
RCO1	半径/倒角 1，外部（位于由起始点决定的一边）
RCO2	半径/倒角 2，外部
RCI1	半径/倒角 1，内部（位于起始点侧）
RCI2	半径/倒角 2，内部
FAL1	槽底的精加工余量
FAL2	侧面的精加工余量
IDEP	进给深度（无符号输入）
DTB	槽底停顿时间
VARI	加工类型。范围值：1 ~ 8 和 11 ~ 18

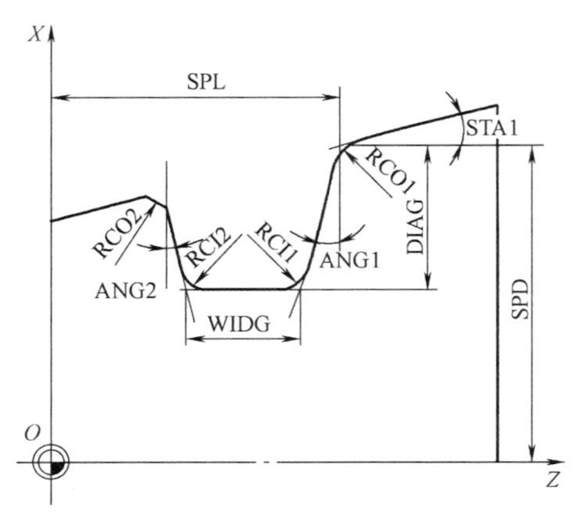

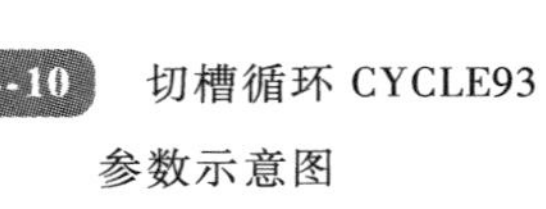

图 4-10　切槽循环 CYCLE93 参数示意图

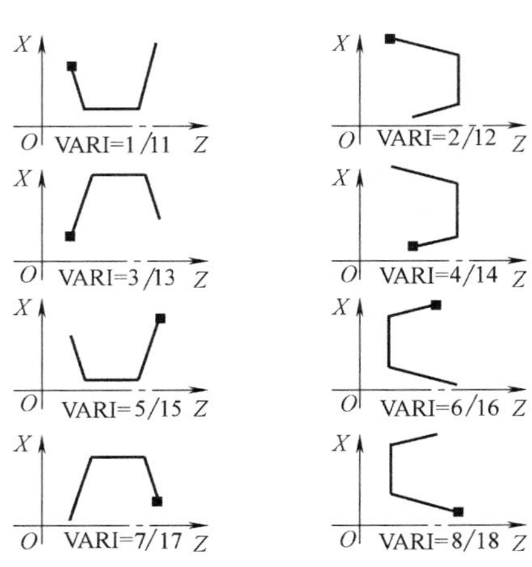

图 4-11　槽的加工类型

2）调用切槽循环之前，必须使能一个双刀沿刀具。两个切削沿的偏移值必须以两个连续刀具号保存，而且在首次循环调用之前必须激活第一个刀具号。循环本身定义将使用的一个加工步骤和一个刀具补偿值并自动使能。循环结束后，在循环调用之前编程

的刀具补偿号重新有效。当循环调用时如果刀具补偿未编程刀具号，循环执行将终止，并出现报警 61000 “无有效的刀具补偿”。

（4）编程示例　如图 4-12 所示，该零件在纵向轴方向的斜线处进行外部切槽。起始点在（$X35$，$Z60$）的右侧。循环将使用刀具 T5 的刀具补偿 D1 和 D2。切槽循环实例取值表见表 4-7，参考程序见表 4-8。

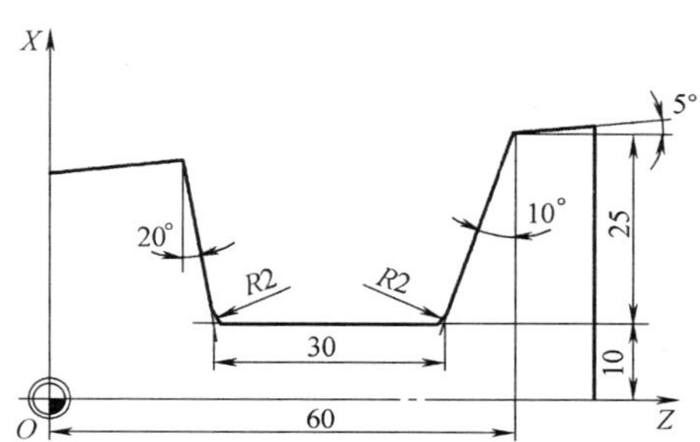

图 4-12　切槽循环实例

表 4-7　切槽循环实例取值表

参　数	含　义	取　值
SPD	横向坐标轴起始点	35
SPL	纵向坐标轴起始点	60
WIDG	切槽宽度	30
DIAG	切槽深度	25
STA1	轮廓和纵向轴之间的角度	5
ANG1	侧面角 1	10
ANG2	侧面角 2	20
RCO1	半径/倒角 1,外部	0
RCO2	半径/倒角 2,外部	0
RCI1	半径/倒角 1,内部	-2
RCI2	半径/倒角 2,内部	-2
FAL1	槽底的精加工余量	1
FAL2	侧面的精加工余量	1
IDEP	进给深度(无符号输入)	10
DTB	槽底停顿时间	1
VARI	加工类型	5

表 4-8 切槽循环示例参考程序

参考程序	注释
AA235. MPF	程序名
N10 G54 G90 G95 F0.2 T5D1 S400 M3	工艺数据设置
N20 G0 X50 Z65	循环启动前的起始点
N30 CYCLE93(35,60,30,25,5,10,20,0,0,-2,-2,1,1,10,1,5)	循环调用
N40 G0 G90 X100 Z100	返回换刀点
N50 M2	程序结束

2. 毛坯切削循环 CYCLE95

毛坯切削循环会根据精加工路线和给定的切削参数自动确定粗加工的加工路线，它可以进行纵向和横向的加工，也可以进行内外轮廓的加工，还可以进行粗加工和精加工。

（1）指令格式

CYCLE95（NPP，MID，FALZ，FALX，FAL，FF1，FF2，FF3，VARI，DT，DAM，VRT）

（2）参数说明　格式中各代码的含义见表 4-9，加工类型见表 4-10。

表 4-9 CYCLE95 毛坯切削循环指令格式代码含义

代码	含义
NPP	轮廓子程序名，程序名的前两个字符为字母，其后可以是下划线、数字或字母，一个程序名最多包含 16 个字符
MID	进给深度，无符号，是指粗加工的最大可能的进给深度
FALZ	沿 *Z* 轴的精加工余量
FALX	沿 *X* 轴的精加工余量
FAL	沿轮廓的精加工余量
FF1	无下切的粗加工进给率，下切是指凹入工件的轮廓
FF2	进入凹槽的进给率
FF3	精加工进给率
VARI	加工类型，其类型用数字 1～12 来表示，具体情况见表 4-10
DT	粗切削的暂停时间
DAM	粗加工中断路径，断屑
VRT	从轮廓返回的路径，增量

（3）程序的执行过程　循环开始前所到达的起始位置可以是任意位置，但须保证从该位置回轮廓起始点时不发生刀具碰撞。循环起始点在内部被计算出并使用 G0 在两个坐标轴方向同时回该起始点。循环形成以下动作顺序。

表 4-10 加工类型

序 号	纵向/横向	内部/外部	粗/精加工/综合加工
1	纵向	外部	粗加工
2	横向	外部	粗加工
3	纵向	内部	粗加工
4	横向	内部	粗加工
5	纵向	外部	精加工
6	横向	外部	精加工
7	纵向	内部	精加工
8	横向	内部	精加工
9	纵向	外部	综合加工
10	横向	外部	综合加工
11	纵向	内部	综合加工
12	横向	内部	综合加工

1）无凹凸切削的粗加工。

① 刀具以 G0 方式从初始点运动至循环加工起点，并按照 MID 设定最大背吃刀量进给。

② 使用 G1 进给率为 FF1 回到轴向粗加工的交点。

③ 使用 G1/G2/G3 和 FF1 沿轮廓 + 精加工余量进行平行于轮廓的倒圆切削。

④ 每个轴使用 G0 退回在 VRT 下所编程的量。

⑤ 重复此顺序直至到达加工的最终深度。

⑥ 进行无凹凸切削的粗加工时，坐标轴依次返回循环的起始点。

2）粗加工凹凸成分。

① 坐标轴使用 G0 依次回到起始点，以便下一步的凹凸切削，此时，须遵守一个循环内部的安全间隙。

② 使用 G1/G2/G3 和 FF1 沿轮廓 + 精加工余量进给。

③ 使用 G1 和进给率 FF1 回到轴向粗加工的交点。

④ 沿轮廓进行倒圆切削，和第一次加工一样进行后退和返回。

⑤ 如果还有凹凸切削成分，为每个凹凸切削重复此顺序。

3）精加工。

① 以 G0 方式按不同的坐标轴分别回循环加工起点。

② 以 G0 方式在两个坐标轴方向上同时回轮廓起点。

③ 以 G1/G2/G3 方式按精车进给率进行精加工。

④ 以 G0 方式在两个坐标轴方向回循环加工起始点。

（4）编程示例　如图 4-13 所示，毛坯直径为 ϕ60mm，长为 100mm。

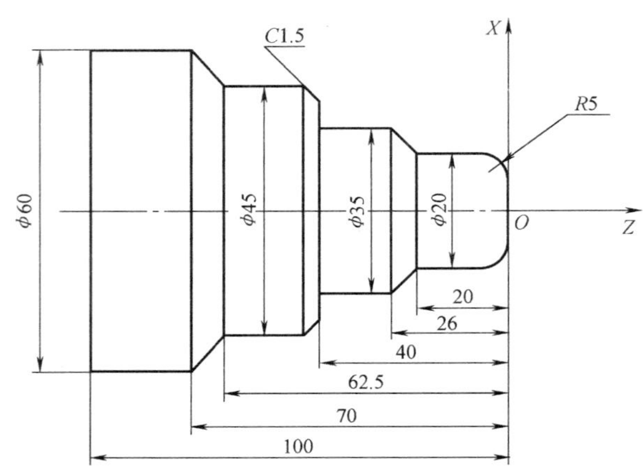

图 4-13　毛坯切削循环示例

1）确定装夹方式。采用卡盘夹紧工件左端，同时将工件原点设在工件右端面与中心线的交点上。

2）选择刀具。选用 90°的右偏刀。

3）毛坯切削循环取值表见表 4-11，参考程序见表 4-12。

表 4-11　毛坯切削循环取值表

代　码	含　义	取　值
NPP	轮廓子程序名	ZCX1
MID	最大进给深度	4
FALZ	沿纵轴的精加工余量	0. 2
FALX	沿端面轴的精加工余量	0. 2
FAL	沿轮廓的精加工余量	0. 2
FF1	无下切的粗加工进给率	0. 3
FF2	进入凹槽的进给率	0. 3
FF3	精加工进给率	0. 15
VARI	加工类型	9
DT	粗切削的暂停时间	0
DAM	粗加工中断路径，断屑	0
VRT	从轮廓返回的路径	2

表 4-12　毛坯切削循环示例参考程序

参 考 程 序	注　释
AA125. MPF	程序名
N10　M3　S600　T01D01	启动主轴，并将 1 号刀转至工作位置

（续）

参考程序	注释
N20 G0 X65 Z0	快速靠近工件
N30 G1 X0 F0.2	车端面
N40 G0 X65 Z2	快速退刀
N50 CYCLE95（"ZCX1",4,0.2,0.2,0.2,0.3,0.3,0.15,9,0,0,2）	毛坯粗车循环
N60 G0 X100 Z50	快速退至安全点
N70 M2	程序结束
ZCX1.SPF	轮廓加工子程序
N10 G1 X10 Z0 F0.2	精加工程序
N20 G3 X20 Z-5 CR=5	
N30 G1 Z-20	
N40 X35 Z-26	
N50 Z-40	
N60 X42	
N70 X45 Z-41.5	
N80 Z-62.5	
N90 X60 Z-70	
N100 M2	

五、编程实例

1. 轴类零件的加工

（1）台阶轴的加工　如图 4-14 所示，毛坯外径为 ϕ50mm，试编写其加工程序。

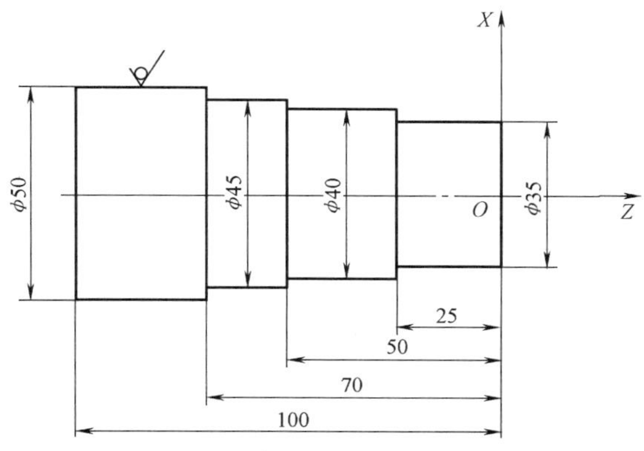

图 4-14　台阶轴的加工

1）工艺分析。

① 确定装夹方式。用卡盘夹紧工件左端，并将编程原点设在工件右端面上。

② 确定所用刀具。采用90°的硬质合金右偏刀。

③ 制订加工方案。第一步车端面，第二步粗车外圆 ϕ46mm×70mm，第三步粗车外圆 ϕ41mm×50mm，第四步粗车外圆 ϕ36mm×25mm，第五步精车外形轮廓。

2）程序编制（表4-13）

表4-13 台阶轴加工参考程序

参考程序	注释
AAA126. MPF	程序名
N10 M03 S600 T01D01	启动主轴,并将1号刀转至工作位置
N20 G0 X52 Z0	快速点定位
N30 G1 X0 F0.2	车端面
N40 G0 X46 Z2	快速定位至点(X46,Z2)处
N50 G1 Z-70 F0.2	粗车外圆 ϕ46mm×70mm
N60 G0 X51 Z2	退刀
N70 X41	快速进刀至 ϕ41mm 外圆处
N80 G1 Z-50 F0.2	粗车外圆 ϕ41mm×50mm
N90 G0 X46 Z2	退刀
N100 X36	快速进刀至 ϕ36mm 处
N110 G1 Z-25 F0.2	粗车外圆 ϕ36mm×25mm
N120 G0 X41 Z2	退刀
N130 S800	主轴转速增至800r/min
N140 G0 X35	快速进刀至 ϕ35mm 处
N150 G1 Z-25 F0.1	精车外圆 ϕ35mm×25mm
N160 X40	退刀
N170 Z-50	精车外圆 ϕ40mm×50mm
N180 X45	退刀
N190 Z-70	精车外圆 ϕ45mm×70mm
N200 X51	退刀
N210 M5	主轴停止
N220 M2	程序结束

3）若用CYCLE95毛坯粗车循环来编写程序，可以使程序大为简化。CYCLE95参数取值见表4-14。参考程序见表4-15。

（2）锥体的加工　如图4-15所示，毛坯外径 ϕ30mm，试编写锥面的加工程序。

1）确定装夹方式。用卡盘夹紧工件的左端，并将编程原点设在工件的右端面上。

2）确定刀具。采用 90°的右偏刀。

表 4-14　CYCLE95 参数取值

代　码	含　义	取　值
NPP	轮廓子程序名	ZCX2
MID	最大进给深度	5
FALZ	沿纵轴的精加工余量	0.5
FALX	沿端面轴的精加工余量	1
FAL	沿轮廓的精加工余量	0.5
FF1	无下切的粗加工进给率	0.2
FF2	进入凹槽的进给率	0.2
FF3	精加工进给率	0.1
VARI	加工类型	9
DT	粗切削的暂停时间	0
DAM	粗加工中断路径，断屑	0
VRT	从轮廓返回的路径	2

表 4-15　台阶轴加工参考程序

参考程序	注　释
AAA127. MPF	程序名
N10　M03　S600　T01D01	启动主轴，并将 1 号刀转至工作位置
N20　G0　X52　Z0	快速靠近工件
N30　G1　X0　F0.2	车端面
N40　G0　X52　Z2	快速退刀至毛坯循环起点
N50　CYCLE95（"ZCX2",5,0.5,1,0.5,0.2,0.2,0.1,9,0,0,2）	毛坯粗车循环
N60　G0　X100　Z50	快速退至安全点
N70　M2	主程序结束
ZCX2. SPF	工件轮廓子程序
N10　G1　X35　Z0	快速进刀
N20　Z-25	车 ϕ35mm×25mm 外圆
N30　X40	退刀
N40　Z-50	车 ϕ40mm×50mm 外圆
N50　X45	退刀
N60　Z-70	车 ϕ45mm×70mm 外圆
N70　X50	退刀
N80　M2	子程序结束

3）制订加工方案。分两次车削，每次的背吃刀量取 3mm。

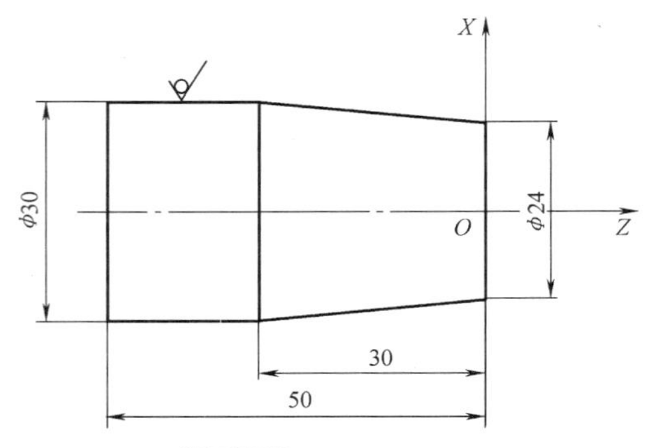

图 4-15 锥体的加工

4）程序编制（表 4-16）。

表 4-16 锥体加工参考程序

参考程序	注　释
AAA128. MPF	程序名
N10　M03　S600　T01D01	启动主轴，换 01 号刀具，执行 01 号刀补
N20　G0　X27　Z2	快速进刀
N30　G1　Z0　F0.5	将刀具靠到工件上
N40　X30　Z－30　F0.2	第一次车圆锥面
N50　G0　Z0	退刀
N60　G1　X24　F0.5	进刀
N70　X30　Z－30　F0.2	第二次车圆锥面
N80　G0　X100　Z50	退刀
N90　M5	主轴停
N100　M2	程序结束

（3）圆弧面的加工　如图 4-16 所示，试编写其加工程序。

1）确定装夹方式。用自定心卡盘夹持工件左端，并将工件原点选在工件右端面与中心线的交点上。

2）确定所用刀具。采用 90° 的右偏刀。

3）制订加工方案。第一步粗车圆柱至 ϕ21mm，第二步用车锥法粗车 R10 圆弧，第三步精车各部。

4）有关车锥时的数值计算。前章已详述，在此只给出经验值，即车至 ϕ10mm

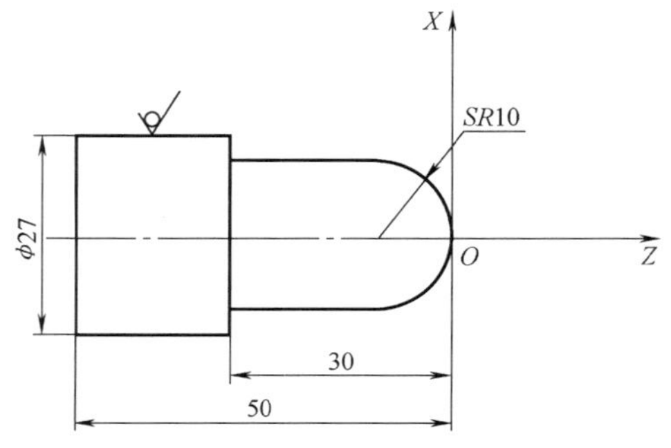

图 4-16 圆弧面加工示例

的位置。

5）程序编制（表 4-17）。

表 4-17　圆弧面加工示例参考程序

参考程序	注　释
AAA129. MPF	程序名
N10　M3　S600　T01D01	启动主轴，换 01 号刀，执行 01 号刀补
N20　G0　X24　Z2	刀具快速定位
N30　G1　Z－30　F0. 2	粗车外圆至 ϕ24mm×30mm
N40　G0　X27	X 向退刀
N50　Z2	退刀
N60　X21	进刀
N70　G1 Z－30　F0. 2	粗车外圆至 ϕ21mm×30mm
N80　G0　X24	X 向退刀
N90　Z2	退刀
N100　G1　X15　Z0　F0. 5	进刀
N110　X21　Z－3　F0. 5	第一次粗车圆锥
N120　G0　Z0	退刀
N130　G1　X10　F0. 5	进刀
N140　X21　Z－6　F0. 5	第二次粗车圆锥
N150　G0　Z0	退刀
N160　G1　X0　Z0　F0. 5	进刀
N170　G3　X20　Z－10　CR＝10　F0. 2	精车圆弧
N180　G1　Z－30	精车外圆
N190　G0　X100　Z50	退至安全点
N200　M2	程序结束

6）本题也可以用毛坯粗车循环指令 CYCLE95 来编写，由于本题零件的外形轮廓比较简单，不再赘述。

2. 套的加工

如图 4-17 所示，毛坯孔为 ϕ24mm，试编写加工内台阶孔的程序。

（1）工艺分析

1）确定装夹方式。用自定心卡盘夹持工件外表面左端，并将编程原点设在工件的右端面上，如图 4-17 中 O 点。

2）确定刀具。选用主偏角为 90°的内孔镗刀。

3）制订加工方案。

① 粗车内孔 ϕ25mm×50mm。

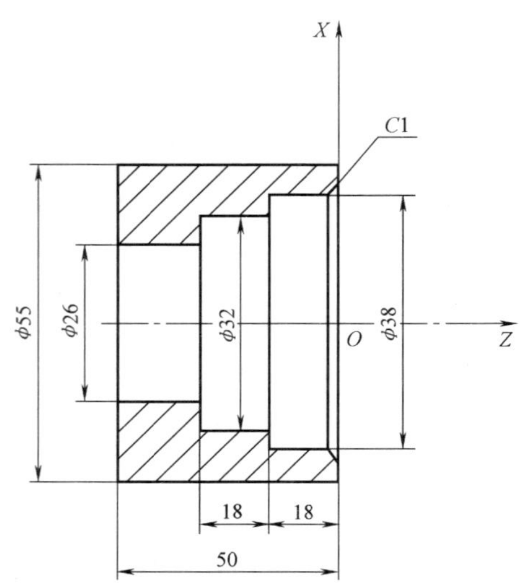

图 4-17 内台阶孔的加工

② 粗车内孔 ϕ28mm×36mm，粗车内孔 ϕ31mm×36mm。

③ 粗车内孔 ϕ34mm×18mm，粗车内孔 ϕ37mm×18mm。

④ 倒角并精车各内孔至合适的尺寸。

（2）程序编制（表 4-18）

表 4-18 内台阶孔加工参考程序

参考程序	注释
AAA130. MPF	程序名
N10 M03 S600 T01D01	主轴启动,换 01 号刀具,执行 01 号刀补
N20 G0 X25 Z2	N20 ~ N40 为粗车 ϕ25mm×50mm
N30 G1 Z-51 F0.2	
N40 G0 X23 Z2	
N50 X28	N50 ~ N70 为粗车 ϕ28mm×36mm
N60 G1 Z-36 F0.2	
N70 G0 X26 Z2	
N80 X31	N80 ~ N100 为粗车 ϕ31mm×36mm
N90 G1 Z-36 F0.2	
N100 G0 X29 Z2	
N110 X34	N110 ~ N130 为粗车 ϕ34mm×18mm
N120 G1 Z-18 F0.2	
N130 G0 X32 Z2	

（续）

参考程序	注　　释
N140　X37	N140～N160 为粗车 ϕ37mm×18mm
N150　G1　Z－18　F0.2	
N160　G0　X35　Z2	
N170　G1　X40　Z0　F0.5	倒角起点
N180　X38　Z－1	倒角
N190　Z－18	精车各内孔的程序段
N200　X32	
N210　Z－36	
N220　X26	
N230　Z－51	
N240　G0　X20　Z4	刀具退出孔
N250　X100　Z50	退至安全点
N260　M2	程序结束

第二节　螺纹程序的编制

一、恒螺距螺纹切削指令 G33

G33 指令可以加工圆柱螺纹、圆锥螺纹、外螺纹/内螺纹、单线螺纹/多线螺纹、多段连续螺纹。

1. 指令格式

G33　X __ Z __ I __ K __ SF = __

该式为 G33 编程的通式，X、Z 为螺纹终点坐标（考虑导出量），I、K 为 X、Z 方向螺纹导程的分量，给出其中大的一个分量即可。螺纹编程有四种情况，如图 4-18a～d 所示。SF 为加工多线螺纹时刀具的偏移量，如图 4-19 所示。当进行螺纹的车削加工时（包括内、外螺纹），主轴的旋向、刀具的走刀方向确定了螺纹的旋向，如图 4-20 所示。

2. 应用说明

1）编写螺纹加工程序时，要注意设置升速进刀段和降速退刀段。

2）多线螺纹的加工可以采用周向起始点偏移法（图 4-21a）或轴向起始点偏移法（图 4-21b）。周向起始点偏移法车多线螺纹时，不同螺旋线在同一起点切入，利用 SF 周向错位 360°/n（n 为螺纹线数）的方法分别进行车削。轴向起始点偏移法车多线螺纹时，不同螺旋线在轴向错开一个螺距位置切入，采用相同的 SF（可共用默认值）。

圆柱螺纹

G33　Z__　K__

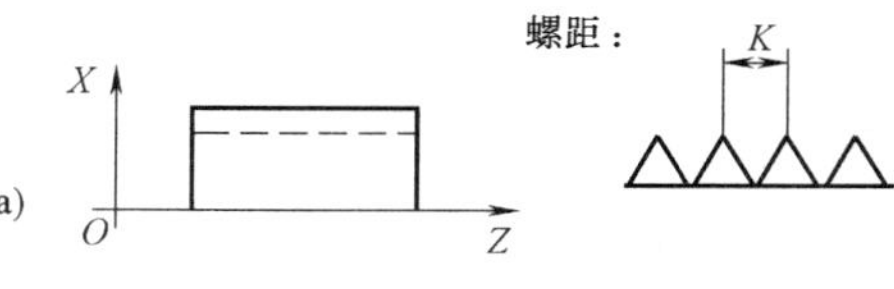

锥螺纹

G33　Z__　X__　K__　　锥角小于45°

（螺距K，因为Z轴位移较大）

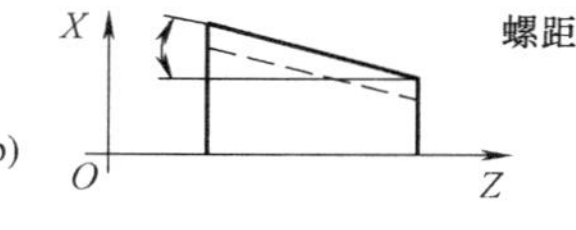

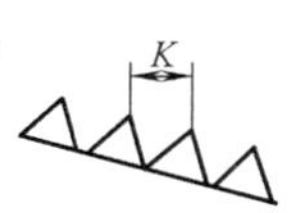

G33　Z__　X__　I__　　锥角大于45°

（螺距L，因为X轴位移较大）

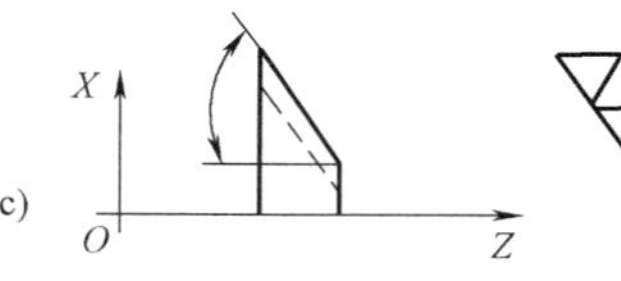

端面螺纹

G33　X__　I__

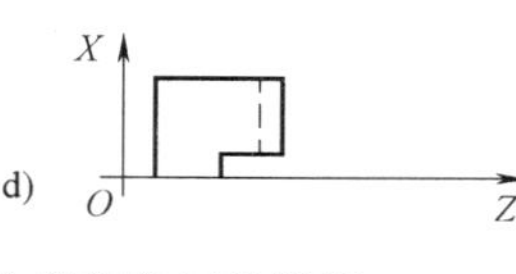

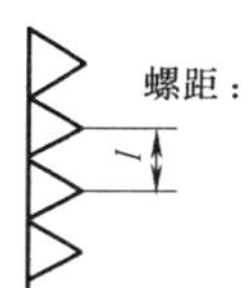

图 4-18　螺纹编程的四种情况

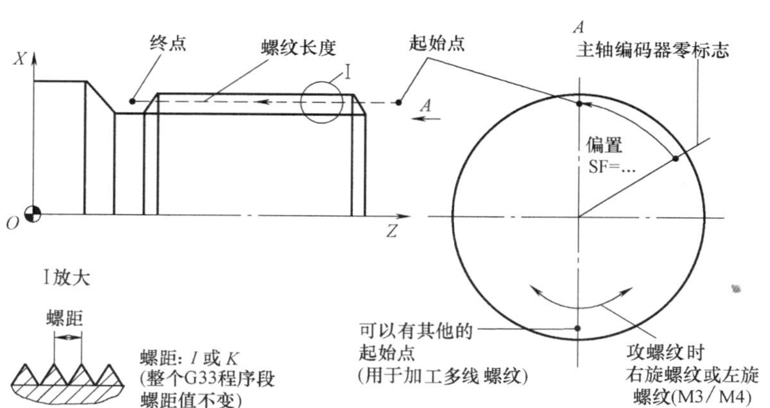

图 4-19　G33 螺纹切削中可编程的尺寸量

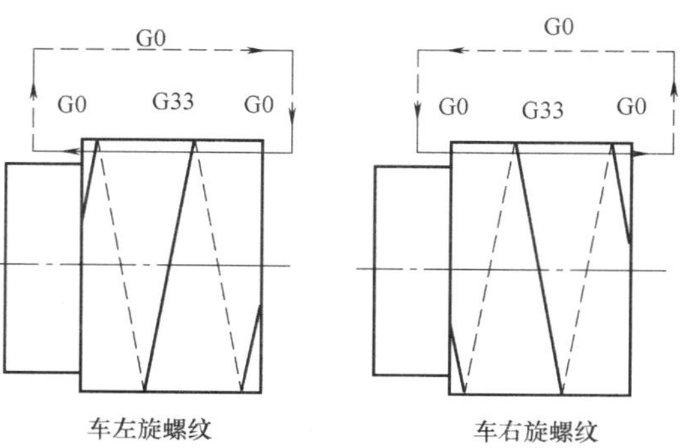

图 4-20　车削左旋或右旋螺纹

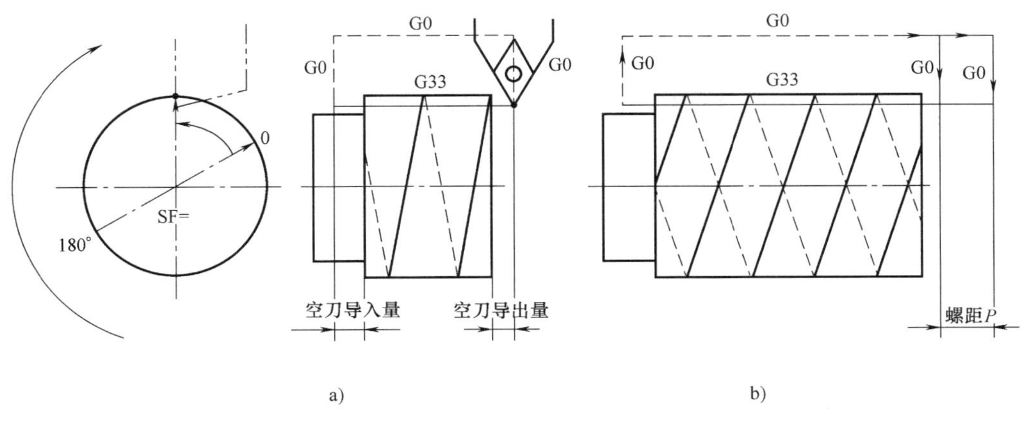

图 4-21　多线螺纹的加工方法

a）周向起始点偏移法　b）轴向起始点偏移法

3）如果多个螺纹段连续编程，则起始点偏移只在第一个螺纹段中有效，如图 4-22 所示，也只有在这里使用此参数。多段连续螺纹之间的过渡可以通过 G64 连续路径方式自动实现。当零件结构不允许有退刀槽时，利用多段连续螺纹变化锥角的方式退刀，从而进行可靠加工，如图 4-23 所示。

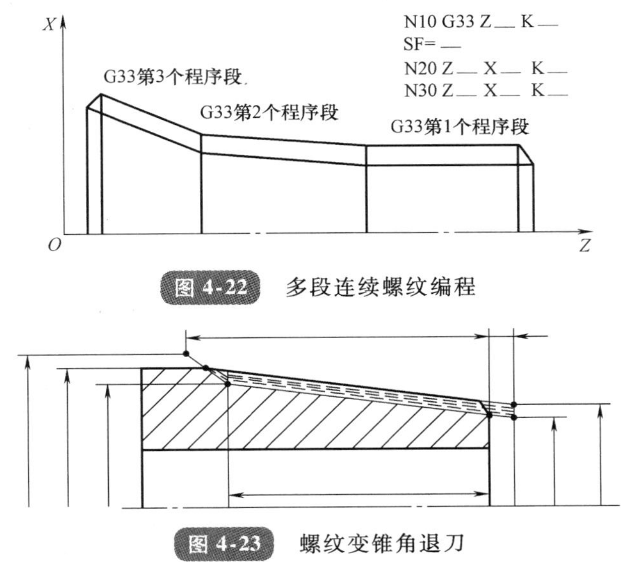

图 4-22　多段连续螺纹编程

图 4-23　螺纹变锥角退刀

4）在 G33 螺纹切削中，轴速度由主轴转速和螺距的大小确定。但机床数据中规定的轴最大速度（G0 快速定位速度）是不允许超出的。需要注意的是，在螺纹加工期间，主轴修调开关必须保持不变，否则将可能导致螺纹乱牙，且进给修调开关无效。

3. 编程示例

车削直径为 ϕ52mm 的圆柱双线螺纹，螺纹长度为 100mm（包括升速进刀段和降速退刀段），导程为4mm，基体圆柱已预加工，圆柱双线螺纹加工参考程序见表4-19。

表4-19 圆柱双线螺纹加工参考程序

参考程序	注释
EX9. MPF	程序名
N10 G54 M04 S300 T1	工艺数据设定
N20 G0 X51.6 Z3	刀具快速定位至螺纹插补起点
N30 G33 Z-100 K4 SF=0	车第一螺旋线第一刀、刀具偏移量SF=0
N40 G0 X54	径向退刀
N50 Z3	轴向退刀
…	依次分多刀车削第一螺旋线
N150 X51.6 Z3	
N160 G33 Z-100 K4 SF=180	刀具轴向偏移180°，车第二螺旋线
N170 G0 X54	径向退刀
N180 Z3	轴向退刀
…	依次分多刀车第二螺旋线

二、CYCLE97 螺纹切削循环

使用螺纹切削循环可以获得在纵向和表面加工中具有恒螺距的圆形和锥形的内外螺纹。螺纹可以是单线螺纹和多线螺纹。多螺纹加工时，每个螺纹依次加工，自动执行进给。可以在每次恒进给量切削或恒定切削截面积进给中选择。右旋或左旋螺纹是由主轴的旋转方向决定的，该方向必须在循环执行前编程好。攻螺纹时，在进给程序块中进给和主轴修调都不起作用。

（1）编程格式

CYCLE97（PIT，MPIT，SPL，FPL，DM1，DM2，APP，ROP，TDEP，FAL，IANG，NSP，NRC，NID，VARI，NUMT）

（2）参数说明　螺纹切削循环CYCLE97参数含义见表4-20，图4-24所示为螺纹切削循环参数示意图。

表4-20 螺纹切削循环CYCLE97参数含义

代码	含义
PIT	螺纹导程
MPIT	以螺距为螺纹尺寸，范围值：3（用于M3）~60（用于M60）
SPL	螺纹纵向起点
FPL	螺纹纵向终点
DM1	在起点的螺纹直径

（续）

代 码	含 义
DM2	在终点的螺纹直径
APP	导入路径，即升速进刀段，无正负符号
ROP	导出路径，即降速退刀段，无正负符号
TDEP	螺纹深度，即螺纹的牙型高度，无正负符号
FAL	精加工余量，无正负符号
IANG	切入进给角度，带正负号，“+”用于侧面的侧面进给，“-”用于交互的侧面进给
NSP	第一螺纹的起点偏移，参数可以使用的值为 0 ~ +359.9999°之间
NRC	粗加工次数
NID	停顿数量
VARI	螺纹加工类型，1、3 表示外螺纹，2、4 表示内螺纹；加工 1、2 时为恒定进给，加工 3、4 时为恒定切削截面积
NUMT	螺纹线数

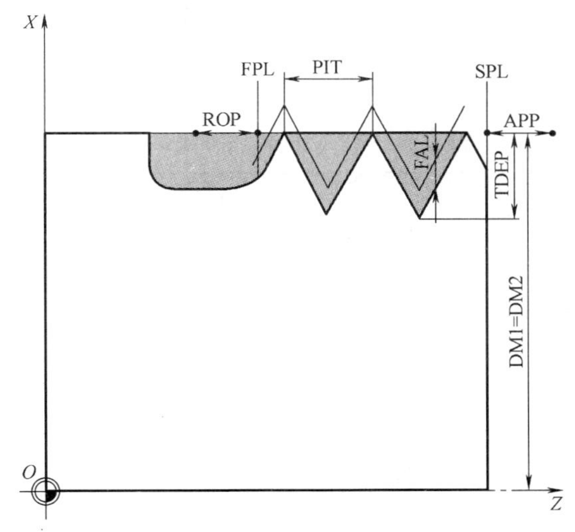

图 4-24 螺纹切削循环参数示意图

（3）动作过程 循环启动前到达的位置任意，但必须保证刀尖没有碰撞地回到所编程的螺纹起始点 + 空刀导入量。该循环有如下的动作过程。

1）用 G0 回第一条螺纹线空刀导入量起始处。

2）按照参数 VARI 定义的加工类型进行粗加工进刀。

3）根据编程的粗切削次数重复螺纹切削。

4）用 G33 切削精加工余量。

5）根据停顿次数重复此操作。

6）对于其他的螺纹线重复整个过程。

（4）编程举例　如图4-25所示，毛坯直径为ϕ26mm，假设螺纹的基体圆柱已经加工，退刀槽也已切好。

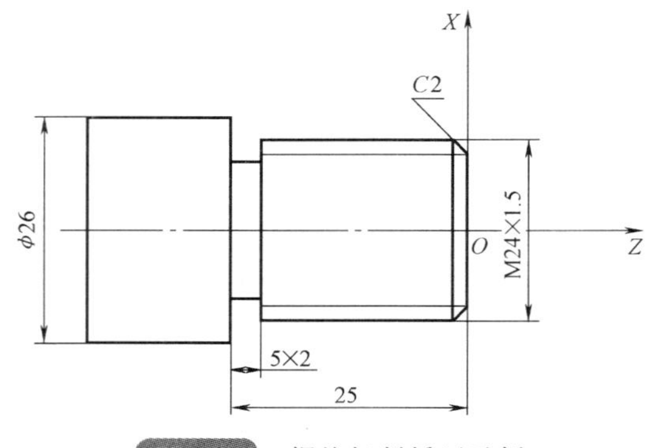

图4-25　螺纹切削循环示例

1）工艺分析。

① 用卡盘夹紧工件左端，工件原点设在右端面上。

② 选用60°的螺纹刀。

③ 螺纹切削循环实例参数设置见表4-21。

表4-21　螺纹切削循环实例参数设置

代　码	含　义	取　值
PIT	螺纹导程	1.5
MPIT	螺距产生于螺纹尺寸	24
SPL	螺纹纵向起点	0
FPL	螺纹纵向终点	-20
DM1	在起点的螺纹直径	24
DM2	在终点的螺纹直径	24
APP	导入路径	3
ROP	导出路径	3
TDEP	螺纹深度	0.81
FAL	精加工余量	0.02
IANG	进给角度	30
NSP	首圈螺纹的起始点偏移	0
NRC	粗加工次数	10
NID	停顿数量	0
VARI	螺纹加工类型	1
NUMT	螺纹线数	1

2）程序编制（表 4-22）。

表 4-22　螺纹循环加工示例参考程序

参考程序	注　释
AAA130. MPF	程序名
N10　G54　G90　M04　S600	设置工艺参数
N20　T3D1	选 3 号螺纹刀
N30　G0　X26　Z2	快速到达螺纹起点
N40　CYCLE97(1.5,24,0,-20,24,24,3,3,0.81,0.02,30,0,10,0,1,1)	调用螺纹切削循环
N50　G0　X100　Z100	退刀
N60　M5　M2	程序结束

第三节　典型零件的编程

一、综合实例一

图 4-26 所示为螺纹轴零件图，毛坯尺寸为 $\phi35\text{mm}\times80\text{mm}$，试编写其加工程序。

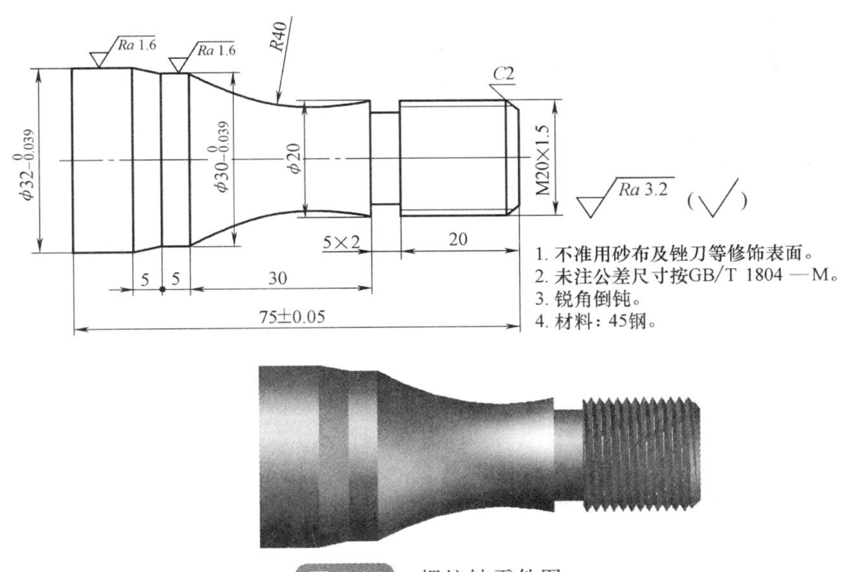

图 4-26　螺纹轴零件图

1. 加工步骤

1）夹住毛坯外圆，伸出长度大于 20mm，粗、精加工零件左端面及轮廓。

2）调头装夹，齐端面保证总长，钻中心孔。采用一夹一顶方式，粗、精车加工右端轮廓。

3）用切槽刀加工螺纹退刀槽。

4）加工 M20×1.5 螺纹。

2. 相关工艺卡片的填写

（1）螺纹轴数控加工刀具卡（表 4-23）

表 4-23　螺纹轴数控加工刀具卡

产品名称或代号		×××	零件名称	螺纹轴	零件图号	××
序号	刀具号	刀具规格名称	数量	加工表面	刀尖圆弧半径/mm	备注
1	T00	中心钻	1	钻中心孔	—	A3.5
2	T01	90°粗车刀	1	工件外轮廓粗车	0.4	20mm×20mm
3	T02	93°精车刀	1	工件外轮廓精车	0.2	20mm×20mm
4	T03	4mm 宽切槽刀	1	切槽与切断	—	20mm×20mm
5	T04	60°外螺纹刀	1	螺纹	—	20mm×20mm
编制		审核		批准	年　月　日	共　页	第　页

（2）螺纹轴数控加工工艺卡（表 4-24）

表 4-24　螺纹轴数控加工工艺卡

单位名称	×××		产品名称或代号	零件名称		零件图号	
			×××	螺纹轴		××	
工序号	程序编号		夹具名称	使用设备		车间	
001	×××		自定心卡盘	CK6140		数控	
工步号	工步内容	刀具号	刀具规格/mm	主轴转速/(r/min)	进给速度/(mm/min)	背吃刀量/mm	备注
1	粗精车左端面及轮廓	T01	20×20	600	150	1.5	自动
2	粗车右端外轮廓	T01	20×20	600	150	1.5	自动
3	精车外轮廓	T02	20×20	G96 S200	100	0.5	自动
4	切槽	T03	20×20	300	60	4	自动
5	粗精车螺纹	T04	20×20	800	—	—	自动
编制		审核		批准	年　月　日	共页	第　页

3. 程序编制

（1）加工左端面及轮廓

1）建立工件坐标系。夹住毛坯外圆，加工左端面及轮廓，工件伸出长度大于 20mm。工件坐标系设在工件左端面轴线上，如图 4-27 所示。

2）参考程序（表 4-25）。

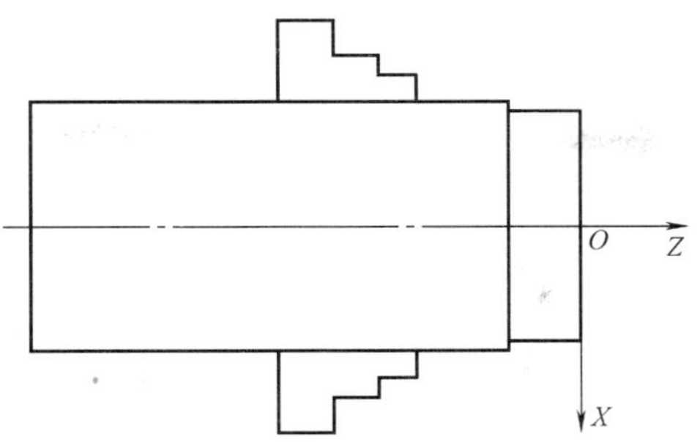

图 4-27 加工左端轮廓工件坐标系

表 4-25 左端加工参考程序

参考程序	注释
SKC501. MPF	程序名
N1 G40 G95 G97 G21	设置初始化
N2 T01D1 S600 M03	设置刀具、主轴转速
N3 G00 X36.0 Z0.0	快速到达循环起点
N4 G01 X0 F60	齐端面
N5 G00 X32.0 Z2.0	退刀
N6 G01 Z-20.0 F100	车 ϕ32mm 外圆
N7 X36.0	X 向退刀
N8 G00 X100.0 Z50.0	快速退至换刀点
N9 M05	主轴停
N10 M30	程序结束

（2）加工右端面及轮廓

1）建立工件坐标系。夹住 ϕ32mm 外圆（用铜皮包住），手动加工右端面，保证总长，钻中心孔，采用一夹一顶加工右端轮廓。工件坐标系设在工件右端面轴线上，如图 4-28 所示。

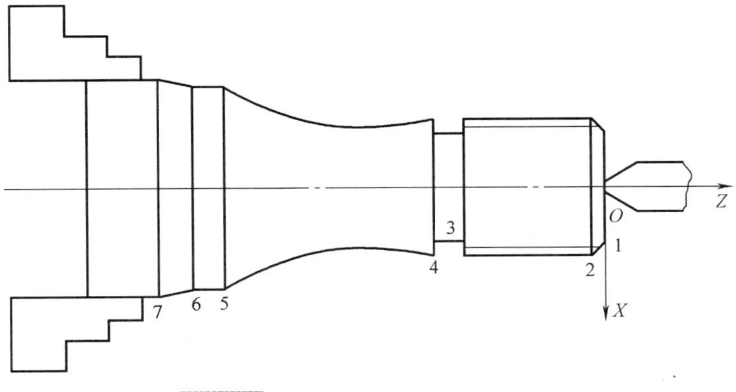

图 4-28 加工右端轮廓工件坐标系

2）右端基点坐标值（表 4-26）。

表 4-26 右端基点坐标值

基　点	坐标值(X,Z)	基点	坐标值(X,Z)
0	(0,0)	4	(20.0, -25.0)
1	(16.0,0)	5	(30.0, -55.0)
2	(20.0, -2.0)	6	(30.0, -60.0)
3	(16.0, -25.0)	7	(32.0, -65.0)

3）参考程序（表 4-27）。牙深 $H = 0.5413P = 0.5413 \times 1.5\text{mm} = 0.81\text{mm}$

表 4-27 右端参考程序

参考程序	注　释
SKC502. MPF;	程序名
N1　G40　G95　G97　G21;	设置初始化
N2　T01D1　S600　M03;	设置刀具、主轴转速
N3　G00　X36.0　Z2.0;	快速到达循环起点
CYCLE95(LZC52,1.5,0,0.5,,150,,,1,,,0.5);	调用毛坯外圆循环,设置加工参数
N4　G00　X100.0　Z50.0;	刀具快速退至换刀点
N5　M05;	主轴停
N6　M00;	程序暂停
N7　T02D1　G96　S200　M03;	调用精车刀,恒线速切削
N8　LIMS = 2000;	限制主轴最高转速
N9　G00　G42　X36.0　Z2.0;	刀具快速靠近工件
N10　LZC52;	采用子程序进行精加工
N11　G00　G40　X100.0　Z50.0;	刀具退至换刀点,取消刀尖圆弧半径补偿
N12　M05;	主轴停
N13　M00;	程序暂停
N14　G97　T03D1　S300　M03;	换切槽刀
N15　G00　X30.0　Z-25.0;	快速到达切槽起点
N16　G01　X16.0　F50;	切槽
N17　X30.0;	X 向退刀
N18　G00　X100.0　Z50.0;	快速退至换刀点
N19　M05;	主轴停
N20　M00;	程序暂停
N21　T04D1　S600　M03;	换 4 号刀,设置主轴转速
N22　G00　X22.0　Z3.0;	快速移至循环起点

（续）

参考程序	注　释
CYCLE97(1.5,,0,-20.0,18.38,18.38,3,2,0.81,0.05,0,0,5,1,1,1)；	调用螺纹加工循环，设置螺纹加工参数
N23　G00　X100.0　Z50.0；	刀具退回换刀点
N24　M05；	主轴停
N25　M30；	程序结束

西门子 802D 左端轮廓加工子程序见表 4-28。

表 4-28　西门子 802D 左端轮廓加工子程序

参考程序	注　释
LZC52.SPF；	子程序名
N1　G00　X15.805；	*X* 向进刀
N2　G01　Z0；	*Z* 向进刀
N3　X19.805　Z-2.0；	倒 *C*2 角
N4　Z-25.0；	车 M20 螺纹大径
N5　X20.0；	车端面
N6　G02　X30.0　Z-55.0　R40.0；	车 *R*40 凹弧
N7　G01　Z-60.0；	车 ϕ30mm 外圆
N8　X32.0　Z-65.0；	车锥体
N9　X36.0；	*X* 向退刀
N10　M17；	子程序结束

二、综合实例二

图 4-29 所示为锥螺纹轴零件图，毛坯尺寸为 ϕ65mm×85mm，试编写其加工程序。

1. 加工步骤

1）以工件右端面毛坯作为装夹基准装夹工件，手动车削外圆与端面进行对刀。

2）粗、精加工外圆轮廓，保证外圆 $\phi50_{-0.02}^{0}$mm、$\phi60_{-0.03}^{0}$mm 及长度 $20_{0}^{+0.05}$mm 的尺寸及公差要求。

3）工件调头装夹后校正，手动车削对刀，同时保证工件总长。

4）粗、精车右端外圆轮廓，保证尺寸精度和表面粗糙度等要求。

5）外切槽加工。

6）加工外三角形锥螺纹。

7）换刀后加工内孔，保证孔的各项加工精度。

8）工件去毛刺、倒棱。

2. 相关工艺卡片的填写

（1）锥螺纹轴数控加工刀具卡（表 4-29）

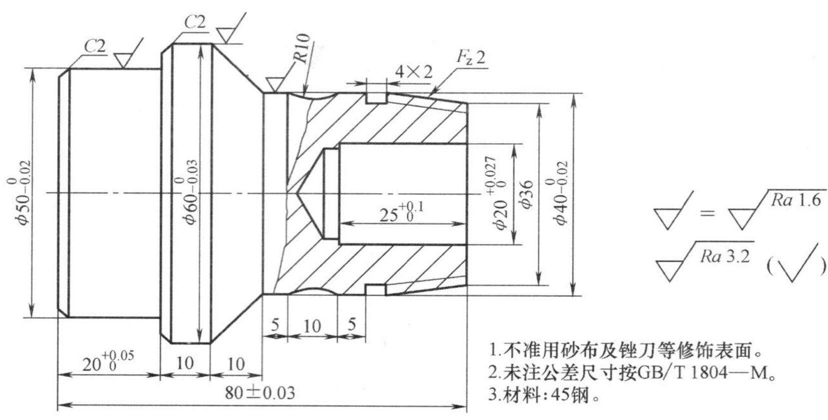

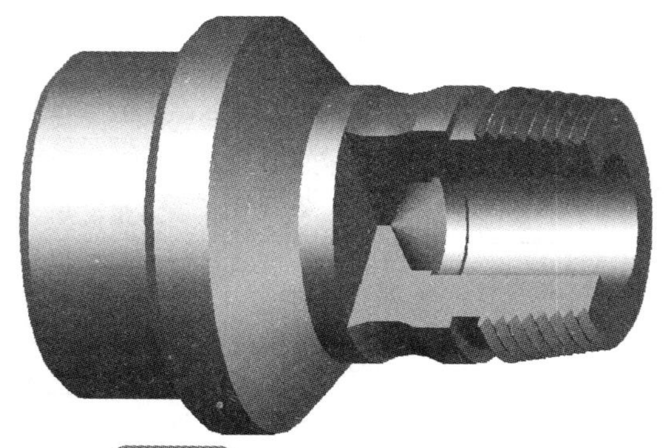

图 4-29　锥螺纹轴零件图

表 4-29　锥螺纹轴数控加工刀具卡

产品名称或代号		×××	零件名称	锥螺纹轴	零件图号	××
序号	刀具号	刀具规格名称	数量	加工表面	刀尖圆弧半径/mm	备注
1	T01	93°车刀	1	粗、精车工件外轮廓	0.2	20mm×20mm
2	T02	4mm 宽切槽刀	1	切槽与切断	—	20mm×20mm
3	T03	60°外螺纹刀	1	螺纹	—	20mm×20mm
4	T04	内孔镗刀	1	内孔	0.2	20mm×20mm
5	T05	ϕ18mm 麻花钻	1	钻孔	—	—
6	T06	A3.5 中心钻	1	引钻	—	—
编制		审核		批准	年　月　日	共　页　第　页

（2）锥螺纹轴数控加工工艺卡（表 4-30）

3. 程序编制

（1）加工零件左端

1）建立工件坐标系。加工零件时，夹住毛坯外圆，工件坐标系设在工件左端面轴线上，如图 4-30 所示。

表 4-30 锥螺纹轴数控加工工艺卡

单位名称	×××	产品名称或代号	零件名称	零件图号
		×××	锥螺纹轴	××
工序号	程序编号	夹具名称	使用设备	车间
001	×××	自定心卡盘	CK6140	数控

工步号	工步内容	刀具号	刀具规格/mm	主轴转速/(r/min)	进给速度/(mm/min)	背吃刀量/mm	备注
1	手动车削外圆与端面进行对刀						
2	粗车左外轮廓	T01	20×20	600	150	1.5	自动
3	精车左外轮廓	T01	20×20	800	100	0.5	自动
4	工件调头装夹后校正,手动车削对刀,同时保证工件总长						
5	粗车右外轮廓	T01	20×20	600	150	1.5	自动
6	精车右外轮廓	T01	20×20	800	100	0.5	自动
7	切槽	T02	20×20	300	60	4	自动
8	粗、精车锥螺纹	T03	20×20	800	—	—	自动
9	手动钻 ϕ18mm 孔(中心钻,麻花钻)						
10	粗、精镗内孔	T04	20×20	600	50	0.5	自动
11	去毛刺、倒棱						
编制		审核		批准	年 月 日	共 页	第 页

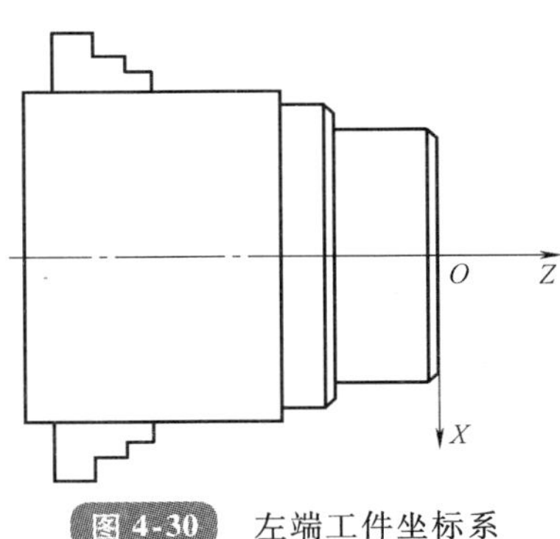

图 4-30 左端工件坐标系

2) 左端参考程序(表 4-31)。

表 4-31 左端参考程序

参考程序	注 释
SKC1101. MPF;	程序名
N1 G40 G95 G98 G21;	设置初始化
N2 T01D1 S600 M03;	设置刀具、主轴转速

（续）

参考程序	注　释
N3　G00　X66.0　Z2.0；	快速到达循环起点
CYCLE95(LZC111,1.5,0,0.5,,150,,,1,,,1.0)；	调用毛坯外圆循环，设置加工参数
N4　G00　X100.0　Z50.0；	刀具快速退至换刀点
N5　M05；	主轴停
N6　M00；	程序暂停，检测
N7　T01D1　S800　M03；	调用精车刀
N8　G00　X66.0　Z2.0；	刀具快速靠近工件
N9　LZC111；	采用子程序进行精车
N10　G00　X100.0　Z50.0；	快速退至换刀点
N11　M05；	主轴停
N12　M30；	程序结束

西门子 802D 左端轮廓加工子程序见表 4-32。

表 4-32　西门子 802D 左端轮廓加工子程序

参考程序	注　释
LZC111.SPF；	子程序名
N1　G00　X46.0；	X 向进刀
N2　G01　Z0；	Z 向进刀
N3　X50.0　Z-2.0；	倒 $C2$ 角
N4　Z-20.0；	精加工 $\phi50$mm 外圆
N5　X56.0；	加工端面
N6　X60.0　Z-22.0；	倒 $C2$ 角
N7　Z-32.0；	加工 $\phi60$mm 外圆
N8　X66.0；	X 向退刀
N9　M17；	子程序结束

（2）编制右端轮廓加工程序

1）设置工件坐标系。以工件 $\phi60_{-0.03}^{0}$mm 左端面定位，用铜皮包住 $\phi50_{-0.02}^{0}$mm，并用百分表校正，自定心卡盘夹持 $\phi50_{-0.02}^{0}$mm 外圆粗、精车右端轮廓。工件坐标系设在工件端面轴线上，如图 4-31 所示。

2）右端基点坐标值（表 4-33）。

表 4-33　右端基点坐标值

基点	坐标值(X,Z)	基点	坐标值(X,Z)
0	(0,0)	4	(40.0,-25.0)
1	(36.0,0)	5	(40.0,-35.0)
2	(40.0,-16.0)	6	(40.0,-40.0)
3	(40.0,-20.0)	7	(60.0,-50.0)

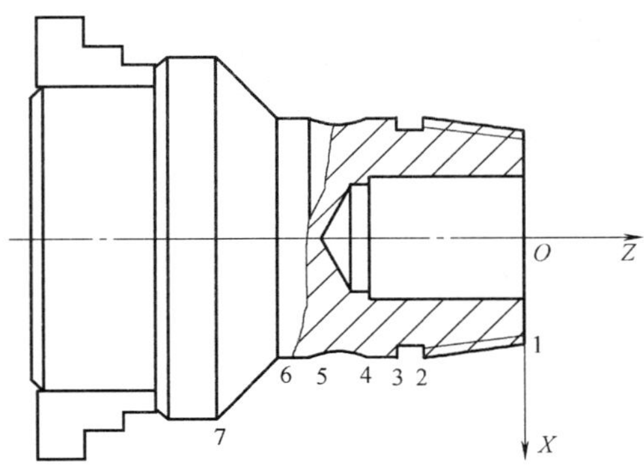

图 4-31 加工右端坐标系及基点

3）锥螺纹相关尺寸计算。作图 4-32 所示锥螺纹起点与终点示意图，直角三角形 $\triangle ABC$ 与 $\triangle EDC$ 相似，则有

$$\frac{AB}{ED}=\frac{BC}{CD}\text{即}\frac{3}{16}=\frac{BC}{40-36}$$

所以 $BC=0.75\text{mm}$（直径值）。

同理，直角三角形 $\triangle EGF$ 与 $\triangle EDC$ 相似，则有

$$\frac{GE}{ED}=\frac{FG}{CD}\text{即}\frac{2}{16}=\frac{FG}{40-36}$$

所以 $FG=0.5\text{mm}$（直径值）。

A 点坐标为（35.25，3），F 点坐标为（40.5，－18.0）

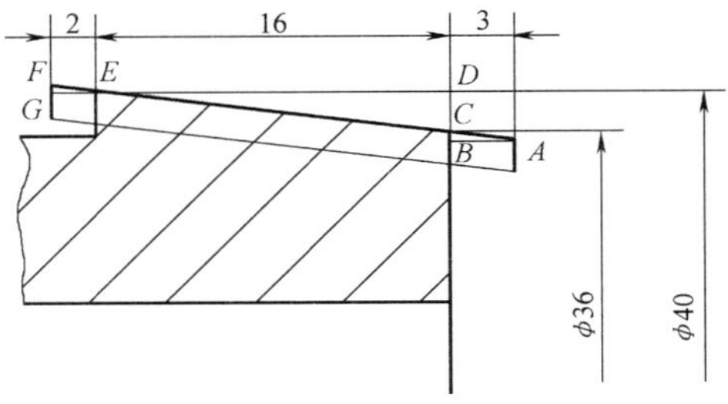

图 4-32 锥螺纹起点与终点示意图

螺纹牙深：$H=0.5413P=0.5413\times2\text{mm}=1.08\text{mm}$

4）右端参考程序（表 4-34）。

表 4-34 右端参考程序

参考程序	注释
SKC1102. MPF;	程序名
N1 G40 G95 G97 G21;	设置初始化
N2 T01D1 S600 M03;	设置刀具、主轴转速
N3 G00 X66.0 Z2.0;	快速到达循环起点
CYCLE95(LZC112,1.5,0,0.5,,150,,,1,,,0.5);	调用毛坯外圆循环，设置加工参数
N4 G00 X100.0 Z50.0;	刀具快速退至换刀点
N5 M05;	主轴停
N6 M00;	程序暂停

（续）

参考程序	注　释
N7　T01D1　G96　S200　M03;	调用精车刀，恒线速切削
N8　LIMS = 2000;	限制主轴最高转速
N9　G00　G42　X40.5　Z-25.0;	刀具快速靠近工件
N10　G02　X40.5　Z-35.0　R10.0;	粗车凹弧
N11　G00　Z2.0;	快速到达精车起点
N12　X36.0;	
N13　G01　Z0;	
N14　X40.0　Z-16.0;	精车锥螺纹大径
N15　Z-25.0;	精车 ϕ40mm 外圆
N16　G02　X40.0　Z-35.0　R10.0;	精车 R10 凹弧
N17　G01　Z-40.0;	精车 ϕ40mm 外圆
N18　X60.0　Z-50.0;	精车锥体
N19　G00　G40　X100.0　Z50.0;	刀具退至换刀点，取消刀尖圆弧半径补偿
N20　M05;	主轴停
N21　M00;	程序暂停
N22　G97　T02D1　S300　M03;	换切槽刀
N23　G00　X4.0　Z-20.0;	快速靠近工件
N24　G01　X36.0　F50;	车 4mm 宽槽
N25　X42.0;	X 向退刀
N26　G00　X100.0　Z50.0;	快速退至换刀点
N27　M05;	主轴停
N28　M00;	程序暂停
N29　T03D1　S600　M03;	换 4 号刀，设置主轴转速
N30　G00　X45.0　Z3.0;	快速移至循环起点
CYCLE97(2,,0,-16.0,33.09,38.34,3,2,1.08,0.05,0,0,5,1,1,1);	调用螺纹加工循环，设置螺纹加工参数
N31　G00　X100.0　Z50.0;	刀具退回换刀点
N32　M05;	主轴停
N33　M00;	程序暂停，手动钻孔
N34　T04D1　S600　M03;	换内孔刀
N35　G00　X16.0　Z5.0;	快速靠近工件
N36　X19.4;	
N37　G01　Z-25.0　F50;	粗车内孔

（续）

参考程序	注　释
N38　X16.0；	X 向退刀
N39　Z2.0；	Z 向退刀
N40　X20.0；	X 向进刀
N41　Z－25.0；	精车内孔
N42　X16.0；	X 向退刀
N43　Z5.0；	Z 向退刀
N44　G00　X100.0　Z50.0；	退至换刀点
N45　M05；	主轴停
N46　M30；	程序结束

西门子 802D 右端轮廓加工子程序见表 4-35。

表 4-35　西门子 802D 右端轮廓加工子程序

参考程序	注　释
LZC112.SPF；	子程序名
N1　G00　X36.0；	X 向进刀
N2　G01　Z0；	Z 向进刀
N3　X40.0　Z－16.0；	车锥螺纹大径
N4　Z－40.0；	车 ϕ40mm 外圆
N5　X60.0　Z－50.0；	车锥体
N6　M17；	子程序结束

第四节　SIEMENS802D 系统数控车床的操作

一、操作面板介绍

数控机床提供的各种功能是通过控制面板来实现的。控制面板一般分为数控系统操作面板和外部机床控制面板。

1. 系统控制面板

SIEMENS 802D 系统数控车床的系统控制面板如图 4-33 所示。控制面板中各按键的功能见表 4-36。

2. 机床控制面板

SIEMENS 802D 系统标准车床的机床控制面板，即操作面板，如图 4-34 所示。机床控制面板中各按键及旋钮的功能见表 4-37。

表 4-36　SIEMENS 802D 数控系统控制面板按键功能一览表

按　键	名　称	功　能
ALARM CANCEL	报警应答键	用于报警后数控系统的复位
1…n CHANNEL	通道转换键	用于转换数控系统数据传输的通道
HELP	信息键	用于显示数控系统的特定信息
SHIFT	上档键	对数据键上的两种功能进行转换。当不按下上档键，只按数据键时，键上的大字符被输入；当按下上档键，再按数据键时，左上角的小字符被输入
CTRL	复合键	与不同的键组合，可有不同的功能
ALT	复合键	与不同的键组合，可有不同的功能
	空格键	在编辑程序时，按此键可以输入一空格
BACKSPACE	删除键（退格键）	自右向左删除字符，每按一次，删除一个字符
Del	删除键	删除光标所在位置的字符
INSERT	插入键	在光标处插入字符
TAB	制表键	用于制表
INPUT	回车/输入键	接受一个编辑值；打开、关闭一个文件目录；打开文件
PAGE UP　PAGE DOWN	翻页键	可以向前或向后翻一页
	光标移动键	用于将光标移至程序开头
END		用于将光标移至程序末尾
	方向键	用于上下左右移动光标
SELECT	选择转换键	一般用于单选、多选框

（续）

按　键	名　称	功　能
M POSITION	加工操作区域键	按此键，进入机床加工操作区域
PROGRAM	程序操作区域键	按此键，进入程序编辑区域
OFFSET PARAM	参数操作区域键	按此键，进入参数操作区域
PROGRAM MANAGER	程序管理操作区域键	按此键，进入程序管理操作区域
SYSTEM ALARM	报警/系统操作区域键	按此键，可以显示报警信息
CUSTOM	图形显示区域键	按此键，可以显示刀具的运动轨迹
其余各键	数据键	用于程序、命令、数据等的输入

图 4-33　数控系统控制面板

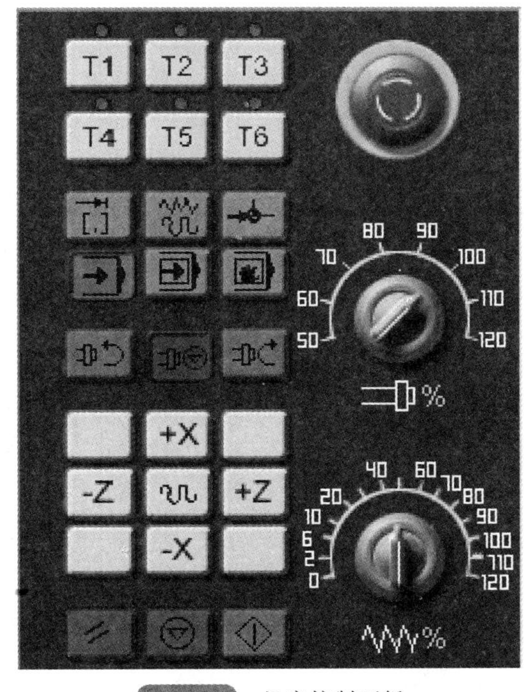

图 4-34　机床控制面板

表 4-37 SIEMENS 802D 系统机床控制面板按键及旋钮功能一览表

按键	名称	功能
	紧急停止	按下急停按钮，机床的一切动作立即停止
T1 T2 T3 T4 T5 T6	换刀按钮	在手动状态下，按相应的按钮，可以将对应的刀具转换为当前刀具
	点动距离选择按钮	在单步或手轮方式下，用于选择移动刀具距离
	手动方式	该方式下可以手动移动刀具
	回零方式	机床开机后必须首先执行回零操作，然后才可以运行
	自动方式	该方式下可以自动运行加工程序
	单段	该方式下运行程序时每次只执行一条数控指令
	手动数据输入（MDA）	在此方式下，可以执行当前输入的一条指令
	主轴正转	按下此按钮，主轴开始正转
	主轴停止	按下此按钮，主轴停止转动
	主轴反转	按下此按钮，主轴开始反转
	快速按钮	在手动方式下，按下此按钮后，再按下移动按钮则可以快速移动机床刀具
+X -X +Z -Z	坐标轴移动按钮	按下 +X 刀具向 X 轴正向移动，按下 -X 刀具向 X 轴负向移动；按下 +Z 刀具向 Z 轴正向移动，按下 -Z 刀具向 Z 轴负向移动
	复位	按下此键，复位 CNC 系统，包括取消报警、主轴故障复位、中途退出自动操作循环和输入、输出过程等
	循环保持	程序运行暂停，在程序运行过程中，按下此按钮运行暂停。按 恢复运行
	运行开始	按下此按钮程序运行开始

（续）

按　键	名　称	功　能
	主轴倍率修调	旋转此旋钮可以调节主轴的转速率，调节范围为50%～120%
	进给倍率修调	旋转旋钮可以调节数控程序自动运行时的进给速度倍率，调节范围为0～120%

二、开机和回参考点

1. 开机

首先检查机床是否处于正常状态，然后打开电源开关，电源指示灯亮，机床开机。

2. 回参考点

回参考又称机床回零，机床开机后会自动进入回参考点模式，若不在回参考点模式时，可先按一下，使机床进入回参考点模式。机床进入回参考点模式后，按一下 +X，使机床沿 *X* 轴回到参考点，再按一下 +Z，使机床沿 *Z* 轴回到参考点。

三、加工程序的编辑操作

1. 程序的输入

数控加工程序可以通过控制面板直接输入到数控系统内，若是一个新程序，在输入时可以进行如下操作。

1）在系统面板上按下 PROGRAM MANAGER 键，可以进入到图 4-35 所示的程序管理界面，在该界面中按下新程序软键，则弹出图 4-36 所示的对话框。

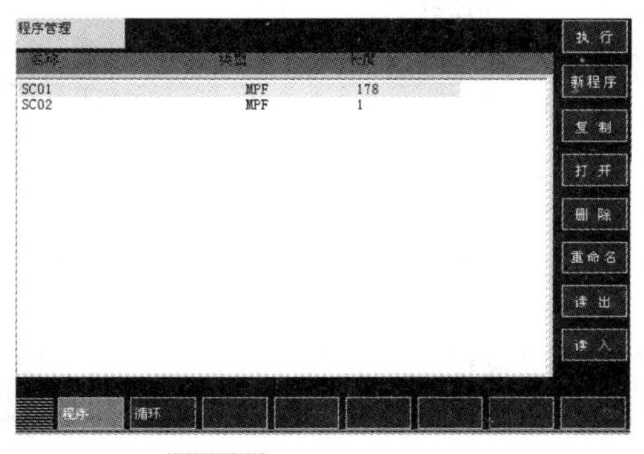

图 4-35　程序管理界面

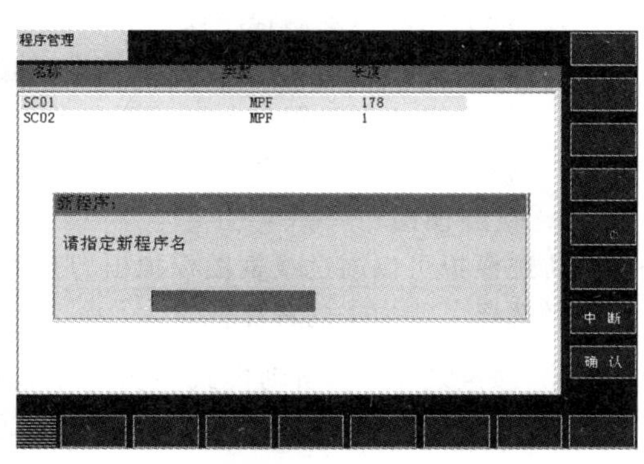

图 4-36　新程序命名

2）在对话框中输入新程序的名字，程序名的开头两个字符为字母，其后的字符可以是字母、数字或下划线，但最长不能超过16个字符。

3）程序名输完后单击确认即可进入程序编辑界面，如图4-37所示，这样就可以输入程序；若按中断，则返回到程序管理界面。

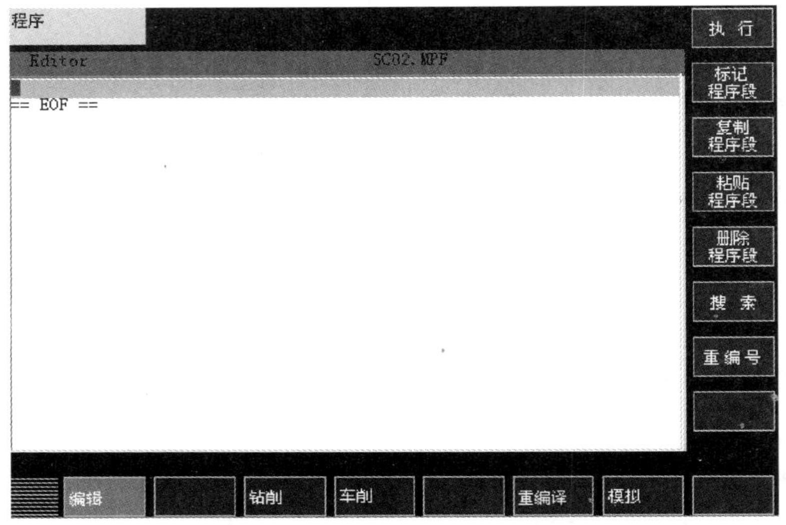

图4-37 程序编辑界面

2. 程序的编辑

1）在程序管理界面选中一个程序，按软键“打开”或按“INPUT”键，进入到图4-38所示的程序编辑主界面，编辑程序为选中的程序。在其他主界面下，按下系统面板的键，也可进入到程序编辑主界面，其中程序为当前载入的程序。

2）按软键“执行”将当前编辑程序选为运行程序。

3）按下软键“标记程序段”，即开始标记程序段，按“复制”或“删除”或输入新的字符时将取消标记。

4）按下软键“复制程序段”，将当前选中的一段程序拷贝到剪切板。

5）按软键“粘贴程序段”，将当前剪切板上的文本粘贴到当前的光标位置。

6）按软键“删除程序段”可以删除当前选择的程序段。

7）按软键“重编号”将重新编排行号。

3. 轨迹模拟

轨迹模拟可以通过线框图模拟出刀具的运行轨迹。前置条件：当前为自动运行方式且已经选择了待加工的程序。

1）按键，在自动模式主界面下，按软键“模拟”或在程序编辑主界面下按“模拟”软键，系统进入图4-39所示机床面板界面。

2）按数控启动键开始模拟执行程序，轨迹模拟如图4-40所示。

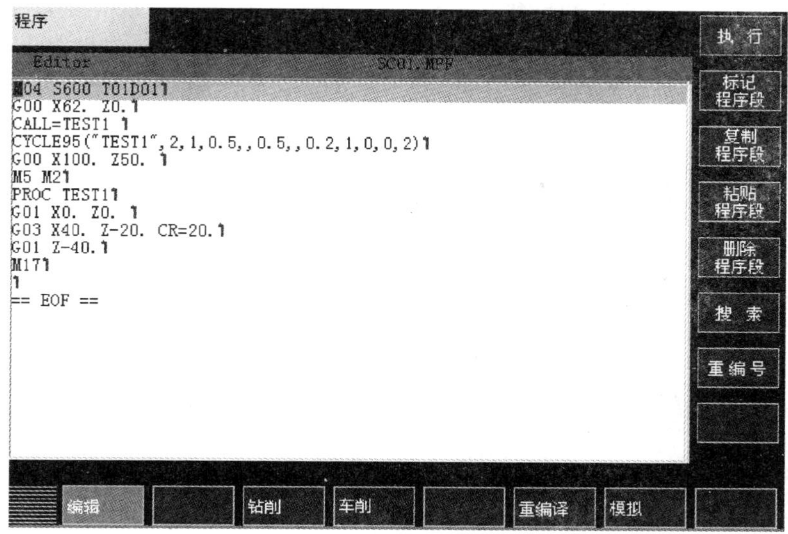

图 4-38 程序编辑主界面

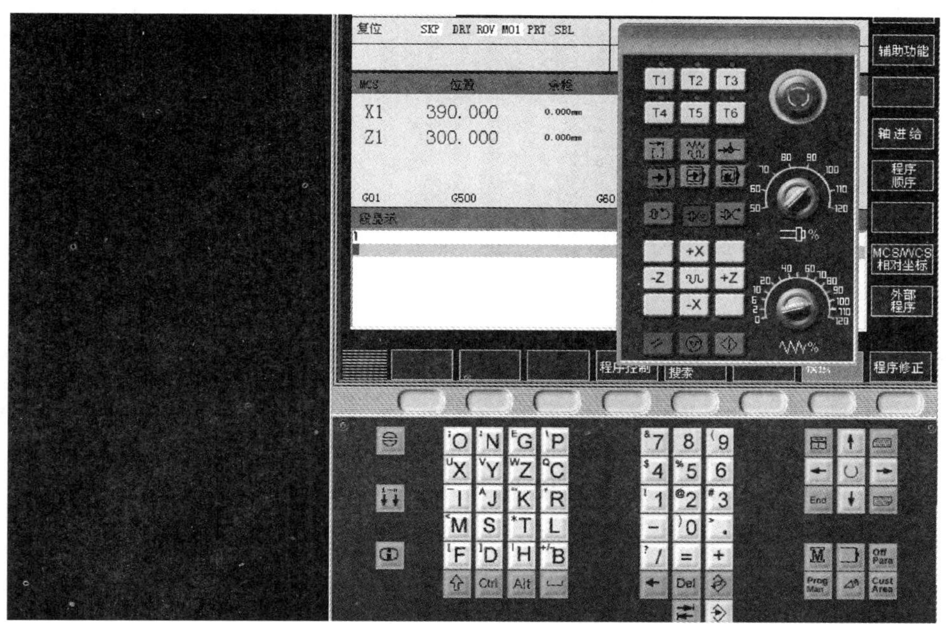

图 4-39 机床面板界面

四、参数设置

1. 建立新刀具

若当前不是在参数操作区，按系统面板上的“参数操作区域”键 OFF，切换到参数操作区。按软键“刀具表”切换到刀具参数表，如图 4-41 所示。单击软键“新刀具”，切换到新刀具参数表，如图 4-42 所示。单击软键“车削刀具”将弹出图 4-43 所示的“新刀具选择”对话框。

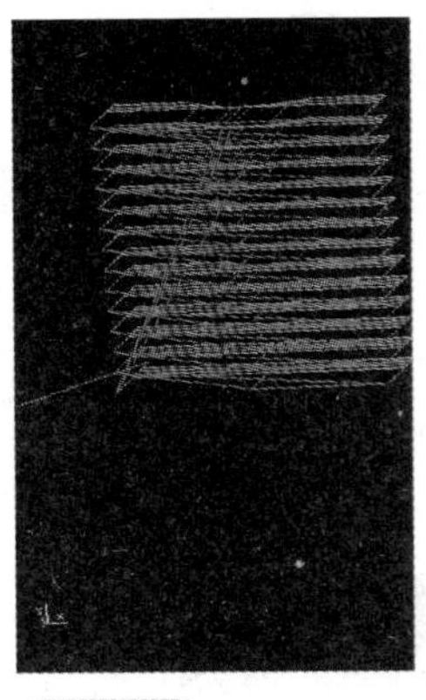

图 4-40 轨迹模拟

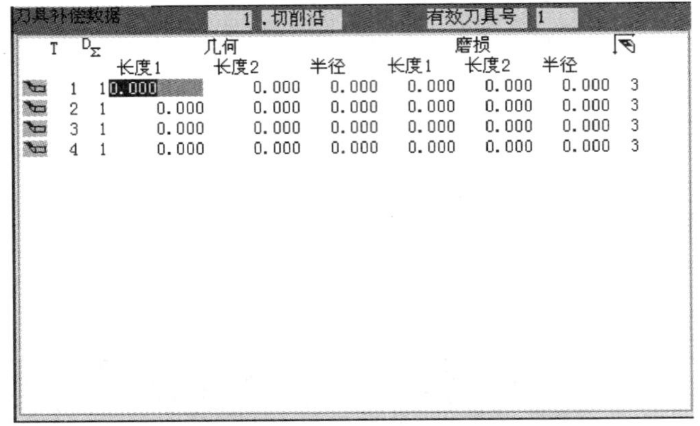

图 4-41 刀具参数表

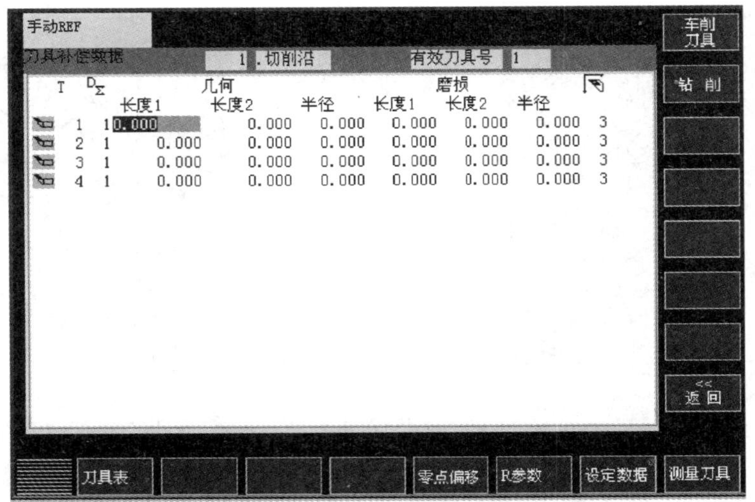

图 4-42 新刀具参数表

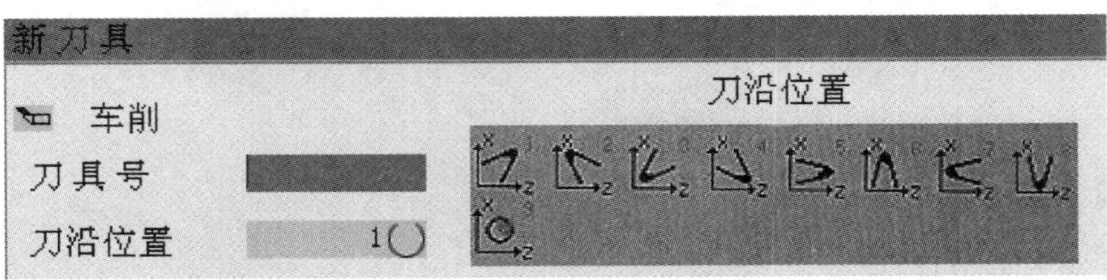

图 4-43 “新刀具选择”对话框

在对话框中输入要创建的刀具的刀具号，按“确认”，则创建对应刀具；按“中断”，返回新刀具参数表，不创建任何刀具；单击“返回”软键可以退回到刀具参数表。

2. 刀具参数的设定

设定刀具参数的过程实际上就是对刀的过程，其操作步骤如下。

（1）第一把刀具参数的确定

1）单击[测量刀具]，切换到测量刀具界面，然后单击[手动测量]软键，进入图 4-44 所示手动测量刀具界面。

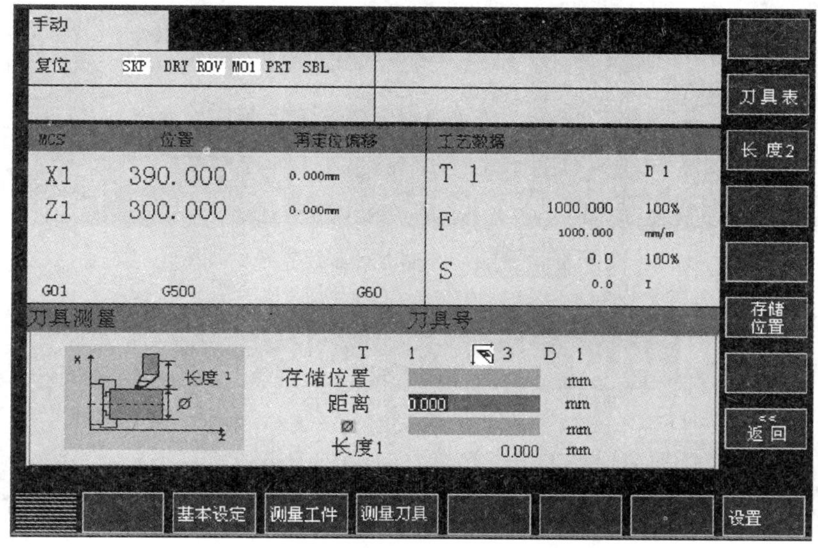

图 4-44　手动测量刀具界面

2）单击操作面板上的[手动]按钮，进入手动状态。

3）将刀具靠近工件，试切零件外圆，沿 Z 轴正向退出，并测量被切外圆的直径。

4）将所测得的直径值写入[Ø]后的输入框内，按下[输入]键，依次单击[存储位置]、[设置长度1]，此时界面变为图 4-45 所示，系统自动将刀具长度 1 记入“刀具表”。

5）再将刀具移近工件，并试切端面。

6）单击[长度2]，切换到测量 Z 的界面，在“Z0”后的输入框中填写“0”，按下[输入]键，单击[设置长度2]软键。

至此，完成了第一把刀具的参数设置，输入刀补后的参数表如图 4-46 所示。

（2）第二把及后面其他刀具参数的确定

1）首先将 2 号刀转至当前位置，换刀的具体过程：单击[MDA]按钮，进入到 MDA 模式，然后单击[M]键，进入图 4-47 所示 MDA 操作界面。输入换刀指令“T02D00”，然

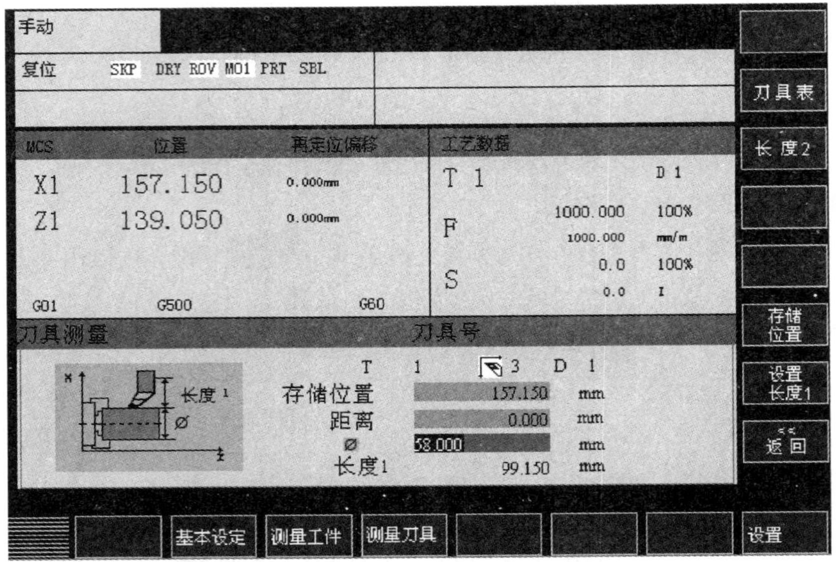

图 4-45 存储刀具参数界面

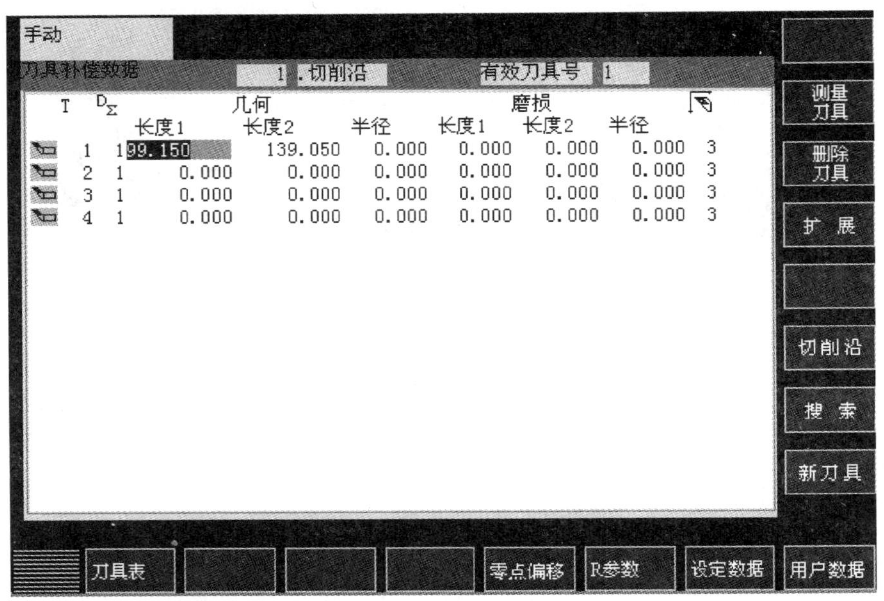

图 4-46 输入刀补后的参数表

后单击，第二把刀即被换为当前刀具。

2）第二把刀具 *X* 向的参数与第一把刀具的 *X* 向参数设置方法一样。

3）*X* 向参数设置完成之后，在手动方式下，将刀具移动到图 4-48 所示的对刀位置，即将刀尖靠到端面上即可。

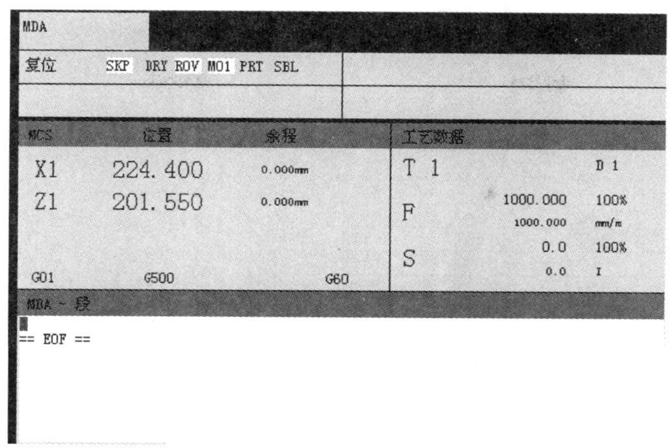

图 4-47　MDA 操作界面

4）单击 长度2 进入图 4-49 所示的界面。在“距离”栏中输入“0”，并按下 键，单击 设置长度2 软键。

至此，2 号刀的参数设置已完成，其他刀具的参数设置可参照 2 号刀进行。

3. 设置零点偏移

1）若当前不在参数操作区，按 MDA 键盘上的“参数操作区域”键 OFF，可切换到参数区。

2）若参数区显示的不是零偏界面，按软键“零点偏移”可切换到零点偏移界面，如图 4-50 所示。

3）使用 MDA 键盘上的光标键定位到需输入数据的文本框上（其中程序、缩放、镜像和全部等几栏为只读），输入数值，按 键或移动光标，系统将显示软键“改变有效” 改变有效，再按软键“改变有效”即可。

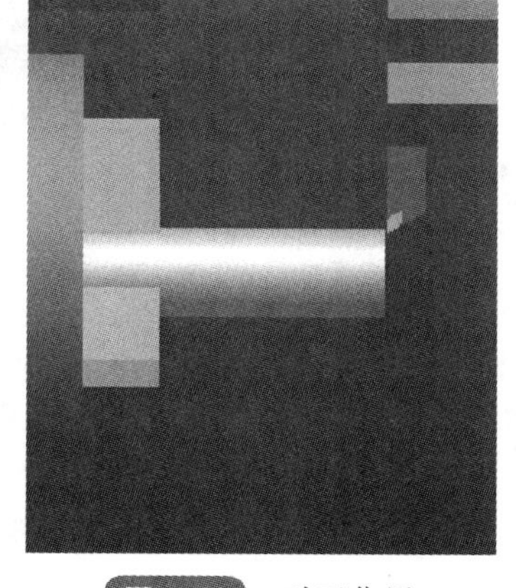

图 4-48　对刀位置

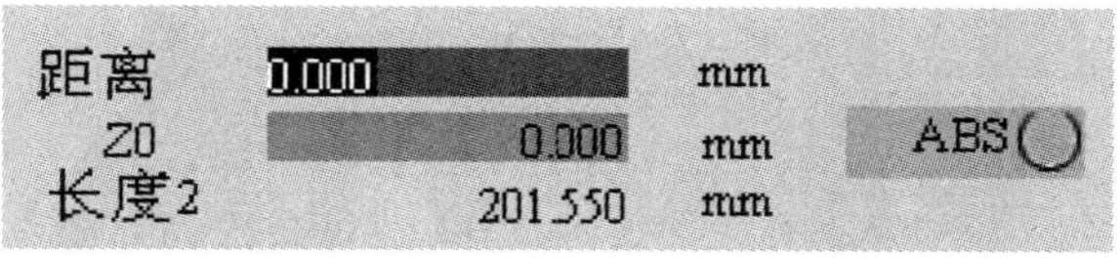

图 4-49　第二把刀的 *Z* 向参数输入

五、加工操作

1. JOG 运行方式

JOG 运行方式就是机床的手动方式，在这种方式下，可以手动拖动机床刀架，用于

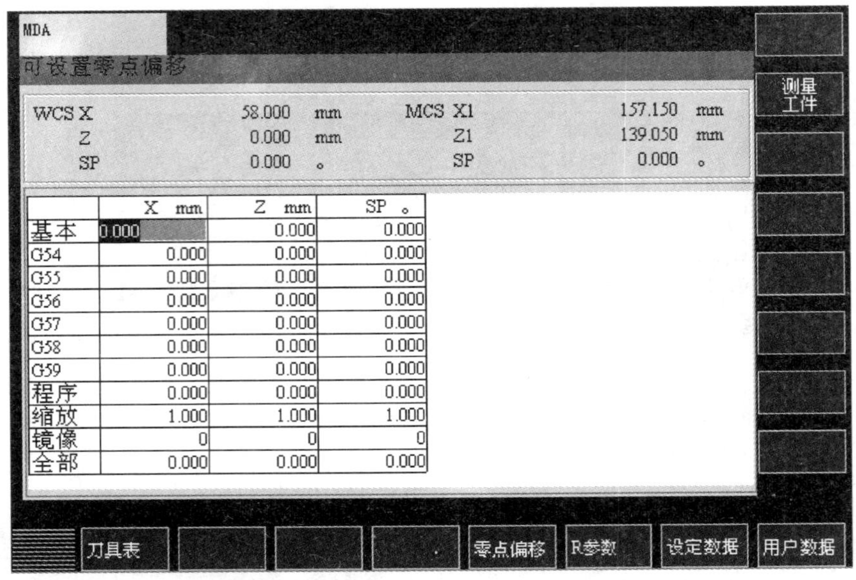

图 4-50　零点偏移

对刀时的试切削和其他需要手动移动刀具的地方。

1）先按操作面板上的键，使机床进入手动状态。

2）进入手动状态后，按下 +Z 键，并保持按住，刀具可以沿 *Z* 轴正方向移动；在按下键的同时，再按下 +X 键，刀具可快速地沿 *X* 轴正方向移动。

2. 手轮方式

手轮用于手动加工或对刀时精确调节机床刀架的运行。操作方法如下。

1）在操作时，若当前界面不在加工操作区，可按“加工操作区域”键 M，切换到加工操作区。

2）单击进入手动方式，单击设置手轮进给速率（1INC，10INC，100INC，1000INC），单击软键 手轮方式，则出现图 4-51 所示界面。

用软键 X 或 Z 可以选择当前需要用手轮操作的轴。

3. MDA 运行方式

1）按下控制面板上键，机床切换到 MDA 运行方式，如图 4-52 所示。

2）通过系统面板输入指令。

3）输入完一段程序后，将光标移至程序开头，单击操作面板上的“运行开始”按钮，则可执行该段程序。

4. 自动运行方式

在自动运行方式下，可进行如下操作。

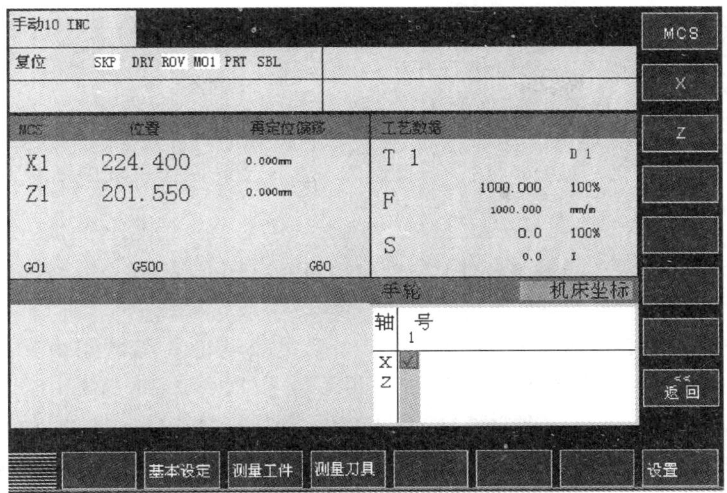

图 4-51　手动操作

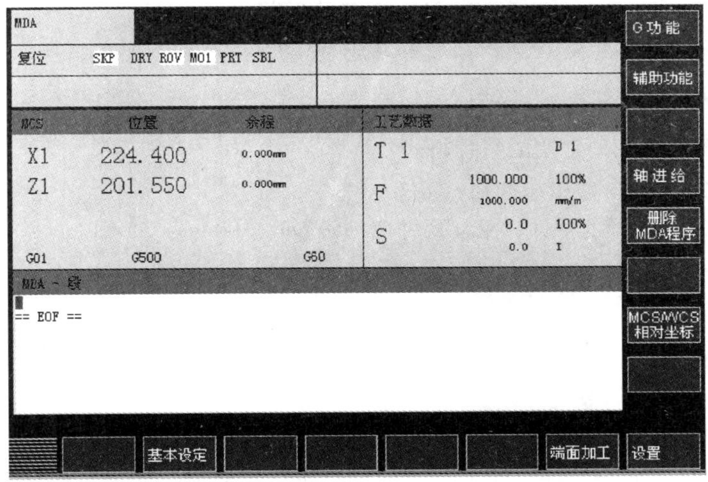

图 4-52　MDA 运行方式

1）检查机床是否回零，若未回零，应先将机床回零。

2）选择待运行的程序。

3）按下控制面板上的“自动方式”键。

4）按“启动”键开始执行程序。

5）程序在运行过程中可根据需要做暂停、停止、急停和重新运行。

程序在运行过程中，单击“循环保持”按钮，程序暂停运行，机床保持暂停运行时的状态；再次单击“运行开始”按钮，程序从暂停行开始继续运行。

程序在运行过程中，单击“复位”按钮，程序停止运行，机床停止，再次单击“运行开始”按钮，程序从暂停行开始继续运行。

程序在运行过程中，按“急停”按钮，数控程序中断运行，继续运行时，先将急停按钮松开，再单击“运行开始”按钮，余下的数控程序从中断行开始作为一个独立的程序执行。

☆考核重点解析

本章是理论与技能考核重点。在数控车工中级理论鉴定试题中常出现的知识点有：T、S 功能，SIEMENS802D 系统常用 G 功能指令，G0、G1、G2、G3、CIP、CT、G4 等指令格式，切槽固定循环 CYCLE93、外圆固定循环 CYCLE95，螺纹固定循环 CYCLE97。选择采用 SIEMENS802D 系统进行技能考核，必须熟练掌握 SIEMENS802D 系统数控车床的操作，并能应用 SIEMENS802D 常用指令编写典型零件加工程序。

复习思考题

1. G96 的格式是怎样的？LIMS 的含义是什么？
2. G2/G3 有哪几种常用的编程格式？
3. G54～G59 指令的用法如何？
4. 加工图 4-53 所示零件，毛坯尺寸为 ϕ50mm×100mm，45 钢。

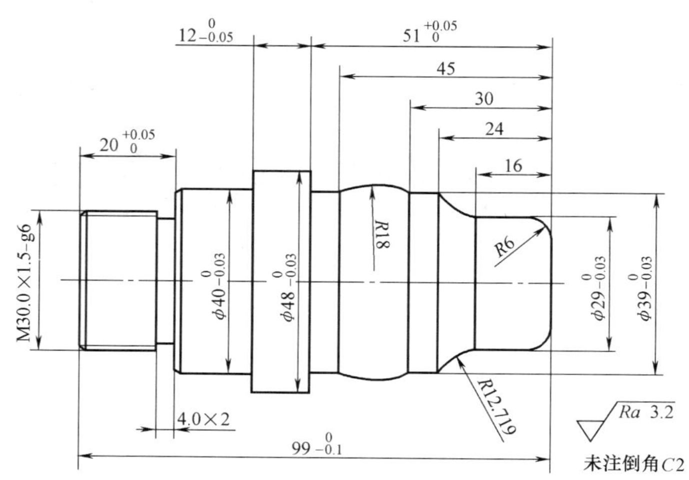

图 4-53

5. 加工图 4-54 所示工件，毛坯尺寸为 ϕ50mm×102mm，45 钢。

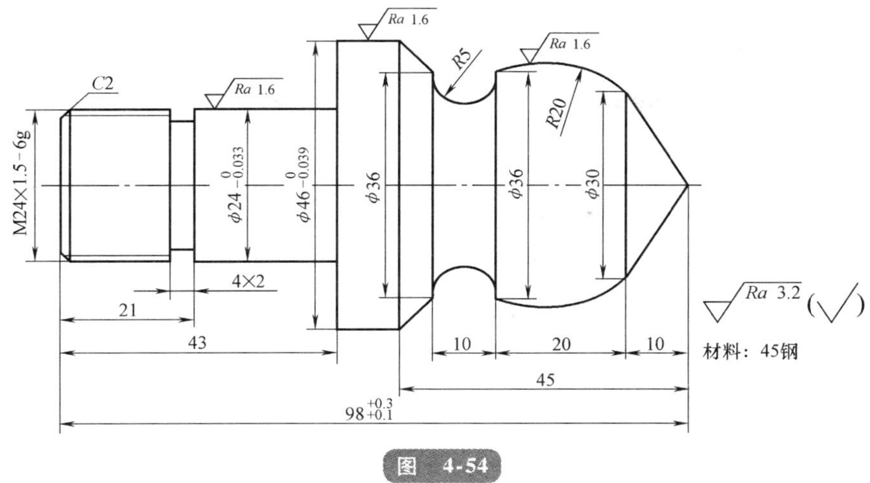

图 4-54

6. 加工图 4-55 所示工件，毛坯为 $\phi 45$mm × 90mm，45 钢。

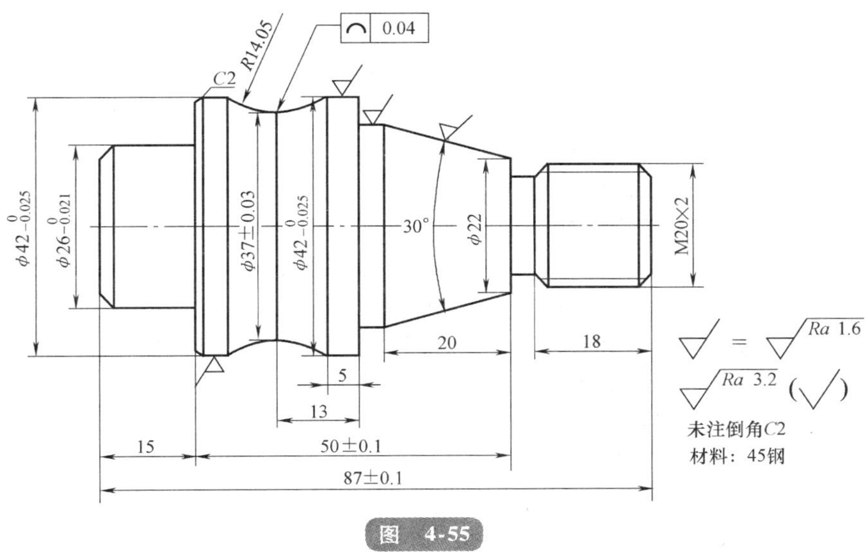

图 4-55

第五章　CAXA 数控车 2015 自动编程

☺理论知识要求

1. 熟悉 CAXA 数控车 2015 系统界面及其操作；
2. 熟练运用 CAXA 数控车 2015 绘制图形；
3. 熟练运用 CAXA 数控车 2015 编辑图形；
4. 掌握 CAXA 数控车 2015 刀具库的管理、机床设置和后置设置；
5. 掌握轮廓粗车、轮廓精车、车槽、钻中心孔、螺纹加工等加工轨迹的生成方法；
6. 掌握后置处理生成加工程序方法。

☺操作技能要求

1. 能应用 CAXA 数控车 2015 完成典型零件的绘制与编辑；
2. 会根据所用机床完成 CAXA 数控车 2015 的机床设置和后置设置；
3. 能生成轮廓粗车、轮廓精车、车槽、钻中心孔、螺纹加工等加工轨迹；
4. 能通过后置处理将加工轨迹生成加工程序。

CAXA 数控车是在全新的数控加工平台上开发的数控车床加工编程和二维图形设计软件。CAXA 数控车具有 CAD 软件的强大绘图功能和完善的外部数据接口，可以绘制任意复杂的图形，可通过 DXF、IGES 等数据接口与其他系统交换数据。CAXA 数控车具有轨迹生成及通用后置处理功能。该软件提供了功能强大、使用简洁的轨迹生成手段，可按加工要求生成各种复杂图形的加工轨迹。通用的后置处理模块使 CAXA 数控车可以满足各种机床的代码格式，可输出 G 代码，并对生成的代码进行校验及加工仿真。

第一节　CAXA 数控车 2015 用户界面

一、熟悉 CAXA 数控车 2015 用户界面

CAXA 数控车 2015 大赛专用版用户界面如图 5-1 所示，更贴近用户，更简明易懂。CAXA 数控车 2015 大赛专用版用户界面主要包括菜单条、工具栏、状态栏、绘图区等部分。另外，需要特别说明的是 CAXA 数控车提供了立即菜单的交互方式，用来代替传统的逐级查找的问答式交互，使得交互过程更加直观和快捷。

1. 绘图区

绘图区是用户进行绘图设计的工作区域，如图 5-1 所示的空白区域。在绘图区的中央设置了一个二维直角坐标系，该坐标系称为世界坐标系。它的坐标原点为（0.0000，

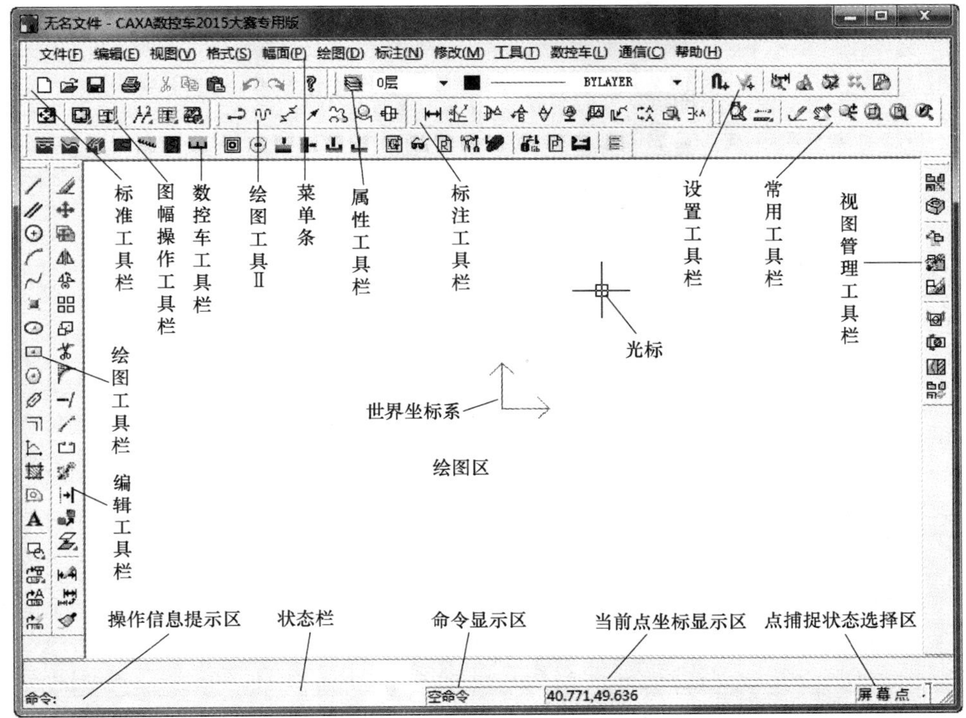

图 5-1　CAXA 数控车 2015 大赛专用版用户界面

0.0000)。CAXA 数控车以当前用户坐标系的原点为基准，水平方向为 X 方向，并且向右为正，向左为负。垂直方向为 Y 方向，向上为正，向下为负。在绘图区用鼠标拾取的点或由键盘输入的点，均以当前用户坐标系为基准。

2. 菜单系统

CAXA 数控车的菜单系统包括主菜单、立即菜单和弹出菜单三个部分。

(1) 主菜单　主菜单位于屏幕的顶部，包括文件、编辑、视图、格式、绘图、标注、修改、工具和帮助等菜单，每个菜单都含有若干个下拉菜单。

(2) 立即菜单　移动光标到绘图工具栏，单击绘图工具栏中任意一个按钮，系统通常会弹出一个立即菜单，并在状态栏显示相应的操作提示和执行命令状态。图 5-2 所示为底部显示为“直线”命令的立即菜单及其操作提示。

立即菜单描述了该项命令执行的各种情况和使用条件。用户根据当前的作图要求，正确地选择某一选项，即可得到准确的响应。

在立即菜单环境下，用鼠标单击其中的某一选项（如【1. 两点线】)，会在其上方出现一个选项菜单或者改变该项的内容，如图 5-3 所示。

(3) 弹出菜单　CAXA 数控车弹出菜单是当前命令状态下的子命令，通过空格键弹出，不同的命令执行状态下可能有不同的子命令组，主要分为点工具组、矢量工具组、选择集拾取工具组、轮廓拾取工具组和岛拾取工具组。

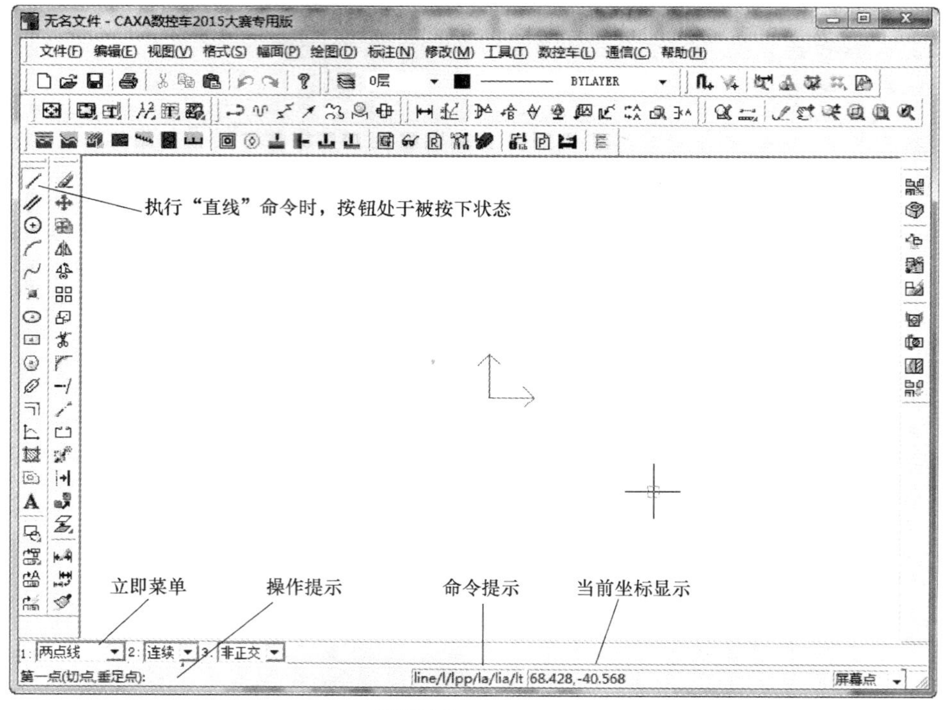

图 5-2　立即菜单

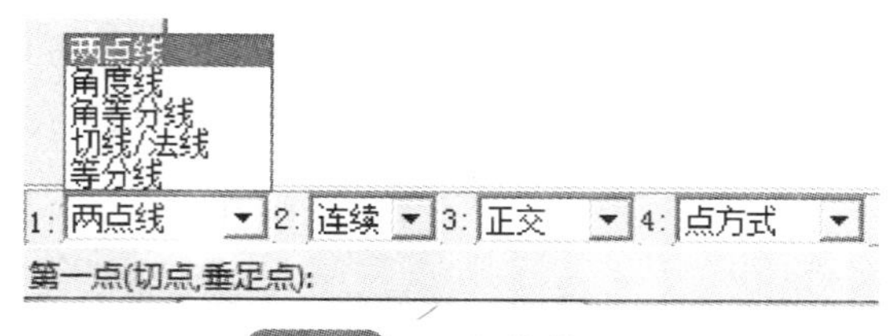

图 5-3　立即菜单选项

3. 状态栏

CAXA 数控车提供了多种显示当前状态的功能，它包括屏幕状态显示，操作信息提示，当前工具点设置及拾取状态显示等。

（1）当前点坐标显示区　位于屏幕底部状态栏的中部。当前点的坐标值随鼠标光标的移动做动态变化。

（2）操作信息提示区　位于屏幕底部状态栏的左侧，用于提示当前命令执行情况或提醒用户输入。

（3）工具菜单状态提示　位于状态栏的右侧，自动提示当前点的性质及拾取方式。例如，点可能为屏幕点、切点、端点等，拾取方式为添加状态、移出状态等。

（4）点捕捉状态设置区　位于状态栏的最右侧，在此区域内设置点的捕捉状态，分别为自由、智能、导航和栅格。

（5）命令与数据输入区　位于状态栏左侧，用于键盘输入命令或数据。

（6）命令提示区　位于命令与数据输入区与操作信息提示区之间，显示目前执行的功能的键盘输入命令的提示，便于用户快速掌握数控车的键盘命令。

4. 工具栏

在工具栏中，可以通过鼠标左键单击相应的功能按钮进行操作，系统默认工具栏包括“标准”“标注工具”“绘图工具”“编辑工具”“数控车工具”等常用工具栏，如图 5-4 所示。工具栏也可以根据用户自己的习惯和需求进行定义。

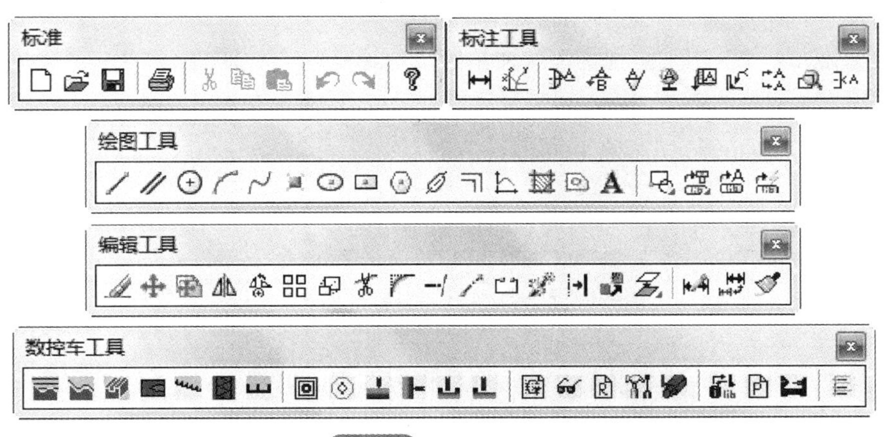

图 5-4　常用工具栏

二、基本操作

1. 命令的执行

CAXA 数控车在执行命令的操作方法上，为用户设置了鼠标选择和键盘输入两种并行的输入方式。所谓鼠标选择就是根据屏幕显示出来的状态或提示，用鼠标光标去单击所需的菜单或工具栏按钮。菜单或工具栏按钮的名称与其功能相一致。选中了菜单或工具栏按钮就意味着执行了与其对应的键盘命令。键盘输入方式由键盘直接键入命令或数据。

在操作提示为“命令”时，使用鼠标右键和键盘回车键可以重复执行上一条命令，命令结束后会自动退出该命令。

2. 点的输入

（1）由键盘输入点的坐标　点在屏幕上的坐标有绝对坐标和相对坐标两种方式。

绝对坐标的输入方法很简单，可直接通过键盘输入 X、Y 坐标，但 X、Y 坐标值之间必须用逗号隔开，如“30，40”。

相对坐标是指相对系统当前点的坐标，与坐标系原点无关。输入时，为了区分不同性质的坐标，CAXA 数控车对相对坐标的输入做了如下规定：输入相对坐标时必须在第一个数值前面加上一个符号@，以表示相对。例如，输入“@60，84”，它表示相对参考点来说，输入了一个 X 坐标为 60，Y 坐标为 84 的点。另外，相对坐标也可以用极坐标的方式表示。例如，“@60<84”表示输入了一个相对当前点的极坐标。相对当前点的极坐标半径为60mm，半径与 X 轴的逆时针夹角为84°。

参考点是系统自动设定的相对坐标的参考基准。它通常是用户最后一次操作点的位置。在当前命令的交互过程中，用户可以按F4键，专门确定希望的参考点。

（2）鼠标输入点的坐标　鼠标输入点的坐标就是通过移动十字光标选择需要输入点的位置。选中后按下鼠标左键，该点的坐标即被输入。鼠标输入的都是绝对坐标。用鼠标输入点时，应一边移动十字光标，一边观察屏幕底部的坐标显示数字的变化，以便尽快较准确地确定待输入点的位置。

鼠标输入方式与工具点捕捉配合使用可以准确地定位特征点，如端点、切点、垂足点等。用功能键F6可以进行捕捉方式的切换。

（3）工具点的捕捉　工具点就是在作图过程中具有几何特征的点，如圆心点、切点、端点等。所谓工具点捕捉就是使用鼠标捕捉工具点菜单中的某个特征点。用户进入作图命令，需要输入特征点时，只要按下空格键，即弹出工具点菜单，如图5-5所示。

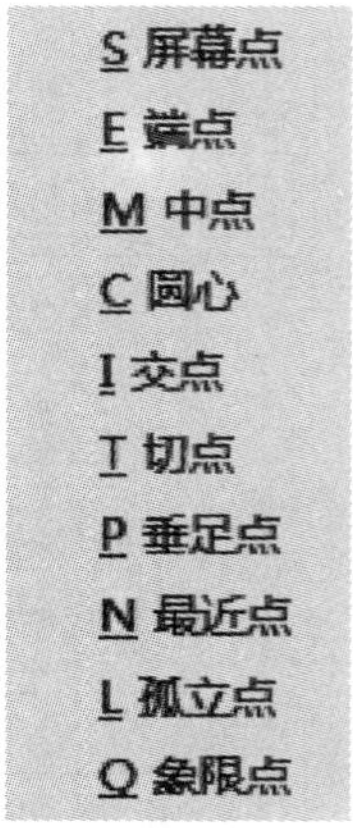

S 屏幕点
E 端点
M 中点
C 圆心
I 交点
T 切点
P 垂足点
N 最近点
L 孤立点
Q 象限点

图 5-5　工具点菜单

工具点的缺省状态为屏幕点，用户在作图时拾取了其他的点状态，即在提示区右下角工具点状态栏中显示出当前工具点捕获的状态。但这种点的捕获一次有效，用完后立即自动回到屏幕点状态。

当使用工具点捕获时，其他设定的捕获方式暂时被取消，这就是工具点捕获优先原则。

例1　用“直线”命令绘制图5-6所示两圆的公切线，并利用工具点捕获进行作图，其操作顺序如下。

1）执行“直线”命令。

2）当系统提示【第一点】时，按空格键，在工具点菜单中选“切点”，拾取圆，捕获“切点”。

3）当系统提示【下一点】时，按空格键，在工具点菜单中选“切点”，拾取另一圆，捕获“切点”。

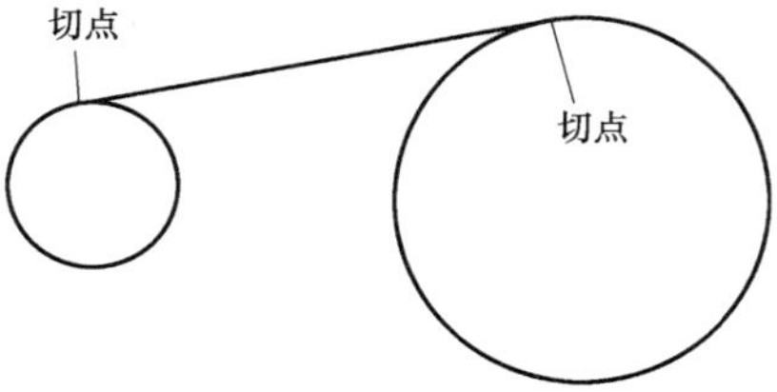

图 5-6　绘制两圆的公切线

3. 拾取实体

绘图时所用的直线、圆弧、块或图符等，在交互软件中称为实体。每个实体都有其相对应的绘图命令。CAXA数控车中的实体有下面一些类型：直线、圆或圆弧、点、椭圆、块、剖面线、尺寸等。

拾取实体，其目的就是根据作图的需要在已经画出的图形中，选取作图所需的某个或某几个实体。已选中的实体集合，称为选择集。当交互操作处于拾取状态（工具菜

单提示出现“添加状态”或“移出状态”）时，用户可通过操作拾取工具菜单来改变拾取的特征。

（1）拾取所有　拾取所有就是拾取画面上所有的实体。但系统规定，在所有被拾取的实体中不应含有拾取设置中被过滤掉的实体或被关闭图层中的实体。

（2）拾取添加　指定系统为拾取添加状态，此后拾取的实体将放到选择集中。拾取操作有两种状态：“添加状态”和“移出状态”。

（3）取消所有　所谓取消所有，就是取消所有被拾取的实体。

（4）拾取取消　拾取取消的操作就是从拾取的实体中取消某些实体。

（5）取消尾项　执行本项操作可以取消最后拾取的实体。

（6）重复拾取　拾取上一次选择的实体。

上述几种拾取实体的操作都是通过鼠标来完成的。也就是说，通过移动鼠标的十字光标，将其交叉点或靶区方框对准待选择的某个实体，然后按下鼠标左键，即可完成拾取的操作。被拾取的实体呈拾取加亮颜色的显示状态（缺省为红色），以示与其他实体的区别。

4. 右键直接操作功能

（1）功能　本系统提供面向对象的功能，即用户可以先拾取操作的对象（实体），后选择命令，进行相应的操作。该功能主要适用于一些常用的命令操作，提高交互速度，尽量减少作图中的菜单操作，使界面更为友好。

（2）操作步骤　在无命令执行状态下，用鼠标左键或窗口拾取实体，被选中的实体将变成拾取加亮颜色（缺省为红色），此时用户可单击任一被选中的元素，然后按下鼠标左键移动鼠标来随意拖动该元素。对于圆、直线等基本曲线还可以单击其控制点（图 5-7）来进行拉伸操作。进行了这些操作后，图形元素依然是被选中的，即依然以拾取加亮颜色显示。系统认为被选中的实体为操作的对象，此时按下鼠标右键，则弹出相应的命令菜单（图 5-8），单击菜单项，则将对选中的实体进行操作。拾取不同的实体（或实体组）将会弹出不同的功能菜单。

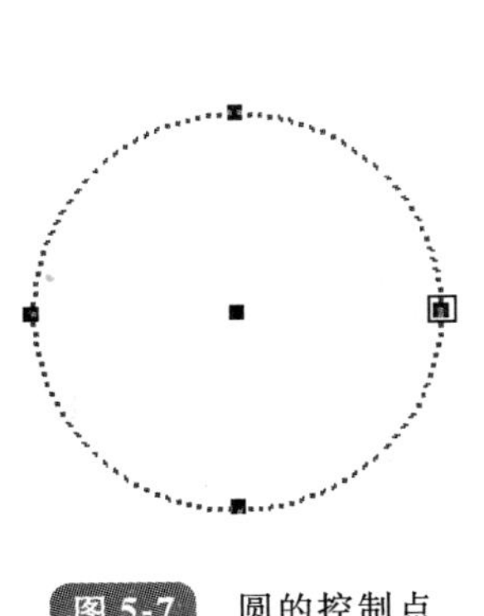

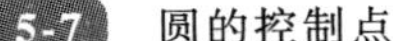
图 5-7　圆的控制点

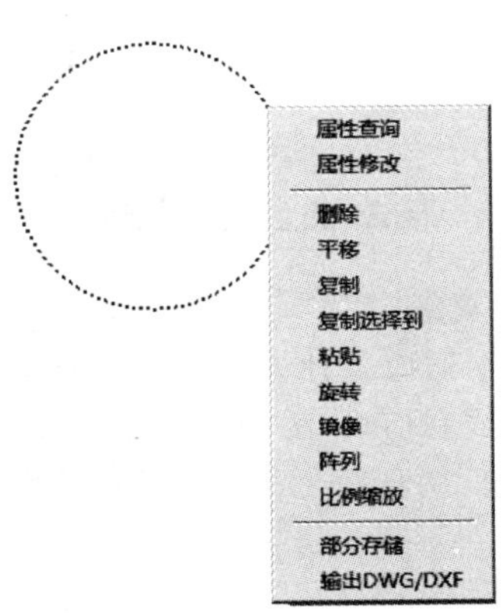

图 5-8　右键弹出命令菜单

5. 其他常用的操作

本系统具有计算功能，它不仅能进行加（+）、减（-）、乘（×）、除（/）、平方、开方和三角函数等常用的数值计算，还能完成复杂表达式的计算。

例如

$$\frac{60}{91}+\frac{44.35}{23}$$

$$\mathrm{sqrt}\ (23)$$

$$\sin\left(\frac{70\pi}{180}\right)。$$

6. 立即菜单的操作

用户在输入某些命令以后，在绘图区的底部会弹出一行立即菜单。例如，输入一条画直线的命令（从键盘输入“line”命令或用鼠标在“绘图”工具栏单击“直线”按钮），则系统弹出一行立即菜单及相应的操作提示，如图 5-9 所示。

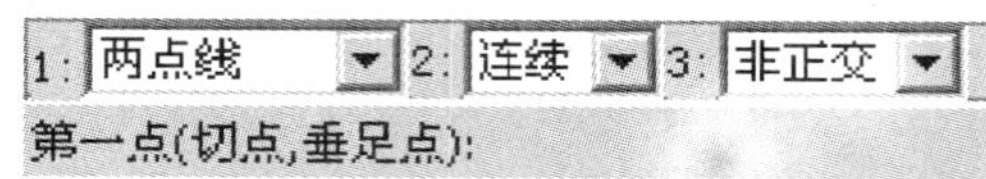

图 5-9 立即菜单

此菜单表示当前待画的直线为两点线方式、非正交的连续直线。在显示立即菜单的同时，在其下面显示：【第一点（切点，垂足点）:】。括号中的“切点，垂足点”表示此时可输入切点或垂足点。需要说明的是，在输入点时，如果没有提示“切点，垂足点”，则表示不能输入工具点中的切点或垂足点。用户按要求输入第一点后，系统会提示【第二点（切点，垂足点）:】。用户再输入第二点，系统在屏幕上从第一点到第二点画出一条直线。

立即菜单的主要作用是可以选择某一命令的不同功能。可以通过鼠标单击立即菜单中的下拉箭头或用快捷键“ALT+数字键”进行激活，如果下拉菜单中有很多可选项，可使用快捷键“ALT+连续数字键”进行选项的循环。例如上例，如果想在两点间画一条正交直线，那么可以用鼠标单击立即菜单中的【3. 非正交】或者用快捷键“ALT+3”激活它，则该菜单变为【3. 正交】。

第二节　图形绘制

一、基本曲线的绘制

1. 直线

为了适应各种情况下直线的绘制，CAXA 数控车提供了两点线、平行线、角度线、角等分线和切线/法线、等分线这六种方式。

（1）两点线　在屏幕上按给定两点画一条直线段或者按给定的连续条件画连续的直线段。

1）从键盘输入“line”命令或者用鼠标在“绘图”工具栏单击“直线”按钮，则系统立即弹出一行立即菜单及相应的操作提示，如图 5-9 所示。

2）单击立即菜单【1：两点线】，在立即菜单的上方弹出一个直线类型的选项菜单。菜单中的每一项都相当于一个转换开关，负责直线类型的切换。直线类型选项菜单如图 5-10 所示。在选项菜单中单击【两点线】。

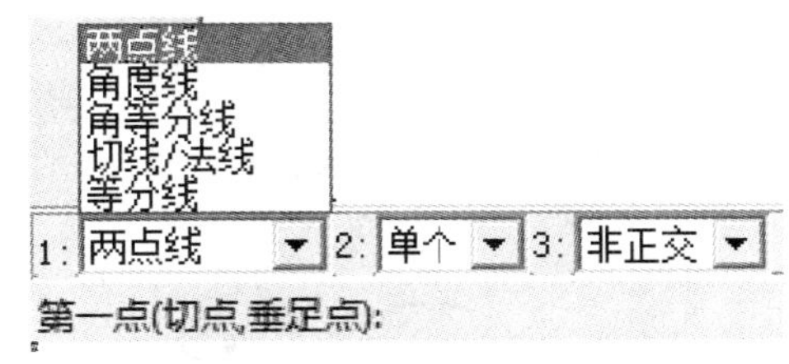

图 5-10　直线类型选项菜单

在非正交情况下，第一点和第二点均可为三种类型的点：切点、垂足点、其他点（工具点菜单上列出的点）。根据拾取点的类型可生成切线、垂直线、公垂线、垂直切线及任意的两点线。在正交情况下，生成的直线平行于当前坐标系的坐标轴，即由第一点定出首访点，第二点定出与坐标轴平行或垂直的直线线段。

3）单击立即菜单【2：连续】，则该项内容由“连续”变为“单个”，其中“连续”表示每段直线段相互连接，前一段直线段的终点为下一段直线段的起点，而“单个”是指每次绘制的直线段相互独立、互不相关。

4）单击立即菜单【3：非正交】，其内容变为“正交”，它表示要画的直线为正交线段，所谓“正交线段”是指与坐标轴平行的线段。F8 键可以切换是否正交。

5）按立即菜单的条件和提示要求，用鼠标拾取两点，则一条直线即被绘制出来。为了准确地做出直线，用户最好使用键盘输入两个点的坐标或距离。

6）此命令可以重复进行，用鼠标右键终止此命令。

例 2　简单两点线。

图 5-11a 所示为用上述操作画出的单个非正交直线，图 5-11b 所示为连续正交直线。

画连续正交的直线时，指定第一点后，移动鼠标系统会出现绿色的线段预览，直接单击点、输入坐标值或输入距离都可确定第二点。

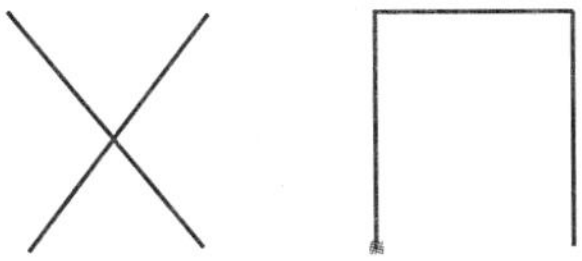

a)　　b)

图 5-11　绘制简单两点线

a）单个非正交直线　b）连续正交直线

例 3　圆的公切线。

充分利用工具点菜单，可以绘制出多种特殊的直线，这里以利用工具点中的切点绘制出圆和圆弧的切线为例，介绍工具点菜单的使用。

首先，单击“直线”按钮，当系统提示“输入第一点”时，按空格键弹出工具点菜单，单击“切点”项，然后按提示拾取第一个圆，拾取的位置如图 5-12a 中“1”所指的位置，在输入第二点时，

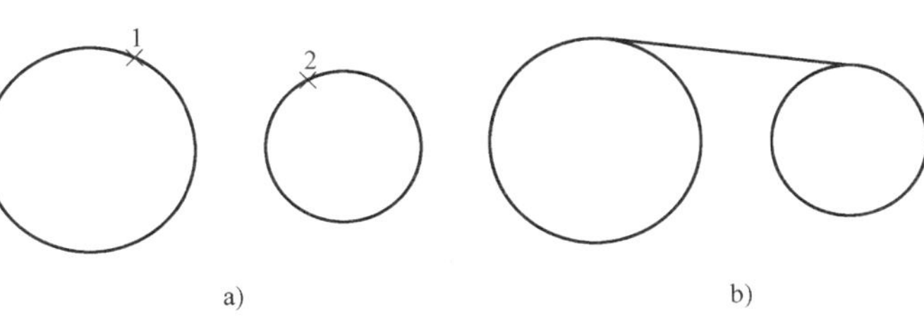

图 5-12　绘制两圆的公切线

a）输入点　b）作图结果

方法同第一点的拾取方法一样，拾取第二个圆的位置如图 5-12 中“2”所指的位置。作图结果如图 5-12b 所示。

这里请用户务必注意：在拾取圆时，拾取位置的不同，则切线绘制的位置也就不同。如图 5-13 所示，若第二点选在“3”所指位置处，则做出的为两圆的内公切线。

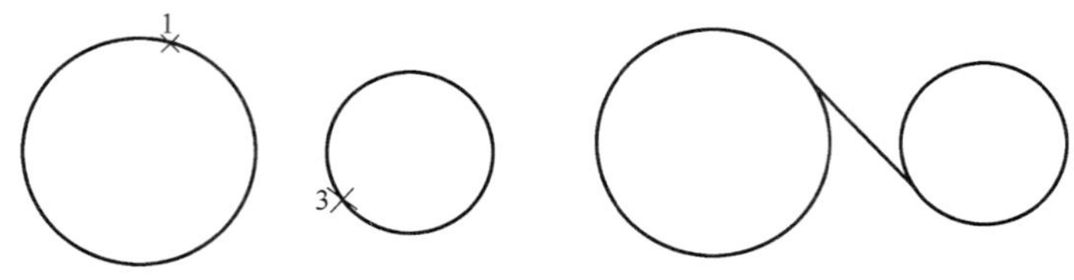

图 5-13　绘制两圆的内公切线

（2）平行线　绘制同已知线段平行的线段。

1）从键盘输入“ll”命令或者用鼠标单击“绘制工具”工具栏中“平行线”按钮，则系统立即弹出图 5-14 所示的一行立即菜单及相应的操作提示。

1: 偏移方式 ▼ 2: 单向 ▼
拾取直线:

图 5-14　平行线立即菜单

2）单击立即菜单【1：偏移方式】，可以选择“偏移方式”或“两点方式”。

3）选择偏移方式后，单击立即菜单【2：单向】，其内容由“单向”变为“双向”，在双向条件下可以画出与已知线段平行、长度相等的双向平行线段。当在单向模式下用键盘输入距离时，系统首先根据十字光标在所选线段的哪一侧来判断绘制线段的位置。

4）选择两点方式后，可以单击立即菜单【2：点方式】来选择“点方式”或“距离方式”，根据系统提示即可绘制相应的线段。

5）按照以上描述，选择“偏移方式”用鼠标拾取一条已知线段。拾取后，该提示改为“输入距离或点”。在移动鼠标时，一条与已知线段平行、长度相等的线段被鼠标拖动着。待位置确定后，按下鼠标左键，一条平行线段被画出。也可用键盘输入一个距离数值，两种方法的效果相同。

图 5-15a 所示为根据上述操作步骤画的单向平行线段，图 5-15b 所示为双向平行线段。

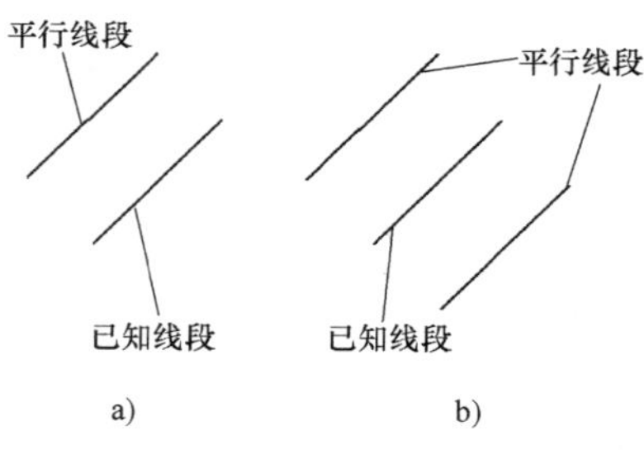

图 5-15　平行线示例
a）单向平行线段　b）双向平行线段

（3）角度线　按给定角度、给定长度画一条直线段。

1）从键盘输入“la”命令或者单击“绘制工具”工具栏中“直线”按钮，单击立即菜单【1：两点线】，从中选取“角度线”方式。

2）单击立即菜单【2：X 轴夹角】，弹出图 5-16 所示的立即菜单，用户可选择夹角

类型。如果选择“直线夹角”，则表示画一条与已知直线段夹角为指定度数的直线段，此时操作提示变为“拾取直线”，待拾取一条已知直线段后，再输入第一点和第二点即可。

图 5-16　角度线立即菜单

3）单击立即菜单【3：到点】，则内容由“到点”转变为“到线上”，即指定终点位置在选定直线上，此时系统不提示输入第二点，而是提示选定所到的直线。

4）单击立即菜单【4：度】，则在操作提示区出现“输入实数”的提示。要求用户在 -360 ~ 360 间输入一所需角度值。编辑框中的数值为当前立即菜单所选角度的缺省值。

5）按提示要求输入第一点，则屏幕画面上显示该点标记。此时，操作提示改为“输入长度或第二点”。如果由键盘输入一个长度数值并回车，则一条按用户设定值而确定的直线段被绘制出来。如果移动鼠标，则一条绿色的角度线随之出现。待光标位置确定后，按下左键则立即画出一条给定长度和倾角的直线段。

6）本操作也可以重复进行，用鼠标右键可终止本操作。

图 5-17 所示为按立即菜单条件及操作提示要求所绘制的一条与 X 轴成 45°、长度为 50mm 的一条角度线。

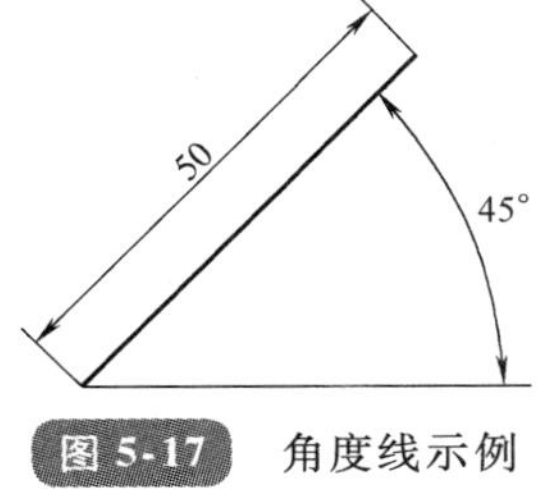

图 5-17　角度线示例

2. 圆弧

（1）过三点画圆弧　过三点画圆弧，其中第一点为起点，第三点为终点，第二点决定圆弧的位置和方向。

1）从键盘输入“arc”命令或者单击“绘图”工具栏中的“圆弧”按钮 。

2）单击立即菜单【1：三点圆弧】，则在其上方弹出一个表明圆弧绘制方法的选项菜单，选项菜单中的每一项都是一个转换开关，负责对绘制方法进行切换，如图 5-18 所示。

3）按提示要求指定第一点和第二点，与此同时，一条过上述两点及过光标所在位置的三点圆弧已经被显示在画面上，移动光标，正确选择第三点位置，并单击鼠标左键，则一条圆弧线被绘制出来。在选择这三个点时，可灵活运用工具点、智能点、导航点、栅格点等功能。用户还可以直接用键盘输入点坐标。

4）此命令可以重复进行，右击终止此命令。

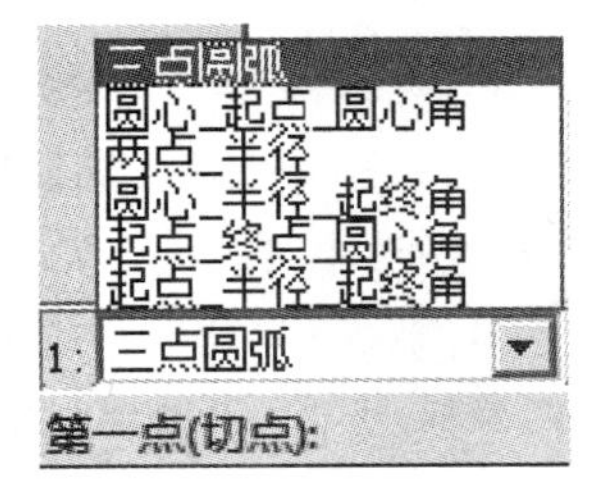

图 5-18　圆弧立即菜单

例 4　作与直线相切的弧。

首先选择画“三点”圆弧方式，当系统提示第一点时，按空格键弹出工具点菜单，单击“切点”，然后按提示拾取直线，再指定圆弧的第二点、第三点后，圆弧绘制完成，如图 5-19 所示。

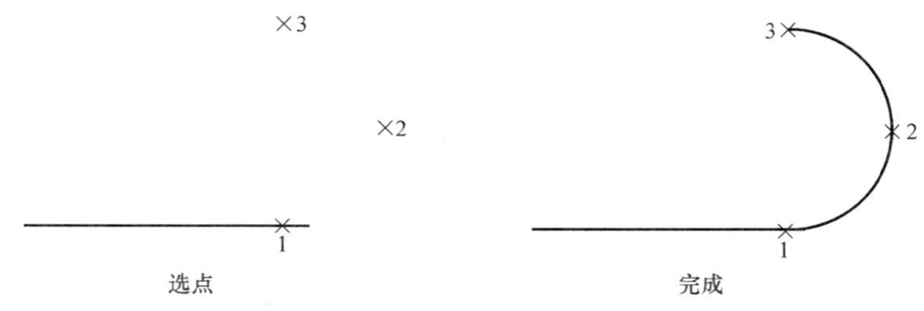

图 5-19 作与直线相切的弧

a）选点 b）完成

例 5 作与圆弧相切的弧。

首先选择画“三点”圆弧方式，当系统提示第一点时，按空格键弹出工具点菜单，单击“切点”，然后按提示拾取第一段圆弧，再输入圆弧的第二点，当提示输入第三点时，按选第一点的方法，拾取第二段圆弧的切点，圆弧绘制完成，如图 5-20 所示。

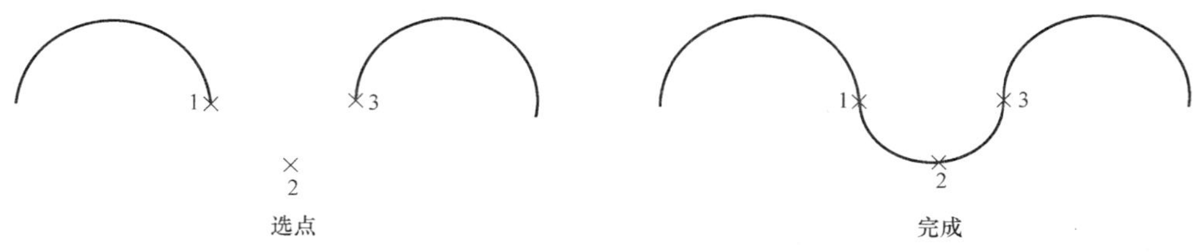

图 5-20 作与圆弧相切的弧

（2）由圆心、起点、圆心角画圆弧 已知圆心、起点及圆心角或终点画圆弧。

1）从键盘输入“acsa”命令，或者单击“绘制”工具栏中的“圆弧”按钮，单击立即菜单【1：三点圆弧】，在菜单中选择“圆心_ 起点_ 圆心角”选项。

2）按提示要求输入圆心和圆弧起点，提示又变为“圆心角或终点（切点）”，输入一个圆心角数值或输入终点，则圆弧被画出，也可以用鼠标拖动进行选取。

3）此命令可以重复进行，右击终止此命令。

（3）已知两点、半径画圆弧 已知两点及圆弧半径画圆弧。

1）从键盘输入“appr”命令，或者单击“绘制工具”栏中的“圆弧”按钮，单击立即菜单【1：三点圆弧】，从中选取“两点_ 半径”选项。

2）按提示要求输入完第一点和第二点后，系统提示又变为“第三点或半径”。此时如果输入一个半径值，则系统首先根据十字光标当前的位置判断绘制圆弧的方向，判定规则：十字光标当前位置处在第一、二两点所在直线的哪一侧，则圆弧就绘制在哪一侧，如图 5-21a、b 所示。同样的两点 1 和 2，由于光标位置的不同，可绘制出不同方向的圆弧。然后系统根据两点的位置、半径值以及判断出的绘制方向来绘制圆弧。如果在输入第二点以后移动鼠标，则在画面上出现一段由输入的两点及光标所在位置点构成的三点圆弧。移动光标，圆弧发生变化，在确定圆弧大小后，单击鼠标左键，结束本操作。图 5-21c 所示为鼠标拖动所绘制的圆弧。

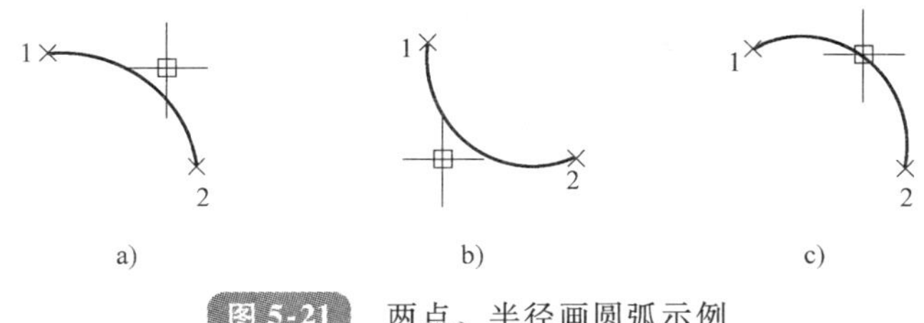

图 5-21　两点、半径画圆弧示例

（4）已知圆心、半径、起终角画圆弧　由圆心、半径和起终角画圆弧。

1）从键盘输入“acra”命令，或者单击“绘图”工具栏中的“圆弧”按钮，单击立即菜单【1：三点圆弧】，从中选取【圆心_ 半径_ 起终角】项。

2）单击立即菜单【2：半径】，提示变为“输入实数”。其中编辑框内数值为默认值，用户可通过键盘输入半径值。

3）单击立即菜单中的【3：起始角】或【4：终止角】，用户可按系统提示输入起始角或终止角的数值。其范围为 -360 ~ 360。一旦输入新数值，立即菜单中相应的内容会发生变化。注意：起始角和终止角均是从 X 正半轴开始，逆时针旋转为正，顺时针旋转为负。

4）立即菜单表明了待画圆弧的条件。按提示要求输入圆心点，此时用户会发现，一段圆弧会随光标的移动而移动。圆弧的半径、起始角、终止角均为用户设定的值，待选好圆心点位置后，单击鼠标左键，则该圆弧被显示在画面上。

5）此命令可以重复进行，右击终止操作。

例 6　采用圆心、半径、起终角方式画圆弧，当半径为 30mm，起始角为 0°，终止角为 60°，结果如图 5-22a 所示；当半径为 30mm，起始角为 -60°，终止角为 0°，结果如图 5-22b 所示；当半径为 30mm，起始角为 0°，终止角为 -60°，结果如图 5-22c 所示。

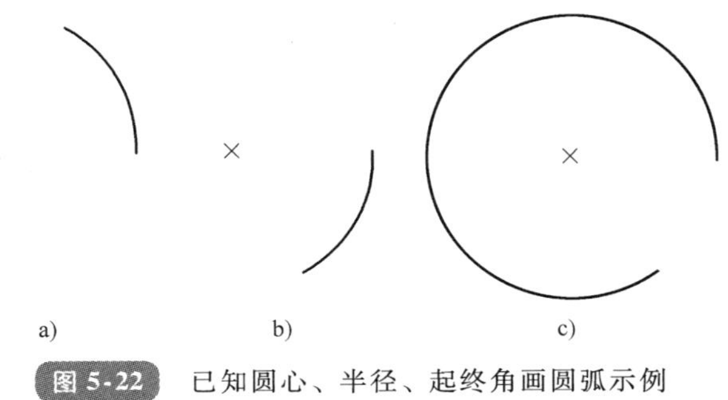

图 5-22　已知圆心、半径、起终角画圆弧示例

（5）已知起点、终点、圆心角画圆弧　已知起点、终点和圆心角画圆弧。

1）从键盘输入“asea”命令或者单击“绘图”工具栏中的“圆弧”按钮，单击立即菜单【1：三点圆弧】，从中选取“起点_ 终点_ 圆心角”项。

2）用户先单击立即菜单【2：圆心角】，根据系统提示输入圆心角的数值，范围是-360~360，其中负角表示从起点到终点按顺时针方向作圆弧，而正角表示从起点到终点逆时针作圆弧，数值输入完后按回车键确认。

3）按系统提示输入起点和终点。

4）此命令可以重复进行，右击结束操作。

例7 由图5-23可以看出，起点、终点相同，而圆心角所取的符号不同，则圆弧的方向也不同。其中图5-23a所示的圆心角为60°，图5-23b所示的圆心角为-60°。

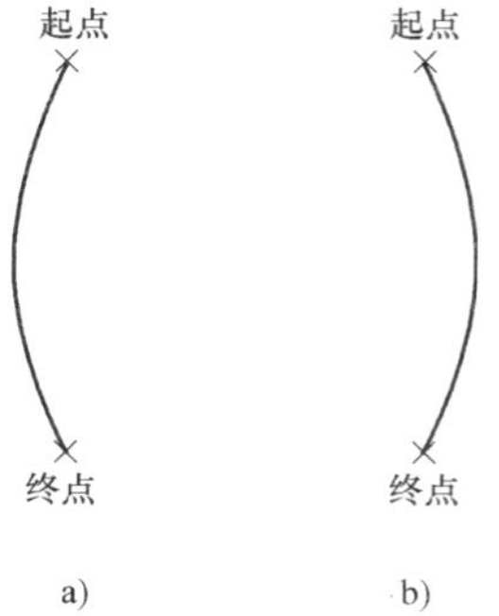

起点 起点
终点 终点
a) b)

图5-23 已知起点、终点、圆心角画圆弧示例

（6）已知起点、半径、起终角画圆弧 由起点、半径和起终角画圆弧。

1）由键盘输入“asra”命令或者单击“绘图”工具栏中的“圆弧”按钮，单击立即菜单【1：三点圆弧】，从中选取“起点_半径_起终角”项。

2）单击立即菜单【2：半径】，用户可以按照提示输入半径值。

3）单击立即菜单中的【3：起始角】或【4：终止角】，按照系统提示，用户可以根据作图的需要分别输入起始角或终止角的数值。输入完毕后，立即菜单中的条件也将发生变化。

4）立即菜单表明了待画圆弧的条件。按提示要求输入一起点，一段半径，起始角、终止角均为用户设定值的圆弧被绘制出来。起点可由鼠标或键盘输入。

5）此命令可以重复进行，右击结束操作。

3. 圆

（1）已知圆心和半径画圆

1）从键盘输入“circle”命令，或者单击“绘图”工具栏中的“圆”按钮，系统弹出绘制圆立即菜单及相关提示。

2）单击立即菜单【1：圆心-半径】，弹出绘制圆各种方法的选项菜单，其中每一项都为一个转换开关，可对不同画圆方法进行切换，这里选择“圆心_半径”项，如图5-24所示。

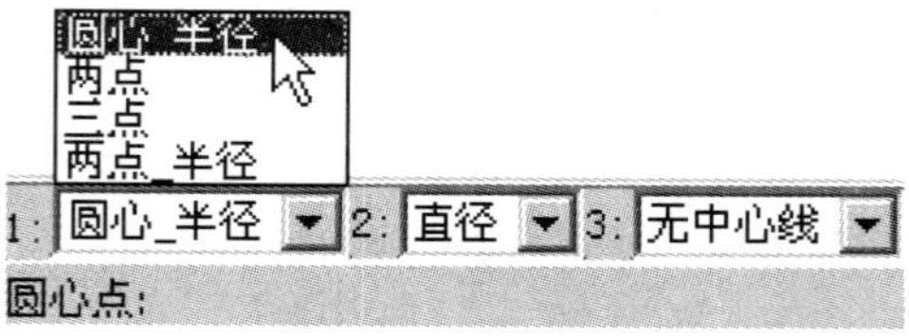

圆心_半径
两点
三点
两点_半径
1: 圆心_半径 2: 直径 3: 无中心线
圆心点:

图5-24 选择圆的绘制方法

3）按提示要求输入圆心，提示变为“输入半径或圆上一点”。此时，可以直接由键盘输入所需半径数值，并按回车键；也可以移动光标，确定圆上的一点，并按下鼠标左键。

4）若用户单击立即菜单【2：半径】，则显示内容由“半径”变为“直径”，则输入完圆心以后，系统提示变为“输入直径或圆上一点”，用户由键盘输入的数值为圆的直径。

5）此命令可以重复操作，用鼠标右键结束操作。

6）根据不同的绘图要求，可在立即菜单中选择是否出现中心线，系统默认为无中心线。此命令在圆的绘制中都可选择。

（2）两点画圆　通过两个已知点画圆，这两个已知点之间的距离为直径。

1）从键盘输入“cppl”命令，或者单击“绘图”工具栏中的“圆”按钮，单击立即菜单【1：圆心_半径】，从中选择“两点”项。

2）按提示要求输入第一点和第二点后，一个完整的圆被绘制出来。

3）此命令可以重复操作，用鼠标右键结束操作。

（3）三点画圆　过已知三点画圆。

1）从键盘输入“cppp”命令，或者单击“绘图”工具栏中的“圆”按钮。单击立即菜单【1：圆心-半径】，从中选择“三点”项。

2）按提示要求输入第一点、第二点和第三点后，一个完整的圆被绘制出来。在输入点时可充分利用智能点、栅格点、导航点和工具点。

3）此命令可以重复操作，用鼠标右键结束操作。

例 8　利用三点圆和工具点菜单可以很容易地绘制出三角形的外接圆和内切圆，如图 5-25 所示。

图 5-25　三点圆

（4）两点半经画圆　过两个已知点和给定半径画圆。

1）从键盘输入“cppr”命令，或者单击“绘图”工具栏中的“圆”按钮。单击立即菜单【1：圆心_半径】，从中选择“两点_半径”选项。

2）按提示要求输入第一点、第二点后，用鼠标或键盘输入第三点或由键盘输入一个半径值，一个完整的圆被绘制出来。

3）此命令可以重复操作，用鼠标右键结束操作。

4. 样条曲线

生成过给定顶点（样条插值点）的样条曲线。点的输入可由鼠标输入或由键盘输入。也可以从外部样条数据文件中直接读取样条。

1）从键盘输入“spline”命令，或者单击“绘图”工具栏中的“样条”按钮，系统弹出绘制样条曲线立即菜单及相关提示，如图 5-26 所示。

1: 直接作图 2: 缺省切矢 3: 开曲线
输入点:

图 5-26　绘制样条曲线立即菜单

2）若在立即菜单中选取【1. 直接作图】，则用户按系统提示，用鼠标或键盘输入一系列控制点，一条光滑的样条曲线自动画出。

3）若在立即菜单中选取“从文件读入”，则屏幕弹出“打开样条数据文件”对话框，从中可选择数据文件，单击“确认”后，系统可根据文件中的数据绘制出样条。

4）绘制样条线时，在批量输入点时可以根据要求选择闭合选项。方法如下。

可以根据 dat 文件中的关键字生成开曲线或闭曲线，关键字 OPEN 表示开，CLOSED 表示闭合。没有 OPEN 或 CLOSED 的默认为 OPEN。操作时可从样条功能函数处读入 dat 文件，也可从打开文件处读入 dat 文件。

例 9 某 dat 文件内容如下。

```
SPLINE
3
0, 0, 0
50, 50, 0
100, 0, 0
SPLINE
CLOSED
3
0, 0, 0
50, 50, 0
100, 30, 0
SPLINE
OPEN
4
0, 0, 0
30, 20, 0
100, 100, 0
30, 36, 0
EOF
```

则生成的第一根默认为 OPEN（开），第二根 CLOSED（闭），第三根 OPEN（开）。

直角坐标系中样条 dat 文件的格式说明（参考上面例子中的 dat 文件）如下。

第一行应为关键字 SPLINE。

第二行应为关键字 OPEN 或 CLOSED，若不写此关键字则默认为 OPEN。

第三行应为所绘制样条的型值点数，这里假设有 3 个型值点。

如果有 3 个型值点，则第四～六行应为型值点的坐标，每行描述一个点，用三个坐标 X、Y、Z 表示，Z 坐标为 0；

如果文件中要做多个样条，则从第七行开始继续输入数据，格式如前所述；若文件到此结束，则最后一行可加关键字 EOF，也可以不加此关键字。

同时，本系统设置空行对格式没有影响。

5）绘制样条线时，通过输入极坐标来完成。方法如下。

通过读入 dat 文件来输入极坐标，dat 文件中用 P_ SPLINE 标识极坐标。读入文件可以从样条功能中读入也可以从打开文件功能中读入。

例 10　某 dat 文件内容如下。

P_ SPLINE

OPEN

3

100，0，0

100，90，0

100，180，0

P_ SPLINE

CLOSED

6

50.000000，0.000000，0.000000

75.000000，45.000000，0.000000

100.000000，90.000000，0.000000

125.000000，135.000000，0.000000

150.000000，180.000000，0.000000

175.000000，225.000000，0.000000

EOF

此文件将根据极坐标绘制出两根样条曲线，每一行数据中，第一个数据表示极径，第二个表示极角（用角度表示），第三个数据在二维平面中默认为零。

极坐标系中样条 dat 文件的格式说明（参考上面例子中的 dat 文件）如下。

第一行应为关键字 P_SPLINE。

第二行应为关键字 OPEN 或 CLOSED，若不写此关键字则默认为 OPEN。

第三行应为所绘制样条的型值点数，这里假设有 3 个型值点。

如果有 3 个型值点，则第四～六行应为型值点的坐标，每行用三个极坐标数据描述一个点，第一个数据表示极径，第二个表示极角（用角度表示），第三个数据在二维平面中默认为零。

如果文件中要做多个样条，则从第七行开始继续输入数据，格式如前所述；若文件到此结束，则最后一行可加关键字 EOF，也可以不加此关键字。

另外，空行对格式没有影响。

例 11　图 5-27 所示为通过一系列样条插值点绘制的一条样条曲线。

5. 等距线

绘制给定曲线的等距线。CAXA 数控车具有链拾取功能，它能把首尾相连的图形元素作为一个整体进行等距绘制，这将大大加快作图过程中某些薄壁零件剖面的绘制。

1）从键盘输入“offset”命令，或者单击“绘图”工具栏中的“等距线”按钮 ，系统弹出绘制等距线立即菜单及相关提示，如图 5-28 所示。等距功能默认为指定距离方式。

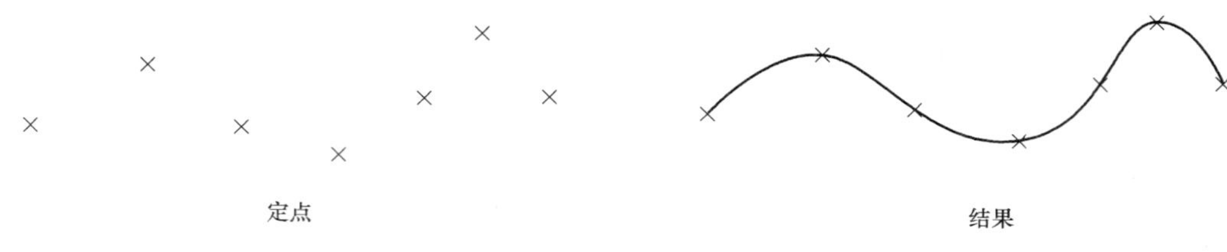

图 5-27　根据给定点绘制样条曲线

图 5-28　绘制等距线立即菜单及提示

2）用户可以在弹出的立即菜单中选择“单个拾取”或“链拾取”，若是单个拾取，则只选中一个元素，如图 5-29a 所示；若是链拾取，则与该元素首尾相连的元素也一起被选中。

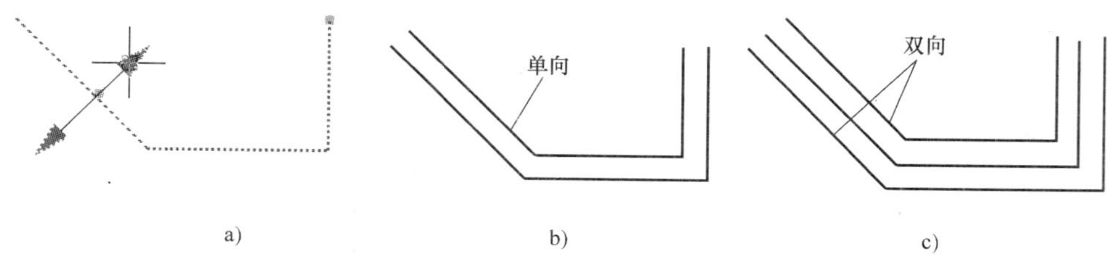

图 5-29　绘制等距线示例 1

a）单个拾取　b）指定距离，单向　c）指定距离，双向

3）在立即菜单【2：指定距离】中可选择“指定距离”或“过点方式”。“指定距离”方式是指选择箭头方向确定等距方向，给定距离的数值来生成给定曲线的等距线；“过点方式”是指通过某个给定的点生成给定曲线的等距线。

4）在立即菜单【3：单向】中可选取“单向”或“双向”选项。“单向”是指只在用户选择直线的一侧绘制，如图 5-29b 所示；而“双向”是指在直线两侧均绘制等距线，如图 5-29c 所示。

5）在立即菜单【4：空心】中可选择“空心”或“实心”。“实心”是指原曲线与等距线之间进行填充，如图 5-30a 所示；而“空心”方式只画等距线，不进行填充，如图 5-30b 所示。

6）如果是“指定距离”方式，则单击立即菜单【5：距离】，可按照提示输入等距线与原直线的距离，编辑框中的数值为系统默认值。

7）在立即菜单【1:】中选择“单个拾取”，如果是“指定距离”方式，单击立即

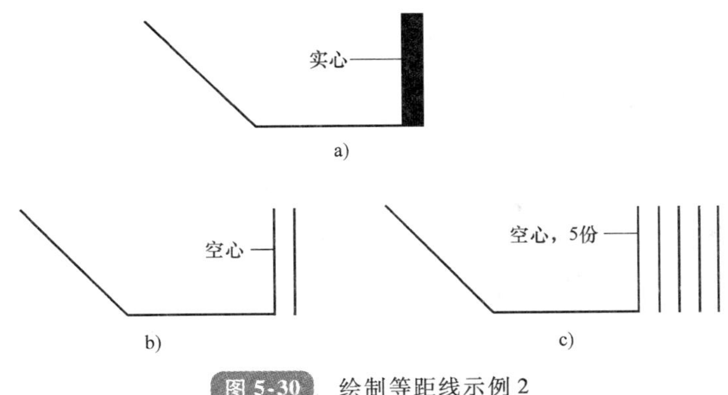

图 5-30 绘制等距线示例 2

a) 指定距离，实心 b) 指定距离，空心 c) 空心，五份

菜单【6：份数】，则可按系统提示输入份数。例如设置份数为 3，距离为 5，则从拾取的曲线开始，每隔 5mm 绘制一条等距线，一共绘制 3 条。如果是“过点方式”方式，单击立即菜单［5：份数］，按系统提示输入份数，则从拾取的曲线开始生成以点到直线的垂直距离为等距距离的多条等距线，如图 5-30c 所示。

8）立即菜单项设置好以后，按系统提示拾取曲线，选择方向（若选“双向“方式则不必选方向），等距线可自动绘出。

9）此命令可以重复操作，用鼠标右键结束操作。

而且在等距线功能中，拾取时支持对样条线的拾取。

1）单击“等距线”按钮，在立即菜单中选择“链拾取”和“过点方式”。

2）链拾取有样条线在内的首尾相连的多条曲线。

3）给出所要通过的点，等距线生成，如图 5-31 所示。

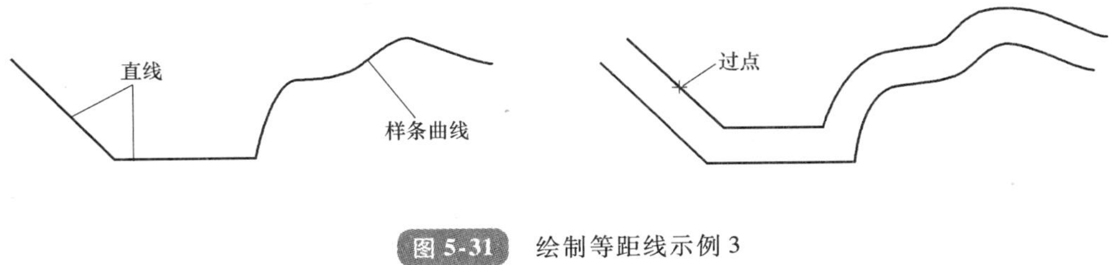

图 5-31 绘制等距线示例 3

二、高级曲线的绘制

高级曲线是指由基本元素组成的一些特定的图形或特定的曲线。这些曲线都能完成绘图设计的某种特殊要求。

1. 绘制椭圆

用鼠标或键盘输入椭圆中心，然后按给定长、短轴半径画一个任意方向的椭圆或椭圆弧。

1）从键盘输入“ellipse”命令，或者单击“绘图”工具栏中的“椭圆”按钮。

2）如图 5-32 所示，在屏幕下方弹出的立即菜单的含义：以定位点为中心画一个旋转角为 0°，长半轴为 100mm，短半轴为 50mm 的整个椭圆。此时，用鼠标或键盘输入一个定位点，一旦位置确定，椭圆即被绘制出来。用户会发现，在移动鼠标确定定位点时，一个长半轴为 100mm，短半轴为 50mm 的椭圆会随光标的移动而移动。

1: 给定长短轴 2: 长半轴 100 3: 短半轴 50 4: 旋转角 0 5: 起始角 0 6: 终止角 360
基准点:

图 5-32 绘制椭圆立即菜单

3）如果单击立即菜单中的【2：长半轴】或【3：短半轴】，按系统提示，用户可重新定义待画椭圆的长、短轴的半径值。

4）如果单击立即菜单中的【4：旋转角】，用户可输入旋转角度，以确定椭圆的方向。

5）如果单击立即菜单中的【5：起始角】和【6：终止角】，用户可输入椭圆的起始角和终止角，当起始角为 0°、终止角为 360°时，所画的为整个椭圆，当改变起始、终止角时，所画的为一段从起始角开始，到终止角结束的椭圆弧。

6）如果在立即菜单【1：给定长短轴】中选择【轴上两点】，则系统提示用户输入一个轴的两端点，然后输入另一个轴的长度，用户也可用鼠标拖动来决定椭圆的形状。

7）如果在立即菜单【1：给定长短轴】中选择【中心点_起点】方式，则用户应输入椭圆的中心点和一个轴的端点（即起点），然后输入另一个轴的长度，也可用鼠标拖动来决定椭圆的形状。

例 12 图 5-33 所示为按上述步骤所绘制的椭圆和椭圆弧。图 5-33a 所示为旋转角为 60°的整个椭圆，图 5-33b 所示为起始角 60°，终止角 220°的一段椭圆弧。

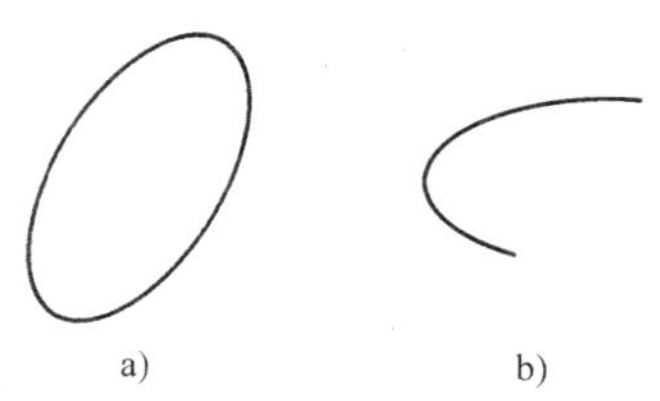

图 5-33 椭圆和椭圆弧的绘制
a）椭圆 b）椭圆弧

2. 绘制孔/轴

在给定位置画出带有中心线的轴和孔或者画出带有中心线的圆锥孔和圆锥轴。

1）从键盘输入“hole”命令，或者单击“绘图工具II”工具栏中的“孔/轴”按钮，系统弹出绘制孔/轴及提示，如图 5-34 所示。

1: 轴 2: 直接给出角度 3: 中心线角度 0
插入点:

图 5-34 绘制孔/轴立即菜单

2）单击立即菜单【1：轴】，则可进行“轴”和“孔”的切换，不论是画轴还是画孔，剩下的操作方法完全相同。轴与孔的区别只是在于在画孔时省略两端的端面线，如图 5-35 所示。但在实际绘图过程中孔应绘制在实体中。

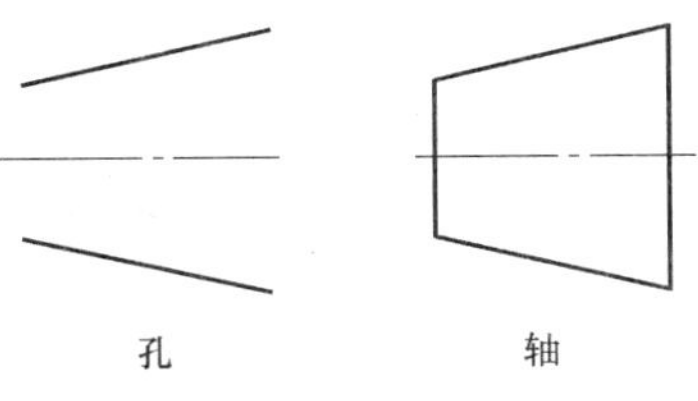

图 5-35　轴和孔

3）单击立即菜单中的【3：中心线角度】，用户可以按提示输入一个角度值，以确定待画轴或孔的倾斜角度，角度的范围是 -360 ~ 360。

4）按提示要求，移动鼠标或用键盘输入一个插入点，这时在立即菜单处出现一个新的立即菜单，如图 5-36 所示。立即菜单列出了待画轴的已知条件，提示表明下面要进行的操作。此时，如果移动鼠标会发现，一个直径为 100mm 的轴被显示出来，该轴以插入点为起点，其长度由用户给出。

1:轴 2:起始直径 100 3:终止直径 100 4:有中心线
轴上一点或轴的长度:

图 5-36　绘制轴立即菜单

5）如果单击立即菜单中的【2：起始直径】或【3：终止直径】，用户可以输入新值以重新确定轴或孔的直径，如果起始直径与终止直径不同，则画出的是圆锥孔或圆锥轴。

6）立即菜单【4：有中心线】表示在轴或孔绘制完后，会自动添加上中心线，如果选择“无中心线”方式则不会添加上中心线。

7）当立即菜单中的所有内容设定完后，用鼠标确定轴或孔上一点，或者由键盘输入轴或孔的长度。一旦输入结束，一个带有中心线的轴或孔被绘制出来。

8）本命令可以连续、重复操作，右击停止操作。

例 13　图 5-37 所示为孔/轴绘制示例。

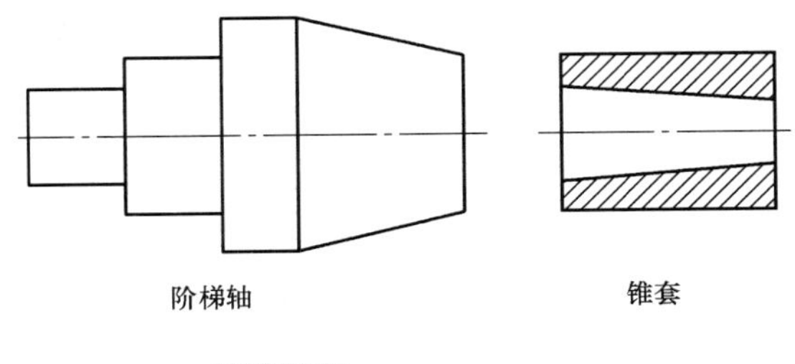

图 5-37　孔/轴绘制示例

3. 公式曲线

公式曲线即是数学表达式的曲线图形，也就是根据数学公式（或参数表达式）绘制出相应的数学曲线，公式的给出既可以是直角坐标形式的，也可以是极坐标形式的。公式曲线为用户提供了一种更方便、更精确的作图手段，以适应某些精确型腔，以及轨迹线形的作图设计。

1）从键盘输入“fomul”命令，或者单击“绘图”工具栏中的“公式曲线”按钮 。屏幕上将弹出“公式曲线”对话框，如图 5-38 所示。用户可以在对话框中首先选择是在直角坐标系下还是在极坐标系下输入公式。

2）接下来是填写需要给定的参数，即变量名、起终值（指变量的起终值，即给定变量范围），并选择变量的单位。

3）在编辑框中输入公式名、公式及精度。然后用户可以单击“预显”按钮，在左上角的预览框中可以看到设定的曲线。

4）对话框中还有储存、提取、删除这三个按钮，储存一项是针对当前曲线而言，保存当前曲线；提取和删除都是对已存在的曲线进行操作，用左键单击这两项中的任何一个都会列出所有已存在公式曲线库的曲线，以供用户选取。

5）用户设定完曲线后，单击“确定”，按照系统提示输入定位点以后，一条公式曲线就绘制出来。

6）本命令可以重复操作，用右键可结束操作。

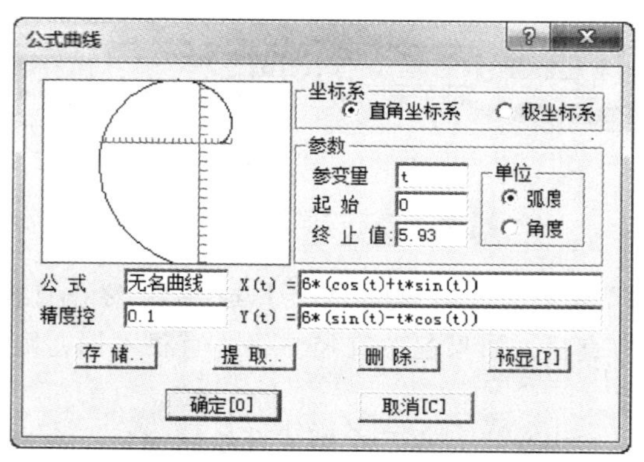

图 5-38 “公式曲线”对话框

例 14 已知双曲线：$\frac{x^2}{20^2}-\frac{y^2}{20^2}=1$，其极坐标参数方程：$\rho=\frac{p}{1-e\cos\theta}$。其中，$p=\frac{10^2}{20}=5$，$e=\frac{\sqrt{10^2+20^2}}{20}=\frac{\sqrt{5}}{2}$。则参数方程

$$X(t)=0$$

$$\rho(t)=5/(1-\text{sqrt}5\times\cos t/2)$$

t 的取值范围从 50°～310°。

最后预显结果如图 5-39 所示。

例 15 如图 5-40a 所示，图样右端为余弦曲线 $Z=10\cos\left(\frac{\pi}{21}X\right)$。

由于 CAXA 数控车采用的坐标系为 XY 直角坐标系，数控车床采用 XZ 直角坐标系，绘制该余弦曲线时，要注意两种坐标的转换。图 5-40a 中的余弦曲线采用公式曲线绘制，其参数设置如图 5-40b 所示。

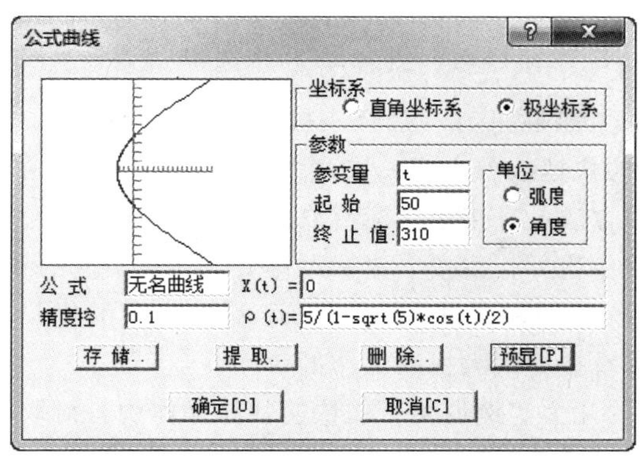

图 5-39 双曲线的公式表达和结果显示

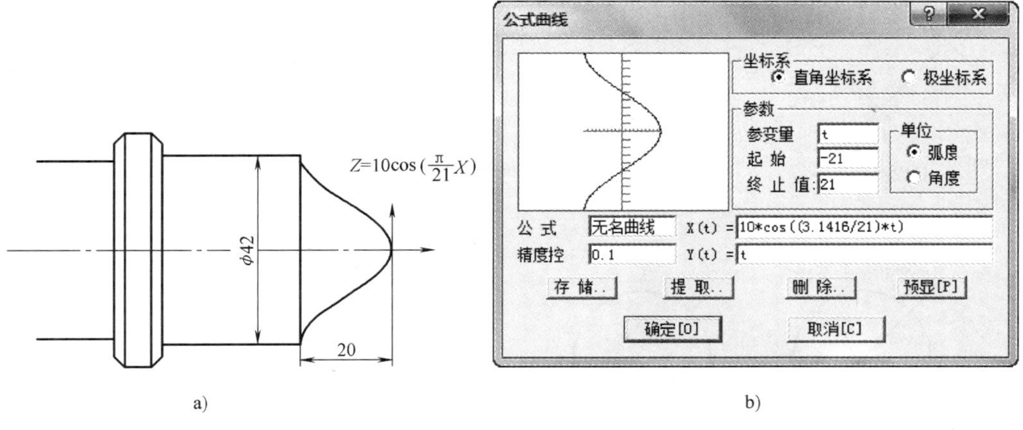

图 5-40 余弦曲线的公式表达和结果显示

第三节 图形编辑

CAXA 数控车的编辑修改功能包括曲线编辑和图形编辑两个方面，并分别安排在主菜单及绘制工具栏中。曲线编辑主要讲述有关曲线的常用编辑命令及操作方法，图形编辑则介绍对图形编辑实施的各种操作。

一、曲线编辑

1. 裁剪

CAXA 数控车允许对当前的一系列图形元素进行裁剪操作。裁剪操作分为快速裁剪、拾取边界裁剪和批量裁剪三种方式。

（1）快速裁剪　用鼠标直接拾取被裁剪的曲线，系统自动判断边界并做出裁剪响应。

1）从键盘输入“trim”命令名，或者单击并选择“修改”下拉菜单中的“裁剪”命令或者在“编辑”工具条栏单击“裁剪”按钮。

2）系统进入缺省的快速裁剪方式。快速裁剪时，允许用户在各交叉曲线中进行任意裁剪的操作。其操作方法：直接用光标拾取要被裁剪掉的线段，系统根据与该线段相交的曲线自动确定出裁剪边界，待按下鼠标左键后，将被拾取的线段裁剪掉。

3）快速裁剪在相交较简单的边界情况下可发挥巨大的优势，它具有很强的灵活性，在实践过程中熟练掌握将大大提高工作的效率。

例 16　图 5-41 中的几个实例说明，在快速裁剪操作中，拾取同一曲线的不同位置，将产生不同的裁剪结果。

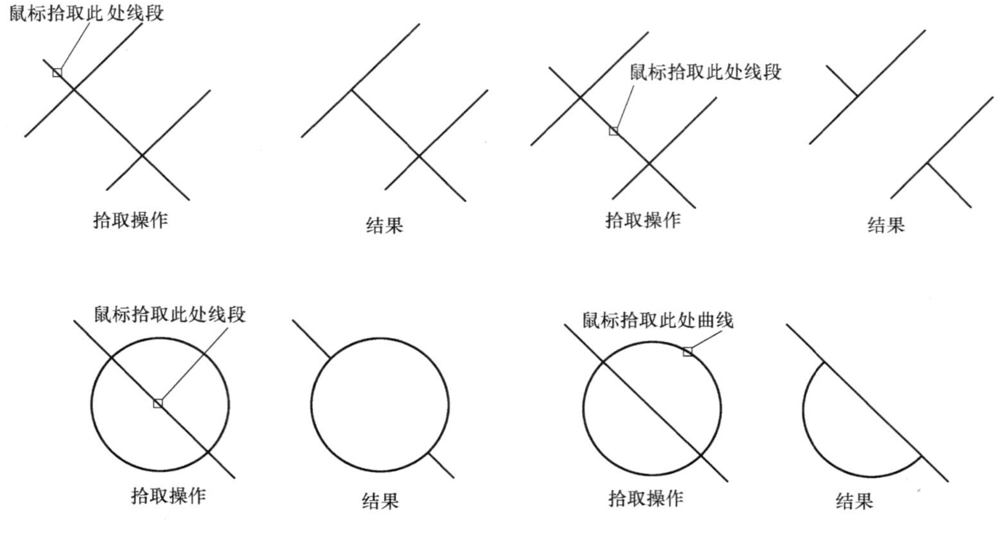

图 5-41　快速裁剪示例 1

例 17　图 5-42 所示为快速裁剪直线的一个示例。

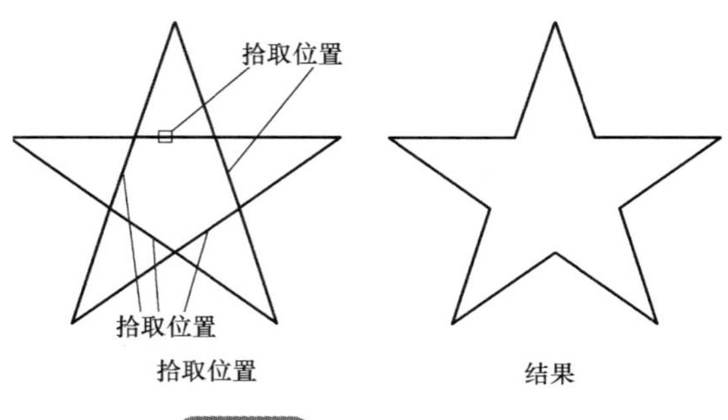

图 5-42　快速裁剪示例 2

例 18　图 5-43 所示为对圆和圆弧快速裁剪的示例。

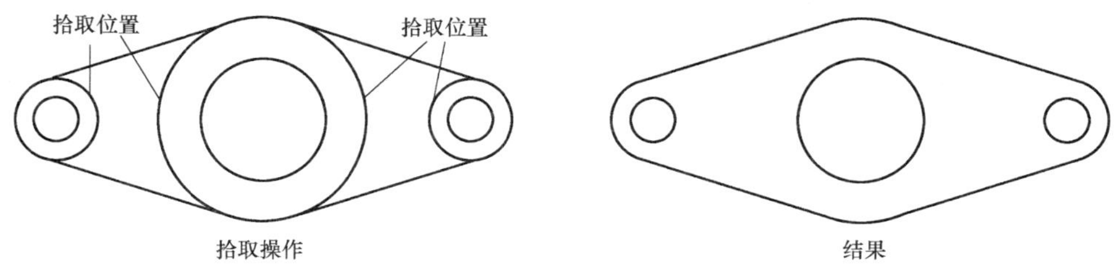

图 5-43　圆和圆弧快速裁剪示例

（2）拾取边界裁剪　对于相交情况复杂的边界，CAXA 数控车提供了拾取边界的裁剪方式。

拾取一条或多条曲线作为剪刀线，构成裁剪边界，对一系列被裁剪的曲线进行裁剪。系统将裁剪掉所拾取的曲线段，以及保留在剪刀线另一侧的曲线段。另外，剪刀线也可以被裁剪。

1）从键盘输入"trim"命令，或者单击并选择"修改"下拉菜单中的"裁剪"命令或者在"编辑"工具栏单击"裁剪"按钮。

2）按提示要求，用鼠标拾取一条或多条曲线作为剪刀线，然后右击，以示确认。此时，操作提示变为【拾取要裁剪的曲线】。用鼠标拾取要裁剪的曲线，系统将根据用户选定的边界做出反应，裁剪掉前面拾取的曲线段至边界部分，保留边界另一侧的部分。

3）拾取边界操作方式可以在选定边界的情况下对一系列的曲线进行精确的裁剪。此外，拾取边界裁剪与快速裁剪相比，省去了计算边界的时间，因此执行速度比较快，这一点在边界复杂的情况下更加明显。

例 19　图 5-44 所示为拾取边界裁剪示例。

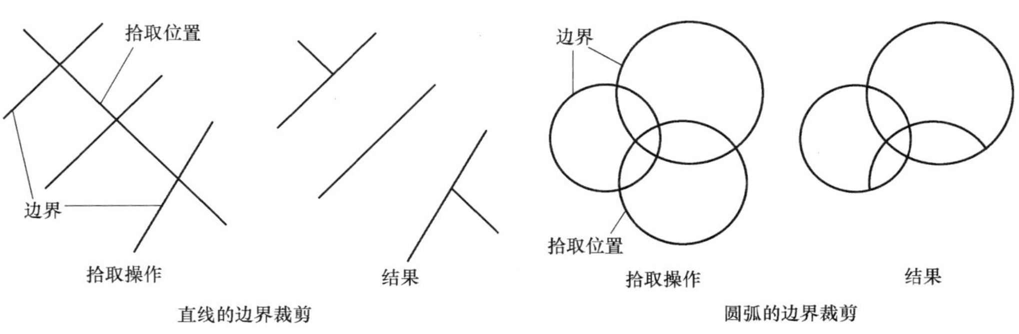

图 5-44　拾取边界裁剪示例

（3）批量裁剪　当曲线较多时，可以对曲线进行批量裁剪。

1）从键盘输入"trim"命令，或者单击并选择"修改"下拉菜单中的"裁剪"命令或者在"编辑"工具条栏单击"裁剪"按钮。

2）在立即菜单中选择【批量裁剪】项。

3）拾取剪刀链。可以是一条曲线，也可以是首尾相接的多条曲线。

4）用窗口拾取要裁剪的曲线，单击右键确认。

5）选择要裁剪的方向，裁剪完成。

2. 过渡

CAXA 数控车的过渡包括圆角、倒角和尖角的过渡操作。

（1）圆角过渡　在两圆弧（或直线）之间进行圆角的光滑过渡。

1）从键盘输入“corner”命令，或者单击并选择“修改”下拉菜单中的“过渡”命令或者在“编辑”工具栏单击“过渡”按钮。

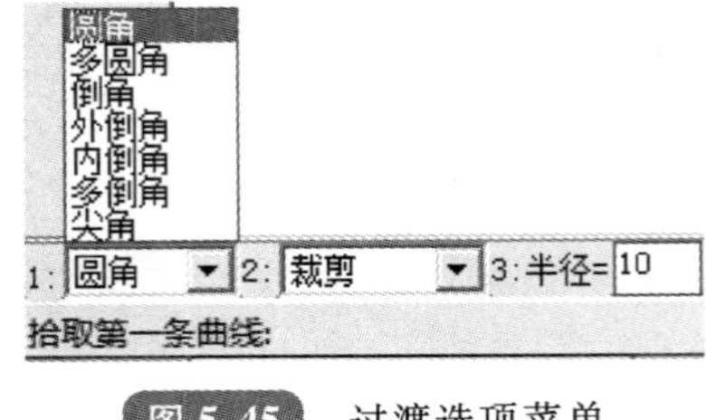

图 5-45　过渡选项菜单

2）用鼠标单击立即菜单【1:】，则在立即菜单上方弹出选项菜单，如图 5-45 所示。用户可以在选项菜单中根据作图需要用鼠标选择不同的过渡形式。

3）用鼠标单击立即菜单中的【2:】，则在其上方也弹出一个图 5-46 所示的选项菜单。

图 5-46　选项菜单

用鼠标单击可以对其进行裁剪方式的切换。选项菜单的含义如下。

① 裁剪。裁剪掉过渡后所有边的多余部分。

② 裁剪起始边。只裁剪掉起始边的多余部分，起始边也就是用户拾取的第一条曲线。

③不裁剪。执行过渡操作以后，原线段保留原样，不被裁剪。

图 5-47 所示为圆角过渡的裁剪方式。

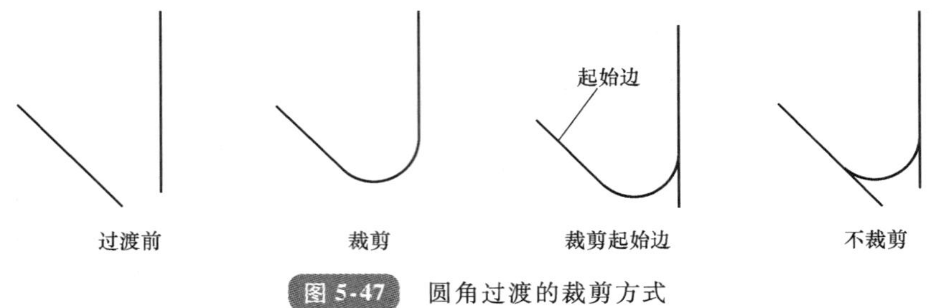

图 5-47　圆角过渡的裁剪方式

4）用户单击立即菜单【3：半径】后，可按照提示输入过渡圆弧的半径值。

5）按照当前立即菜单的条件及操作和提示的要求，用鼠标拾取待过渡的第一条曲线，被拾取的曲线呈红色显示，而操作提示变为【拾取第二条曲线】。在用鼠标拾取第二条曲线以后，在两条曲线之间用一个圆弧光滑过渡。

注意：用鼠标拾取曲线位置的不同，会得到不同的结果，而且，过渡圆弧半径的大小应合适，否则也将得不到正确的结果。

例 20　从图 5-48 中给出的几个例子可以看出，拾取曲线位置的不同，其结果也各异。

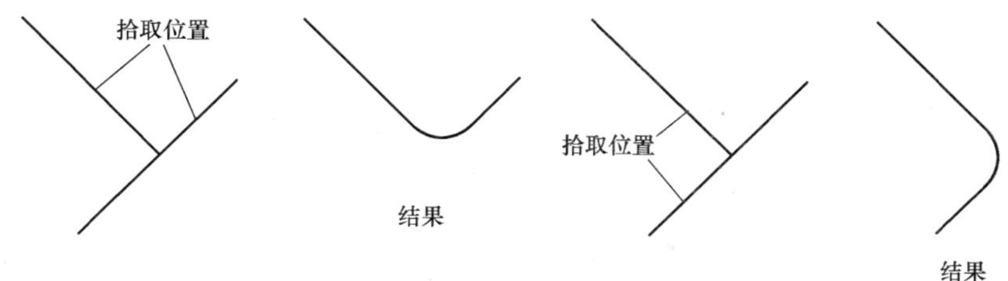

图 5-48　圆角过渡的拾取位置

（2）多圆角过渡　用给定半径过渡一系列首尾相连的直线段。

1）从键盘输入“corner”命令，或者单击并选择“修改”下拉菜单中的“过渡”命令或者在“编辑”工具栏单击“过渡”按钮 。

2）在弹出的立即菜单中单击菜单【1:】，并从菜单项中选择【多圆角】。

3）用鼠标单击立即菜单中的【2：半径】，按操作提示，用户可从键盘输入一个实数，重新确定过渡圆弧的半径。

4）按照当前立即菜单的条件及操作提示的要求，用鼠标拾取待过渡的一系列首尾相连的直线。这一系列首尾相连的直线可以是封闭的（图 5-49a），也可以是非封闭的（图 5-49b）。

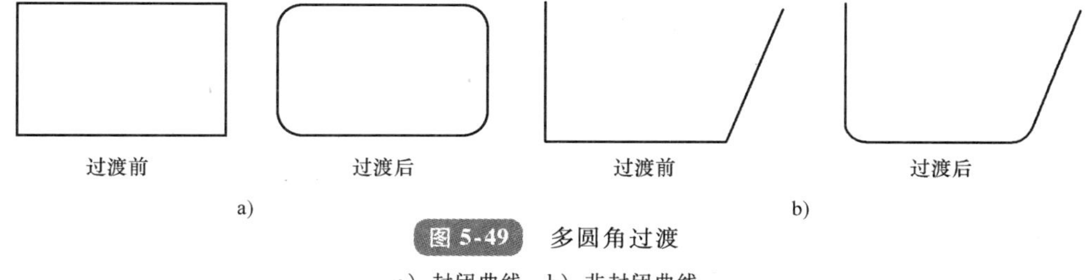

图 5-49　多圆角过渡

a）封闭曲线　b）非封闭曲线

（3）倒角过渡　在两直线间进行倒角过渡。直线可被裁剪或向角的方向延伸。

1）从键盘输入“Corner”命令，或者单击并选择“修改”下拉菜单中的“过渡”命令或者在“编辑”工具栏单击“过渡”按钮 。

2）在弹出的立即菜单中单击菜单【1:】，并从菜单项中选择“倒角”。

3）用户可从立即菜单项【2:】中选择裁剪的方式，操作方法及各选项的含义与“圆角过渡”所介绍的一样。

4）立即菜单中的【3：长度】和【4：倒角】两项内容表示倒角的轴向长度和倒角的角度。根据系统提示，从键盘输入新值可改变倒角的长度与角度。其中“轴向长度”是指从两直线的交点开始，沿所拾取的第一条直线方向的长度。“角度”是指

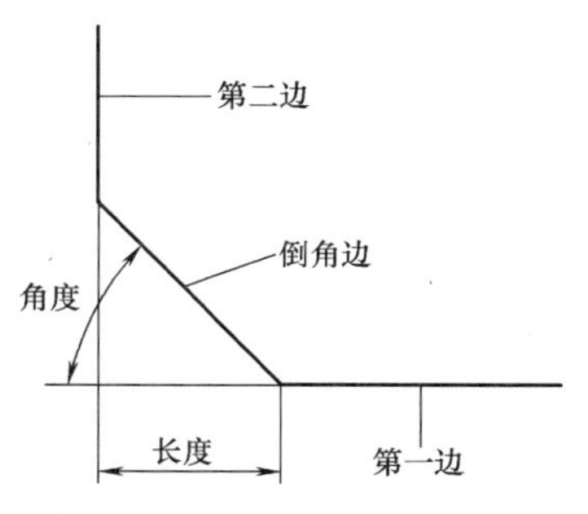

图 5-50　长度和角度的定义

倒角线与所拾取第一条直线的夹角，其范围是 0 ~ 180。长度和角度的定义如图 5-50 所示。由于轴向长度和角度的定义均与第一条直线的拾取有关，所以两条直线拾取的顺序不同，做出的倒角也不同。

5）若需倒角的两直线已相交（即已有交点），则拾取两直线后，立即做出一个由给定长度、给定角度确定的倒角，如图 5-51a 所示。如果待做倒角过渡的两条直线没有相交（即尚不存在交点），则拾取完两条直线以后，系统会自动计算出交点的位置，并将直线延伸，而后做出倒角，如图 5-51b 所示。

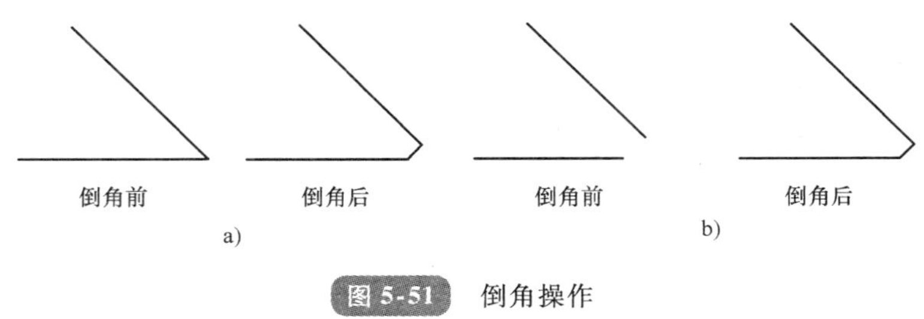

图 5-51 倒角操作

a）已相交 b）未相交

（4）外倒角和内倒角　绘制三条相垂直的直线外倒角或内倒角。

1）从键盘输入“corner”命令，或者单击并选择“修改”下拉菜单中的“过渡”命令或者在“编辑”工具栏单击“过渡”按钮 。

2）在弹出的立即菜单中单击菜单【1:】，并从菜单项中选择“外倒角”或“内倒角”。

3）立即菜单中的【2:】和【3:】两项内容表示倒角的轴向长度和倒角的角度。用户可按照系统提示，从键盘输入新值，改变倒角的长度与角度。

4）然后根据系统提示，选择三条相互垂直的直线，这三条相互垂直的直线是指类似于图 5-52 所示的三条直线，即直线 a、b 同垂直于 c，并且在 c 的同侧。

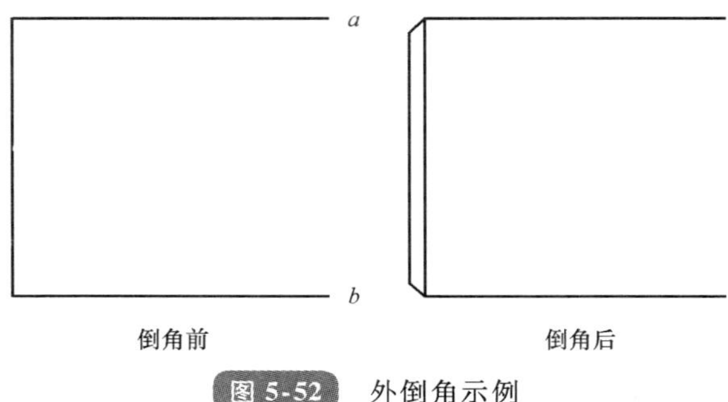

图 5-52 外倒角示例

5）外（内）倒角的结果与三条直线拾取的顺序无关，只决定于三条直线的相互垂直关系。

例 21　图 5-53 所示为阶梯轴倒角的实例，其中既有外倒角，也有内倒角。图 5-53 所示为倒角前。首先选择“外倒角”方式，设置轴向长度为 2mm，倒角为 45°，然后选择线

段1、2、3，可绘制出外倒角，如图5-53b所示。再选择“内倒角”方式，同样设置轴向长度为2mm，倒角为45°，然后选择线段1、3、4，可做出内倒角，如图5-53c所示。

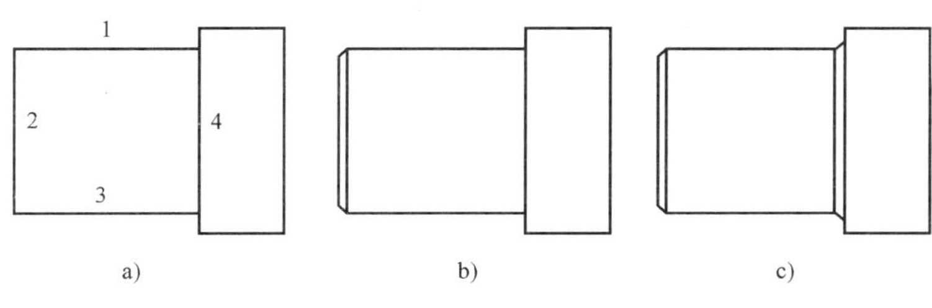

图5-53 阶梯轴倒角实例
a）倒角前 b）外倒角 c）内倒角

（5）尖角 在两条曲线（直线、圆弧、圆等）的交点处，形成尖角过渡。两曲线若有交点，则以交点为界，多余部分被裁剪掉；两曲线若无交点，则系统首先计算出两曲线的交点，再将两曲线延伸至交点处。

1）从键盘输入“corner”命令，或者单击并选择“修改”下拉菜单中的“过渡”命令或者在“编辑”工具栏单击“过渡”按钮 。

2）在弹出的立即菜单中单击菜单【1:】，并从菜单项中选择“尖角”。按提示要求连续拾取第一条曲线和第二条曲线以后，即可完成尖角过渡的操作。

3）注意鼠标拾取的位置不同，将产生不同的结果，这一点用户应引起足够的注意。

例22 图5-54所示为尖角过渡的几个实例，其中图5-54a、b所示为由于拾取位置

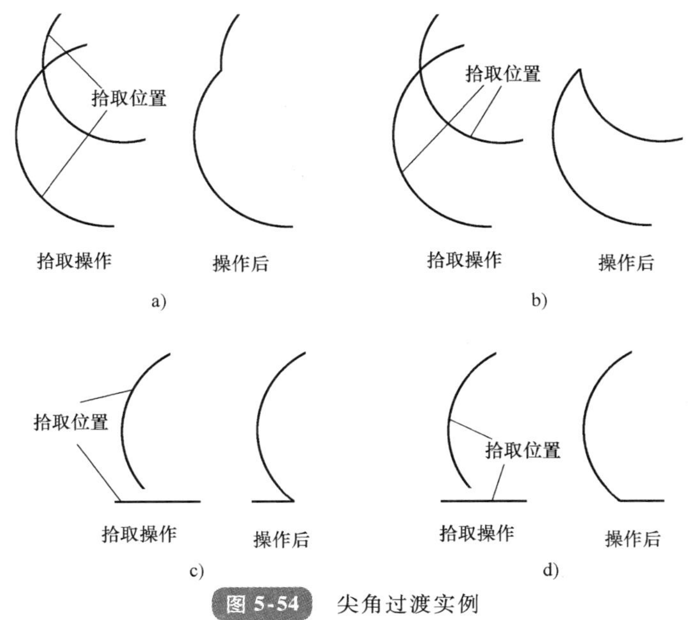

图5-54 尖角过渡实例

的不同而结果不同的例子，图 5-54c、d 所示为两曲线已相交和尚未相交的例子。

3. 齐边

以一条曲线为边界对一系列曲线进行裁剪或延伸。

1）从键盘输入“Edge”命令，或者单击并选择“修改”下拉菜单中的“齐边”命令或者在“编辑”工具栏单击“齐边”按钮 。

2）按操作提示拾取剪刀线作为边界，则提示改为“拾取要编辑的曲线”。这时，根据作图需要可以拾取一系列曲线进行编辑修改，按鼠标右键结束操作。

3）如果拾取的曲线与边界曲线有交点，则系统按“裁剪”命令进行操作，即系统将裁剪所拾取的曲线至边界为止，如图 5-55a 所示。如果被齐边的曲线与边界曲线没有交点，那么，系统将把曲线按其本身的趋势（如直线的方向、圆弧的圆心和半径均不发生改变）延伸至边界，如图 5-55b 所示。但应注意，圆或圆弧可能会有例外，这是因为它们无法向无穷远处延伸，它们的延伸范围是以半径为限的，而且圆弧只能以拾取的一端开始延伸，不能两端同时延伸，如图 5-55c、d 所示。

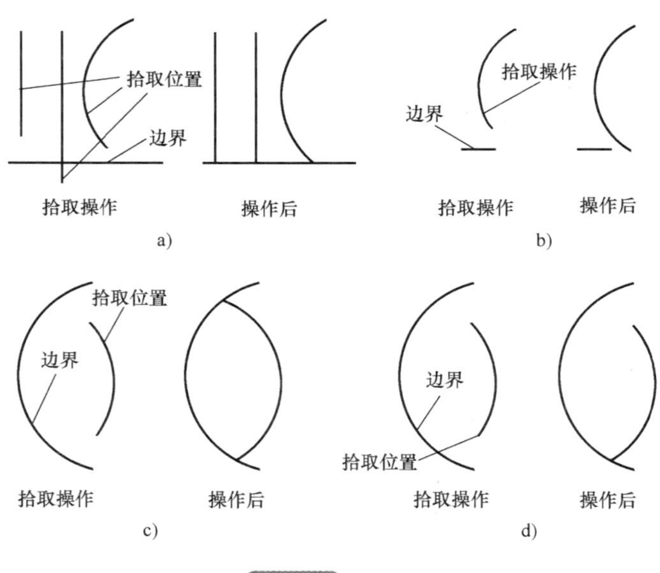

图 5-55 齐边实例

4. 打断

将一条指定曲线在指定点处打断成两条曲线，以便于其他操作。

1）从键盘输入“Break”命令，或者单击并选择“修改”下拉菜单中的“打断”命令或者在“编辑”工具栏单击“打断”按钮 。

2）按提示要求用鼠标拾取一条待打断的曲线。拾取后，该曲线变成红色。这时，提示改变为“选取打断点”。根据当前作图需要，移动鼠标仔细地选取打断点，选中后，按下鼠标左键，打断点也可用键盘输入。曲线被打断后，在屏幕上所显示的与打断前并没有什么两样。但实际上，原来的曲线已经变成了两条互不相干的曲线，即各自成为了一个独立的实体。

3）注意打断点最好选在需打断的曲线上，为作图准确，可充分利用智能点、栅格点、导航点及工具点菜单。为了方便用户更灵活地使用此功能，数控车也允许用户把点设在曲线外，使用规则如下。

① 若欲打断线为直线，则系统从用户选定点向直线作垂线，设定垂足为打断点，如图 5-56a 所示。

② 若欲打断线为圆弧或圆，则从圆心向用户设定点作直线，该直线与圆弧交点被设定为打断点，如图 5-56b 所示。

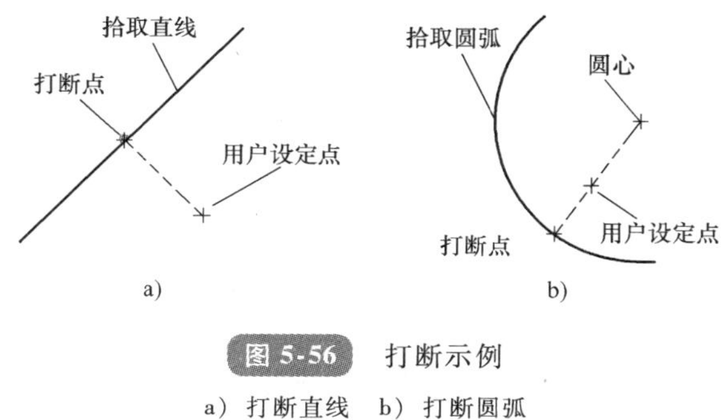

图 5-56 打断示例

a）打断直线 b）打断圆弧

5. 拉伸

CAXA 数控车提供了单条曲线和曲线组的拉伸功能。

（1）单条曲线拉伸 在保持曲线原有趋势不变的前提下，对曲线进行拉伸缩短处理。

1）从键盘输入“Stretch”命令，或者单击并选择“修改”下拉菜单中的“拉伸”命令或者在“编辑”工具栏单击“拉伸”按钮。

2）用鼠标在立即菜单【1:】中选择“单个拾取”方式。

3）按提示要求用鼠标拾取所要拉伸的直线或圆弧的一端，按下左键后，该线段消失。当再次移动鼠标时，一条被拉伸的线段由光标拖动着。当拖动至指定位置，按下鼠标左键后，一条被拉伸长的线段显示出来。当然也可以将线段缩短，其操作与拉伸完全相同。

4）拉伸时，用户除了可以直接用鼠标拖动外，还可以输入坐标值，直线可以输入长度；圆弧可以用鼠标选择立即菜单项【2:】切换弧长拉伸、角度拉伸、半径拉伸和自由拉伸，弧长拉伸和角度拉伸时圆心和半径不变，圆心角改变，用户可以用键盘输入新的圆心角；半径拉伸时圆心和圆心角不变，半径改变，用户可以输入新的半径值；自由拉伸时圆心、半径和圆心角都可以改变。除了自由拉伸外，以上所述的拉伸量都可以通过【3:】来选择绝对或增量，绝对是指所拉伸图素的整个长度或角度，增量是指在原图素基础上增加的长度或角度。

5）本命令可以重复操作，按鼠标右键可结束操作。

6）除上述的方法以外，CAXA 数控车还提供一种快捷的方法实现对曲线的拉伸操作。首先拾取曲线，曲线的中点及两端点均以高亮度显示，对于直线，用十字光标上的核选框拾取一个端点，则可用鼠标拖动进行直线的拉伸，如图 5-57 所示。对于圆弧，用核选框拾取端点后拖动鼠标可实现拉伸弧长，若拾取圆弧中点后拖动鼠标则可实现拉伸半径，如图 5-58 所示。这种方法同样适用于圆、样条等曲线。

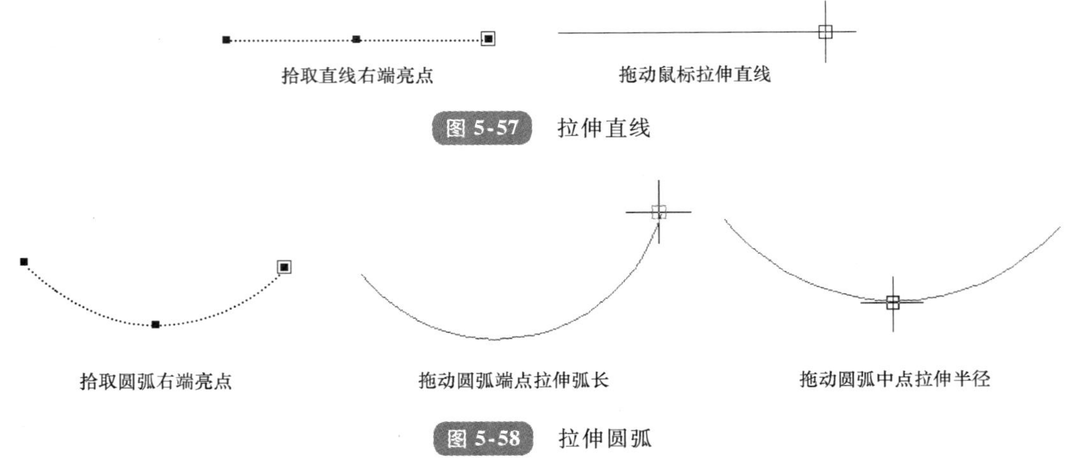

图 5-57 拉伸直线

图 5-58 拉伸圆弧

（2）曲线组拉伸　移动窗口内图形的指定部分，即将窗口内的图形一起拉伸。

1）从键盘输入“Stretch”命令，或者单击并选择“修改”下拉菜单中的“拉伸”命令或者在“编辑”工具栏单击“拉伸”按钮。

2）用鼠标在立即菜单【1:】中选择“窗口拾取”方式。

3）按提示要求用鼠标指定待拉伸曲线组窗口中的第一角点。则提示变为“另一角点”。再拖动鼠标选择另一角点，则一个窗口形成。注意这里窗口的拾取必须从右向左拾取，即第二角点的位置必须位于第一角点的左侧，这一点至关重要，如果窗口不是从右向左选取，则不能实现曲线组的全部拾取。

4）拾取完成后，用鼠标在立即菜单【2:】中选择给定偏移，提示又变为“*X*、*Y* 方向偏移量或位置点”。此时，再移动鼠标，或者从键盘输入一个位置点，窗口内的曲线组被拉伸，如图 5-59 所示。这里注意“*X*、*Y* 方向偏移量”是指相对基准点的偏移量，这个基准点是由系统自动给定的。一般说来，直线的基准点在中点处，圆、圆弧、矩形的基准点在中心，而组合实体、样条曲线的基准点在该实体的包容矩形的中心处。

5）用鼠标单击立即菜单中的【2：给定偏移】，则此项内容被切换为【2：给定两点】。同时，操作提示变为“第一点”。在这种状态下，先用窗口拾取曲线组，当出现“第一点”时，用鼠标指定一点，提示又变为“第二点”，再移动鼠标时，曲线组被拉伸拖动，当确定第二点以后，曲线组被拉伸。如图 5-60 所示，拉伸长度和方向由两点连线的长度和方向所决定。

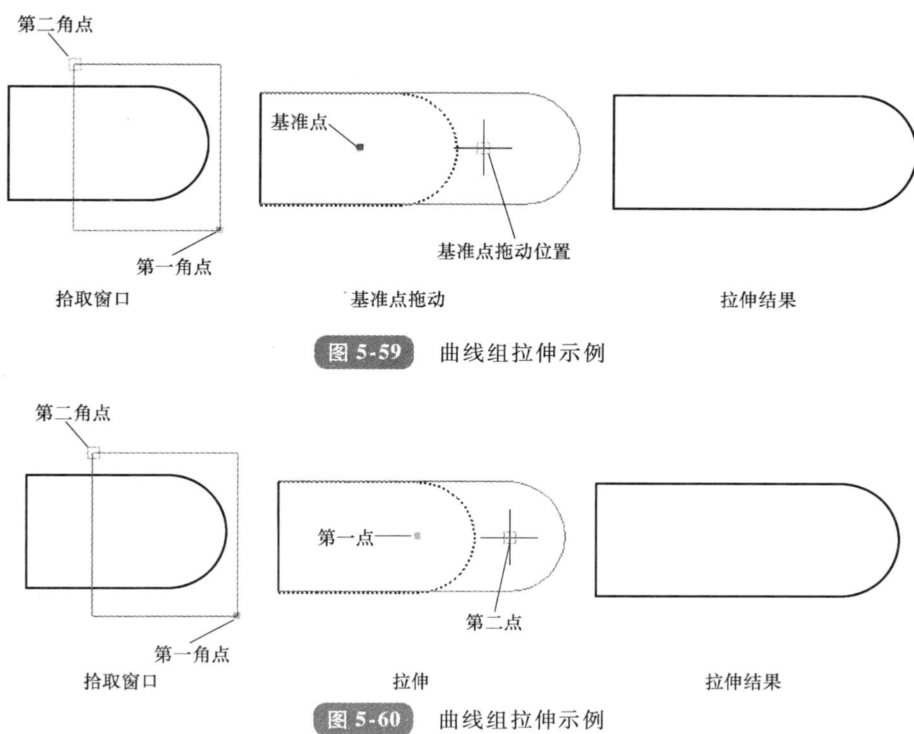

图 5-59　曲线组拉伸示例

图 5-60　曲线组拉伸示例

6）用鼠标单击立即菜单中的【3:】则有非正交、X 方向正交和 Y 方向正交三个选项，通过这三个选项可以限定拉伸点的位置。非正交不限定方向，通过输入数值或者鼠标拾取位置点来确定，X 方向正交限定拉伸只能在水平方向进行，Y 方向正交限定拉伸只能在竖直方向进行。

6. 平移

对拾取到的实体进行平移。

1） 基本概念。

① 给定两点。给定两点是指通过两点的定位方式完成图形元素移动。

② 给定偏移。将实体移动到一个指定位置上，可根据需要在立即菜单【2:】中选择保持原态和平移为块。

③ 非正交。限定“平移/复制”时的移动形式，用鼠标单击该项，则该项内容变为“正交”。

④ 旋转角度。图形在进行复制或平移时，允许指定实体的旋转角度，可由键盘输入新值。

⑤ 比例。进行平移操作之前，允许用户指定被平移图形的缩放系数。

2）从键盘输入“Move”命令，或者单击并选择“修改”下拉菜单中的“平移/复制”命令或者在“编辑”工具栏单击“平移”按钮 ，可弹出图 5-61 所示的移动立即菜单。

1: 给定两点 2: 保持原态 3: 正交 4:旋转角 0 5:比例 1

拾取添加

图 5-61 移动立即菜单

① 关于给定偏移的说明。用鼠标单击“给定两点”项，则该项内容变为“给定偏移”。

所谓给定偏移，就是允许用户用给定偏移量的方式进行平移或复制。用户拾取实体以后，按下鼠标右键加以确定。此时，系统自动给出一个基准点（一般来说，直线的基准点定在中点处，圆、圆弧、矩形的基准点定在中心处。其他实体，如样条曲线等实体的基准点也定在中心处），同时操作提示改变为“X 和 Y 方向偏移量或位置点”。系统要求用户以给定的基准点为基准，输入 X 和 Y 的偏移量或者由鼠标给出一个复制或平移的位置点。给出位置点后，则复制或平移完成。

② 如果用户希望在复制或平移操作中，将原图的大小或方向进行改变，那么，应当在拾取实体以前，先设置旋转角度和缩放比例的新值，然后再进行上面讲述的操作过程。

③ 除了用上述的方法以外，CAXA 数控车还提供了一种简便的方法实现曲线的平移。首先拾取曲线，然后用鼠标拾取靠近曲线中点的位置，再次移动鼠标，可以看到曲线已“挂”到十字光标上，这时可按系统提示用键盘或鼠标输入定位点，这样就可方便、快捷地实现曲线的平移。

这里应注意：用这种方法只能实现平移，不能实现复制操作。

7. 旋转

对拾取的实体进行旋转或旋转复制。

1）从键盘输入“Rotate”命令，或者单击并选择“修改”下拉菜单中的“旋转”命令或者在“编辑”工具栏单击“旋转”按钮 。

2）按系统提示拾取要旋转的实体，可单个拾取，也可用窗口拾取，拾取的实体变为红色，拾取完成后单击鼠标右键加以确认。

3）这时操作提示变为“基点”，用鼠标指定一个旋转基点。操作提示变为“旋转角”。此时，可以由键盘输入旋转角度，也可以用鼠标移动来确定旋转角。由鼠标确定旋转角时，拾取的实体随光标的移动而旋转。当确定了旋转位置之后，按下左键，旋转操作结束。

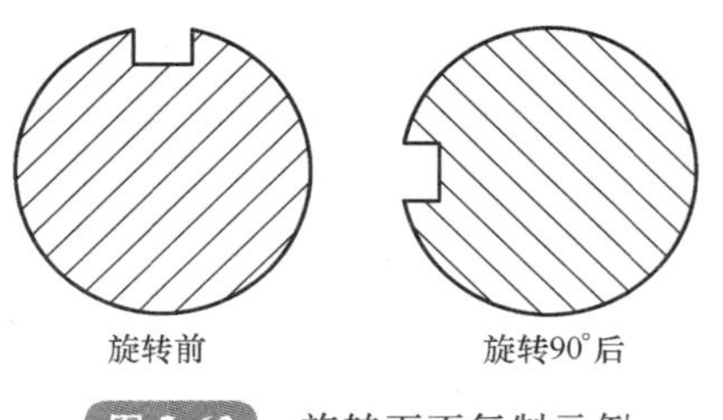

图 5-62 旋转而不复制示例

4）如果用鼠标选择立即菜单中的【2：旋转】，则该项内容变为【2：拷贝】。用户按这个菜单内容能够进行复制操作 。复制操作的方法与操作过程与旋转操作完全相同，只是复制后原图不消失。

例 23 图 5-62 所示为一个只旋转、不复制的例子，它是将有键槽的轴旋转 90°放置。

例 24 图 5-63 所示为一个旋转复制的例子。

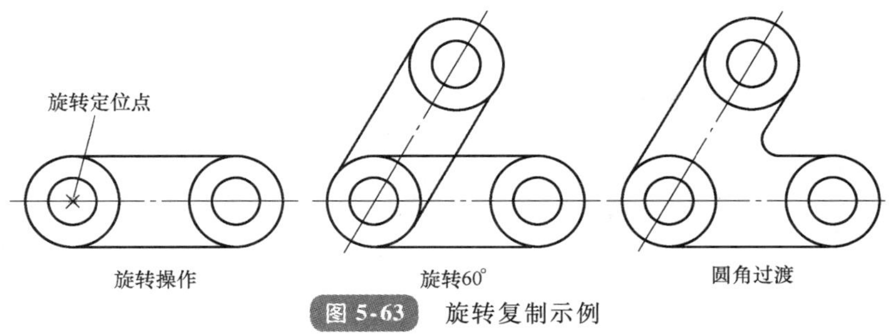

图 5-63 旋转复制示例

8. 镜像

对拾取的实体以某一条直线为对称轴，进行对称镜像或对称复制。

1）从键盘输入“Mirror”命令，或者单击并选择“修改”下拉菜单中的“镜像”命令，或者在“编辑”工具栏单击“镜像”按钮。

2）这时系统弹出图 5-64 所示的镜像立即菜单，按系统提示拾取要镜像的实体，可单个拾取，也可用窗口拾取，拾取的实体变为亮红色显示，拾取完成后单击鼠标右键加以确认。

图 5-64 镜像立即菜单

3）这时操作提示变为“选择轴线”，用鼠标拾取一条作为镜像操作的对称轴线，一个以该轴线为对称轴的新图形显示出来，同时原来的实体即刻消失。

4）如果用鼠标单击立即菜单【1：选择轴线】，则该项内容变为【1：给定两点】。其含义为允许用户指定两点，两点连线作为镜像的对称轴线，其他操作与前面相同。

5）如果用鼠标选择立即菜单中的【2：镜像】，则该项内容变为【2：拷贝】，用户按这个菜单内容能够进行复制操作。复制操作的方法与操作过程与镜像操作完全相同，只是复制后原图不消失。

6）通过选择立即菜单中的【3：正交】，可使图形进行水平和竖直两个方向的镜像。

例 25 图 5-65a、b 所示为选择轴线与镜像的示例，图 5-65c、d 所示为拾取两点与

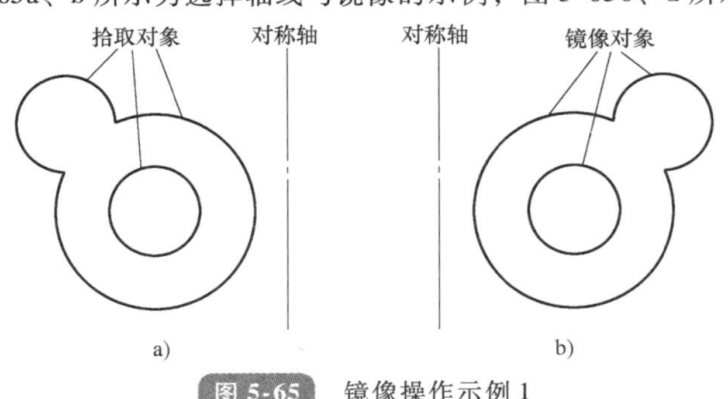

图 5-65 镜像操作示例 1

a）镜像操作前 b）镜像操作后

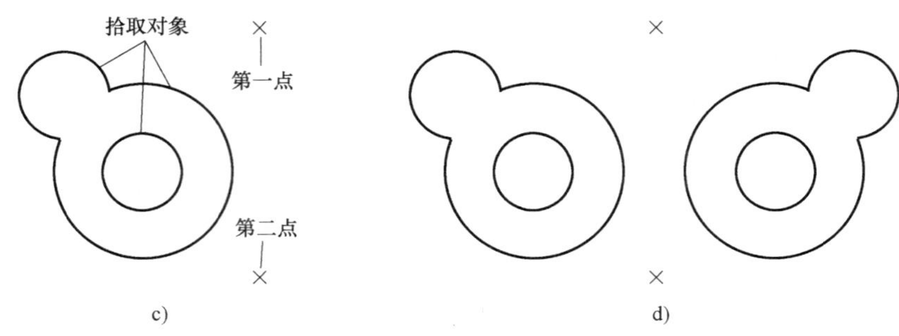

图 5-65　镜像操作示例 1（续）

c）拾取对象　d）镜像结果

拷贝的示例。

例 26　图 5-66 所示为一个在实际绘图中应用镜像操作的例子，首先绘制并拾取图 5-66a 中的实体，选择直线的两端点为对称基准进行镜像操作，结果如图 5-66b 所示，再用快速裁剪将多余的线条裁剪掉，可得到图 5-66c 所示的最终结果。

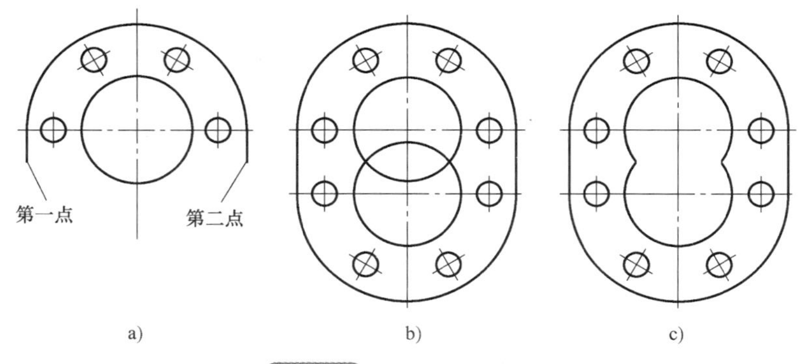

图 5-66　镜像操作示例 2

a）拾取操作　b）镜像结果　c）裁剪结果

二、图形编辑

图形编辑功能包括重复操作、取消操作、选择所有、图形剪切、图形复制、图形粘贴、删除、删除所有、选择性粘贴、插入对象、删除对象等 14 项内容。

1. 取消操作与重复操作

（1）取消操作　用于取消最近一次发生的编辑动作。从键盘输入“undo”命令，或者用鼠标单击编辑菜单中的“取消操作”菜单或者单击“标准”工具栏中的“取消”按钮，即可执行本命令。它用于取消当前最近一次发生的编辑动作。例如，绘制图形、编辑图形、删除实体、修改尺寸风格和文字风格等。它常常用于取消一次误操作。例如，错误地删除了一个图形，即可使用本命令取消删除操作。取消操作命令具有多级回退功能，可以回退至任意一次操作的状态。

（2）重复操作　它是取消操作的逆过程。只有与取消操作相配合使用才有效。从键盘输入“redo”命令，或者单击子菜单中的“重复操作”菜单或者单击“常用”工具栏中的“重复操作”按钮，都可以执行重复操作命令。它用来撤销最近一次的取消操作，即把取消操作恢复。重复操作也具有多级重复功能，能够退回（恢复）到任意一次取消操作的状态。

请用户注意，这里取消操作和重复操作只是对数控车绘制的图形元素有效而不能对 OLE 对象和幅面的修改进行取消和重复操作，因此请用户在进行上述操作时应慎重。

2. 图形剪切、图形复制与图形粘贴

（1）图形复制与图形剪切　将选中的图形存入剪贴板中，以供图形粘贴时使用。图形复制区别于曲线编辑中的平移复制，它相当于一个临时存储区，可将选中的图形存储，以供粘贴使用。平移复制只能在同一个数控车文件内进行复制粘贴，而图形复制与图形粘贴配合使用，除了可以在不同的数控车文件中进行复制粘贴外，还可以将所选图形送入 Windows 剪贴板，粘贴到其他支持 OLE 的软件（如 WORD）中。

图形剪切与图形复制不论在功能上还是在使用上都十分相似，只是图形复制不删除用户拾取的图形，而图形剪切是在图形复制的基础上再删除掉用户拾取的图形。

单击“编辑”子菜单中的“复制”菜单项，或者直接单击“复制”按钮，然后用鼠标拾取需要复制的实体。被拾取的实体呈红色显示状态。拾取结束后，按下鼠标右键加以确认。接下来根据系统提示输入图形的定位基点。这时，屏幕上看不到什么变化，确认后的实体重新恢复原来颜色显示，但是在剪贴板中已经把拾取的实体临时存储起来，并等待用户发出图形粘贴命令来使用。

如果单击“图形剪切”菜单项，则输入完定位基点以后，用户拾取的图形在屏幕上消失，这部分图形已被存入剪贴板。

（2）图形粘贴　将剪贴板中存储的图形粘贴到用户所指定的位置，也就是将临时存储区中的图形粘贴到当前文件或新打开的其他文件中。

单击子菜单中“图形粘贴”即可执行本命令。本命令执行后，复制操作时用户拾取的图形重新出现，同时系统要求输入插入定位点，且图形随鼠标的移动而移动。待用户找到合适位置后，按下鼠标左键，即可以把该图形粘贴到当前的图形中。在粘贴的过程中用户还可以根据立即菜单和系统提示改变粘贴方式【2:】选择拷贝为块或保持原态，以及图形 X、Y 方向的比例和旋转角度，如图 5-67 所示。在粘贴为块命令中，用户可以选择是否消隐。

1: 定点 ▼ 2: 保持原态 ▼ 3: X向比例 1 4: Y向比例 1

请输入定位点:

图 5-67　图形粘贴立即菜单

图形复制与图形粘贴配合使用，可以灵活地对图形进行复制和粘贴。尤其是在不同文件之间的图形传递中，使用它们将会非常的方便。

3. 删除和删除所有

删除和删除所有都是执行删除实体的操作。一个是删除拾取的实体，一个是删除所有的当前实体。

（1）拾取删除　删除拾取的实体。从键盘输入“del”命令，或者单击“编辑”子菜单中的“清除”菜单或者单击“编辑”工具栏中的“删除”按钮。单击后，按操作提示要求拾取想要删除的若干个实体，拾取的实体呈红色显示状态。待拾取结束后，按下鼠标右键加以确认，被确认后的实体从当前屏幕中被删除掉。如果想中断本命令，可按下“ESC”键退出。必须注意：系统只选择符合过滤条件的实体执行删除操作。

（2）删除所有　将所有已打开图层上的符合拾取过滤条件的实体全部删除。

从键盘输入“delall”命令，或者单击子菜单中的“删除所有”菜单，即可执行本命令。命令执行后，系统弹出一个图5-68所示的“删除所有”提示对话框。

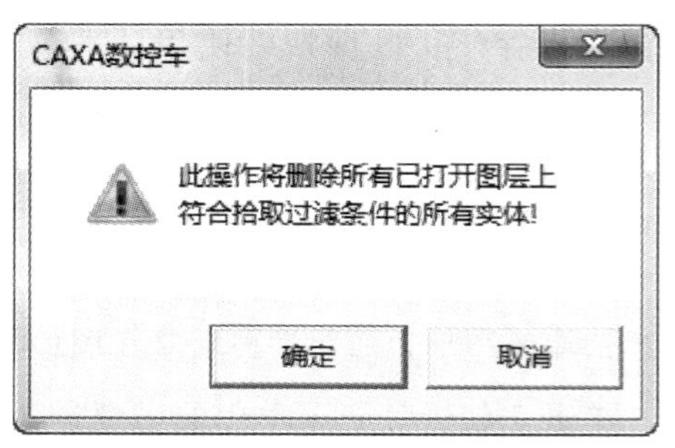

图5-68　“删除所有”提示对话框

系统以对话框的形式对用户的“删除所有”操作提出警告，若认为所有打开层的实体均已无用，则可单击“确定”按钮，对话框消失，所有实体被删除。若认为某些实体不应删除或本操作有误，则单击“取消”按钮，对话框消失后屏幕上图形保持原样不变。

4. 改变线型

改变拾取实体的线型类型。请注意，只有符合过滤条件的实体才能被改变线型。

单击“编辑”子菜单中的“改变线型”按钮，可以执行本命令。命令执行后，按操作提示要求，用鼠标拾取一个或多个要改变线型的实体，然后，按下鼠标右键加以确认，确认后系统立即弹出一个“选择线型”对话框，如图5-69所示。

图5-69　“设置线型”对话框

用户可根据作图需要，从对话框中选取需要改变的线型类型，选中后，按下其左键；然后，再用鼠标单击“确定”按钮，被选中改变线型的实体用新线型显示出来。

5. 改变图层

改变拾取的实体所在的图层。请注意，只有符合拾取过滤条件的实体才能被改变图层。

单击“修改”子菜单中的“改变层”选项。用户可通过下拉菜单选择“移动层”方式和“拷贝层”方式。其中“移动层”方式是指改变用户所选图形的层状态，而“拷贝层”方式是指将所选图形复制到其他层中。命令执行后，按操作提示要求用鼠标选择要改变图层的若干个实体。然后，用鼠标右键加以确认。确认后，系统弹出一个“层控制（移动层）”对话框，如图 5-70 所示。

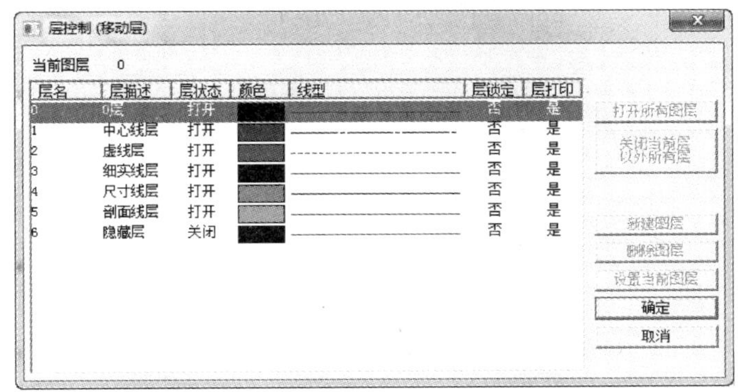

图 5-70　“层控制（移动层）”对话框

在“层控制（移动层）”对话框中，用户可根据作图需要，用鼠标左键单击所需的图层，选完后单击“设置当前层”按钮，完成后单击“确定”按钮。这时在屏幕上被拾取的实体按新选定图层上的线型类型和颜色显示出来。

6. 鼠标右键操作功能中的图形编辑

CAXA 数控车为用户提供了面向对象的右键直接操作功能，即可直接对图形元素进行属性查询、属性修改、平移、复制、旋转、镜像、部分存储、输出 DWG/DXF 等。

（1）曲线编辑　对拾取的曲线进行删除、平移、复制、旋转、镜像、阵列、比例缩放等操作。

用鼠标左键拾取绘图区的一个或多个图形元素，被拾取的图形元素用亮红色显示，随后单击鼠标右键，弹出一个图 5-71 所示的右键快捷菜单，在工具栏中可单击相应的按钮，操作方法与结果和前面介绍的一样。

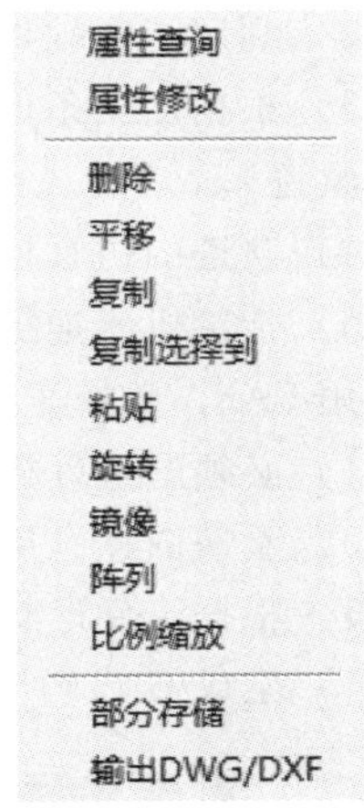

图 5-71　右键快捷菜单

（2）属性修改　在系统“选择命令”状态下，用鼠标左键拾取绘图区的一个或多个图形元素，被拾取的图形元素用亮红色显示。随后单击鼠标右键，弹出一个右键操作工具，在工具中单击属性修改选项，弹出图 5-72 所示的“属性查看”工具栏。

用户可分别对层、线型、颜色及几何信息进行属性修改。

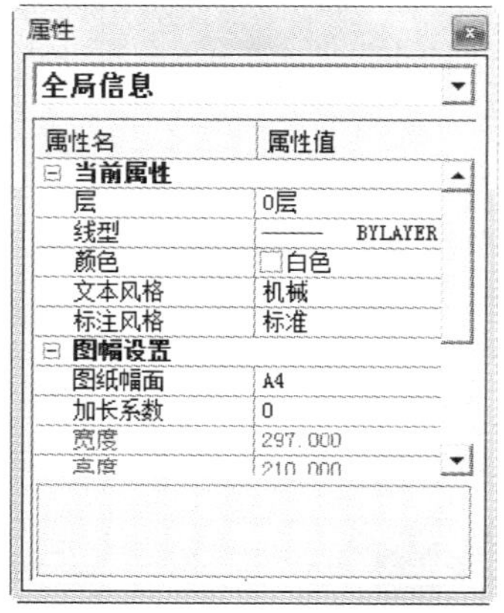

图 5-72 “属性查看”工具栏

第四节　数控车设置

一、概述

数控加工就是将加工数据和工艺参数输入到机床，机床的控制系统对输入信息进行运算与控制，并不断地向直接指挥机床运动的机电功能转换部件——机床的伺服机构发送脉冲信号，伺服机构对脉冲信号进行转换与放大处理，然后由传动机构驱动机床，从而加工零件。所以，数控加工的关键是加工数据和工艺参数的获取，即数控编程。

数控加工一般包括以下几个内容。

1）对图样进行分析，确定需要数控加工的部分。

2）利用图形软件对需要数控加工的部分造型。

3）根据加工条件，选择合适加工参数生成加工轨迹（包括粗加工、半精加工、精加工轨迹）。

4）轨迹的仿真检验。

5）传给机床加工。

用 CAXA 数控车实现加工的过程如下。

1）必须配置好机床，这是正确输出代码的关键。

2）看懂图样，用曲线表达工件。

3）根据工件形状，选择合适的加工方式，生成刀位轨迹。

4）生成 G 代码，传给机床。

二、重要术语

1. 两轴加工

在 CAXA 数控车中，机床坐标系的 Z 轴即是绝对坐标系的 X 轴，平面图形均指投

射到绝对坐标系 *XOY* 面的图形。

2. 轮廓

轮廓是一系列首尾相接曲线的集合，如图 5-73 所示。

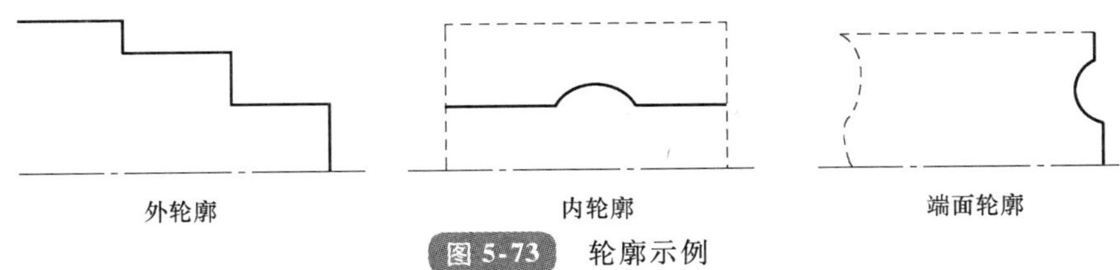

图 5-73　轮廓示例

3. 毛坯轮廓

针对粗车，需要制订被加工体的毛坯。毛坯轮廓是一系列首尾相接曲线的集合，如图 5-74 所示。

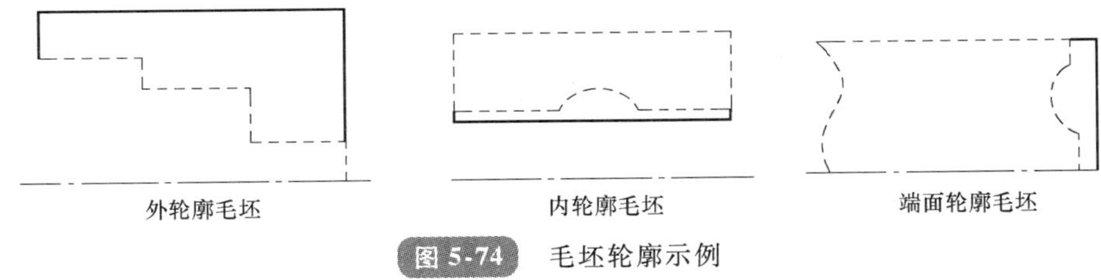

图 5-74　毛坯轮廓示例

在进行数控编程交互指定待加工图形时，常常需要用户指定毛坯的轮廓，用来界定被加工的表面或被加工的毛坯本身。如果毛坯轮廓是用来界定被加工表面的，则要求指定的轮廓是闭合的；如果加工的是毛坯轮廓本身，则毛坯轮廓也可以不闭合。

4. 机床参数

数控车床的一些速度参数，包括主轴转速、接近速度、进给速度和退刀速度，如图 5-75 所示。主轴转速是切削时机床主轴转动的角速度；进给速度是正常切削时刀具行进的线速度（r/mm）；接近速度为从进刀点到切入工件前刀具行进的线速度，又称进刀速度；退刀速度为刀具离开工件回到退刀位置时刀具行进的线速度。

这些速度参数的给定一般依赖于用户的经验，原则上讲，它们与机床本身、工件的材料、刀具材料、工件的加工精度和表面粗糙度要求等相关。

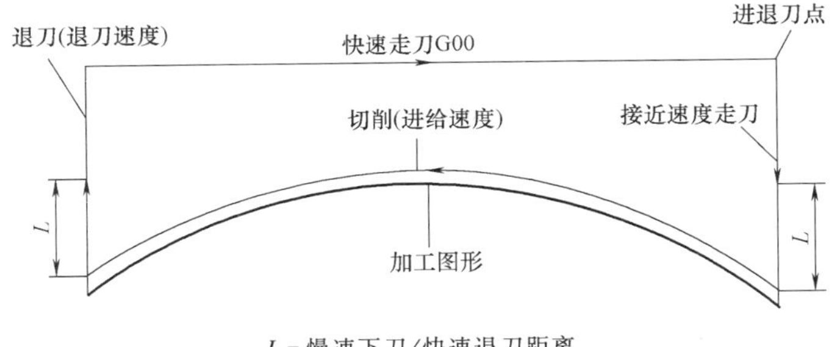

图 5-75　数控车中各种速度示意

5. 刀具轨迹和刀位点

刀具轨迹是系统按给定工艺要求生成的对给定加工图形进行切削时刀具行进的路线，如图 5-76 所示，系统以图形方式显示。刀具轨迹由一系列有序的刀位点和连接这些刀位点的直线（直线插补）或圆弧（圆弧插补）组成。

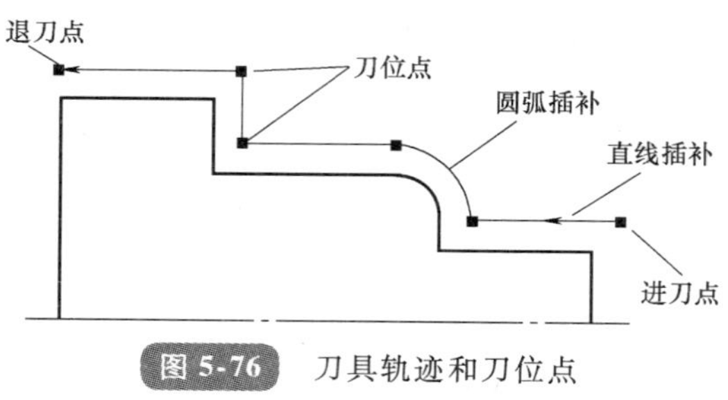

图 5-76 刀具轨迹和刀位点

本系统的刀具轨迹是按刀尖位置来显示的。

6. 加工余量

车加工是一个去余量的过程，即从毛坯开始逐步除去多余的材料，以得到需要的零件。这种过程往往由粗加工和精加工构成，必要时还需要进行半精加工，即需经过多道工序的加工。在前一道工序中，往往需给下一道工序留下一定的余量。实际加工模型是指定加工模型按给定的加工余量进行等距的结果，如图 5-77 所示。

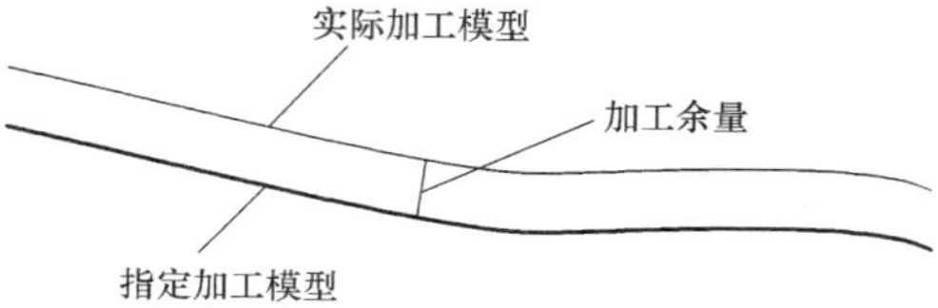

实际加工模型
加工余量
指定加工模型

图 5-77 加工余量示意图

7. 加工误差

刀具轨迹和实际加工模型的偏差即加工误差。用户可通过控制加工误差来控制加工的精度。

用户给出的加工误差是刀具轨迹同加工模型之间的最大允许偏差，系统保证刀具轨迹与实际加工模型之间的偏离不大于加工误差。

用户应根据实际工艺要求给定加工误差，如在进行粗加工时，加工误差可以较大，否则加工效率会受到不必要的影响；而进行精加工时，需根据表面要求等给定加工误差。

在两轴加工中，对于直线和圆弧的加工不存在加工误差，加工误差指对样条线进行加工时用折线段逼近样条时的误差，如图 5-78 所示。

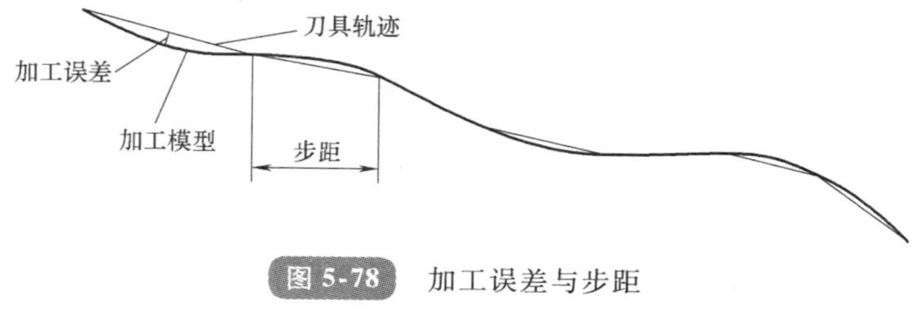

图 5-78 加工误差与步距

8. 加工干涉

切削被加工表面时，如刀具切到不应该切的部分，则称为出现干涉现象，也称过切。在 CAXA 数控车系统中，干涉分为以下两种情况。

1）被加工表面中存在刀具切削不到的部分时存在的过切现象。

2）切削时，刀具与未加工表面存在的过切现象。

三、刀具库的管理

该功能定义、确定刀具的有关数据，以便于用户从刀具库中获取刀具信息和对刀具库进行维护。刀具库管理功能包括轮廓车刀、切槽刀具、螺纹车刀、钻孔刀具四种刀具类型的管理。

1. 操作方法

1）在菜单区中“数控车”子菜单区选取“刀具管理”菜单项，系统弹出“刀具库管理”对话框，如图 5-79 所示。用户可按自己的需要添加新的刀具，对已有刀具的参数进行修改，更换使用的当前刀等。

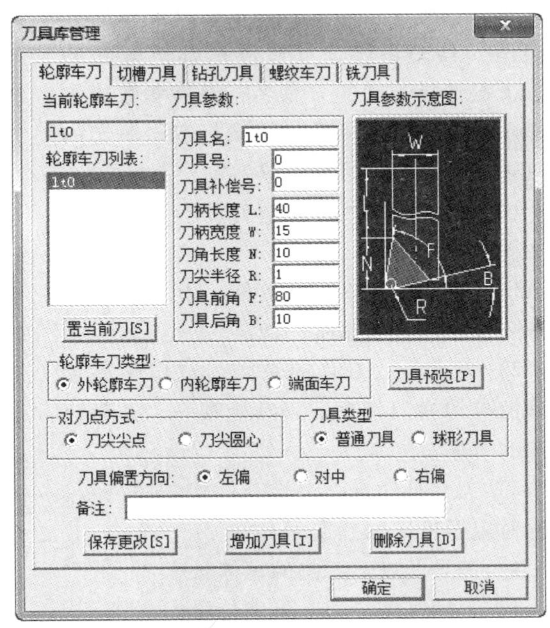

图 5-79　“刀具库管理”对话框

2）当需要定义新的刀具时，按“增加刀具”按钮可弹出“添加刀具”对话框。

3）在刀具列表中选择要删除的刀具名，按“删除刀具”按钮可从刀具库中删除所选择的刀具。注意：不能删除当前刀具。

4）在刀具列表中选择要使用的当前刀具名，按“置当前刀”可将选择的刀具设为当前刀具，也可在刀具列表中用鼠标双击所选的刀具。

5）改变参数后，按“修改刀具”按钮即可对刀具参数进行修改。

6）需要指出的是，刀具库中的各种刀具只是同一类刀具的抽象描述，并非符合国标或其他标准的详细刀具库。所以只列出了对轨迹生成有影响的部分参数，其他与具体加工工艺相关的刀具参数并未列出。例如，将各种外轮廓、内轮廓、端面粗、精车刀均归为轮廓车刀，对轨迹生成没有影响。其他补充信息可在“备注”栏中输入。

2. 参数说明

（1）轮廓车刀

1）刀具名。刀具的名称，用于刀具标识和列表。刀具名是唯一的。

2）刀具号。刀具的系列号，用于后置处理的自动换刀指令。刀具号唯一，并对应机床的刀库。

3）刀具补偿号。刀具补偿值的序列号，其值对应于机床的数据库。

4）刀柄长度。刀具可夹持段的长度。

5）刀柄宽度。刀具可夹持段的宽度。

6）刀角长度。刀具可切削段的长度。

7）刀尖半径。刀尖部分用于切削的圆弧半径。

8）刀具前角。刀具前刃与工件旋转轴的夹角。

9）当前轮廓车刀。显示当前使用刀具的刀具名。当前刀具就是在加工中要使用的刀具，在加工轨迹的生成中要使用当前刀具的刀具参数。

10）轮廓车刀列表。显示刀具库中所有同类型刀具的名称，可通过鼠标或键盘的上、下键选择不同的刀具名，刀具参数表中将显示所选刀具的参数。用鼠标双击所选的刀具还能将其置为当前刀具。

（2）切槽刀具 “切槽刀具参数”对话框如图5-80所示。

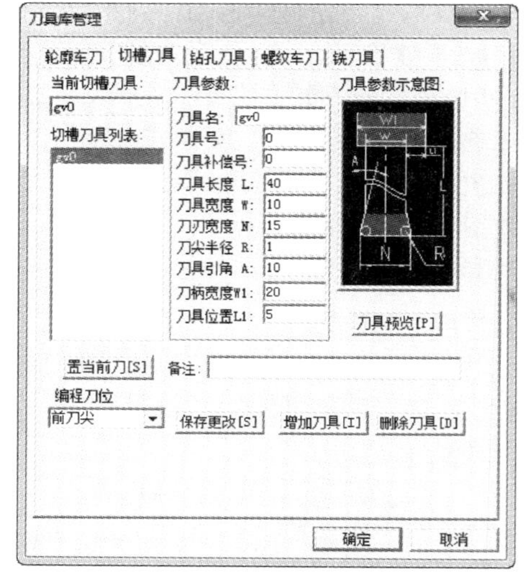

图5-80 “切槽刀具参数”对话框

1）刀具名。刀具的名称，用于刀具标识和列表。刀具名是唯一的。

2）刀具号。刀具的系列号，用于后置处理的自动换刀指令。刀具号唯一，并对应机床的刀库。

3）刀具补偿号。刀具补偿值的序列号，其值对应于机床的数据库。

4）刀具长度。刀具的总体长度。

5）刀柄宽度。刀具可夹持段的宽度。

6）刀刃宽度。刀具切削刃的宽度。

7）刀尖半径。刀尖部分用于切削的圆弧半径。

8）刀具引角。刀具切削段两侧边与垂直于切削方向的夹角。

9）当前切槽刀具。显示当前使用刀具的刀具名。当前刀具就是在加工中要使用的刀具，在加工轨迹的生成中要使用当前刀具的刀具参数。

10）切槽刀具列表。显示刀具库中所有同类型刀具的名称，可通过鼠标或键盘的上、下键选择不同的刀具名，刀具参数表中将显示所选刀具的参数。用鼠标双击所选的刀具还能将其置为当前刀具。

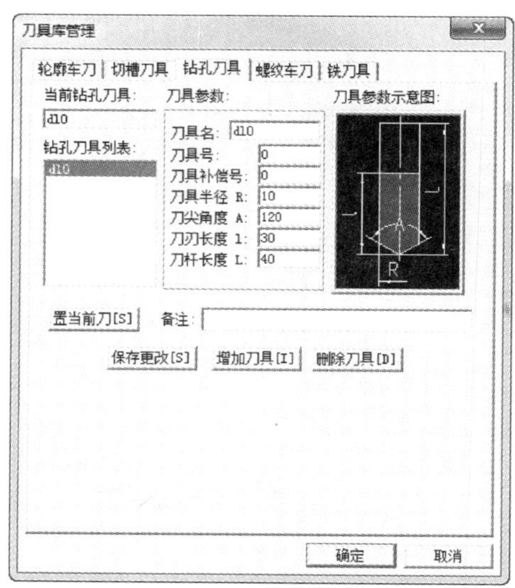

图5-81 “钻孔刀具参数”对话框

（3）钻孔刀具 “钻孔刀具参数”对话

框如图 5-81 所示。

1）刀具名。刀具的名称，用于刀具标识和列表。刀具名是唯一的。

2）刀具号。刀具的系列号，用于后置处理的自动换刀指令。刀具号唯一，并对应机床的刀库。

3）刀具补偿号。刀具补偿值的序列号，其值对应于机床的数据库。

4）刀具半径。刀具的半径。

5）刀尖角度。钻头前段尖部的角度。

6）刀刃长度。刀具的刀杆可用于切削部分的长度。

7）刀杆长度。刀尖到刀柄之间的距离。刀杆长度应大于刀刃有效长度。

8）当前钻孔刀具。显示当前使用刀具的刀具名。当前刀具就是在加工中要使用的刀具，在加工轨迹的生成中要使用当前刀具的刀具参数。

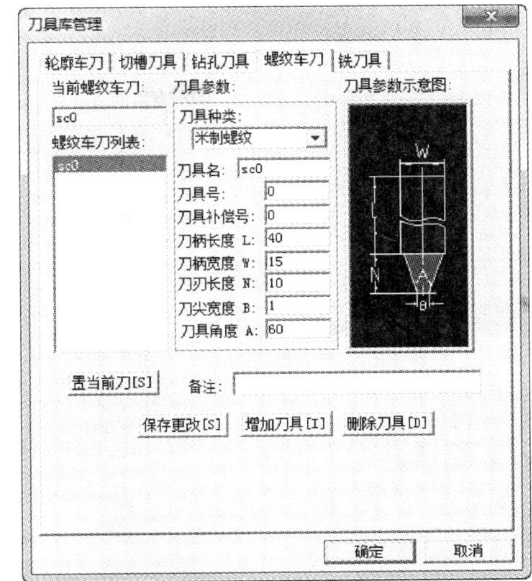

图 5-82 “螺纹车刀参数”对话框

9）钻孔刀具列表。显示刀具库中所有同类型刀具的名称，可通过鼠标或键盘的上、下键选择不同的刀具名，刀具参数表中将显示所选刀具的参数。用鼠标双击所选的刀具还能将其置为当前刀具。

（4）螺纹车刀 “螺纹车刀参数”对话框如图 5-82 所示。

1）刀具名。刀具的名称，用于刀具标识和列表。刀具名是唯一的。

2）刀具号。刀具的系列号，用于后置处理的自动换刀指令。刀具号唯一，并对应机床的刀库。

3）刀具补偿号。刀具补偿值的序列号，其值对应于机床的数据库。

4）刀柄长度。刀具可夹持段的长度。

5）刀柄宽度。刀具可夹持段的宽度。

6）刀刃长度。刀具切削刃顶部的宽度。对于三角螺纹车刀，刀刃宽度等于 0。

7）刀尖宽度。螺纹齿底宽度。

8）刀具角度。刀具切削段两侧边与垂直于切削方向的夹角，该角度决定了车削出螺纹的螺纹角。

9）当前螺纹车刀。显示当前使用刀具的刀具名。当前刀具就是在加工中要使用的刀具，在加工轨迹的生成中要使用当前刀具的刀具参数。

10）螺纹车刀列表。显示刀具库中所有同类型刀具的名称，可通过鼠标或键盘的上、下键选择不同的刀具名，刀具参数表中将显示所选刀具的参数。用鼠标双击所选的刀具还能将其置为当前刀具。

四、机床设置

机床设置就是针对不同的机床、不同的数控系统，设置特定的数控代码、数控程序格式及参数，并生成配置文件。生成数控程序时，系统根据该配置文件的定义生成用户所需要的特定代码格式的加工指令。

通过设置系统配置参数，后置处理所生成的数控程序可以直接输入数控机床或加工中心进行加工，而无需进行修改。如果已有的机床类型中没有所需的机床，可增加新的机床类型以满足使用需求，并可对新增的机床进行设置。

在“数控车”子菜单区中选取“机床设置”功能项，系统弹出“机床类型设置”对话框，如图5-83所示。用户可按自己的需求增加新的机床或者更改已有的机床设置。按“确定”按钮可将用户的更改保存，“取消”则放弃已做的更改。

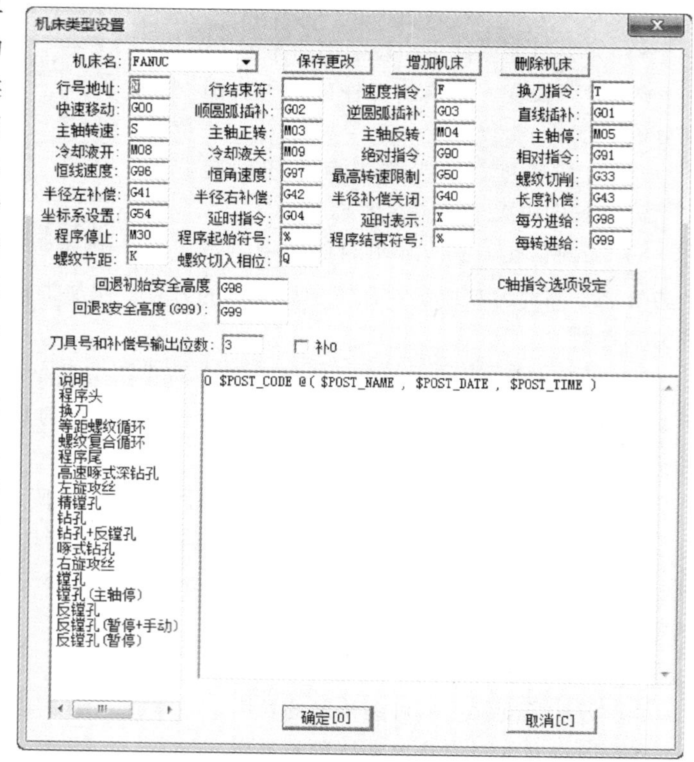

图 5-83 “机床类型设置”对话框

机床参数配置包括主轴控制、数值插补方法、补偿方式、冷却控制、程序起停及程序首尾控制符等。现以某系统参数配置为例，具体配置方法如下。

1. 机床参数设置

在“机床名”一栏用鼠标点取可选择一个已存在的机床并进行修改。按“增加机床”钮可增加系统没有的机床，按“删除机床”钮可删除当前的机床。还可对机床的各种指令地址进行设置。

2. 程序格式设置

程序格式设置就是对G代码各程序段格式进行设置。可以对以下内容进行格式设置：程序起始符号、程序结束符号、程序说明、程序头、程序尾、换刀段。

1）设置方式。字符串或宏指令@字符串或宏指令。其中宏指令为$+宏指令串。系统提供的宏指令串如下。

① 当前后置文件名 POST_NAME。

② 当前日期 POST_DATE。

③ 当前时间 POST_TIME。

④ 当前 X 坐标值 COORD_Y。

⑤ 当前 Z 坐标值 COORD_X。

⑥ 当前程序号 POST_CODE。

以下宏指令内容与“机床类型设置”对话框中的设置内容一致。

① 行号指令 LINE_NO_ADD。

② 行结束符 BLOCK_END。

③ 直线插补 G01。

④ 顺圆插补 G02。

⑤ 逆圆插补 G03。

⑥ 绝对指令 G90。

⑦ 相对指令 G91。

⑧ 切削液开 COOL_ON。

⑨ 切削液关 COOL_OFF。

⑩ 程序止 PRO_STOP。

⑪ 左补偿 DCMP_LFT。

⑫ 右补偿 DCMP_RGH。

⑬ 补偿关闭 DCMP_OFF。

⑭ @ 号为换行标，若是字符串则输出它本身。

⑮ $号输出空格。

2）程序说明。说明部分是对程序的名称、与此程序对应的零件名称编号，以及编制日期和时间等有关信息的记录。程序说明部分是为了管理的需要而设置的。有了这个功能项目，用户可以很方便地进行管理。例如要加工某个零件时，只需要从管理程序中找到对应的程序编号即可，而不需要从复杂的程序中去一个一个地寻找需要的程序。

（N126－60231，$ POST_NAME，$ POST_DATE，$ POST_TIME），在生成的后置程序中的程序说明部分输出说明如下。

（N126－60231，O1261，1996/9/2，15：30：30）

3）程序头。针对特定的数控机床来说，其数控程序开头部分都是相对固定的，包括一些机床信息，如机床回零、工件零点设置、切削液开启等。

例如，直线插补指令内容为 G01，那么，$G1 的输出结果为 G01，同样 $COOL_ON 的输出结果为 M7，$PRO_STOP 为 M02，依此类推。

例如，$COOL_ON@ $SPN_CW@ $G90 $ $G0 $COORD_Y $COORD_X@ G41 在后置文件中的输出内容如下。

M07；

M03；

G90 G00 X10.00 0 Z20.0000；

G41；

五、后置处理设置

后置设置就是针对特定的机床，结合已经设置好的机床配置，对后置输出的数控程序的格式，如程序段行号、程序大小、数据格式、编程方式、圆弧控制方式等进行设置。本功能可以设置缺省机床及G代码输出选项。机床名选择已存在的机床名作为缺省机床。

后置参数设置包括程序段行号、程序大小、数据格式、编程方式、圆弧控制方式等。

在“数控车”子菜单区中选取“后置设置”功能项，系统弹出“后置处理设置”对话框，如图5-84所示。用户可按自己的需要更改已有机床的后置设置。按“确定”按钮可将用户的更改保存，“取消”则放弃已做的更改。

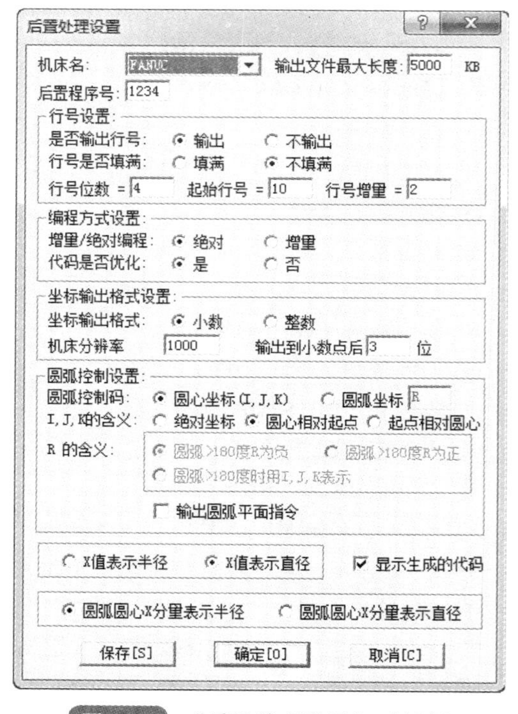

图5-84 “后置处理设置”对话框

1. 机床名

数控程序必须针对特定的数控机床、特定的配置才具有加工的实际意义，所以后置设置必须先调用机床配置。在图5-84中，用鼠标拾取机床名一栏就可以很方便地从配置文件中调出机床的相关配置。图中调用的为FANUC数控系统的相关配置。

2. 扩展文件名控制和后置程序号

后置文件扩展名是控制所生成的数控程序文件名的扩展名。有些机床对数控程序要求有扩展名，有些机床没有这个要求，应视不同的机床而定。后置程序号是记录后置设置的程序号，不同的机床其后置设置不同，所以采用程序号来记录这些设置，以便于用户日后使用。

3. 输出文件最大长度

输出文件长度可以对数控程序的大小进行控制，文件大小控制以K（字节）为单位。当输出的代码文件长度大于规定长度时，系统会自动分割文件。例如，当输出的G代码文件post. ISO超过规定的长度时，就会自动分割为post0001. ISO、post0002. ISO、post0003. ISO、post0004. ISO等。

4. 行号设置

程序段行号设置包括行号的位数、行号是否输出、行号是否填满、起始行号及行号

递增数值等。行号是否输出：选中行号输出则在数控程序中的每一个程序段前面输出行号，反之亦然。行号是否填满是指行号不足规定的行号位数时是否用 0 填充。行号填满就是在不足所要求的行号位数的前面补零，如 N0028；反之亦然，如 N28。行号递增数值就是程序段行号之间的间隔，如 N0020 与 N0025 之间的间隔为 5，建议用户选取比较适中的递增数值，这样有利于程序的管理。

5. 编程方式设置

有绝对编程 G90 和相对编程 G91 两种方式。

6. 坐标输出格式设置

决定数控程序中数值的格式：小数输出还是整数输出；机床分辨率就是机床的加工精度，如果机床精度为 0.001mm，则机床分辨率设置为 1000，以此类推；输出小数位数可以控制加工精度，但不能超过机床精度，否则是没有实际意义的。

“优化坐标值”指输出的 G 代码中，若坐标值的某分量与上一次相同，则此分量在 G 代码中不出现。下一段是没有经过优化的 G 代码。

X0.0 Y0.0 Z0.0；

X100. Y0.0 Z0.0；

X100. Y100. Z0.0；

X0.0 Y100. Z0.0；

X0.0 Y0.0 Z0.0；

经过坐标优化，结果如下。

X0.0 Y0.0 Z0.0；

X100.；

Y100.；

X0.0 ；

Y0.0 ；

7. 圆弧控制设置

主要设置控制圆弧的编程方式，即是采用圆心编程方式还是采用半径编程方式。当采用圆心编程方式时，圆心坐标（I，J，K）有如下三种含义。

（1）绝对坐标　采用绝对编程方式，圆心坐标（I，J，K）的坐标值为相对于工件零点绝对坐标系的绝对值。

（2）相对起点　圆心坐标以圆弧起点为参考点取值。

（3）起点相对圆心　圆弧起点坐标以圆心坐标为参考点取值。

按圆心坐标编程时，圆心坐标的各种含义是针对不同数控机床而言的。不同机床之间其圆心坐标编程的含义不同，但对于特定的机床其含义只有其中一种。当采用半径编程时，采用半径正负区别的方法来控制圆弧是劣圆弧还是优圆弧。圆弧半径 R 的含义即表现为以下两种。

1）优圆弧。圆弧大于 180°，R 为负值。

2）劣圆弧。圆弧小于 180°，R 为正值。

8. *X* 值表示直径

软件系统采用直径编程。

9. *X* 值表示半径

软件系统采用半径编程。

10. 显示生成的代码

选中时系统调用 Windows 记事本显示生成的代码，如代码太长，则提示用写字板打开。

第五节　生成轨迹

一、轮廓粗车

该功能用于实现对工件外轮廓表面、内轮廓表面和端面的粗车加工，用来快速清除毛坯的多余部分。

轮廓粗车时要确定被加工轮廓和毛坯轮廓，被加工轮廓就是加工结束后的工件表面轮廓，毛坯轮廓就是加工前毛坯的表面轮廓。被加工轮廓和毛坯轮廓两端点相连，两轮廓共同构成一个封闭的加工区域，在此区域的材料将被加工去除。被加工轮廓和毛坯轮廓不能单独闭合或自相交。

1. 操作步骤

1）在菜单区中的“数控车”子菜单区中选取“轮廓粗车”菜单项，系统弹出粗车参数表，如图 5-85 所示。在粗车参数表中首先要确定被加工的是外轮廓表面，还是内轮廓表面或端面，接着按加工要求确定其他各加工参数。

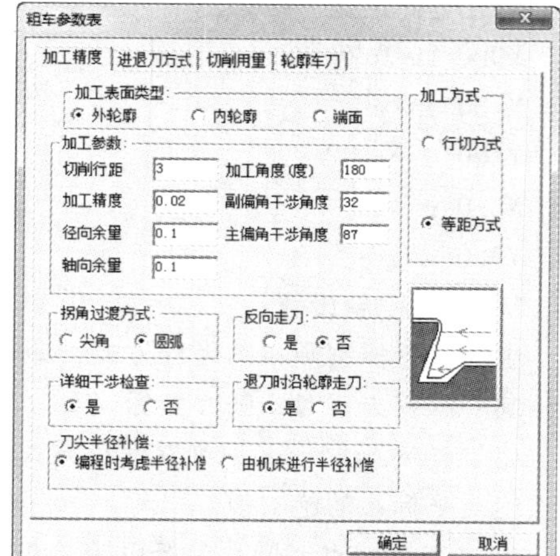

图 5-85　粗车参数表

2）确定参数后拾取被加工的轮廓和毛坯轮廓，此时可使用系统提供的轮廓拾取工具，对于多段曲线组成的轮廓使用“限制链拾取”将极大地方便拾取。采用“链拾取”和“限制链拾取”时的拾取箭头方向与实际的加工方向无关。

3）确定进退刀点。指定一点为刀具加工前和加工后所在的位置。按鼠标右键可忽略该点的输入。

完成上述步骤后即可生成加工轨迹。在“数控车”菜单区中选取“生成代码”功能项，拾取刚生成的刀具轨迹，即可生成加工指令。

2. 参数说明

（1）加工参数　单击对话框中的“加工精度”标签即进入加工精度参数表。加工精度参数表主要用于对粗车加工中的各种工艺条件和加工方式进行限定。各加工参数含义说明如下：

1）加工表面类型。

① 外轮廓。采用外轮廓车刀加工外轮廓，此时缺省加工方向角度为 180°。

② 内轮廓。采用内轮廓车刀加工内轮廓，此时缺省加工方向角度为 180°。

③ 端面。此时缺省加工方向应垂直于系统 *X* 轴，即加工角度为 -90°或 270°。

2）加工参数。

① 副偏角干涉角度。做底切干涉检查时，确定干涉检查的角度。

② 主偏角干涉角度。做前角干涉检查时，确定干涉检查的角度。

③ 加工角度。刀具切削方向与机床 *Z* 轴（软件系统 *X* 正方向）正方向的夹角。

④ 切削行距。行间切入深度，两相邻切削行之间的距离。

⑤ 加工余量。加工结束后，被加工表面没有加工部分的剩余量（与最终加工结果比较）。

⑥ 加工精度。用户可按需要来控制加工的精度。对轮廓中的直线和圆弧，机床可以精确地加工；对由样条曲线组成的轮廓，系统将按给定的精度把样条转化成直线段来满足用户所需的加工精度。

3）拐角过渡方式。

① 圆弧。在切削过程遇到拐角时刀具从轮廓的一边到另一边的过程中，以圆弧的方式过渡。

② 尖角。在切削过程遇到拐角时刀具从轮廓的一边到另一边的过程中，以尖角的方式过渡。

4）反向走刀。

① 否。刀具按缺省方向走刀，即刀具从机床 *Z* 轴正向向 *Z* 轴负向移动。

② 是。刀具按与缺省方向相反的方向走刀。

5）详细干涉检查。

① 否。假定刀具前后干涉角均 0°，对凹槽部分不做加工，以保证切削轨迹无前角及底切干涉。

② 是。加工凹槽时，用定义的干涉角度检查加工中是否有刀具前角及底切干涉，并按定义的干涉角度生成无干涉的切削轨迹。

6）退刀时沿轮廓走刀。

① 否。刀位行首末直接进退刀，不加工行与行之间的轮廓。

② 是。两刀位行之间如果有一段轮廓，在后一刀位行之前、之后增加对行间轮廓的加工。

7）刀尖圆弧半径补偿。

① 编程时考虑刀尖圆弧半径补偿。在生成加工轨迹时，系统根据当前所用刀具的刀尖圆弧半径进行补偿计算。所生成代码即为已考虑刀尖圆弧半径补偿的代码，无需机床再进行刀尖圆弧半径补偿。

② 由机床进行刀尖圆弧半径补偿。在生成加工轨迹时，假设刀尖圆弧半径为0，按轮廓编程，不进行刀尖圆弧半径补偿计算。所生成代码在用于实际加工时应根据实际刀尖圆弧半径由机床指定补偿值。

（2）进退刀方式　单击对话框中的“进退刀方式”标签即进入进退刀方式参数表，如图5-86所示。该参数表用于对加工中的进退刀方式进行设定。

1）进刀方式。每行相对毛坯进刀方式用于指定对毛坯部分进行切削时的进刀方式，每行相对加工表面进刀方式用于指定对加工表面部分进行切削时的进刀方式。

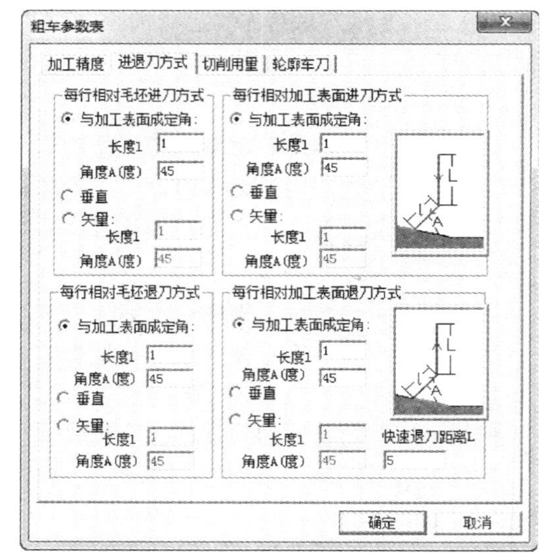

图5-86　轮廓粗车进退刀方式参数表

① 与加工表面成定角。指在每一切削行前加入一段与轨迹切削方向夹角成一定角度的进刀段，刀具垂直进刀到该进刀段的起点，再沿该进刀段进刀至切削行。角度定义该进刀段与轨迹切削方向的夹角，长度定义该进刀段的长度。

② 垂直进刀。指刀具直接进刀到每一切削行的起始点。

③ 矢量进刀。指在每一切削行前加入一段与系统 *X* 轴（机床 *Z* 轴）正方向成一定夹角的进刀段，刀具进刀到该进刀段的起点，再沿该进刀段进刀至切削行。角度定义矢量（进刀段）与系统 *X* 轴正方向的夹角，长度定义矢量（进刀段）的长度。

2）退刀方式。每行相对毛坯退刀方式用于指定对毛坯部分进行切削时的退刀方式，每行相对加工表面退刀方式用于指定对加工表面部分进行切削时的退刀方式。

① 与加工表面成定角。指在每一切削行后加入一段与轨迹切削方向夹角成一定角度的退刀段，刀具先沿该退刀段退刀，再从该退刀段的末点开始垂直退刀。角度定义该退刀段与轨迹切削方向的夹角，长度定义该退刀段的长度。

② 垂直退刀。指刀具直接退刀到每一切削行的起始点。

③ 矢量退刀。指在每一切削行后加入一段与系统 *X* 轴（机床 *Z* 轴）正方向成一定夹角的退刀段，刀具先沿该退刀段退刀，再从该退刀段的末点开始垂直退刀。角度定义矢量（退刀段）与系统 *X* 轴正方向的夹角，长度定义矢量（退刀段）的长度快速退刀距离，即以给定的退刀速度回退的距离（相对值），在此距离上以机床允许的最大进给速度G0退刀。

（3）切削用量　在每种刀具轨迹生成时，都需要设置一些与切削用量及机床加工相关的参数。单击“切削用量”标签可进入切削用量参数设置页，如图5-87所示。表中各项参数含义如下。

1）接近速度。刀具接近工件时的进给速度。

2）进给量。刀具切削工件时的进给速度。

3）退刀速度。刀具离开工件的速度。

4）恒转速。切削过程中按指定的主轴转速保持主轴转速恒定，直到下一指令改变该转速。

5）恒线速度。切削过程中按指定的线速度值保持线速度恒定。

6）直线拟合。对加工轮廓中的样条线根据给定的加工精度用直线段进行拟合。

7）圆弧拟合。对加工轮廓中的样条线根据给定的加工精度用圆弧段进行拟合。

（4）轮廓车刀　单击“轮廓车刀”标签可进入轮廓车刀参数设置页，如图 5-88 所示。该页用于对加工中所用的刀具参数进行设置。

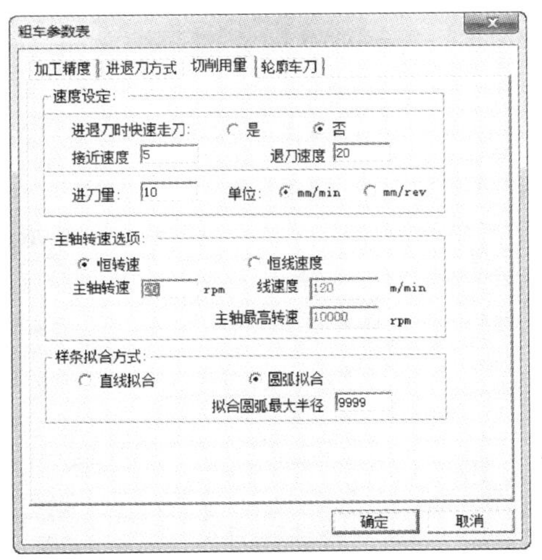

图 5-87　轮廓粗车切削用量参数表

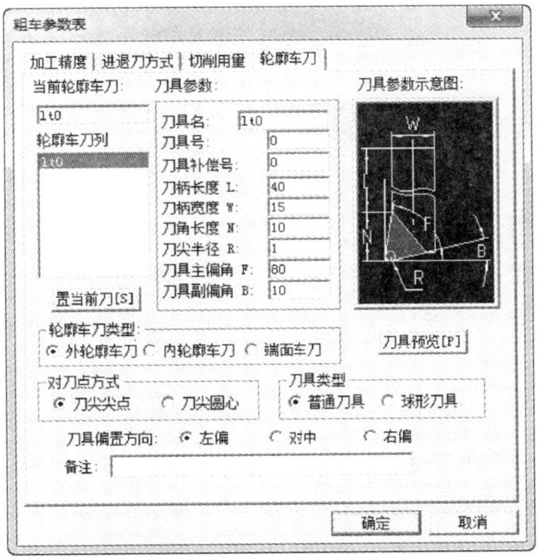

图 5-88　粗车轮廓车刀参数表

3. 加工实例

如图 5-89 所示，曲线内部部分为要加工出的外轮廓，剖面部分为须去除的材料。

1）生成轨迹时，只需画出由要加工出的外轮廓和毛坯轮廓的上半部分组成的封闭区域（需切除部分）即可，其余线条不用画出，如图 5-90 所示。

2）填写参数表。在轮廓粗车加工参数表中填写参数表，填写完参数后，拾取对话框“确认”按钮。

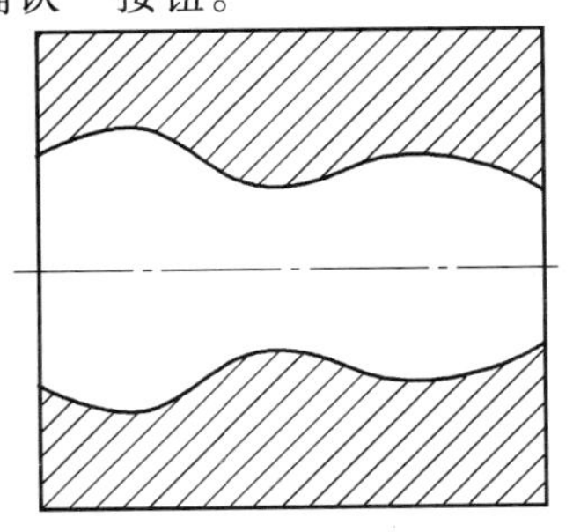

图 5-89　待加工零件及毛坯外轮廓

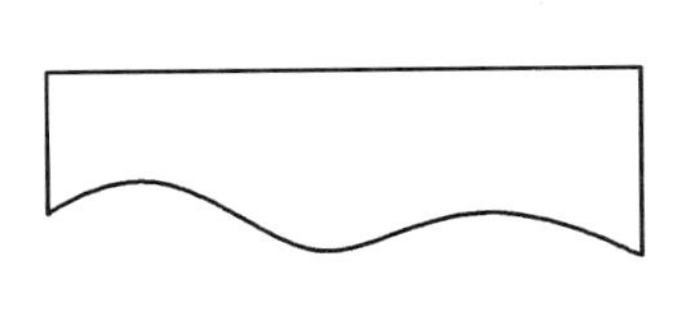

图 5-90　待加工外轮廓和毛坯轮廓的上半部分组成的封闭区域

3）拾取轮廓，系统提示用户选择轮廓线。

拾取轮廓线可以通过立即菜单【1:】选择拾取方式。立即菜单【1:】提供三种拾取方式：单个拾取、链拾取和限制链拾取，如图 5-91 所示。

当拾取第一条轮廓线后，此轮廓线变为红色的虚线，如图 5-92 所示。系统给出提示：选择方向。要求用户选择一个方向，此方向只表示拾取轮廓线的方向，与刀具的加工方向无关。

图 5-91 选择拾取方式

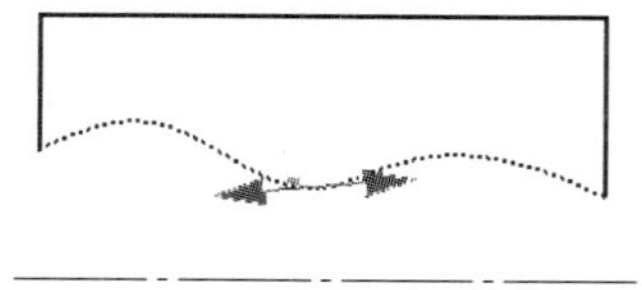

图 5-92 轮廓拾取方向示意图

选择方向后，如果采用的是链拾取方式，则系统自动拾取首尾连接的轮廓线；如果采用单个拾取，则系统提示继续拾取轮廓线；如果采用限制链拾取，则系统自动拾取该曲线与限制曲线之间连接的曲线。若加工轮廓与毛坯轮廓首尾相连，采用链拾取会将加工轮廓与毛坯轮廓混在一起，采用限制链拾取或单个拾取则可以将加工轮廓与毛坯轮廓区分开。

4）拾取毛坯轮廓，拾取方法与以上类似。

5）确定进退刀点。指定一点为刀具加工前和加工后所在的位置，按鼠标右键可忽略该点的输入。

6）生成刀具轨迹。确定进退刀点之后，系统生成绿色的刀具轨迹，如图 5-93 所示。

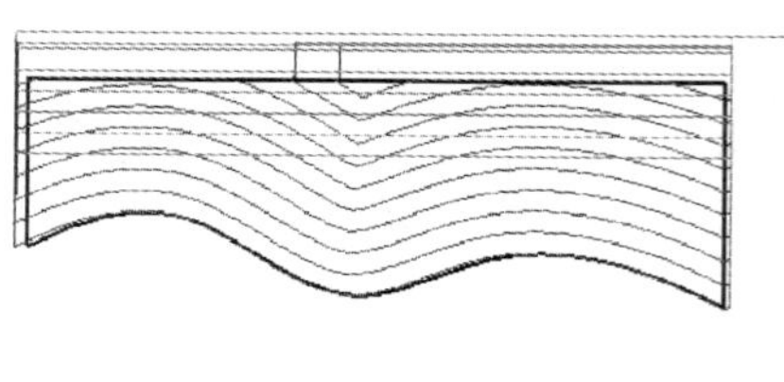

图 5-93 生成的粗车加工轨迹

7）在“数控车”菜单区中选取“生成代码”功能项，拾取刚生成的刀具轨迹，即可生成加工指令。

注意：为便于采用链拾取方式，可以将加工轮廓与毛坯轮廓绘成相交，系统能自动求出其封闭区域，如图 5-94 所示。

二、轮廓精车

实现对工件外轮廓表面、内轮廓表面和端面的精车加工。做轮廓精车时要确定被加工轮廓，即加工结束后的工件表面轮廓，其不能闭合或自相交。

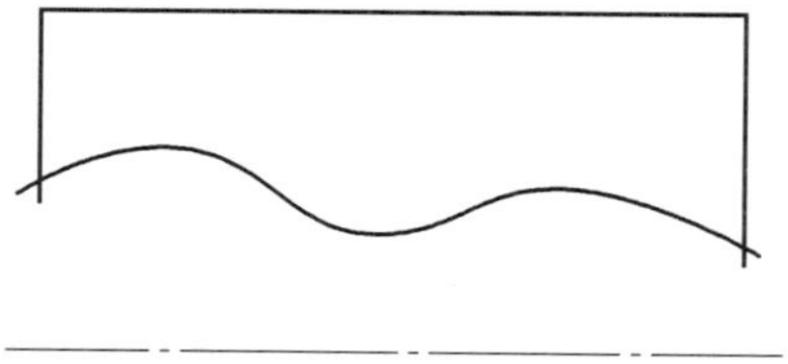

图 5-94 由相交的待加工外轮廓和毛坯轮廓组成的封闭区域

1. 操作步骤

1）在菜单区中的“数控车”子菜单区中选取“轮廓精车”菜单项，系统弹出加工参数表，如图 5-95 所示。在参数表中首先要确定被加工的是外轮廓表面，还是内轮廓

表面或端面，接着按加工要求确定其他各加工参数。

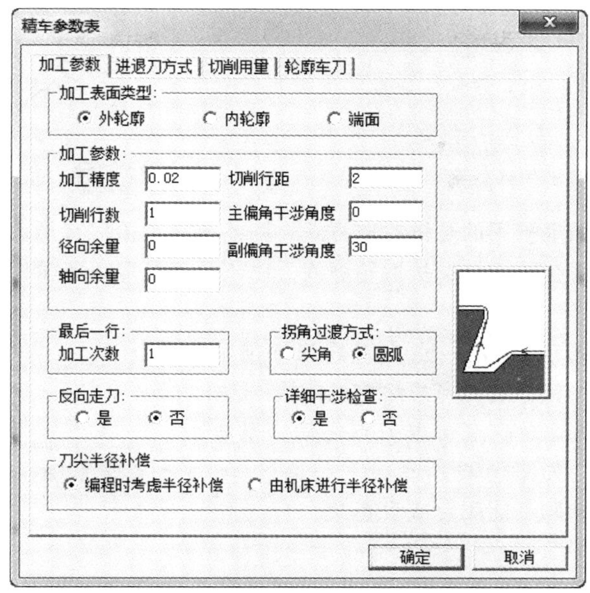

图 5-95 精加工参数表

2）确定参数后拾取被加工轮廓，此时可使用系统提供的轮廓拾取工具。

3）选择完轮廓后确定进退刀点，指定一点为刀具加工前和加工后所在的位置。按鼠标右键可忽略该点的输入。

完成上述步骤后即可生成精车加工轨迹。在“数控车”菜单区中选取“生成代码”功能项，拾取刚生成的刀具轨迹，即可生成加工指令。

2. 参数说明

加工参数主要用于对精车加工中的各种工艺条件和加工方式进行限定，其含义可参看轮廓粗车。

3. 举例

如图 5-96 所示，曲线内部部分为要加工出的外轮廓，剖面部分为须去除的材料。

1）生成轨迹时，只需画出由要加工出的外轮廓的上半部分即可，其余线条不用画出，如图 5-97 所示。

2）填写参数表。在“精车参数表”对话框中填写完参数后，拾取对话框“确认”按钮。

3）拾取轮廓，提示用户选择轮廓线。

当拾取第一条轮廓线后，此轮廓线变为红

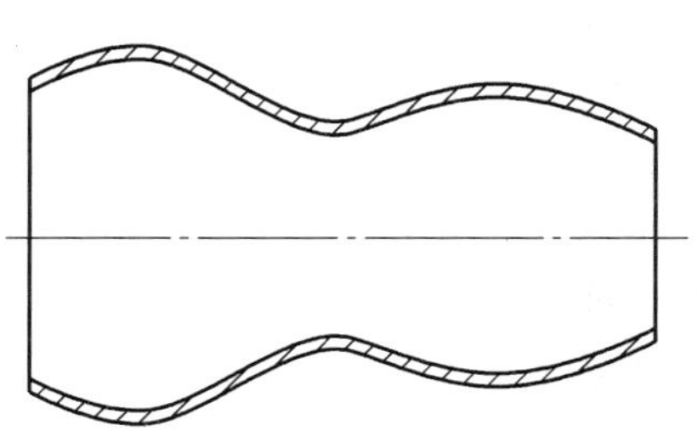

图 5-96 要进行精车的零件轮廓

色的虚线。系统给出提示：选择方向。要求用户选择一个方向，此方向只表示拾取轮廓线的方向，与刀具的加工方向无关，如图 5-98 所示。

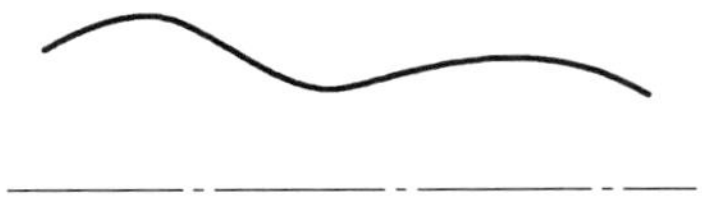

图 5-97　要加工出的外轮廓

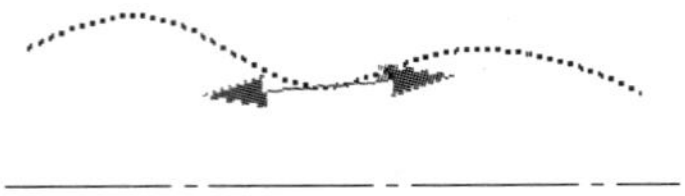

图 5-98　轮廓拾取方向示意图

选择方向后，如果采用的是链拾取方式，则系统自动拾取首尾连接的轮廓线，如果采用单个拾取，则系统提示继续拾取轮廓线。由于只需拾取一条轮廓线，采用链拾取的方法较为方便。

4）确定进退刀点。指定一点为刀具加工前和加工后所在的位置。按鼠标右键可忽略该点的输入。

5）生成刀具轨迹。确定进退刀点之后，系统生成绿色的刀具轨迹，如图 5-99 所示。

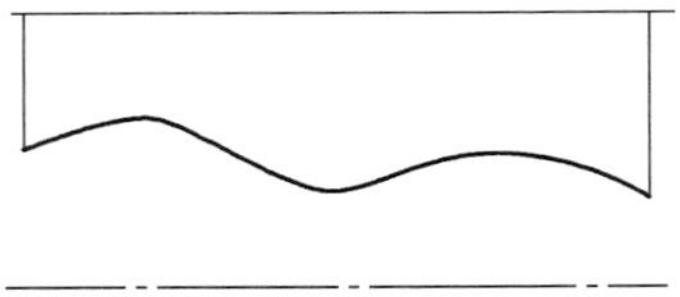

图 5-99　生成的精加工轨迹

注意：被加工轮廓不能闭合或自相交。

三、车槽

该功能用于在工件外轮廓表面、内轮廓表面和端面切槽。

切槽时要确定被加工轮廓，即加工结束后的工件表面轮廓，其不能闭合或自相交。

1. 操作步骤

1）在菜单区中的“数控车”子菜单区中选取“切槽”菜单项，系统弹出切槽参数表，如图 5-100 所示。在参数表中首先要确定被加工的是外轮廓表面，还是内轮廓表面或端面，接着按加工要求确定其他各加工参数。

2）确定参数后拾取被加工轮廓，此时可使用系统提供的轮廓拾取工具。

3）选择完轮廓后确定进退刀点。指定一点为刀具加工前和加工后所在的位置。按鼠标右键可忽略该点的输入。

完成上述步骤后即可生成切槽加工轨迹。在“数控车”菜单区中

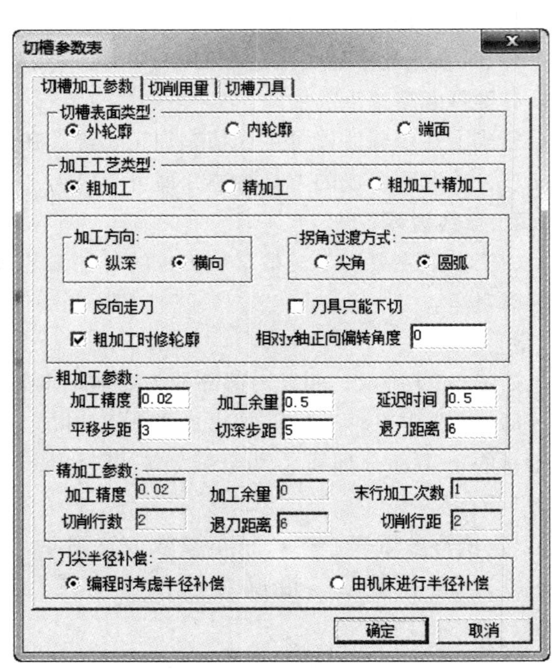

图 5-100　切槽参数表

选取“生成代码”功能项，拾取刚生成的刀具轨迹，即可生成加工指令。

2. 参数说明

（1）加工参数　加工参数主要对切槽加工中各种工艺条件和加工方式进行限定。各加工参数含义说明如下。

1）加工轮廓类型。

① 外轮廓。外轮廓切槽，或者用切槽刀加工外轮廓。

② 内轮廓。内轮廓切槽，或者用切槽刀加工内轮廓。

③ 端面。端面切槽，或者用切槽刀加工端面。

2）加工工艺类型。

① 粗加工。对槽只进行粗加工。

② 精加工。对槽只进行精加工。

③ 粗加工 + 精加工。对槽进行粗加工之后接着做精加工。

3）拐角过渡方式。

① 圆弧。在切削过程遇到拐角时刀具从轮廓的一边到另一边的过程中，以圆弧的方式过渡。

② 尖角。在切削过程遇到拐角时刀具从轮廓的一边到另一边的过程中，以尖角的方式过渡。

4）粗加工参数。

① 延迟时间。粗车槽时，刀具在槽的底部停留的时间。

② 切深步距。粗车槽时，刀具每一次纵向切槽的切入量（机床 X 向）。

③ 平移步距。粗车槽时，刀具切到指定的切深步距后进行下一次切削前的平移步距（机床 Z 向）。

④ 退刀距离。粗车槽中进行下一行切削前退刀到槽外的距离。

⑤ 加工余量。粗加工时，被加工表面未加工部分的预留量。

5）精加工参数。

① 切削行距。精加工行与行之间的距离。

② 切削行数。精加工刀位轨迹的加工行数，不包括最后一行的重复次数。

③ 退刀距离。精加工中切削完一行之后，进行下一行切削前退刀的距离。

④ 加工余量。精加工时，被加工表面未加工部分的预留量。

⑤ 末行加工次数。精车槽时，为提高加工的表面质量，最后一行常常在相同进给量的情况下进行多次车削，该处定义多次切削的次数。

（2）切削用量　切削用量参数表的说明请参考轮廓粗车中的说明。

（3）切槽车刀　切槽刀具参数设置请参考“刀具管理”中的说明。

3. 车槽加工实例

如图 5-101 所示，螺纹退刀槽凹槽部分为要加工出的轮廓。

1）填写参数表。在“切槽参数表”对话框中填写完参数后，拾取对话框“确认”按钮。

2）拾取轮廓，提示用户选择轮廓线。当拾取第一条轮廓线后，此轮廓线变为红色的虚线。系统给出提示：选择方向。要求用户选择一个方向，此方向只表示拾取轮廓线的方向，与刀具的加工方向无关，如图 5-102 所示。

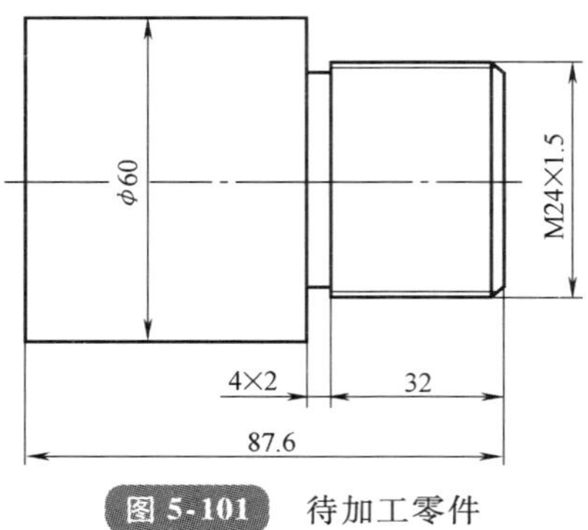

图 5-101 待加工零件

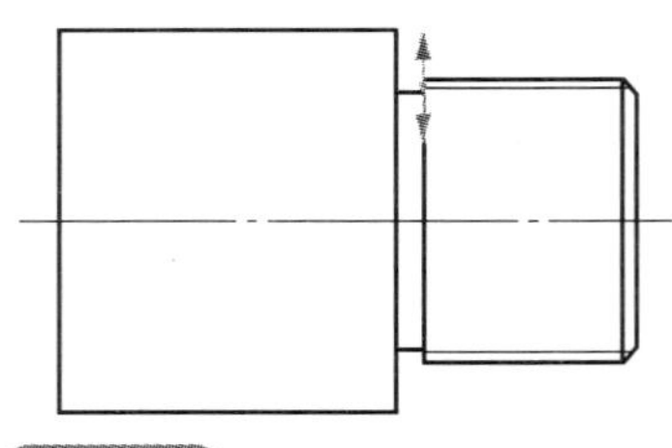

图 5-102 轮廓拾取方向示意图

选择方向后，如果采用的是链拾取方式，则系统自动拾取首尾连接的轮廓线，如果采用单个拾取，则系统提示继续拾取轮廓线。此处采用限制链选取，系统继续提示选取限制线，选取终止线段即凹槽的左边部分，凹槽部分变成虚线，如图 5-103 所示。

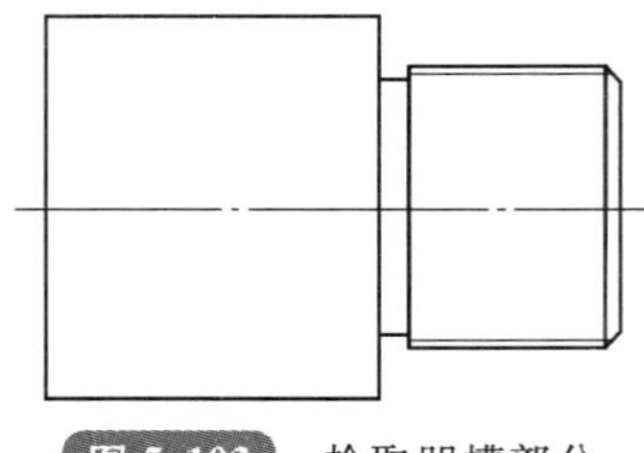

图 5-103 拾取凹槽部分

3）确定进退刀点。指定一点为刀具加工前和加工后所在的位置。按鼠标右键可忽略该点的输入。

4）生成刀具轨迹。确定进退刀点之后，系统生成绿色的刀具轨迹，如图 5-104 所示。

注意：

1）被加工轮廓不能闭合或自相交。

2）生成轨迹与切槽刀刀角半径、刀刃宽度等参数密切相关。

3）可按实际需要只绘出退刀槽的上半部分。

四、钻中心孔

该功能用于在工件的旋转中心钻中心孔。该功能提供了多种钻孔方式，包括高速啄式深孔钻、左攻螺纹、精镗孔、钻孔、镗孔、反镗孔等。

因为车加工中的钻孔位置只能是工件的旋转中心，所以，最终所有的加工轨迹都在工件的旋转轴上，也就是系统的 X 轴（机床的 Z 轴）上。

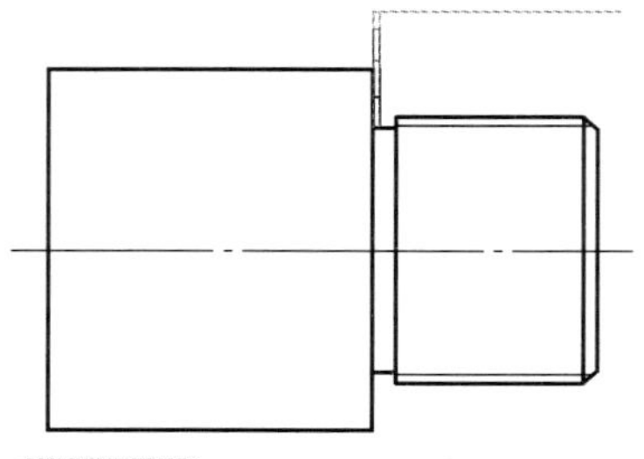

图 5-104 生成的切槽加工轨迹

1. 操作步骤

1）在“数控车”子菜单区中选取“钻中心孔”功能项，弹出钻孔参数表，如图 5-105所示。用户可在“钻孔参数表”对话框中确定各参数。

2）确定各加工参数后，拾取钻孔的起始点，因为轨迹只能在系统的 X 轴上（机床的 Z 轴），所以把输入的点向系统的 X 轴投射，得到的投影点作为钻孔的起始点，然后生成钻孔加工轨迹。拾取完钻孔点之后即生成加工轨迹。

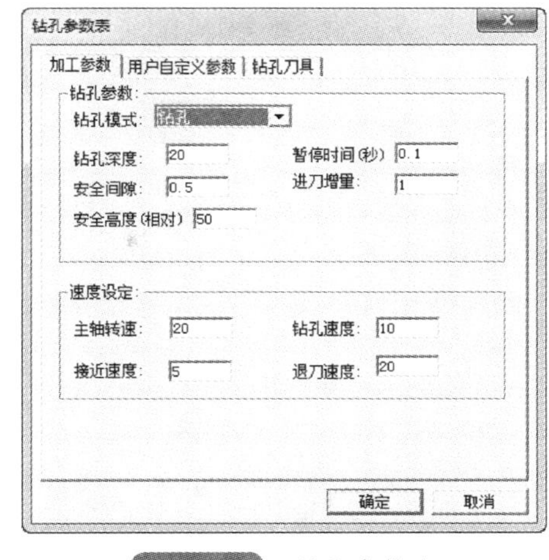

图 5-105 钻孔参数表

2. 参数说明

（1）加工参数　加工参数主要对加工中的各种工艺条件和加工方式进行限定。各加工参数含义说明如下。

1）钻孔模式。钻孔的方式。钻孔模式不同，后置处理中用到机床的固定循环指令就不同。

2）钻孔深度。要钻孔的深度。

3）暂停时间。攻螺纹时刀在工件底部的停留时间。

4）进给增量。深孔钻时每次进给量或镗孔时每次侧进量。

5）安全间隙。当钻下一个孔时，刀具从前一个孔顶端的抬起量。

6）主轴转速。机床主轴旋转的速度。计量单位是机床缺省的单位。

7）钻孔速度。钻孔时的进给速度。

8）接近速度。刀具接近工件时的进给速度。

9）退刀速度。刀具离开工件的速度。

（2）钻孔车刀　钻孔车刀参数设置具体参考“刀具管理”中的说明。

五、车螺纹

该功能为非固定循环方式加工螺纹，可对螺纹加工中的各种工艺条件、加工方式进行更为灵活的控制。

1. 操作步骤

1）在“数控车”子菜单区中选取“螺纹固定循环”功能项。依次拾取螺纹起点、终点。

2）拾取完毕，弹出螺纹参数表，如图 5-106 所示。前面拾取的点的坐标也将显示在参数表中。用户可在该参数表对话框中确定各加工参数。

3）参数填写完毕，选择“确定”按钮，即生成螺纹车削刀具轨迹。

4）在“数控车”菜单区中选取“生成代码”功能项，拾取刚生成的刀具轨迹即可生成螺纹加工指令。

2. 参数说明

（1）螺纹参数　螺纹参数主要包含了与螺纹性质相关的参数，如螺纹牙高、节距、线数等。螺纹起点和终点坐标来自前一步的拾取结果，用户也可以进行修改。各螺纹参

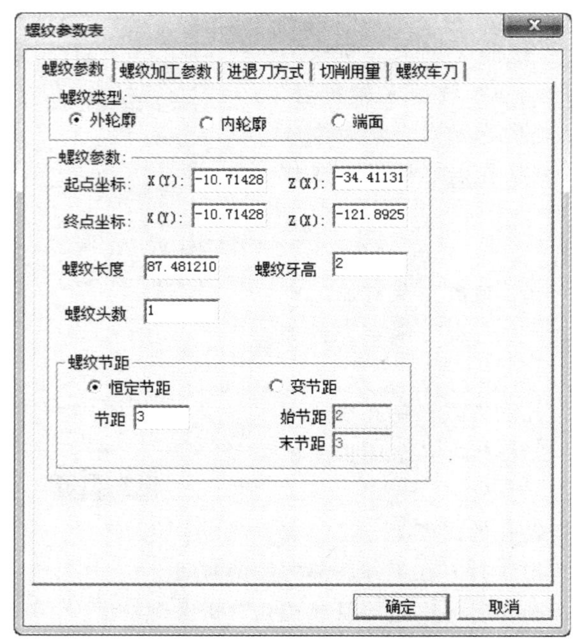

图 5-106　螺纹参数表

数含义说明如下。

1）起点坐标。车螺纹的起始点坐标，单位为 mm。

2）终点坐标。车螺纹的终止点坐标，单位为 mm。

3）螺纹长度。螺纹起始点到终止点的距离。

4）螺纹牙高。螺纹牙的高度。

5）螺纹线数。螺纹起始点到终止点之间的牙数。

6）螺纹节距。

① 恒定节距。两个相邻螺纹轮廓上对应点之间的距离为恒定值。

② 节距。恒定节距值。

③ 变节距。两个相邻螺纹轮廓上对应点之间的距离为变化值。

④ 始节距。起始端螺纹的节距。

⑤ 末节距。终止端螺纹的节距。

（2）螺纹加工参数　螺纹加工参数表则用于对螺纹加工中的工艺条件和加工方式进行设置，如图 5-107 所示。各螺纹加工参数含义说明如下。

1）加工工艺。

① 粗加工。指直接采用粗切方式加工螺纹。

② 粗加工 + 精加工方式。指根据指定的粗加工深度进行粗切后，再采用精切方式（如采用更小的行距）切除剩余余量（精加工深度）。

③ 末行走刀次数。为提高加工质量，最后一个切削行有时需要重复走刀多次，此

时需要指定重复走刀次数。

2）螺纹总深。螺纹粗加工和精加工总的切深量。

① 粗加工深度。螺纹粗加工的切深量。

② 精加工深度。螺纹精加工的切深量。

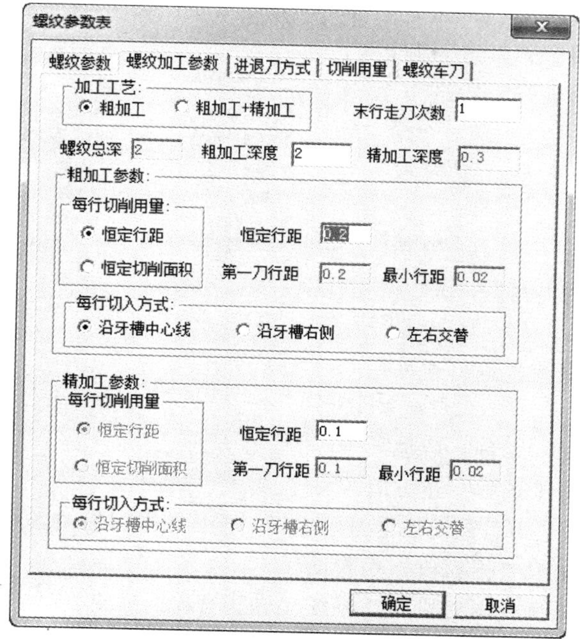

图 5-107　螺纹加工参数表

3）每行切削用量。

① 恒定行距。加工时沿恒定的行距进行加工。

② 恒定切削面积。为保证每次切削的切削面积恒定，各次背吃刀量将逐步减小，直至等于最小行距。用户需指定第一刀行距及最小行距。吃刀量规定如下：第 n 刀的吃刀量为第一刀的吃刀量$\sqrt{n}$倍。

③ 变节距。两个相邻螺纹轮廓上对应点之间的距离为变化的值。

④ 始节距。起始端螺纹的节距。

⑤ 末节距。终止端螺纹的节距。

4）每行切入方式。指刀具在螺纹始端切入时的切入方式。刀具在螺纹末端的退出方式与切入方式相同。

① 沿牙槽中心线。切入时沿牙槽中心线。

② 沿牙槽右侧。切入时沿牙槽右侧。

③ 左右交替。切入时沿牙槽左右交替。

（3）进退刀方式　单击“进退刀方式”标签即进入进退刀方式参数表，如图 5-108 所示。该参数表用于对加工中的进退刀方式进行设定。

1）进刀方式。

① 垂直。指刀具直接进刀到每一切削行的起始点。

② 矢量。指在每一切削行前加入一段与系统 X 轴（机床 Z 轴）正方向成一定夹角的进刀段，刀具进刀到该进刀段的起点，再沿该进刀段进刀至切削行。

③ 长度。定义矢量（进刀段）的长度。

④ 角度。定义矢量（进刀段）与系统 X 轴正方向的夹角。

2）退刀方式。

① 垂直。指刀具直接退刀到每一切削行的起始点。

② 矢量。指在每一切削行后加入一段与系统 X 轴（机床 Z 轴）正方向成一定夹角的退刀段，刀具先沿该退刀段退刀，再从该退刀段的末点开始垂直退刀。

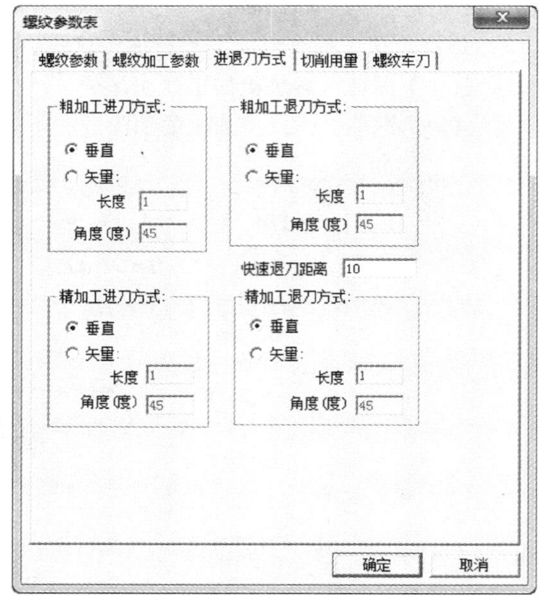

图 5-108 进退刀方式参数表

③ 长度。定义矢量（退刀段）的长度。

④ 角度。定义矢量（退刀段）与系统 X 轴正方向的夹角。

3）快速退刀距离。以给定的退刀速度回退的距离（相对值），在此距离上以机床允许的最大进给速度 G00 退刀。

（4）切削用量　切削用量参数表的说明请参考轮廓粗车中的说明。

（5）螺纹车刀　螺纹车刀参数设置具体请参考“刀具管理”中的说明。

六、后置处理

1. 轨迹参数修改

对生成的轨迹不满意时可以用参数修改功能对轨迹的各种参数进行修改，以生成新的加工轨迹。

在“数控车”子菜单区中选取“参数修改”菜单项，则提示用户拾取要进行参数修改的加工轨迹。拾取轨迹后将弹出该轨迹的参数表供用户修改。参数修改完毕选取“确定”按钮，即依据新的参数重新生成该轨迹。

2. 轨迹仿真

对已有的加工轨迹进行加工过程模拟，以检查加工轨迹的正确性。对系统生成的加工轨迹，仿真时用生成轨迹时的加工参数，即轨迹中记录的参数；对从外部反读进来的刀位轨迹，仿真时用系统当前的加工参数。

（1）轨迹仿真类型　轨迹仿真分为动态仿真、静态仿真和二维仿真，仿真时可指

定仿真的步长来控制仿真的速度，也可以通过调节速度条控制仿真速度。当步长设为 0 时，步长值在仿真中无效；当步长大于 0 时，仿真中每一个切削位置之间的间隔距离即为所设的步长。

1）动态仿真。仿真时模拟动态的切削过程，不保留刀具在每一个切削位置的图像。

2）静态仿真。仿真过程中保留刀具在每一个切削位置的图像，直至仿真结束。

3）二维仿真。仿真前先渲染实体区域，仿真时刀具不断抹去它切削掉部分的染色。

（2）操作步骤

1）在“数控车”子菜单区中选取“轨迹仿真”功能项，同时可指定仿真的类型和仿真的步长。

2）拾取要仿真的加工轨迹，此时可使用系统提供的选择拾取工具。在结束拾取前仍可修改仿真的类型或仿真的步长。

3）按鼠标右键结束拾取，系统弹出仿真控制条，按“开始”键开始仿真。仿真过程中可进行暂停、上一步、下一步、终止和速度调节操作。

4）仿真结束，可以按“开始”键重新仿真，或者按“终止”键终止仿真。

3. 生成代码

生成代码就是按照当前机床类型的配置要求，把已经生成的加工轨迹转化生成 G 代码数据文件，即 CNC 数控程序，有了数控程序就可以直接输入机床进行数控加工。其操作步骤如下。

1）在“数控车”子菜单区中选取“生成代码”功能项，则弹出一个需要用户输入文件名的对话框，要求用户填写后置程序文件名，如图 5-109所示。此外系统还在信息提示区给出当前生成的数控程序所适用的数控系统和机床系统信息，它表明目前所调用的机床配置和后置设置情况。

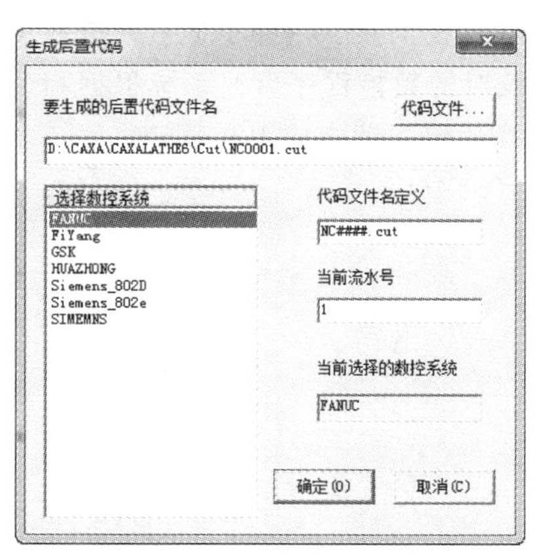

图 5-109 “生成后置代码”对话框

2）输入文件名后选择“确定”按钮，系统提示拾取加工轨迹。当拾取加工轨迹后，该加工轨迹变为被拾取颜色。鼠标右键结束拾取，系统即自动生成数控程序，如图 5-110 所示。拾取时可使用系统提供的拾取工具，可以同时拾取多个加工轨迹，被拾取轨迹的代码将生成在一个文件当中，生成的先后顺序与拾取的先后顺序相同。

4. 查看代码

查看、编辑生成代码的内容。在“数控车”子菜单区中选取“查看代码”菜单项，则弹出一个需要用户选取数控程序的对话框，如图 5-111 所示。选择一个程序后，系统即用 Windows 提供的“记事本”显示代码的内容，当代码文件较大时，则要用“写字板”打开，用户可在其中对代码进行修改。

5. 代码反读

代码反读就是把生成的G代码文件反读进来，生成刀具轨迹，以检查生成的G代码的正确性。如果反读的刀位文件中包含圆弧插补，需用户指定相应的圆弧插补格式，否则可能得到错误的结果。若后置文件中的坐标输出格式为整数，且机床分辨率不为1时，反读的结果是不对的，即系统不能读取坐标格式为整数且分辨率不为1的情况。

（1）操作步骤　在“数控车”子菜单区中选取“代码反读”功能项，则弹出一个需要用户选取数控程序的对话框。系统要求用户选取需要校对的G代码程序。拾取要校对的数控程序后，系统根据程序G代码立即生成刀具轨迹。

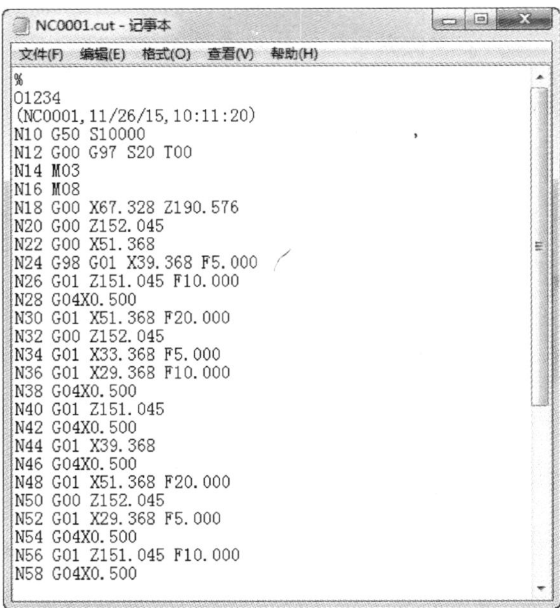


```
%
O1234
(NC0001,11/26/15,10:11:20)
N10 G50 S10000
N12 G00 G97 S20 T00
N14 M03
N16 M08
N18 G00 X67.328 Z190.576
N20 G00 Z152.045
N22 G00 X51.368
N24 G98 G01 X39.368 F5.000
N26 G01 Z151.045 F10.000
N28 G04X0.500
N30 G01 X51.368 F20.000
N32 G00 Z152.045
N34 G01 X33.368 F5.000
N36 G01 X29.368 F10.000
N38 G04X0.500
N40 G01 Z151.045
N42 G04X0.500
N44 G01 X39.368
N46 G04X0.500
N48 G01 X51.368 F20.000
N50 G00 Z152.045
N52 G01 X29.368 F5.000
N54 G04X0.500
N56 G01 Z151.045 F10.000
N58 G04X0.500
```

图5-110　系统自动生成的数控程序

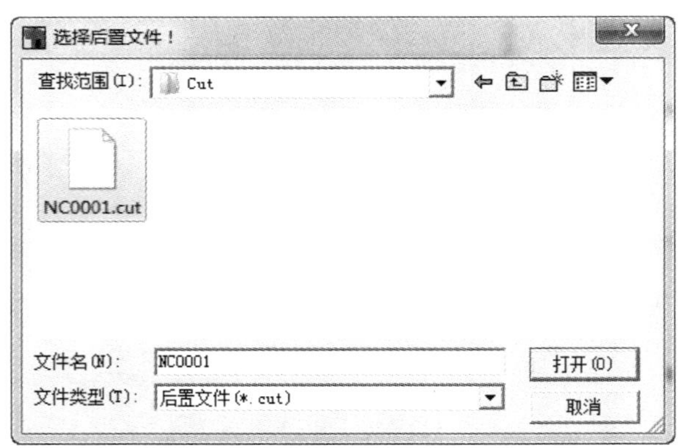

图5-111　“选择后置文件”对话框

（2）注意事项

1）刀位校核只用来对G代码的正确性进行检验，由于精度等方面的原因，用户应避免将反读出的刀位重新输出，因为系统无法保证其精度。

2）校对刀具轨迹时，如果存在圆弧插补，则系统要求选择圆心坐标的编程方式，如图5-112所示，其含义可参考后置设置中的说明。用户应正确选择对应的形式，否则会导致错误。

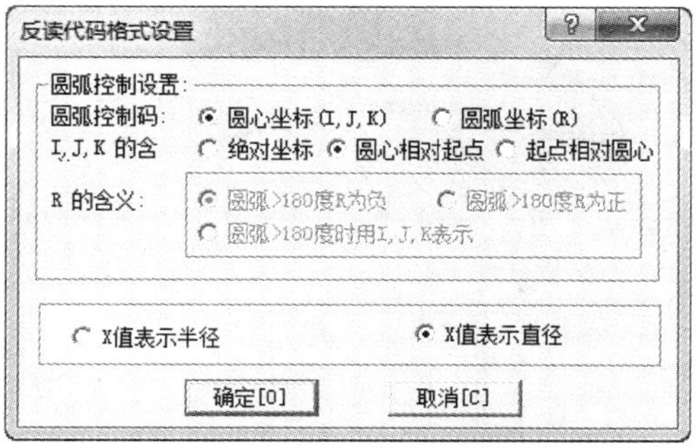

图 5-112　“反读代码格式设置”对话框

第六节　自动编程加工实例

例 27　如图 5-113 所示，零件已加工为 ϕ65mm × 82mm（预留 ϕ20mm 孔），材料 45 钢。试分析加工工艺，用自动编程生成加工程序。

一、分析加工工艺过程

1. 零件图的工艺分析

该零件由内外圆柱面、圆锥面、圆弧、螺纹等构成，其中直径尺寸与轴向尺寸没有尺寸精度和表面粗糙度的要求。零件材料为 45 钢，可加工性较好，没有热处理和硬度要求。通过上述分析，采取以下几点工艺措施。

1）零件图上面没有公差尺寸和表面粗糙度的要求，可完全看成是理想化的状态，在安排工艺时不必考虑零件的粗、精加工，故零件建模的时候就直接按照零件图上面的尺寸建模即可。

2）工件右端面为轴向尺寸的设计基准，相应工序加工前，先用手动方式将右端面车出来。

3）采用一次装夹完成工件的全部尺寸。

2. 确定机床和装夹方案

根据零件的尺寸和加工要求，选择合适的四刀位数控车床，采用自定心卡盘对工件进行定位夹紧。

3. 确定加工顺序及走刀路线

加工顺序的正确安排，按照由内到外、由粗到精、由近到远的原则确定，在一次加工中尽可能地加工出来较多的表面。进给路线设计不考虑最短进给路线或最短空行程路线，外轮廓表面车削进给路线可沿着零件轮廓顺序进行。

4. 刀具的选择

根据零件的形状和加工要求选择刀具数控加工刀具卡片见表 5-1。

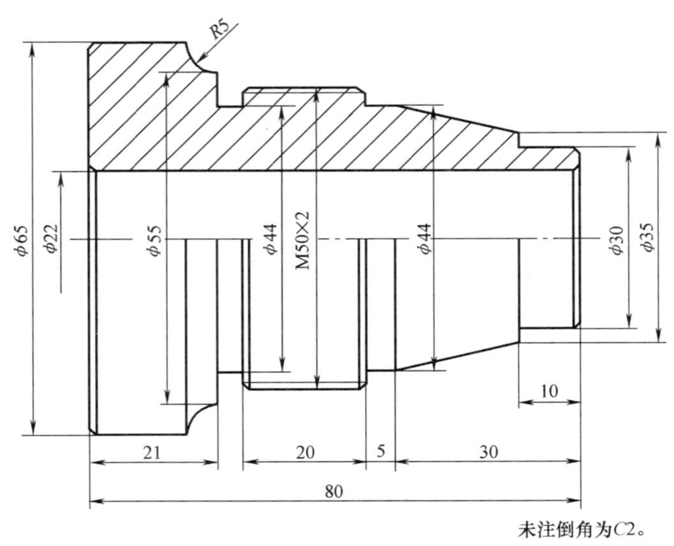

图 5-113　典型轴

表 5-1　数控加工刀具卡片

产品名称或代号		×××	零件名称	典型轴	零件图号	×××
序号	刀具号	刀具规格名称	数量	加工表面	刀尖圆弧半径/mm	备注
1	T01	93°车刀	1	车外轮廓	0.2	20mm×20mm
2	T02	93°内孔车刀	1	车内孔表面	0.2	16mm×16mm
3	T03	3mm 切槽车刀	1	切槽		20mm×20mm
4	T04	60°螺纹车刀	1	车 M50×2 螺纹	0.2	20mm×20mm
编制 ×××	审核	×××	批准 ×××		共　页	第　页

5. 切削用量的选择

切削用量的选择一般根据毛坯的材料、主轴转速、进给速度、刀具的刚度等因素选择。

6. 数控加工工艺卡的制作

将前面分析的各项内容综合成数控加工工艺卡片，在这里就不做详细的介绍。

二、加工建模

1. 启动 CAXA 数控车

双击桌面上的“数控车”图标进入 CAXA 数控车 2015 的操作界面。

2. 作水平线

1）从“绘图”菜单栏选择“直线”子菜单，或者单击“绘图”工具栏中“直线”

按钮，在立即菜单中选择“两点线”中的“连续”→“正交”→“长度方式”→单击“长度”对话框并填入数值“80”→用鼠标右键确定，如图 5-114a 所示。

2）根据状态栏提示输入直线的“第一点：（切点、垂足点）”，按空格键弹出图 5-114b所示对话框，用鼠标左键选取“屏幕点”，用鼠标捕捉原点；状态栏提示输入直线的“第二点：（切点、垂足点）”，把鼠标指向“$-X$”方向并单击鼠标左键确定，生成图 5-114c 所示直线 L_1。

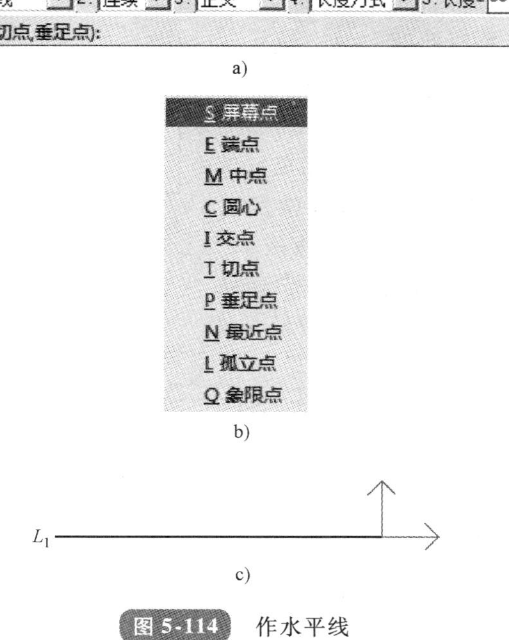

图 5-114 作水平线

a）立即菜单 b）“点位”对话框 c）生成直线 L_1

3. 作水平线 L_1 的等距线

单击“绘图”菜单中的“等距线”子菜单，或者单击“绘图”工具栏中的“等距线”按钮，在立即菜单中【5：距离】输入“32.5”，按回车键或单击鼠标右键确定。状态栏提示“拾取曲线”，用鼠标左键拾取直线 L_1；状态栏提示“请拾取所需的方向”，如图 5-115a 所示，用鼠标左键单击向上的箭头，生成直线 L_2，如图 5-115b 所示。用同样方法作与 L_1 的距离为“25”“22”和“15”的等距线 L_3、L_4 和 L_5。

4. 作与直线 L_1 的垂直线

单击“绘图”工具栏中“直线”按钮，在立即菜单中选择【1：两点线】、【2：连续】、【3：正交】、【4：点方式】。根据状态栏提示“第一点（切点、垂足点）”，按空格键弹出点工具菜单选取“端点”，用鼠标左键拾取直线 L_1 的左端点；状态栏提示“第二点（切点、垂足点）或长度，用鼠标左键拾取直线 L_2 的左端点，生成图 5-116 所示垂直线 L_6。

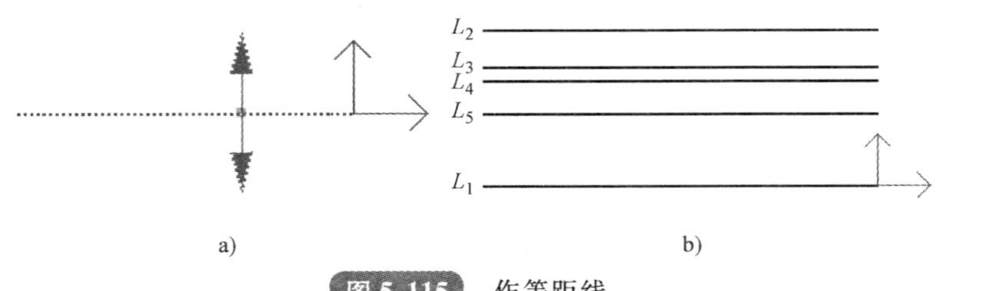

图 5-115 作等距线

a）选择等距方向 b）生成等距线

5. 作与直线 L_6 的等距线

单击“绘图”工具栏中“等距线”按钮，在立即菜单【5：等距】中输入“21”并确定。状态栏提示“拾取曲线”，用鼠标单击直线 L_6；状态栏提示“请拾取所需的方向”，用鼠标单击向右的箭头，生成直线 L_7，如图 5-117a 所示。用同样的方法生成直线 L_8、L_9、L_{10}和 L_{11}、L_{12}，如图 5-117b 所示。

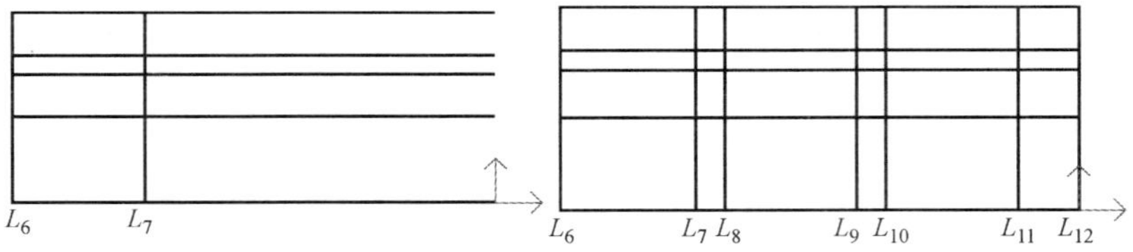

图 5-116 作垂直线

L_6 L_7

a)

L_6 L_7 L_8 L_9 L_{10} L_{11} L_{12}

b)

图 5-117 作轴向位置尺寸线

6. 裁剪和删除

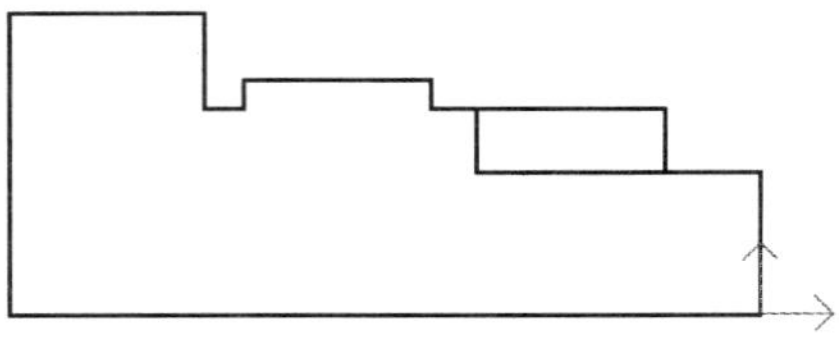

应用编辑工具栏中的“裁剪”和“删除”按钮，根据图 5-113 所示零件形状，对多余的线段进行裁剪和删除，如图 5-118 所示。

图 5-118 裁剪和删除多余的线段

7. 绘制圆锥线

绘制直线 L_1 的等距线 L_{13}，距离为 17.5mm。并绘制图 5-119a 中交点 1、2 的连接线，裁剪和删除图形中多余的线条，如图 5-119b 所示。

8. 绘制 *R*5 圆弧

单击绘图工具栏中的“圆”按钮，在立即菜单中选择“圆心 + 半径”；根据状态栏提示“圆心点”，拾取交点“3”，状态栏提示“输入半径或圆上一点”，键入“5”并回车，生成图 5-120a 所示图形；利用裁剪功能生成圆弧，如图 5-120b 所示。

9. 绘制倒角

单击“编辑”工具栏的“过渡”按钮，在立即菜单中选【1：倒角】，如图

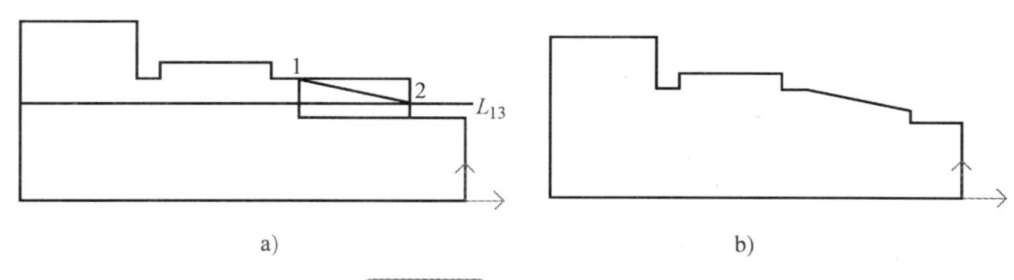

图 5-119　绘制圆锥线

a）作等距和两点线　b）生成圆锥线

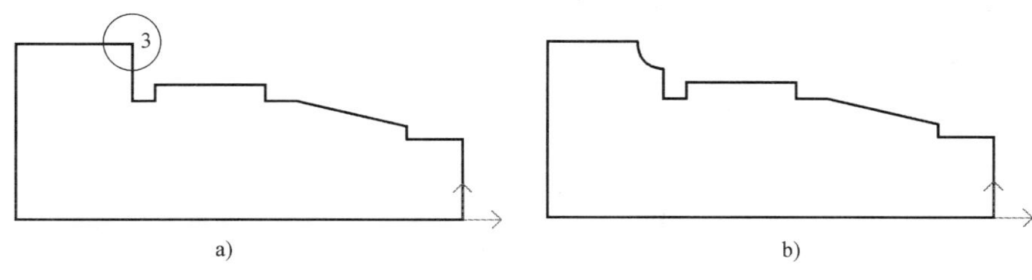

图 5-120　绘制 $R5$ 圆弧

a）作圆　b）生成圆弧

5-121a所示。根据状态栏提示“拾取第一条直线”，用鼠标依次拾取位置4两侧的线段，两侧的线段被裁剪，如图 5-121b 所示，同样的方法对位置 5、位置 6、位置 7 进行倒角。

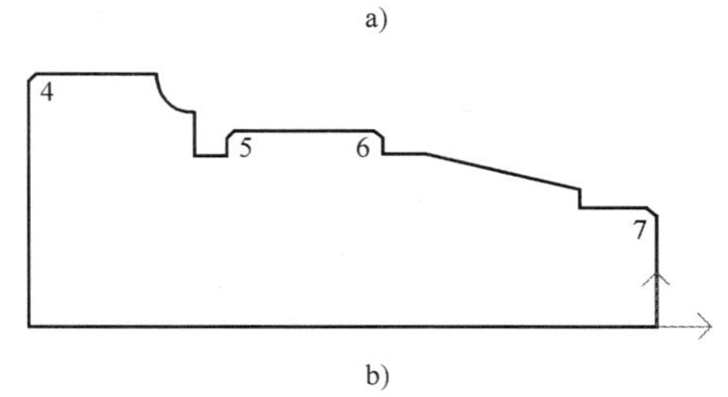

图 5-121　绘制倒角

a）倒角立即菜单　b）生成倒角

10. 绘制内轮廓线

单击“绘图”工具栏中的“等距线”按钮，在立即菜单【5：距离】框中输入“11”，状态栏提示“拾取曲线”，单击直线 L_1；状态栏提示“请拾取所需的方向”，单击向上的箭头，生成内轮廓线；作倒角并删除直线 L_1。至此完成整个零件的加工造型，如图 5-122 所示。

提示：由于 CAXA 提供了许多绘制图形的方法和技巧，一个图形可能有多种画法，这里仅介绍一种画法。今后可以通过 CAXA 提供的帮助，学习其他绘图方法和技巧。

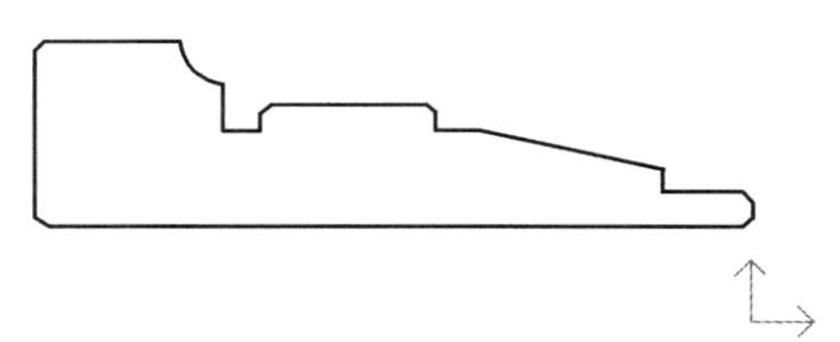

图 5-122　加工造型

三、刀位轨迹的生成

1. 增加刀具

单击主菜单中的“数控车”→“刀具库管

理”菜单项或者单击“数控车”工具栏中的“刀具库管理”按钮，系统弹出“刀具库管理”对话框。

（1）增加93°车刀和93°内孔车刀　单击“刀具库管理”对话框中“轮廓车刀”→“增加刀具”，出现图5-123a所示对话框。在轮廓车刀类型中选“外轮廓车刀”，填入刀具参数，然后单击“确定”，完成93°车刀的增加。同样方法，在轮廓车刀类型中选“内轮廓车刀”，完成93°内孔刀增加，如图5-123b所示。

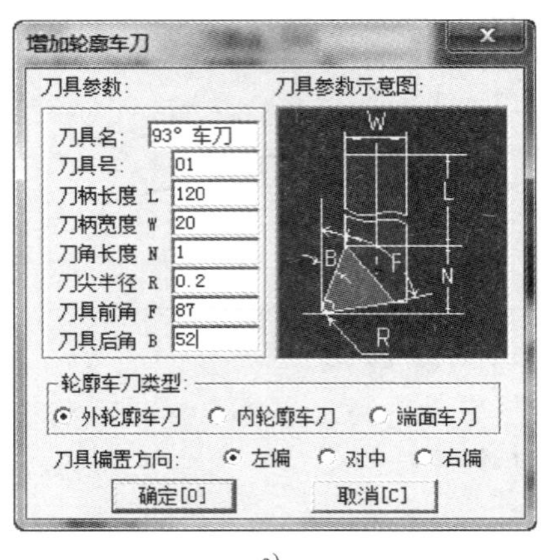

a)

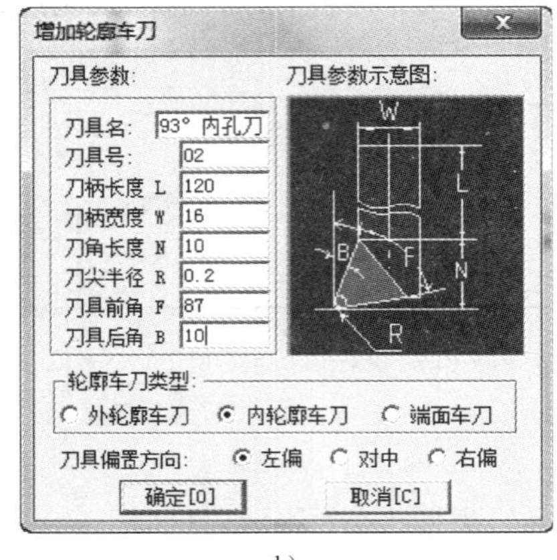

b)

图5-123　增加93°车刀和93°内孔车刀

a）增加93°车刀　b）增加93°内孔车刀

（2）增加3mm切槽车刀　单击刀具库管理中“切槽刀具”，单击“增加刀具”按钮，出现图5-124所示对话框，填入刀具参数，然后单击“确定”即可。

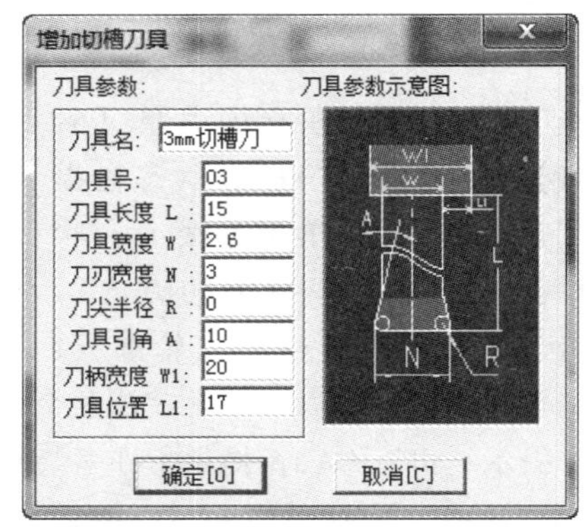

图5-124　增加3mm切槽车刀

（3）增加60°外螺纹车刀　单击刀具库管理中“螺纹车刀”，单击“增加刀具”按钮，出现图5-125所示对话框，填入图中刀具参数，然后单击“确定”即可。

2. 生成零件的右端加工轨迹

（1）生成车外圆的粗、精加工轨迹

1）按照所给零件毛坯尺寸，绘制零件右端毛坯轮廓，如图5-126所示。

2）单击主菜单中的“数控车”→“轮廓粗车”菜单项或者单击“数控车”工具栏中的“轮廓粗车”按钮，系统弹出“粗车参数表”对话框，然后分别填写加工精度、进退刀方式、切削用量等参数，如图5-127所示。

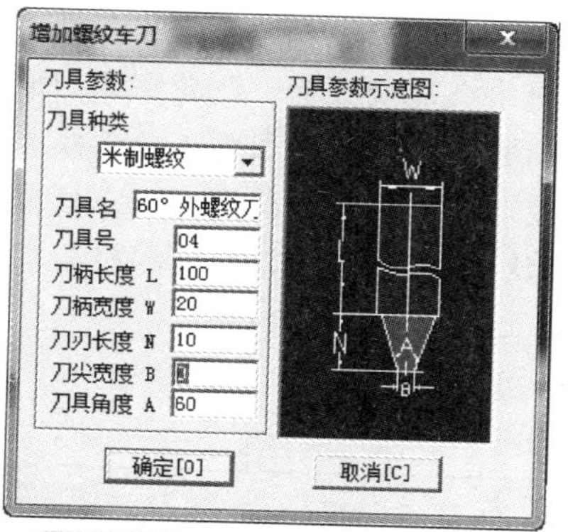

图 5-125 增加 60°外螺纹车刀

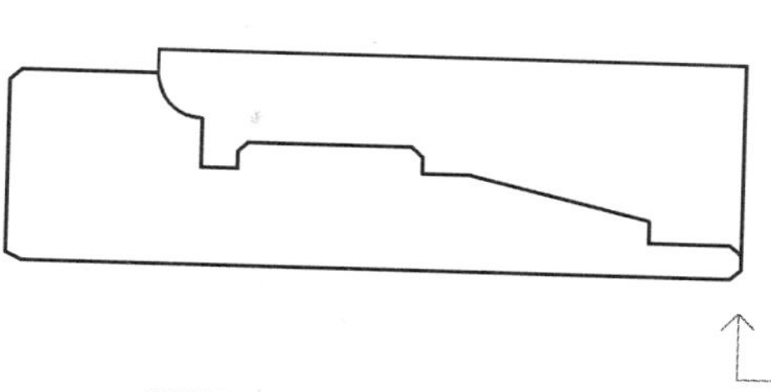

图 5-126 绘制右端毛坯轮廓

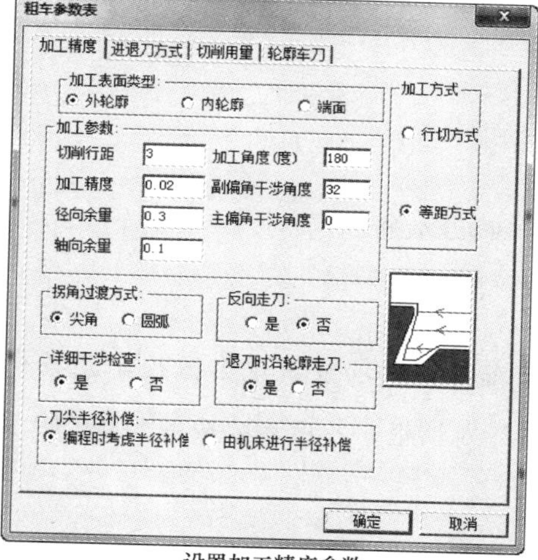

设置加工精度参数

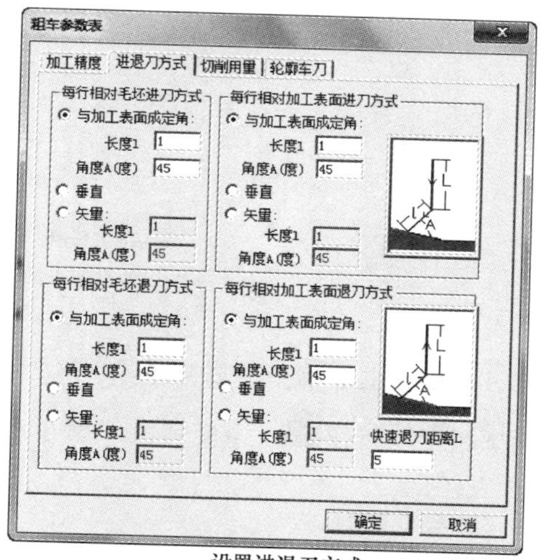

设置进退刀方式

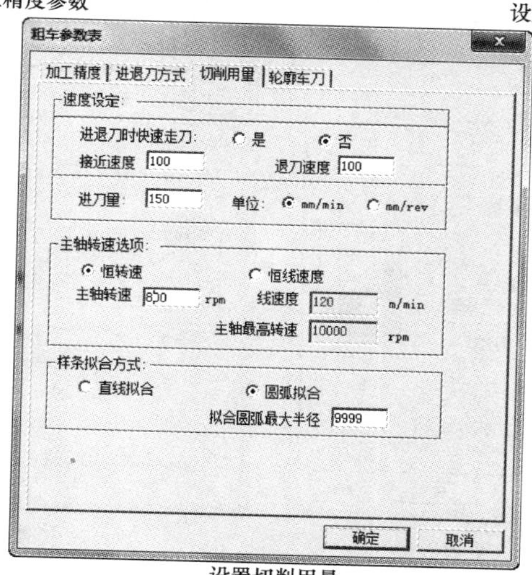

设置切削用量

图 5-127 设置粗车参数

3）设置参数完毕后，单击“确定”按钮，根据状态栏提示“拾取被加工工件表面轮廓”，立即菜单【1:】中选“单个拾取”。当拾取第一条轮廓线后，此轮廓线变成红色的虚线，系统给出提示，选择拾取方向如图 5-128a 所示，顺序拾取加工轮廓线并右键确定。状态栏提示“拾取毛坯轮廓”，顺序拾取毛坯的轮廓线并确定。状态栏提示“输入进退刀点”，输入坐标（5，45）后并回车确认，生成图 5-128b 所示粗车加工轨迹。

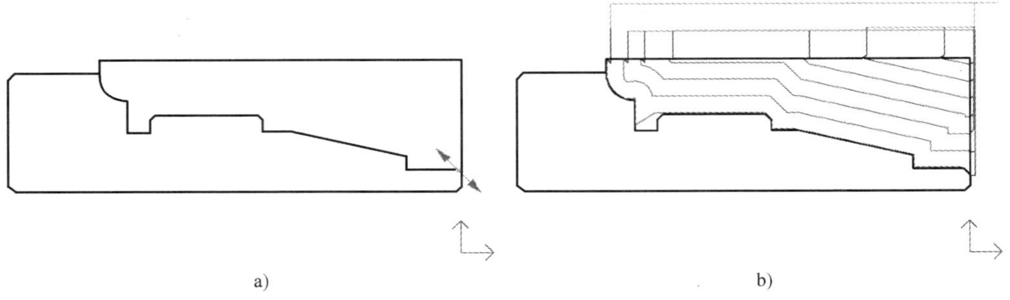

图 5-128 粗车外圆加工轨迹

a）选择拾取方向 b）生成粗车加工轨迹

4）单击主菜单中“数控车”→“轮廓精车”菜单项或者单击数控车工具栏中“轮廓精车”按钮，系统弹出“精车参数表”对话框，各项参数按图 5-129 所示进行设置。

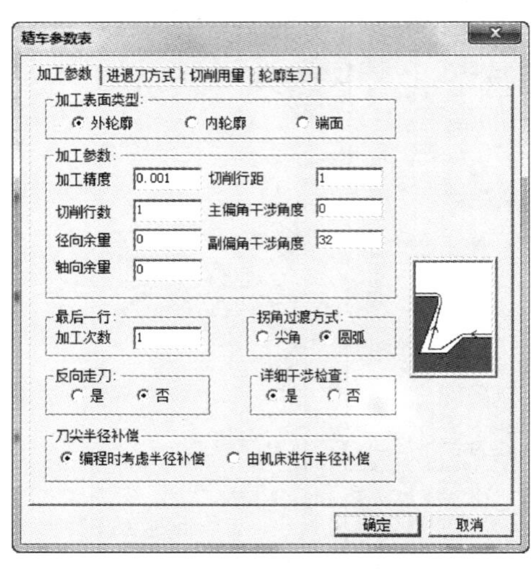

设置精车加工参数

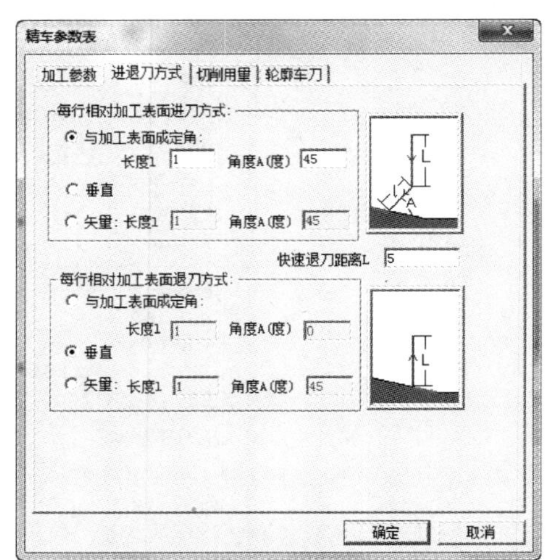

设置精车进退刀方式

图 5-129 设置精车参数

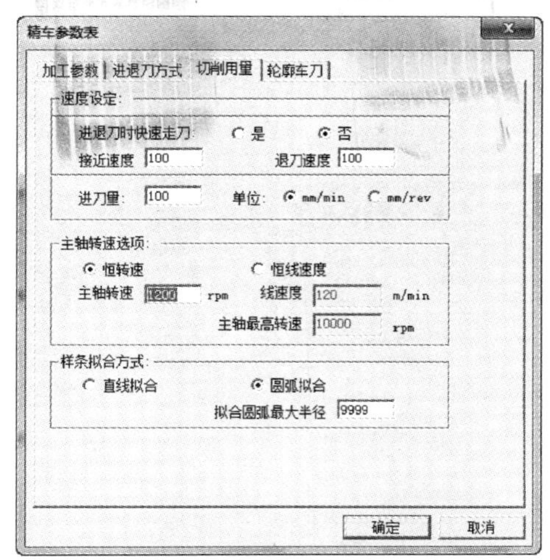

设置精车切削用量

图 5-129 设置精车参数（续）

5）根据状态栏提示“拾取被加工工件表面轮廓”，按方向拾取加工轮廓线并右键确定。状态栏提示“输入进退刀点”，按“回车”键弹出“输入”对话框，输入起始点坐标（5，40）并回车确认，生成图 5-130 所示精车外圆加工轨迹。

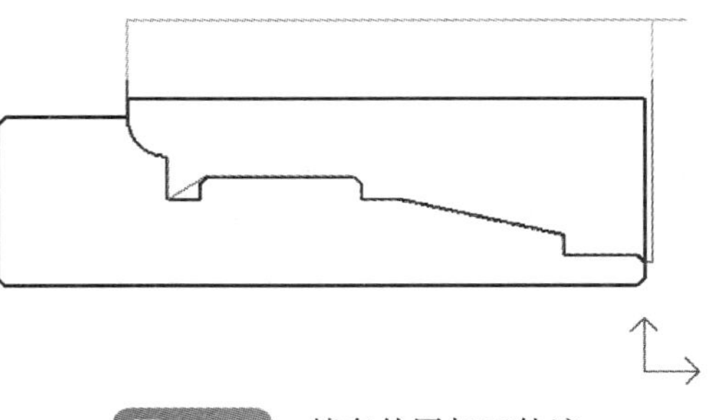

图 5-130 精车外圆加工轨迹

（2）生成车外沟槽加工轨迹

1）单击主菜单栏中“数控车”→“切槽”菜单项或者单击数控车工具栏中的“切槽”按钮，系统弹出“切槽参数表”对话框，各项参数按图 5-131 所示进行设置。

2）根据状态栏提示，拾取加工轮廓线，按箭头方向顺序完成。输入起始点坐标（5，45）并回车确定，生成图 5-132 所示切槽加工轨迹。

（3）生成车螺纹加工轨迹

1）轮廓建模。设置螺纹升速进刀段 4mm，螺纹降速退刀段 2mm。图 5-133 所示为车螺纹的加工造型。

2）单击主菜单栏中“数控车”→“车螺纹”菜单项或者单击数控车工具栏中的“车螺纹”按钮，状态栏提示“拾取螺纹的起始点”，拾取图 5-133 中 1 点；状态栏提示“拾取螺纹终点”，拾取图 5-133 中 2 点。系统弹出“螺纹参数表”对话框，各项参数按图 5-134 所示进行设置。

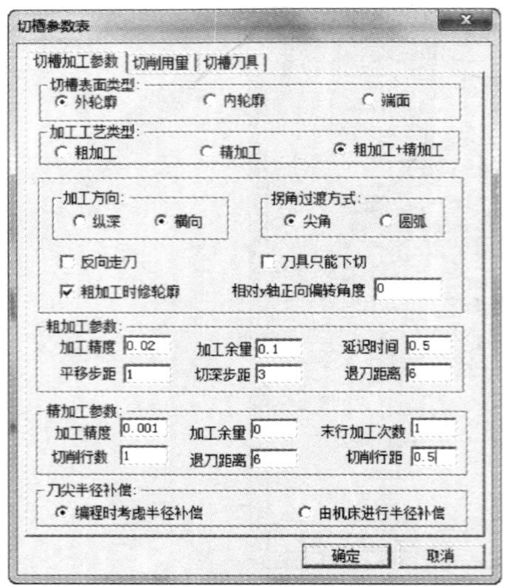

设置切槽加工参数

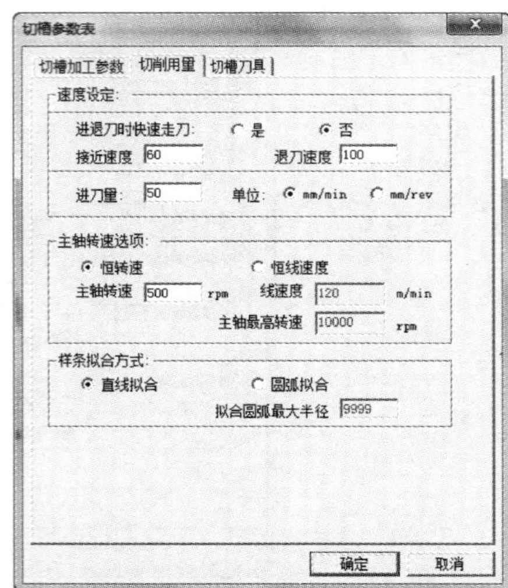

设置切槽切削用量

图 5-131 设置切槽参数表

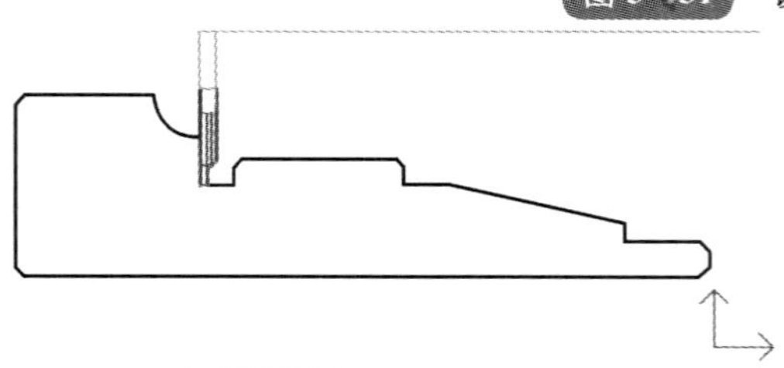

图 5-132 切槽加工轨迹

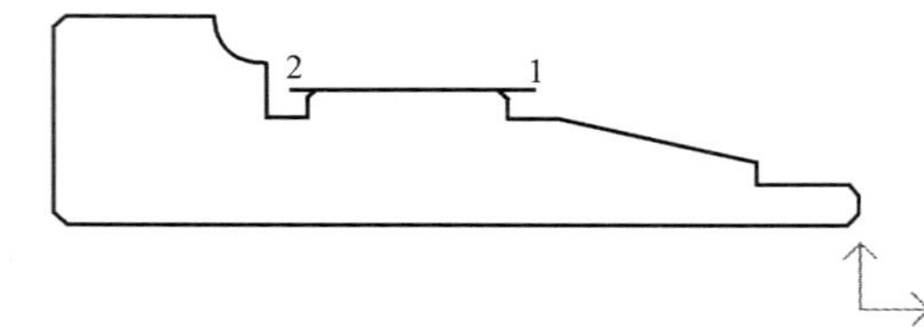

图 5-133 车螺纹的加工造型

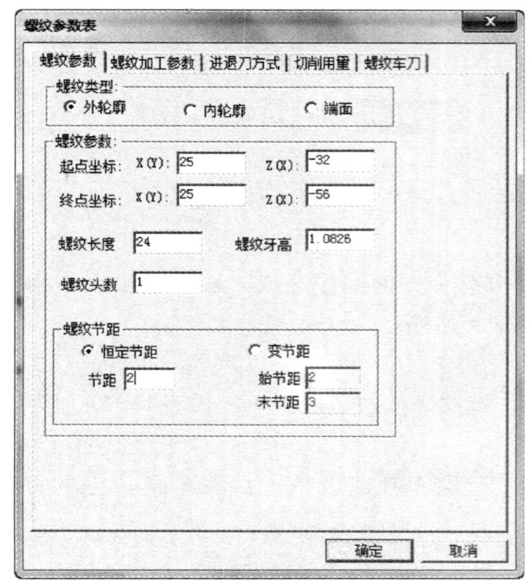

设置螺纹参数

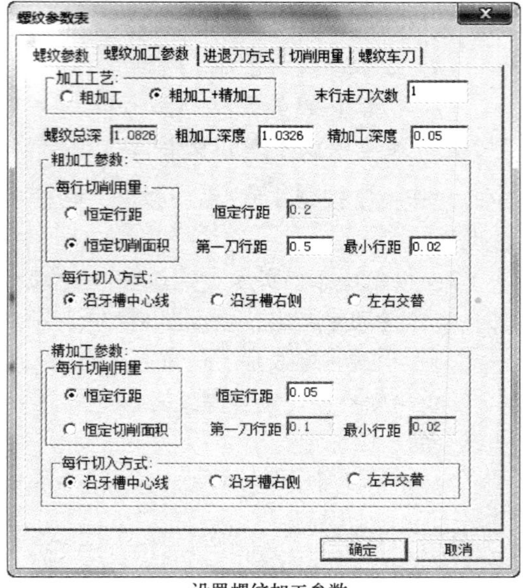

设置螺纹加工参数

图 5-134 设置螺纹参数

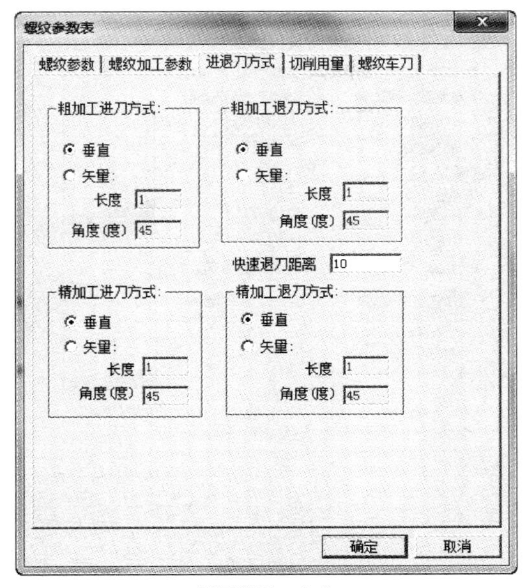

设置进退刀方式

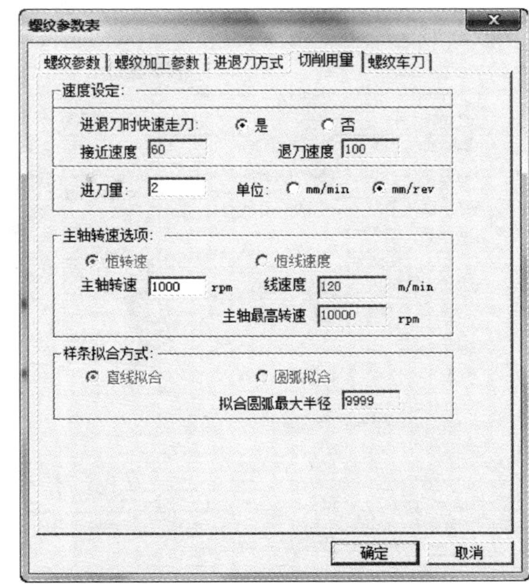

设置切削用量

图 5-134　设置螺纹参数（续）

3）确定后状态栏提示“输入进退刀点”，输入起始点坐标（5，45）并回车确认，生成图 5-135 所示车螺纹加工轨迹。

图 5-135　车螺纹加工轨迹

（4）生成车内孔加工轨迹

1）轮廓建模。根据预留内孔直径，绘制内孔加工造型，如图 5-136 所示。

2）单击主菜单栏中“数控车”→“轮廓粗车”菜单项或者单击数控车工具栏中“轮廓粗车”按钮，系统弹出“粗车参数表”对话框，各项参数按图 5-137 所示进行设置。

3）根据状态栏提示“拾取被加工工件表面轮廓”，拾取加工轮廓线并右键确定。状态栏提示“拾取毛坯轮廓”，拾取毛坯的轮廓线并确定。状态栏提示“输入进退刀点”，输入刀具的起始点坐标（5，9）并回车确认，生成图 5-138 所示车内孔加工轨迹。

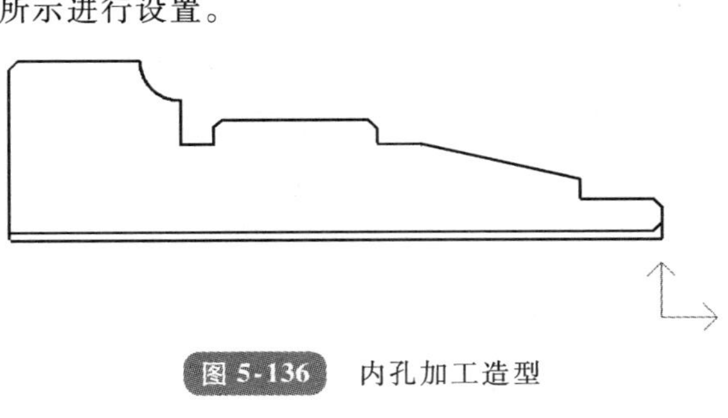

图 5-136　内孔加工造型

注：零件右端外轮廓及内孔倒角加工轨迹由读者完成，在此不再赘述。

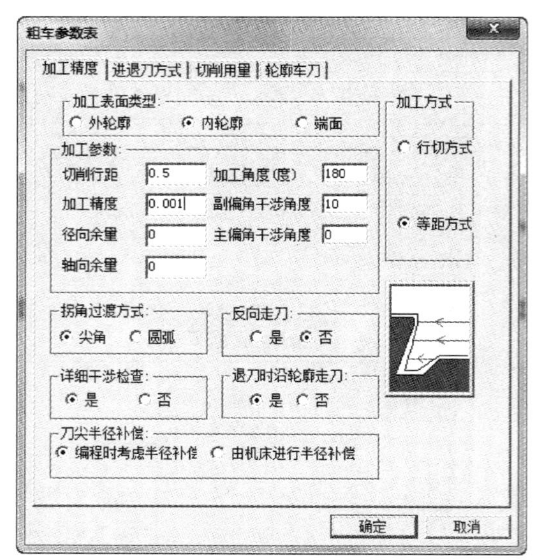

设置加工精度

设置进退刀方式

设置切削用量

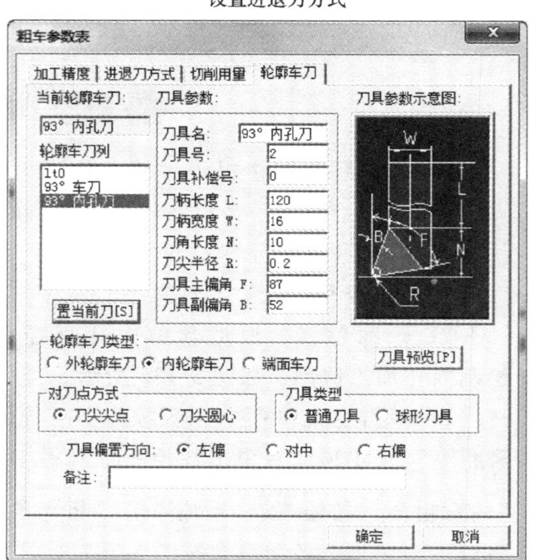

设置轮廓车刀

图 5-137 设置内孔粗车参数

四、机床设置与后置处理

1. 机床设置

现以 FANUC 0i 数控系统的指令格式进行说明。

1）单击主菜单中“数控车”→“机床设置”菜单项或者单击数控车

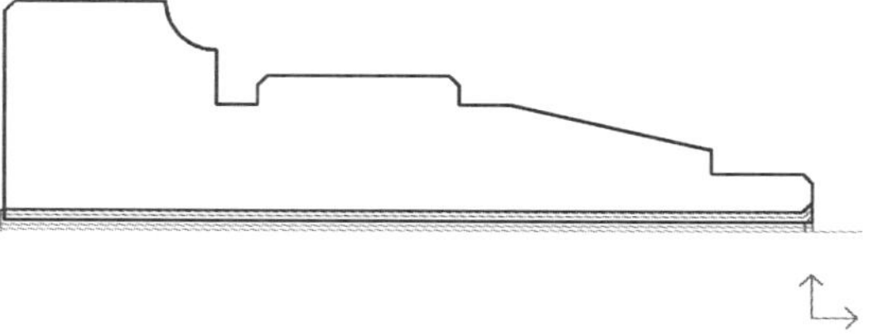

图 5-138 车内孔加工轨迹

工具栏中“机床设置”按钮，系统弹出“机床类型设置”对话框。

2）单击选项卡中“增加机床”，系统弹出“增加新机床”对话框，如图 5-139 所示，输入“FANUC 0i”并确定。

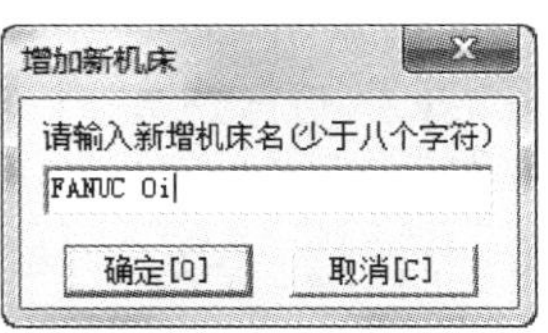

图 5-139　“增加新机床”对话框

3）按照 FANUC 0i 数控系统的编程指令格式填写各项参数，如图 5-140 所示。

2. 后置处理

单击主菜单栏中“数控车”→“后置设置”菜单或者单击“数控车”工具栏的“后置设置”按钮，系统弹出“后置处理设置”对话框，各项参数按图 5-141 所示填写。

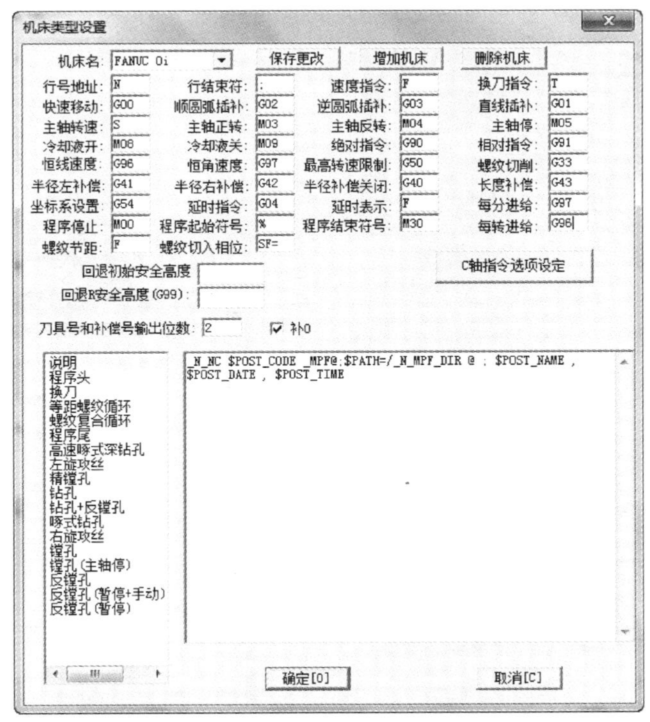

图 5-140　设置 FANUC 0i 系统编程指令

3. 后置处理生成加工程序

1）单击主菜单栏中“数控车”→“生成代码”菜单或者单击“数控车”工具栏中的“生成代码”按钮，系统则弹出一个需要用户输入文件名的对话框，填写后置程序文件名“NC1234. cut”，如图 5-142 所示。

2）状态栏提示“拾取刀具轨迹”，顺序拾取图 5-143 中的外轮廓粗、精加工轨迹、切槽加工轨迹、螺纹加工轨迹和内孔加工轨迹，右键确定，生成图 5-144 所示的加工程序。

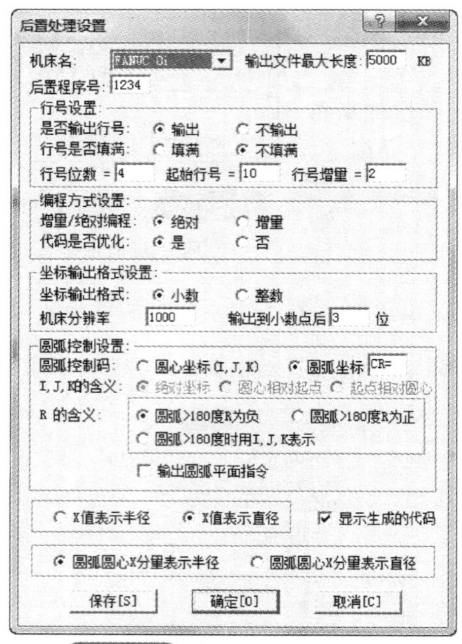

图 5-141 后置处理设置参数

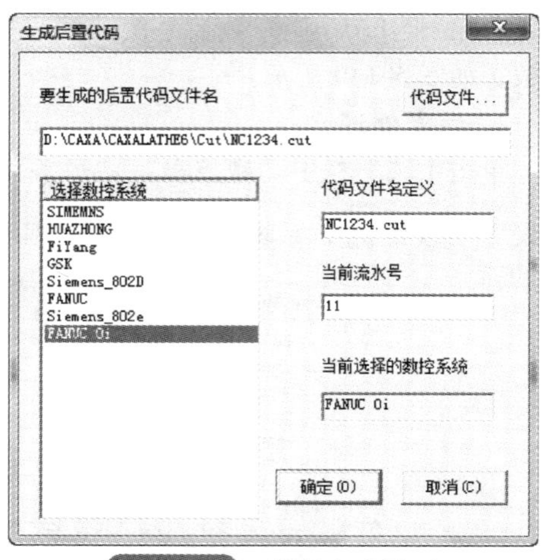

图 5-142 代码生成界面

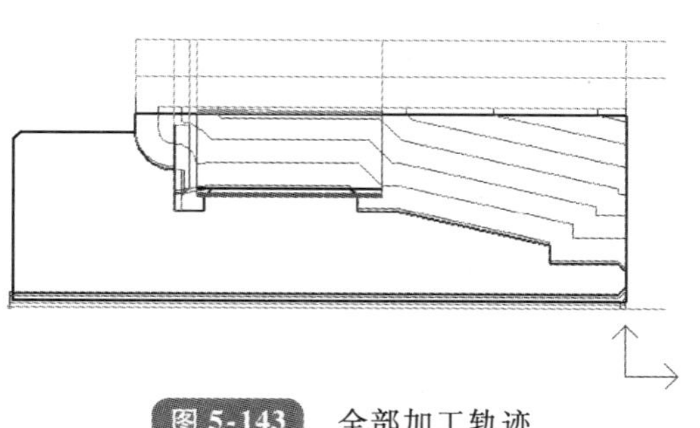

图 5-143 全部加工轨迹

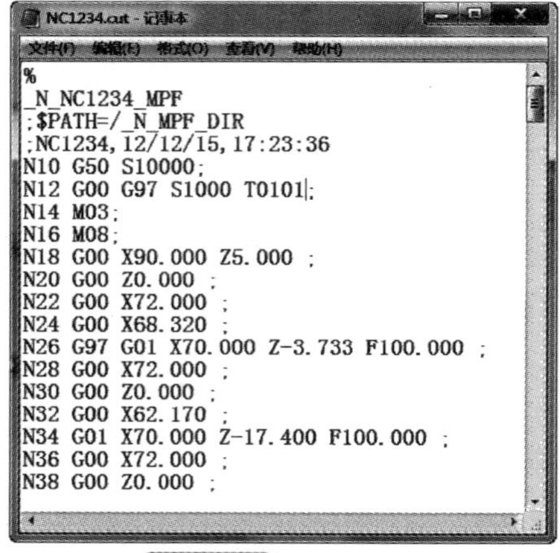

图 5-144 加工程序

☆考核重点解析

在目前数控车工中级技能鉴定考核中，本章所占的比重并不大，但随着自动编程技术的发展，自动编程应用越来越广，尤其是加工非圆曲线时，更能体现自动编程的优势。目前，国内很多数控技能大赛中涉及自动编程软件的应用。

复习思考题

1. CAXA 数控车 2015 用户界面主要包括哪些内容？

2. CAXA 数控车的坐标系统与数控车床坐标系有什么区别和联系？

3. CAXA 数控车的菜单系统包括哪三个部分？

4. CAXA 数控车 2015 中，点的输入有哪几种？

5. CAXA 数控车提供哪六种绘制直线的方法？

6. CAXA 数控车提供几种绘制圆弧的方法？

7. CAXA 数控车提供几种绘制圆的方法？

8. CAXA 数控车提供几种绘制椭圆的方法？

9. 常用的曲线编辑命令有哪些？

10. CAXA 数控车 2015 能生成几种加工轨迹？

11. 加工图 5-145 所示零件，其毛坯为 ϕ20mm 的棒料，材料为 45 钢。试应用 CAXA 数控车 2015 软件进行建模，并自动生成零件加工程序。

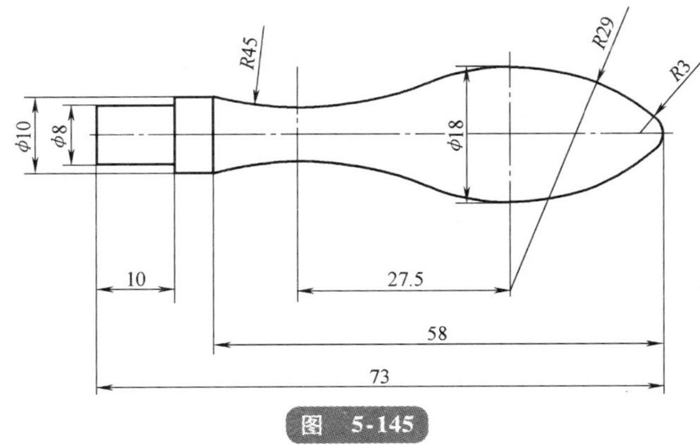

图　5-145

12. 加工图 5-146 所示零件，其毛坯为 ϕ50mm 的棒料，材料为 45 钢。试应用 CAXA 数控车 2015 软件进行建模，并自动生成零件加工程序。

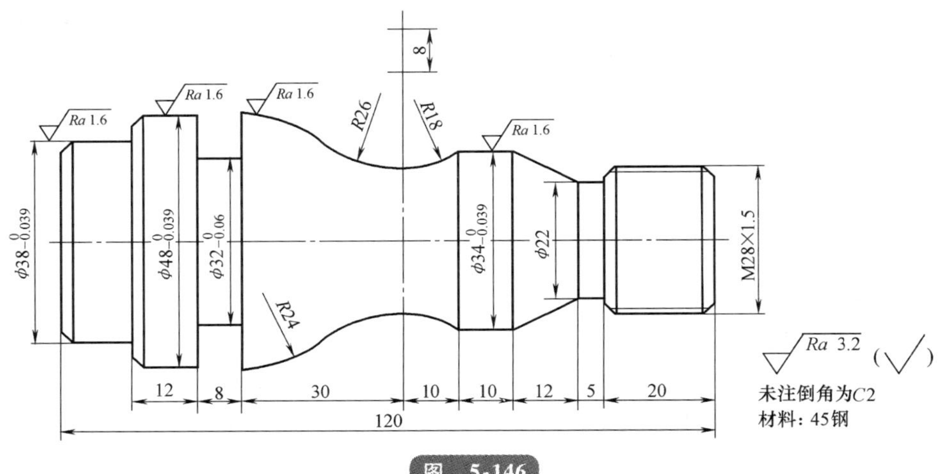

图　5-146

第六章　数控车床的维护与检修

☺理论知识要求

1. 熟练掌握数控车床的文明生产和安全操作规程；
2. 熟悉数控车床机械部件、位置检测元件、数控系统的日常维护与保养；
3. 熟悉数控车床日常维护与保养主要内容；
4. 掌握延长数控车床使用寿命的措施；
5. 了解数控机床故障产生的规律、种类、常用故障诊断方法；
6. 掌握数控车床常见故障的处理方法。

☺操作技能要求

1. 能做到文明生产和安全操作；
2. 能熟练进行数控车床的日常维护与保养；
3. 能妥善处理生产中出现的故障。

第一节　数控车床的维护与保养

一、文明生产和安全操作规程

1. 文明生产

文明生产是现代企业制度的一项十分重要的内容，而数控加工是一种先进的加工方法，与普通机床加工比较，数控机床自动化程度高；采用了高性能的主轴部件及传动系统；机械结构具有较高刚度和耐磨性；热变形小；采用高效传动部件（滚珠丝杠、静压导轨）；具有自动换刀装置。

操作者除了掌握好数控机床的性能、精心操作外，一方面要管好、用好和维护好数控机床；另一方面还必须养成文明生产的良好工作习惯和严谨的工作作风，应具有较好的职业素质、责任心和良好的合作精神。

2. 数控车床安全操作规程

要使数控车床能充分发挥其作用，使用时必须严格按照数控车床操作规程去操作。

（1）安全操作基本注意事项

1）工作时穿好工作服、安全鞋，戴好工作帽及防护镜，禁止戴手套、领带操作机床，如图 6-1 所示。

2）不要移动或损坏安装在机床上的警告标牌。

3）不要在机床周围放置障碍物，工作空间应足够大。

4）某一项工作如需要多人共同完成时，应注意相互间的协调一致。

5）不允许采用压缩空气清洗机床电气柜及 CNC 单元。

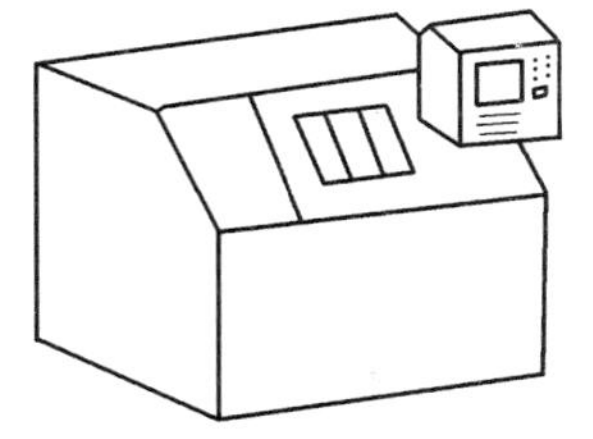
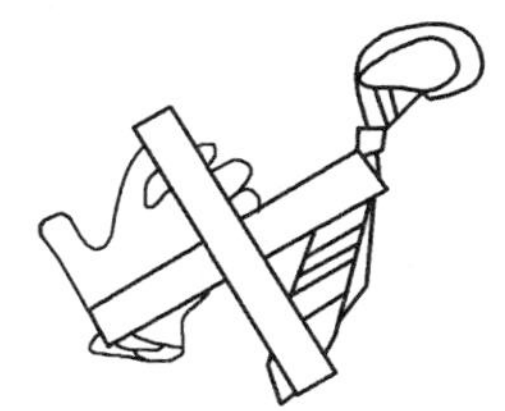

图 6-1　不正确的操作方式（一）

（2）工作前的准备工作

1）机床开始工作前要预热，并认真检查润滑系统工作是否正常，如机床长时间未开动，可先采用手动方式向各部分供油润滑。

2）使用的刀具应与机床允许的规格相符，有严重破损的刀具要及时更换。

3）调整刀具所用工具不要遗忘在机床内。

4）检查大尺寸轴类零件的中心孔是否合适，中心孔如太小，工作中易发生危险。

5）刀具安装好后应进行一两次试切削。

6）检查卡盘是否夹紧。

7）机床开动前，必须关好机床防护门。

（3）工作过程中的注意事项

1）禁止用手接触刀尖和铁屑，铁屑必须要用铁钩子或毛刷来清理。

2）禁止用手或其他任何方式接触正在旋转的主轴、工件或其他运动部位，如图 6-2 所示。

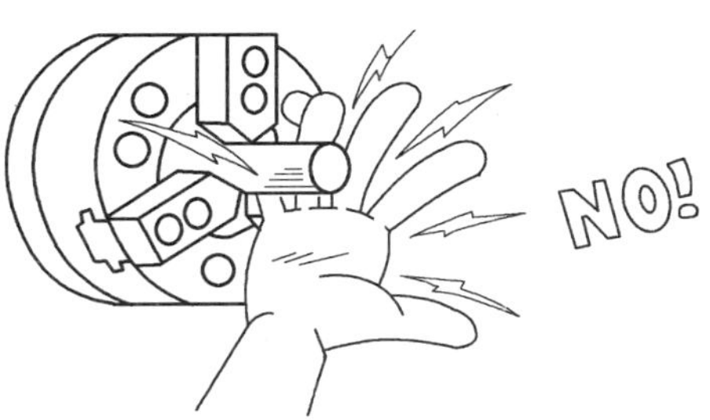

图 6-2　不正确的操作方式（二）

3）禁止加工过程中测量工件尺寸，更不能用棉丝擦拭工件，也不能清扫机床。

4）车床运转中，操作者不得离开岗位，机床发现异常现象应立即停车。

5）在加工过程中，不允许打开机床防护门。

6）工件伸出车床 100mm 以外时，须在伸出位置设防护物。

7）严格遵守岗位责任制，机床由专人使用，他人使用须经本人同意。

（4）工作完成后的注意事项

1）清除切屑、擦拭机床，使用机床应与环境保持清洁状态。

2）检查润滑油、切削液的状态，及时添加或更换。

3）依次关掉机床操作面板上的电源和总电源。

二、机械部件的维护与保养

1. 主传动链的维护与保养

1）熟悉数控机床主传动链的结构、性能和主轴调整方法，严禁超性能使用。出现不正常现象时，应立即停机排除故障。

2）使用带传动的主轴系统，需定期调整主轴驱动带的松紧程度，防止因带打滑造成丢转现象的发生。

3）注意观察主轴箱温度，检查主轴润滑恒温油箱，调节温度范围，防止各种杂质进入油箱，及时补充油量。每年更换一次润滑油，并清洗过滤器。

4）使用液压拨叉变速的主传动系统，必须在主轴停车后变速。

5）每年对主轴润滑恒温油箱中的润滑油更换一次，并清洗过滤器。

6）每年清理润滑油池底一次，并更换液压泵过滤器。

7）每天检查主轴润滑恒温油箱，使其油量充足、工作正常。

8）防止各种杂质进入润滑油箱，保持油液清洁。

9）经常检查轴端及各处密封，防止润滑油液的泄漏。

2. 滚珠丝杠副的维护保养

1）定期检查、调整滚珠丝杠副的轴向间隙，保证反向传动精度和轴向刚度。

2）定期检查丝杠支承与床身的连接是否有松动以及支承轴承是否损坏。如有以上问题，要及时紧固松动部位，更换支承轴承。

3）采用润滑脂润滑的滚珠丝杠，每半年一次清洗滚珠丝杠上的旧润滑脂，换上新的润滑脂。用润滑油润滑的滚珠丝杠，每次机床工作前加油一次。

4）注意避免硬质灰尘或切屑进入丝杠防护罩以及工作中碰击防护罩，防护装置一有损坏要及时更换。

3. 液压系统维护与保养

1）定期对油箱内的油液进行取样化验，检查油液质量，定期过滤或更换油液。

2）定期检查冷却器和加热器的工作性能，控制液压系统中油液的温度在标准要求内。

3）定期检查、更换密封件，防止液压系统泄漏。

4）防止液压系统振动与噪声。

5）定期检查清洗或更换液压件、滤芯，定期检查清洗油箱和管路。

6）严格执行日常点检制度，检查系统的泄漏、噪声、振动、压力、温度等是否正常，将故障排除在萌芽状态。

4. 导轨副的维护与保养

1）定期调整压板的间隙。

2）定期调整镶条间隙。

3）定期对导轨进行预紧。

4）定期对导轨润滑。

5）定期检查导轨的防护。

三、位置检测元件的维护与保养

位置检测元件的维护与保养见表 6-1。

表 6-1 位置检测元件的维护与保养

<table>
<tr><th rowspan="2">检测元件</th><th colspan="2">维护</th></tr>
<tr><th>项目</th><th>说明</th></tr>
<tr><td rowspan="2">光栅</td><td>防污</td><td>1）切削液在使用过程中会产生轻微结晶，这种结晶在扫描头上形成一层薄膜且透光性差，不易清除，故在选用切削液时要慎重
2）加工过程中，切削液的压力不要太大，流量不要过大，以免形成大量的水雾进入光栅
3）光栅最好通入低压压缩空气（10^5Pa 左右），以免扫描头运动时形成的负压把污物吸入光栅。压缩空气必须净化，滤芯应保持清洁并定期更换
4）光栅上的污物可以用脱脂棉蘸无水酒精轻轻擦除</td></tr>
<tr><td>防振</td><td>光栅拆装时要用静力，不能用硬物敲击，以免引起光学元件的损坏</td></tr>
<tr><td rowspan="3">光电脉冲编码器</td><td>防污</td><td>污染容易造成信号丢失</td></tr>
<tr><td>防振</td><td>振动容易使光电脉冲编码器内的紧固件松动、脱落，造成内部电源短路</td></tr>
<tr><td>防连接松动</td><td>1）连接松动，会影响位置控制精度
2）连接松动还会引起进给运动的不稳定，影响交流伺服电动机的换向控制，从而引起机床的振动</td></tr>
<tr><td>感应同步器</td><td colspan="2">1）保持定尺和滑尺相对平行
2）定尺固定螺栓不得超过尺面，调整间隙在 0.09～0.15mm 为宜
3）不要损坏定尺表面耐切削液涂层和滑尺表面一层带绝缘层的铝箔，否则会腐蚀厚度较小的电解铜箔
4）接线时要分清滑尺的 sin 绕组和 cos 绕组</td></tr>
<tr><td>旋转变压器</td><td colspan="2">1）接线时应分清定子绕组和转子绕组
2）电刷磨损到一定程度后要更换</td></tr>
<tr><td>磁栅尺</td><td colspan="2">1）不能将磁性膜刮坏
2）防止铁屑和油污落在磁性标尺和磁头上
3）要用脱脂棉蘸酒精轻轻地擦其表面
4）不能用力拆装和撞击磁性标尺和磁头，否则会使磁性减弱或使磁场紊乱
5）接线时要分清磁头上励磁绕组和输出绕组，前者绕在磁路截面尺寸较小的横臂上，后者绕在磁路截面尺寸较大的竖杆上</td></tr>
</table>

四、数控系统日常维护与保养

每种数控系统的日常维护与保养要求，在数控系统使用、维修说明书中一般都有明确规定。数控系统的日常维护与保养见表 6-2。

表 6-2 数控系统的日常维护与保养

注意事项	说明
机床电气柜的散热通风	1）通常安装于电气柜门上的热交换器或轴流风扇，其能对电气柜的内外进行空气循环，促使电气柜内的发热装置或元器件进行散热 2）定期检查控制柜上的热交换器或轴流风扇的工作状况，如风道是否堵塞；否则会引起柜内温度过高而使系统不能可靠运行，甚至引起过热报警

（续）

注意事项	说　明
尽量少开电气柜门	1)加工车间飘浮的灰尘、油雾和金属粉末落在电气柜上容易造成元器件间绝缘电阻下降,从而出现故障 2)除了定期维护和维修外,平时应尽量少开电气柜门
每天检查数控柜、电气柜	1)看各电气柜的冷却风扇工作是否正常,风道过滤网是否堵塞 2)如果工作不正常或过滤器灰尘过多,会引起柜内温度过高而使系统不能可靠工作,甚至引起过热报警 3)一般来说,每半年或每三个月应检查、清理一次,具体应视车间环境状况而定
控制介质输入/输出装置的定期维护	1)CNC 系统参数、零件程序等数据都可通过它输入到 CNC 系统的寄存器中 2)如果有污物,将会使读入的信息出现错误 3)定期对关键部件进行清洁
定期检查和清扫直流伺服电动机	1)直流伺服电动机旋转时,电刷会与换向器摩擦而逐渐磨损 2)电刷的过度磨损会影响电动机的工作性能,甚至损坏 3)定期检查电刷
支持电池的定期更换	1)数控系统存储参数用的存储器采用 CMOS 器件,其存储的内容在数控系统断电期间靠支持电池供电保持 2)在一般情况下,即使电池尚未消耗完,也应每年更换一次,以确保系统能正常工作 3)电池的更换应在 CNC 系统通电状态下进行
备用印制电路板的定期通电	1)对于已经购置的备用印制电路板,应定期装到 CNC 系统上通电运行 2)实践证明,印制电路板长期不用易出故障
数控系统长期不用时的保养	1)系统长期不用是不可取的 2)数控系统处在长期闲置的情况下,要经常给系统通电。在机床锁住不动的情况下让系统空运行 3)空气湿度较大的梅雨季节尤其要注意。在空气湿度较大的地区,经常通电是降低故障的一个有效措施 4)数控机床闲置不用达半年以上,应将电刷从直流电动机中取出,以免由于化学作用使换向器表面腐蚀,引起换向性能变坏,甚至损坏整台电动机

五、数控车床的日常维护与保养

数控车床维护与保养的主要内容见表 6-3。

表 6-3　数控车床维护与保养的主要内容

序号	检查部位	检查内容		
		每月	六个月	一年
1	切削液箱	清理箱内积存切屑,更换切削液	清洗切削液箱、过滤器	全面清洗、更换过滤器
2	润滑油箱	检查润滑泵工作情况,油管接头是否松动、漏油	清洁润滑油箱、清洗过滤器	全面清洗、更换过滤器

（续）

序号	检查部位	检查内容		
		每月	六个月	一年
3	各移动导轨副	清理导轨滑动面上刮屑板	导轨副上的镶条、压板是否松动	检验导轨运行精度，进行校准
4	液压系统	检查各阀工作是否正常，油路是否畅通	清洗油箱、过滤器	全面清洗油箱、各阀，更换过滤器
5	防护装置	用软布擦净各防护装置表面，检查有无松动	折叠式防护罩的衔接处是否松动	因维护需要，全面拆卸清理
6	换刀系统	检查刀架、刀塔的润滑情况	检查换刀动作的圆滑性，以无冲击为宜	清理主要零部件，更换润滑油
7	CRT 显示屏及操作面板	检查各轴限位及急停开关是否正常，观察 CRT 显示	检查面板上所有操作	检查 CRT 电气线路、芯板等的连接情况，并清除灰尘
8	强电柜与数控柜	清洗控制箱散热风道的过滤网	清理控制箱内部，保持干净	检查所有电路板、插座、插头、继电器和电缆的接触情况
9	主轴箱	检查主轴上运转情况	检查齿轮、轴承的润滑情况，测量轴承温升是否正常	清洗零部件、更换润滑油。检查主传动带，及时更换。检验主轴精度，进行校准
10	电动机	观察各电动机冷却风扇运转是否正常	各电动机轴承噪声是否严重，必要时可更换	检查电动机控制板情况以及电动机保护开关的功能
11	滚珠丝杠	检查丝杠防护套，清理螺母防尘盖上的污物，滚珠丝杠表面涂油脂	测量各轴滚珠丝杠的反向间隙，予以调整或补偿	清洗滚珠丝杠上的润滑油，涂上新脂

六、延长数控机床寿命的措施

数控机床是机电一体化的技术密集设备，要使机床长期可靠地运行，很大程度上取决于对其的使用与维护。数控机床的整个加工过程是由大量电子元件组成的数控系统按照数字化的程序完成的，在加工中途由于数控系统或执行部件的故障所造成的工件报废或安全事故，一般情况下，操作者是无能为力的。所以，对于数控机床工作的稳定性、可靠性的要求更为重要。为此，注意以下问题可以延长数控机床的寿命。

1. 数控机床的使用环境

一般来说，数控机床的使用环境没有什么特殊的要求，可以同普通机床一样放在生产车间里，但是，要避免阳光的直接照射和其他热辐射，要避免太潮湿或粉尘过多的场所，特别要避免有腐蚀气体的场所。腐蚀性气体最容易使电子元件受到腐蚀变质，或者造成接触不良，或者造成元件间短路，影响机床的正常运行。要远离振动大的设备，如压力机、锻压设备等。对于高精密的数控机床，还应采取防振措施（如防振沟等）。对于精度高、价格昂贵的数控机床使其置于有空调的环境中使用是比较理想的。

2. 电源要求

数控机床采取专线供电（从低压配电室就分一路单独供数控机床使用）或增设稳压装置，都可以减少供电质量的影响和减少电气干扰。

3. 数控机床应有操作规程

操作规程是保证数控机床安全运行的重要措施之一，操作者一定要按操作规程操作。机床发生故障，操作者要注意保留现场，并向维修人员如实说明出现故障前后的情况，以利于分析、诊断出故障的原因，及时排除故障，减少停机时间。

4. 数控机床不宜长期封存不用

购买数控机床以后要充分利用，尽量提高机床的利用率，尤其是投入使用的第一年，更要充分利用，使其容易出故障的薄弱环节尽早暴露出来，故障的隐患尽可能在保修期内得以排除。如果工厂没有生产任务，数控机床较长时间不用时，也要定期通电，不能长期封存起来，最好每周能通电 1～2 次，每次空运行 1h 时左右，以利用机床本身的发热量来降低机内的湿度，使电子元器件不致受潮，同时也能及时发现有无电池报警发生，以防止系统软件、参数的丢失。

5. 持证上岗

操作人员不仅要有资格证，在上岗操作前还要有技术人员按所用机床进行专题操作培训，使操作工熟悉说明书及机床结构、性能、特点，弄清和掌握操作盘上的仪表、开关、旋钮及各按钮的功能和指示的作用，严禁盲目操作和误操作。

6. 压缩空气符合标准

数控机床所需压缩空气的压力应符合标准，并保持清洁。管路严禁使用未镀锌铁管，防止铁锈堵塞过滤器。要定期检查和维护气、液分离器，严禁水分进入气路。最好在机床气压系统外增置气、液分离过滤装置，增加保护环节。

7. 正确选择刀具

正确选用优质刀具不仅能充分发挥机床加工效能，也能避免不应发生的故障，刀具的锥柄、直径尺寸及定位槽等都应达到技术要求，否则换刀动作将无法顺利进行。

8. 检测各坐标

在加工工件前须先对各坐标进行检测，复查程序，对加工程序模拟试验正常后再加工。

9. 防止碰撞

操作工在设备回到“机床零点”“工作零点”“控制零点”操作前，必须确定各坐标轴的运动方向无障碍物，以防碰撞。

10. 关键部件不要随意拆动

数控机床机械结构简化，密封可靠，自诊功能日益完善，在日常维护中除清洁外部

及规定的润滑部位外，不得拆卸其他部位清洗。对于关键部件，如数控机床的光栅尺等装置，更不得碰撞和随意拆动。

11. 不要随意改变参数

数控机床的各类参数和基本设定程序的安全储存直接影响机床正常工作和性能发挥，操作工不得随意修改，如操作不当造成故障，应及时向维修人员说明情况以便寻找故障线索、进行处理。

第二节　数控车床的故障检修

数控技术及数控机床的应用，成功地解决了某些形状复杂、一致性要求高的中、小批零件的自动化问题，这不仅大大提高了生产率和加工精度，还减轻了工人的劳动强度，缩短了生产准备周期。但是，在数控车床使用过程中，数控车床难免会出现各种故障，所以故障的维修就成了数控车床使用者最关键的问题。一方面销售公司售后服务不能得到及时保证，另一方面掌握一些维修技术可以快速判断故障所在，缩短维修时间，让设备尽快运转起来，保证数控车床的正常使用，提高生产率。

数控机床的故障是指数控机床丧失了规定的功能，它包括机械系统、数控系统和伺服系统、辅助系统等方面的故障。

一、数控机床故障产生的规律

数控机床的故障率随时间变化的规律可用图 6-3 所示的浴盆曲线（也称失效率曲线）表示。整个使用寿命期，根据数控机床的故障频率大致分为 3 个阶段，即早期故障期、偶发故障期和耗损故障期。

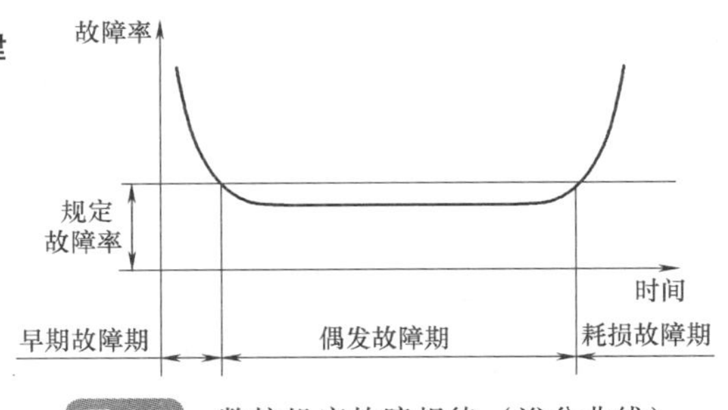

图 6-3　数控机床故障规律（浴盆曲线）

1. 早期故障期

这个时期数控机床故障率高，但随着使用时间的增加迅速下降。这段时间的长短，随产品、系统的设计与制造质量而异，约为 10 个月。

2. 偶发故障期

数控机床在经历了初期的各种老化、磨合和调整后，开始进入相对稳定的偶发故障期——正常运行期。正常运行期约为 10 年。在这个阶段，故障率低而且相对稳定，近似常数。偶发故障是由于偶然因素引起的。

3. 耗损故障期

耗损故障期出现在数控机床使用的后期，其特点是故障率随着运行时间的增加而升高。出现这种现象的基本原因是数控机床的零部件及电子元器件经过长时间的运行，由于疲劳、磨损、老化等原因，使用寿命已接近完结，从而处于频发故障状态。

二、数控机床故障的分类

1. 按数控机床发生故障的部件分类

（1）主机故障　数控机床的主机部分，主要包括机械、润滑、冷却、排屑、液压、气动与防护等装置。

常见的主机故障有：因机械安装、调试及操作使用不当等原因引起的机械传动故障或导轨运动摩擦过大的故障。其表现为传动噪声大，加工精度差，运行有阻力。例如，轴向传动链的挠性联轴器松动，齿轮、丝杠与轴承缺油，导轨镶条调整不当，导轨润滑不良以及系统参数设置不当等原因均可造成以上故障。尤其应引起重视的是，机床各部位标明的注油点（注油孔）须定时、定量加注润滑油（剂），这是机床各传动链正常运行的保证。

另外，液压、润滑与气动系统的故障现象主要是管路阻塞和密封不良，因此，数控机床更应加强治理和根除三漏现象的发生。

（2）电气故障　电气故障分弱电故障与强电故障。弱电部分主要指 CNC 装置、PLC 控制器、CRT 显示器以及伺服系统、输入、输出装置等电子电路，这部分又有硬件故障与软件故障之分。

硬件故障主要是指上述各装置的印制电路板上的集成电路芯片、分立元件、接插件及外部连接组件等发生的故障。

常见的软件故障有：加工程序出错、系统程序和参数的改变或丢失、计算机的运算出错等。

强电部分是指断路器、接触器、继电器、开关、熔断器、电源变压器、电动机、电磁铁、行程开关等电气元件及其所组成的电路，这部分的故障特别常见，必须引起足够的重视。

2. 按数控机床发生的故障性质分类

（1）系统性故障　系统性故障，通常是指只要满足一定的条件或超过某一设定的限度，工作中的数控机床必然会发生的故障，这一类故障现象极为常见。例如，液压系统的压力值随着液压回路过滤器的阻塞而降到某一设定参数时，必然会发生液压报警使系统断电、停机；润滑系统由于管路泄漏引起油标下降到使用限值时必然会发生液位报警使机床停机；机床加工中因切削量过大达到某一限值时必然会发生过载或超温报警，致使系统迅速停机。因此，正确地使用与精心维护是杜绝或避免这类系统性故障发生的切实保障。

（2）随机性故障　随机性故障，通常是指数控机床在同样的条件下工作时只偶然发生一次或两次的故障，也称“软故障”，由于此类故障在各种条件相同的状态下只偶然发生一两次。因此，随机性故障的原因分析与故障诊断较其他故障困难得多。一般而言，这类故障的发生往往与安装质量、组件排列、参数设定、元器件品质、操作失误与维护不当，以及工作环境影响等诸因素有关。例如，接插件与连接组件因疏忽未加锁定，印制电路板上的元器件松动变形或焊点虚脱，继电器触点、各类开关触头因污染锈蚀以及直流电动机电刷不良等所造成的接触不可靠等。另外，工作环境温度过高或过低、湿度过大、电源波动与机械振动、有害粉尘与气体污染等原因均可引发此类偶然性故障。因此，加强数控系统的维护检查，确保电气箱门的密封，严防工业粉尘及有害气体的侵袭等，均可避免此类故障的发生。

3. 按故障发生后有无报警显示分类

（1）有报警显示的故障　这类故障又分为硬件报警显示与软件报警显示两种。

1）硬件报警显示的故障。硬件报警显示通常是指各单元装置上警示灯（一般由 LED 发光管或小型指示灯组成）的指示。在数控系统中有许多用以指示故障部位的警示灯，如控制操作面板、位置控制印制电路板，伺服控制单元、主轴单元、电源单元等外设装置上常设有这类警示灯。一旦数控系统的这些警示灯指示故障状态后，借助相应部位上的警示灯均可大致分析、判断出故障发生的部位与性质，无疑给故障分析、诊断带来极大方便。因此，维修人员日常维护和排除故障时应认真检查这些警示灯的状态是否正常。

2）软件报警显示故障。通常是指 CRT 显示器上显示出来的报警号和报警信息。由于数控系统具有自诊断功能，一旦检测到故障，即按故障的级别进行处理，同时在 CRT 上以报警号形式显示该故障信息。这类报警显示常见的有存储器警示、过热警示、伺服系统警示、运动轴超程警示、程序出错警示、主轴警示、过载警示及断线警示等，通常，少则几十种、多则上百种，这无疑为故障判断和排除提供极大的帮助。

上述软件报警有来自 CNC 的报警和来自 PLC 的报警，前者为数控部分的故障报警，可通过所显示的报警号，对照维修手册中有关 CNC 故障报警及原因方面内容来确定可能产生该故障的原因。后者 PLC 报警显示由 PLC 的报警信息文本所提供，大多数属于机床侧的故障报警，可通过所显示的报警号，对照维修手册中有关 PLC 故障报警信息、PLC 接口说明及 PLC 程序等内容，检查 PLC 有关接口和内部继电器状态，确定该故障所产生的原因。通常，PLC 报警发生的可能性要比 CNC 报警高得多。

（2）无报警显示的故障　这类故障发生时无任何硬件或软件的报警显示，因此分析诊断难度较大。例如，机床通电后，在手动方式或自动方式运行 X 轴时出现爬行现象，无任何报警显示；机床在自动方式运行时突然停止，而 CRT 显示器上无任何报警显示；在运行机床某轴时发生异常声响，一般也无故障报警显示。一些早期的数控系统由于自诊断功能不强，尚未采用 PLC 控制器，无 PLC 报答信息文本，出现无报警显示的故障情况会更多一些。对于无报警显示故障，通常要具体情况具体分析，要根据故障发生的前后变化状态进行分析判断。例如，上述 X 轴在运行时出现爬行现象，首先判断是数控部分故障还是伺服部分故障。具体做法：在手摇脉冲进给方式中，可均匀地旋转手轮，同时分别观察、比较 CRT 显示器上 Y 轴、Z 轴与 X 轴进给数字的变化速率。通常，如数控部分正常，一个轴的上述变化速率应基本相同，从而可确定爬行故障是由于 X 轴的伺服部分或机械传动所造成的。

4. 按故障发生的原因分类

（1）数控机床自身故障　这类故障的发生是由于数控机床自身的原因引起的，与外部使用环境条件无关。数控机床所发生的极大多数故障均属此类故障，但也应区别有些故障并非本身而是外部原因所造成。

（2）数控机床外部故障　这类故障是由于外部原因造成的。例如，数控机床的供电电压过低，波动过大，相序不对或三相电压不平衡；周围的环境温度过高，有害气体，潮气、粉尘侵入；外来振动和干扰，如电焊机所产生的电火花干扰等，均有可能使数控机床发生故障；还有人为因素所造成的故障，如操作不当、手动进给过快造成超程报警，自动切削进给过快造成过载报警。又如操作人员不按时、按量给机床机械传动系统加注润滑油，易造成传动噪声或导轨摩擦因数过大，而使工作台进给电动机超载。

除上述常见故障分类外，还可按故障发生时有无破坏性可分为破坏性故障和非破坏性故障；按故障发生的部位可分为数控装置故障、进给伺服系统故障、主轴系统故障以及刀架、刀库、工作台故障等。

三、调查故障的常规方法

数控机床系统型号颇多，所产生的故障原因往往比较复杂，各不相同，这里介绍调查故障的一般方法和步骤。

（1）调查故障现场，充分掌握故障信息　数控系统出现故障后，不要急于动手盲目处理，首先要查看故障记录，向操作人员询问故障出现的全过程。在确认通电对系统无危险的情况下，再通电亲自观察，特别要注意确定以下主要故障信息。

1）故障发生时报警号和报警提示是什么？那些指示灯和发光管指示了什么报警？

2）如无报警，系统处于何种工作状态？系统的工作方式诊断结果（如 FANUC-0T 系统的 700、701、712 号诊断内容）是什么？

3）故障发生在哪个程序段？执行何种指令？故障发生前进行了何种操作？

4）故障发生在何种速度下？轴处于什么位置？与指令值的误差量有多大？

5）以前是否发生过类似故障？现场有无异常现象？故障是否重复发生？

（2）分析故障原因，确定检查的方法和步骤　在调查故障现象、掌握第一手材料的基础上分析故障的起因。故障分析可采用归纳法和演绎法。归纳法从故障原因出发摸索其功能联系，调查原因对结果的影响，即根据可能产生该种故障的原因分析，看其最后是否与故障现象相符来确定故障点。演绎法从所发生的故障现象出发，对故障原因进行分割式分析，即从故障现象开始，根据故障机理，列出多种可能产生该故障的原因，然后，对这些原因逐点进行分析，排除不正确的原因，最后确定故障点。分析故障原因时应注意以下几点。

1）要在充分调查现场掌握第一手材料的基础上，把故障问题正确地列出来。俗话说能够把问题说清楚，就已经解决了问题的一半。

2）要思路开阔，无论是数控系统、强电部分，还是机、液、气等，只要将有可能引起故障的原因以及每一种可能解决的方法全部列出来，进行综合、判断和筛选。

3）在对故障进行深入分析的基础上，预测故障原因并拟订检查的内容、步骤和方法。

四、数控车床故障的诊断和排除原则

在故障诊断过程中，应充分利用数控系统的自诊断功能，如系统的开机诊断、运行诊断、PLC 的监控功能，根据需要随时检测有关部分的工作状态和接口信息。同时还应灵活应用数控系统故障检查的一些行之有效的方法，如交换法、隔离法等。在诊断排除故障中还应掌握以下若干原则。

1. 先外部后内部

数控机床是机械、液压、电气一体化的机床，故其故障的发生必然要从机械、液压、电气这三者综合反映出来。数控机床的检修要求维修人员掌握先外部后内部的原则。即当数控机床发生故障后，维修人员应先采用望、闻、听、问等方法，由外向内逐一进行检查。例如，数控机床的行程开关、按钮、液压气动元件以及印制电路板插头座、边缘接插件与外部或相互之间的连接部位、电控柜插座或端子排这些机电设备之间的连接部位，因其接触不良造成信号传递失灵是产生数控机床故障的重要因素。此外，由于工业环境中温度、湿度变化较大，油污或粉尘对元件及印制电路板的污染、机械的振动等，对于信号传送通道的接插件都将产生严重影响。在检修中重视这些因素，首先检查这些部位就可以迅速排除较多的故障。另外，尽量避免随意地启封、拆卸，不适当地大拆大卸往往会扩大故障，使机床大伤元气、丧失精度、降低性能。

2. 先机械后电气

由于数控机床是一种自动化程度高、技术复杂的先进机械加工设备。机械故障一般较易察觉，而数控系统故障的诊断则难度要大些。先机械后电气就是首先检查机械部分是否正常，行程开关是否灵活，气动、液压部分是否存在阻塞现象等。因为数控机床的故障中有很大部分是由于机械动作失灵引起的。所以，在故障检修之前，首先注意排除机械性的故障，往往可以达到事半功倍的效果。

3. 先静后动

维修人员本身要做到先静后动，不可盲目动手，应先询问机床操作人员故障发生的过程及状态，阅读机床说明书、图样资料后，方可动手查找故障。其次，对有故障的机床也要本着先静后动的原则，先在机床断电的静止状态，通过观察、测试、分析，确认为非恶性循环性故障或非破坏性故障后，方可给机床通电，在运行工况下，进行动态的观察、检验和测试，以查找故障。然而对恶性的破坏性故障，必须先行处理排除危险后，方可进入通电，在运行工况下进行动态诊断。

4. 先公用后专用

公用性的问题往往影响全局，而专用性的问题只影响局部。如机床的几个进给轴都不能运动，这时应先检查和排除各轴公用的 CNC、PLC、电源、液压等公用部分的故障，然后再设法排除某轴的局部问题。又如电网或主电源故障是全局性的，因此一般应首先检查电源部分，看看断路器或熔断器是否正常，直流电压输出是否正常。总之，只有先解决影响一大片的主要矛盾，局部的、次要的矛盾才有可能迎刃而解。

5. 先简单后复杂

当出现多种故障互相交织掩盖、一时无从下手时，应先解决容易的问题，后解决较大的问题。常常在解决简单故障的过程中，难度大的问题也可能变得容易，或者在排除容易故障时受到启发，对复杂故障的认识更为清晰，从而也有了解决办法。

6. 先一般后特殊

在排除某一故障时，要先考虑最常见的可能原因，然后再分析很少发生的特殊原因。例如，一台 FANUC—0T 数控车床 *Z* 轴回零不准，常常是由于降速挡块位置走动所造成的，一旦出现这一故障，应先检查该挡块位置，在排除这一常见的可能性之后，再检查脉冲编码器、位置控制等环节。

五、数控车床常见故障的处理

1. 数控系统开启后显示屏无任何画面显示

1）检查与显示屏有关的电缆及其连接，若电缆连接不良，应重新连接。

2）检查显示屏的输入电压是否正常。

3）如果此时还伴有输入单元的报警灯亮，则故障原因往往是 +24V 负载有短路现象。

4）如此时显示屏无其他报警而机床不能移动，则其故障是由主印制电路板或控制 ROM 板的问题引起的。

5）如果显示屏虽无显示但机床却正常地工作，这种现象说明数控系统的控制部分正常，仅是与显示器有关的连接或印制电路板出了故障。

2. 机床不能动作

机床不能动作的原因可能是数控系统的复位按钮被接通，数控系统处于紧急停止状态。若程序执行时，显示屏有位置显示变化而机床不动，应检查机床是否处于锁住状态，进给速度设定是否有错误，系统是否处于报警状态。

3. 机床不能正常返回零点，且有报警产生

机床不能正常返回零点，且有报警产生的原因一般是脉冲编码器的反馈信号没有输入到主印制电路板，如脉冲编码器断线或与脉冲编码器连接的电缆断线。

4. 面板显示值与机床实际进给值不符

面板显示值与机床实际进给值不符多与位置检测元件有关，以及快速进给时丢脉冲所致。

5. 系统开机后死机

系统开机后死机一般是由于机床数据混乱或偶然因素使系统进入死循环。若关机后再重新启动还不能排除故障，需要将内存全部清除，重新输入机床参数。

6. 刀架连续运转不停或者在某规定刀位不能定位

刀架连续运转不停或者在某规定刀位不能定位的产生原因：发信盘接地线或电源线断路，霍尔元件断路或短路。此时可修理或更换相关元件。

7. 刀架突然停止运转，电动机抖动而不运转

手动转动手轮，若某位置较重或出现卡死现象，则为机械问题，如滚珠丝杠滚道内有异物等；若全长位置均较轻，则判断为切削过深或进给速度太快。

8. 电动刀架工作不稳定

电动刀架工作不稳定的原因有：切屑、油污等进入刀架体内；撞刀后，刀体松动变形；刀具夹紧力过大，使刀具变形；刀杆过长，刚性差。

9. 超程处理

在手动、自动加工过程中，若机床移动部件超出其运动的极限位置（软件行程限位或机械限位），则系统出现超程报警，蜂鸣器尖叫或报警灯亮，机床锁住。处理的方法：手动将超程部件移至安全行程内，然后按复位键解除报警。

10. 报警处理

一般当屏幕有出错报警号时，可查阅维修手册的“错误代码表”，找出产生故障的原因，采取相应措施。

☆考核重点解析

本章也是数控车工中级理论考试与技能鉴定的重点，理论考试占5%，技能考试中占5%～10%。理论考试主要涉及文明生产、安全操作规程、日常维护与保养、延长数控车床使用寿命的措施、故障产生的规律、故障种类、常见故障处理与诊断方法等知识点。技能鉴定主要涉及文明生产与安全操作。

复习思考题

1. 简述数控车床安全操作基本注意事项。
2. 简述数控车床主传动链的维护与保养内容。
3. 简述数控车床滚珠丝杠的维护与保养内容。
4. 简述数控车床液压系统的维护与保养内容。
5. 简述数控系统的维护与保养内容。
6. 整个使用寿命期，根据数控机床的故障频率大致分为哪3个阶段？
7. 简述调查故障的常规方法。
8. 数控系统开启后显示屏无任何画面显示，如何处理？
9. 刀架连续运转不停或者在某规定刀位不能定位的原因有哪些？
10. 电动刀架工作不稳定的原因有哪些？

参考文献

[1] 崔兆华. 数控车工（中级）[M]. 北京：机械工业出版社，2007.

[2] 孙德茂. 数控机床车削加工直接编程技术 [M]. 北京：机械工业出版社，2005.

[3] 杨琳. 数控车床加工工艺与编程 [M]. 2 版. 北京：中国劳动社会保障出版社，2009.

[4] 韩鸿鸾. 数控加工工艺学 [M]. 3 版. 北京：中国劳动社会保障出版社，2011.

[5] 崔兆华. 数控加工基础 [M]. 3 版. 北京：中国劳动社会保障出版社，2011.

[6] 崔兆华. 数控机床的操作 [M]. 北京：中国电力出版社，2008.

[7] 崔兆华. 数控车床编程与操作（广数系统）[M]. 北京：中国劳动社会保障出版社，2012.

[8] 李国东. 数控车床操作与加工工作过程系统化教程 [M]. 北京：机械工业出版社，2013.

[9] 崔兆华. SIEMENS 系统数控机床的编程 [M]. 北京：中国电力出版社，2008.

[10] 崔兆华. 数控车工（中级）操作技能鉴定实战详解 [M]. 北京：机械工业出版社，2012.